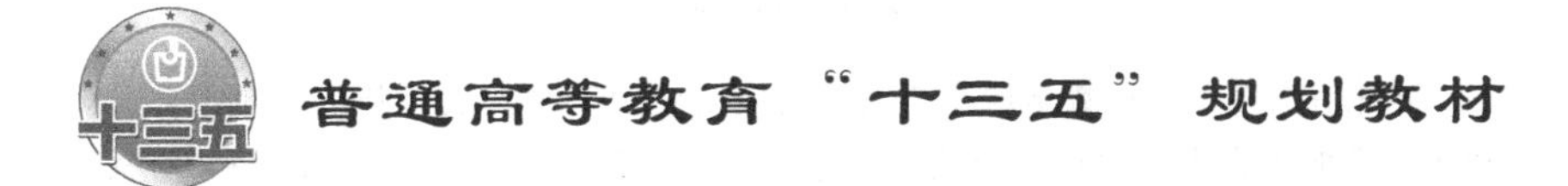

数学地质

Mathematical Geology

李克庆 张延凯 编著

北 京
冶 金 工 业 出 版 社
2020

内容提要

本书在总结、评述数学地质产生、发展历史及未来发展趋势的基础上，分析了数学地质的研究途径，介绍了数学应用于地质学研究的基本理论和方法，分析了地质数据、地质变量的属性和特点，系统讲述了相关分析、回归分析、地质趋势分析、聚类分析、判别分析、因子分析、地质统计分析等常用的数学地质方法，包括其理论基础、原理、具体的方法及实施步骤。

本书可作为高等学校地质、采矿专业的教学用书，也可供相关领域的科研人员和工程技术人员参考。

图书在版编目(CIP)数据

数学地质/李克庆等编著．—北京：冶金工业出版社，2015.10（2020.1 重印）
普通高等教育“十三五”规划教材
ISBN 978-7-5024-7067-8

Ⅰ.①数… Ⅱ.①李… Ⅲ.①数学地质—高等学校—教材 Ⅳ.①P628

中国版本图书馆 CIP 数据核字(2015) 第 242216 号

出 版 人　陈玉千
地　　址　北京市东城区嵩祝院北巷 39 号　邮编　100009　电话　(010)64027926
网　　址　www.cnmip.com.cn　电子信箱　yjcbs@cnmip.com.cn
责任编辑　高　娜　宋　良　美术编辑　吕欣童　版式设计　孙跃红
责任校对　王永欣　责任印制　李玉山
ISBN 978-7-5024-7067-8
冶金工业出版社出版发行；各地新华书店经销；北京捷迅佳彩印刷有限公司印刷
2015 年 10 月第 1 版，2020 年 1 月第 2 次印刷
787mm×1092mm　1/16；18.75 印张；450 千字；282 页
40.00 元

冶金工业出版社　投稿电话　(010)64027932　投稿信箱　tougao@cnmip.com.cn
冶金工业出版社营销中心　电话　(010)64044283　传真　(010)64027893
冶金工业出版社天猫旗舰店　yjgycbs.tmall.com

前　言

随着世界各国尤其是中国工业化进程的加快，人们对赖以支撑经济和社会发展的矿产资源的需要程度越来越高，对自身所处的生存环境的认知需求也越来越大。这两类问题的解决和回答是地质工作者所肩负的使命。传统的地质学研究尽管在一定程度上满足了社会发展不同阶段的这种需求，但是在人类社会已进入信息化时代，数字矿山、数字地球呼声振聋发聩的今天，以定性研究为主的传统地质学工作方法已经无法满足要求，因此，数学地质在未来将扮演越来越重要的角色，并发挥越来越重要的作用。

数学地质作为将数学理论和方法应用于地质学研究领域的一门学科，重在通过定量化的方法解决地质科学领域和工程实践面临的问题。国内众多的专家学者在借鉴国外相关研究成果的基础上，从不同的视角、专业（如石油、煤炭等）对数学地质的学科定位、体系、理论、方法进行了阐述。本书以我国著名数学地质专家侯景儒、郭光裕教授编著的《矿床统计预测及地质统计学的理论与应用》（冶金工业出版社，1993 年）为基础，结合笔者十几年来从事数学地质教学的体会和地质领域科研工作的研究成果编著而成，以期通过对数学地质理论、方法的介绍，为从事数学地质领域学习和工作的人士提供参考。

本书共分 11 章，两大部分。第一部分在总结、评述数学地质产生、发展历史及未来发展趋势的基础上，分析了数学地质的研究途径，介绍了数学应用于地质学研究的基本理论和方法，分析了地质数据、地质变量的属性和特点。第二部分突出方法及应用，系统讲述相关分析、回归分析、地质趋势分析、聚类分析、判别分析、因子分析、地质统计分析等常用的数学地质方法，包括其理论基础、原理、具体的方法及实施步骤。

本书既重视学科的系统性和方法原理的严谨性，又充分考虑了实用性，力求使读者不但对数学地质的理论、方法有比较完整的理解，而且通过大量的工程实例，使读者能应用相应的方法解决地质科研、找矿勘探、采矿工程、矿山地质、水文地质及工程地质、矿产资源评价、环境与灾害地质等方面遇到的具体问题。

本书的构思、成稿得益于我国已故著名数学地质学家侯景儒教授的言传身教，在向其学习、与其合作教学的过程中，侯先生都给予了晚辈学子耐心细致的指导，在此向侯先生致以最崇高的敬意。

在本书的调研、编写过程中，得到了北京科技大学研究生教育发展基金项目（教材建设项目）的资助和大力支持，在此表示衷心的感谢。

编写中参考和引用了许多公开发表的文献，在此谨向文献作者表示诚挚的谢意。

受水平所限，书中难免有错误和不妥之处，敬请读者批评指正。

编著者
2015 年 7 月

目　　录

Contents

1 绪　　论

1.1 数学地质的产生、研究内容及方法

数学地质（mathematical geology）是20世纪60年代初期形成的一门边缘学科。它是地质学与数学及电子计算机技术相结合的产物，目的是从量的方面研究和解决地质科学问题。它的出现反映了地质学从定性的描述阶段向定量研究发展的新趋势，为地质学开辟了新的发展途径。数学地质方法的应用范围极其广泛，几乎渗透到地质学的各个领域。

1.1.1 数学地质的产生

众所周知，地质学是一门产生于生产实际的古老的学科。18世纪中叶，随着欧洲工业革命的兴起，一方面，人类对包括矿产在内的自然资源的需求达到了前所未有的程度；另一方面，人类自身的活动对地球的影响越来越大，地质环境对人类的制约作用也越来越明显。这就使得人们不得不对身处其中的地球的物质组成、内部构造、外部特征、各圈层之间的相互作用和演变历史进行探索和认识，其结果是使地质学迅速发展并且产生了近代地质学，特别是地质学与生物学、物理学、化学、天文学及数学的结合，使古老的地质学在其理论及方法上均得到了很大的发展，应运而生的古生物学、地层学、地球物理学、地球化学、地质力学等新的学科推动了整个地球科学的迅速发展。

至于数学，其应用于地质学在一百多年以前就已经开始了。但是，真正普遍而大量地把数学应用于地质学则是在电子计算机出现并逐步应用于地质科学之后的事情。20世纪60年代初期，数学及近代计算工具——电子计算机与地质学的结合，形成了数学地质学这门新兴的学科。目前，地质科学正在经历着重大的变革，其变革的标志之一就是地质科学逐步向定量化、精确化、自动化方向发展，而数学地质在这场变革中起着重要的推动作用。

具体而言，数学地质学科产生的主要原因不外乎以下几个方面：

（1）地质事件或地质过程影响因素的多样性和复杂性。地球科学所研究的各种地质事件在漫长的地质历史时期经受了各种各样的地质作用，受多种因素的控制和影响，因此，只有通过对比分析，从那些看似偶然因素起作用的多种因素中找出控制并影响地质事件发生发展的主要因素，才能更好地了解地质事件的内部规律性，进而为地质及找矿勘探服务，这正是数学地质理论及其方法所要解决的问题之一。

（2）地球科学所研究的对象本身具有随机性。地质事件或地质过程影响因素的多样性和复杂性，导致我们所研究的地质运动或地质过程是按照随机原理构成的，它普遍地、明显地受着概率法则的支配，为了更好地了解某一地质过程，我们首先需要确定该地质过程的模式，而这种模式既可以用概率论来描述，同时还可以用数理统计的方法进行检验。此

外，由于地质学所研究的具体对象是在漫长的地质历史过程中形成的，对其进行研究从方法角度来看，往往具有抽样观测的性质，因此，数学地质是研究地质科学的必不可少的理论，数学地质领域的众多方法也是解决地质问题的必不可少的手段。

（3）地质数据、信息处理方法和手段方面的要求。由于近现代科学技术的迅速发展，仪器分析和记录自动化程度的不断提高，使得各种地质观测数据和实验数据迅猛增加（所谓信息爆炸），对大量甚至海量的地质数据进行及时而系统的整理、分析，迅速揭示某些地质规律是当今地质工作的重要任务之一，数学地质工作者只有借助于数学地质的理论及电子计算机才能及时而系统地研究并解决有关问题。

（4）人类对矿产资源及自身生存环境认知的高度需求。面对国民经济和全球范围内对矿产资源需求程度越来越高，而找矿难度又越来越大的具体情况，地质工作者必须对各种地质体在时间及空间上的变化做出更为精确的定量的评价，从而为资源的潜力评价及找矿勘探具体工程的部署提出较为可靠的依据。此外，随着社会的进步和人们生活水平的逐步提高，尤其是人与自然交互作用所导致的自然灾害发生的频度越来越高，人们迫切需要知道自身所处地质环境的安全性、稳定性，要求了解各种地质灾害发生的原因及其演变的内在机制，并对这些灾害提出有效的预防和控制措施，而这些问题的解决显然不是传统的简单定性推断方法所能完成的，必须借助于更加精细化、数字化的方法和手段。

显然，基于以上四个方面的原因，仅仅用习惯了的经验性定性描述方法是不能解决这些问题的，数学地质的产生也就是很自然的事情了，正如马克思所言："一门科学，只有当它成功地运用数学时，才算达到真正完善的地步。"数学地质的产生使传统的地质学更加完善，使得整个地球科学从定性描述向定量解释发展，从研究确定性模型向研究概率型模型转变，从单变量探讨向多变量综合信息研究迈进，从对观测数据的定性解释向在计算机上对地质事件的模拟实验发展。无疑，数学地质在地球科学的重大变革中将会发挥巨大的推动作用，而数学地质本身的研究广度和深度在这场变革中也将不断得到锤炼和提高。

1.1.2　数学地质的定义和任务

有关数学地质的定义，国内外诸多专家、学者从不同的角度给出了各种各样的解释。总体来说，基于数学地质学科所研究和解决问题的方法、内容和手段的不同，数学地质的定义可以分为广义的和狭义的两个方面。

（1）广义：地球科学中的全部数学应用（F. P. Agterberg，1974）；地质数据的定量分析方法（J. C. Davis，1973）；用数学方法研究和解决地质问题（中科院地质所，《数学地质引论》，1977）。

（2）狭义：数学地质是建立、检验和解释地质过程的概念、随机模型的科学（维斯捷利乌斯，1977）。数学地质是研究最优数学模型并查明地质运动数量规律性的科学，它以数学为工具，电子计算机为手段，解决地质问题为目的（赵鹏大，1983）。

综观数学地质发展至今的历史，考虑到数学地质的研究目的及具体任务，从广泛的角度，我们把数学地质定义为：数学地质是定量研究各种地质事件发生、发展的内在规律及空间形式的科学。具体地说，数学地质是以解决地球科学各个领域中存在的问题为目标，以地质学理论为基础，以数学为主要方法，以电子计算机为主要工具，对控制和影响地质事件的复杂因素进行定量的研究，从而揭示并解释地质事件内在规律和空间分布特征的科学。

结合数学地质的上述定位，数学地质研究的具体任务可以包括以下3项：

（1）查明地质体的数学特征并建立地质体的数学模型。

（2）研究影响地质过程发生发展的各种因素及其相互关系，建立可用于描述该过程的数学模型。

（3）研究适合地质任务和地质数据特点的数学分析方法，建立地质工作方法的数学模型。

1.1.3 数学地质的研究内容

尽管数学地质是一门比较年轻的学科，但由于其强大的生命力和对地球科学各分支领域的有效性，其研究内容已十分丰富，研究方法也很多，主要涉及以下7个方面。

（1）数据的分布类型及预处理。这是对任一地质事件进行数学地质研究时首先要研究的内容，数据的分布类型不但可以看成是数学模型，而且对于选择合理的统计分析方法十分重要，对于数据是否要进行预处理则取决于数据的分布律。

（2）地质多元统计分析方法。这是截至目前数学地质领域内研究最深入、应用最为广泛的一个分支，它几乎在地球科学的各个领域都能取得良好的应用效果。地质多元统计分析方法主要包括地质变量特征属性的分析与综合（相关分析、聚类分析、判别分析、因子分析等），属性特征的空间分析（趋势分析、单位向量场分析等）以及参数的时间序列研究（一维时间序列、马尔科夫分析等）。

（3）矿产资源统计预测。这是数学地质研究的重要领域之一，它是为了满足国民经济的发展对矿产资源日益增长的现实需要，立足于提高找矿勘探的工作效果而形成的一个数学地质分支，其研究内容包括矿产资源总量预测（小比例尺大范围）和矿床统计预测（中、大比例尺小面积）两个部分。

（4）地质统计学。这是当前数学地质研究领域中最为活跃的一个分支，由于许多地质现象既具有随机性又具有结构性的分布特征，传统的基于概率论的统计分析方法难于取得理想的效果，地质统计学便应运而生，专门用于研究那些既有随机性又有结构性变量的空间分布规律，其研究内容包括线性地质统计学、非线性地质统计学、非参数地质统计学及多元地质统计学等。不仅如此，其应用范围也越来越广，已经扩展到除地质以外的许多自然科学甚至社会科学的研究领域之中。

（5）地质过程的计算机模拟。地质过程的模拟一直是地质学家所研究的内容之一，过去人们花费大量的人力、物力和财力去建立各种物理及化学实验室，企图再现地质过程，但由于地质过程既漫长而影响因素又十分复杂，其结果总是不够理想。随着计算机模拟技术的发展和进步，基于地质过程概念模型的地质过程计算机模拟往往能够取得令人满意的效果。

（6）地质数据库及地质数据处理系统。这是地质数据及资料管理和共享的现代化标志之一，它为宏观控制及各种地质工作提供可靠的依据，是当今地质工作的科学管理、找矿勘探以及科学研究必不可少的有效工具。面向海量属性数据和空间数据的地理信息系统（geographic information system）目前已在包括地质学的诸多领域得到了越来越多且成功的应用。

（7）人工智能及专家系统。专家系统（expert system）是一种智能化的计算机程序系统，是将地质专家的知识、经验以及解决专门问题的思路和能力程序化的计算机系统。矿产资源评价的基本问题是找寻矿产资源与地质条件之间的关系，进而利用这种关系明确找矿的方向、估计矿产资源潜在的储量。地质勘查专家系统可以对现有的成矿理论和已知矿床的地质特征进行全面的、详细的总结，它可以把专家的知识和经验应用到最好的程度。专家系统因其开发费用较少、见效快、可以广泛地普及和应用专家的独特知识，并使矿产资源估计建立在矿床成因、控矿地质条件的充分研究及对比的基础上，具有更高的可信度，因而日益为地质学家及数学地质学家所重视。

1.1.4 数学地质的研究条件及方法

1.1.4.1 研究条件

数学地质作为一门新兴的独立学科，除了有它自己的理论、方法、研究对象及明确的研究目的外，为了进行数学地质研究还必须有一定的工作条件作为保证，其必要条件包括：

（1）稳定运转的电子计算机及地质资料的输入输出设备。数学地质真正形成及发展是在电子计算机诞生后才开始的，数学地质研究的内容极为复杂，只有在电子计算机上才能完成其复杂的运算，因此，需要电子计算机及其外部设备是很自然的事情。

（2）多功能的、完整的通用（或专用）程序或程序系统。优良的计算机程序是完成各种数学地质研究的有力保证。

（3）适合于各种不同地质研究目的的数据处理方法及计算方法。一个良好的数学地质计算程序的设计取决于合理地选择适合于所研究问题的数学计算方法，为了有效地进行各种数学地质研究，需要按照所研究问题的性质（如矿床成因、构造分析等）采用各种计算方法并形成各种程序系统。

（4）对研究地区地质资料占有的详细程度及可靠程度。野外观测及室内地质实验研究是数学地质研究取得良好效果的基础，那种认为无须借助于对所研究的地质事件的详细研究就可揭示其内在规律的想法是十分有害的。

1.1.4.2 研究方法和手段

数学地质解决地质问题的一般步骤或途径如下：

（1）进行地质分析，定义地质问题和地质变量，建立正确的地质模型。

（2）根据地质模型选择或研究适当的数学模型并上机试算。

（3）对计算机输出成果进行地质成因解释，对所研究的地质问题做出定量的预测、评价和解答。

数学地质的基本研究方法可概括为：

（1）数学模型法。应用最广泛的是各种多元统计模型。例如用于地质成因研究的因子分析、对应分析、非线性映射分析、典型相关分析；用于研究地质空间变化趋势的趋势面分析和时间序列分析方法等。

（2）概率法则和定量准则。由于地质对象是在广阔的空间、漫长的时间和复杂的介质环境中形成、发展和演变的，因此地质现象在很大程度上受概率法则支配，且具有特定的数量规律性，这就要求数学地质研究必须遵循和自觉运用概率法则和定量准则。同时，地质观测结果不可避免地带有抽样代表性误差，因此对各种观测结果或研究结论都要做出可靠性的估计和精度评价。以矿产定量预测为例，不仅要求确定成矿远景区的空间位置，而且应给出可能发现矿床的个数及规模，发现矿床的概率，查明找矿统计标志的信息量、找矿概率及有利成矿的数值区间等。

数学地质的主要研究手段是电子计算机技术，其中包括：

（1）地质过程的计算机模拟，该项技术可以弥补物理模型法和实验地质学法的不足。

（2）建立地质数据库和地质专家系统，以便充分发掘和利用信息资源和专家经验。

（3）计算机地质制图。

（4）地质多元统计计算及其他科学计算。

1.2 数学地质的发展历史、现状及前景

1.2.1 数学地质的发展历史

回顾历史的目的是展望未来。简单地回顾数学地质发展的历史，了解在地球科学发展的进程中，地质学家怎样艰辛地把地球科学与数学相结合而使对地质过程的解释从定性逐步走向定量化，从而来预测在今后的数学地质发展中可能发生的事情，以及怎样更好地去研究和发展数学地质，使其能更好地为国民经济建设服务。

数学地质发展至今大致可分为以下4个阶段。

第一阶段（1840~1945年）：英国地质学家Lyell（1835年）发表了《地层学原理》，提出“历史比较法”。1840年，Lyell首先以古生物化石的统计分析作为论据，对第三系地层进行了划分，确定了它的岩石地层次序，这是把数学引入地质学的开端。这个时期是对统计学在地质学中应用的可能性争论最激烈的时期，也是数学地质形成的孕育阶段。其特点是应用单变量统计方法，利用个别的统计标志解决某些具体地质问题，如应用于一些实用地质学的领域（矿床勘探与评价）、岩石学（沉积岩粒度分析、岩浆岩分类）、地层古生物学（化石种属变异特征研究）。

第二阶段（1946~1957年）：单变量、双变量统计方法在地质学中有了更广泛的应用，多元统计分析开始引入地质学。1946年以美国宾夕法尼亚大学J. W. Mauchley和J. P. Eckert为首的科学家成功研制出为弹道设计服务的ENIAC（Electronic Numeral Integrator and Calculator），它是世界上第一台由程序控制的电子数字计算机（字长12位，使用了18800只电子管，1500多个继电器，功率150kW，占地面积150m^2，重量30t，投资近百万美元，完成每秒5000次加法运算），自此，计算机在数学地质中开始得到应用；1949年古生物学家Burma在《多元分析——地质学和古生物学中的一种新型分析工具》一文中指出了多元统计方法是一种最有远景的计量生物学方法；1953年Box指出统计方法对偏离正态假设情况的敏感性并把它称为稳健性问题，这是稳健统计学发展的开始；1956年W. C. 克鲁拜因（Krumbein）在研究岩石的矿物组成、岩性和化学成分时应用了多元统计分析方法，把岩石成分作为多维空间中的一个点或向量来进行统计处理。此外，南非的统计学家H. S. 西舍尔（Sichel）及地质学家D. G. 克立格（Krige）提出了根据样品空间位置和相关程度计算块段品位及储量，而使其估计误差最小的储量计算方法，为地质统计学的产生提

出了初步设想。在这一阶段还应提到的是 M. 阿莱士（Allais）于 1957 年提出了单元中矿床数服从泊松分布的矿产资源定量评价模型，从此，矿产资源评价模型成为资源评价者的重要研究课题之一。这是数学地质形成的早期阶段。

第三阶段（1958～1969 年）：1958 年 W. C. Krumbein 首先在地质杂志上公布了电子计算机程序，同年研制成功以晶体管为逻辑元件的第二代电子计算机（IBM-7090）；1960 年发表了 ALGOL-60（Algorithmic Language）算法语言，使计算机的通用性得到了加强；1962 年，在南非工程师 D. G. 克立格等人工作的基础上，法国学者 G. 马特隆（Matheron）创立了地质统计学，地质数据被看成是空间变化具有貌似连续性的变量的值（区域化变量），通过研究区域化变量特征建立变差图（变异函数），这一方法主要应用于矿床储量、品位估计及矿石评价等方面；1963 年研制成功以集成电路为逻辑元件的第三代电子计算机（IBM-360），并设计成功 FORTRAN（Formula Translator）语言，同年又从 FORTRAN 语言提炼出 BASIC（Beginner's All-purpose Symbolic Instruction Code）语言；1968 年在布拉格召开的国际地质会议上成立了国际数学地质协会（IAMG），苏联数学地质的创始人维斯捷利乌斯被推荐为该协会的第一任主席；1969 年创办了《数学地质》期刊，以后又出版了《计算机与地质科学》、《地质计算程序公报》等刊物；数学地质进入了发展的极盛时期，仅 1968～1970 年有关数学地质的论文就超过 3000 篇，数学地质发展成为独立的地质分支学科。

第四阶段（1970 年～现在）：1970 年美国的 Griffiths 提出应用控制论的观点研究地质问题；1971 年在海德堡召开了第一次"沉积分析定量技术"学术讨论会；1975 年在法国举行了第二次同名的学术讨论会；1976 年在挪威召开了第一次"资源研究中计算机应用标准化"讨论会，1977 年、1979 年分别在肯尼亚、墨西哥召开了第二次、第三次上述问题讨论会；1977 年在澳大利亚召开了第 15 届国际"计算机在矿业中的应用"讨论会等；1980 年研制成功第四代超大规模集成电路电子计算机；1981 年微型电子计算机开始得到广泛的应用。在这一阶段，数学地质向更广泛和更高的水平发展，地质多元统计、地质统计学、地质过程的数学模拟、地质数据库、油气资源定量评价与预测等已经逐步成为独立的学科分支。

1.2.2 数学地质的发展现状

经过以上几个阶段的逐步发展，目前数学地质已基本形成了自身比较完备的学科体系和解决问题的方法，可以毫不夸张地说，目前地球科学的每一个领域都或多或少地应用了数学地质方法，主要表现在以下 8 个方面：

（1）地质多元统计分析方法更加成熟，矿产资源的定量评价及大中比例尺矿床统计预测已经成功地应用于生产实践。

（2）为了适用生产发展的需要，一些新的地质统计学方法（如指示克立格法等非参数地质统计学、多元地质统计学等）已开始研究，有些已应用于生产。

（3）人工智能和专家系统这一计算机科学的最新研究成果在地球科学中开始得到了重要的应用，诸如"资源评价者"专家系统、薄片矿物鉴定专家系统、勘探专家系统、数字图像处理专家系统等已经在地质工作中发挥作用。

（4）特异值的研究、成分数据统计学以及稳健统计学的产生使航测数据的处理、分析及解释更为精确。

（5）一些新的数学方法如模糊数学、灰色系统、突变论等也开始引入地球科学，扩大了数学地质的领域。

（6）数学地质的应用范围不断扩大，计算机在地质学领域的广泛应用标志着地质学高速发展的第二次浪潮的到来。

（7）一些更适用于地球科学研究及地质工作的新的计算机程序系统发展迅速。

（8）为了不同目的而研制的各种地质数据库是地质工作现代化的重要标志之一。

1.2.3 数学地质的发展前景

立足现状、面向未来，数学地质将朝着三个大的方向发展，一是地质学中的数学模型将进一步得到优化和发展。如地质统计学法、稳健统计学法、非参数统计法、逻辑信息法等。二是数学方法将在诸方面得到更合理有效的应用。如矿床统计预测、定量地层学、定量沉积学等。三是计算机将更广泛深入地应用于地质学领域。如计算机地质制图、地质数据库、地质专家系统等。

（1）地质数据合成及图像分析。主要讨论地质数据合成、数字图像处理、全球沉积岩数据库的建立、天然裂隙的形态分析以及遥感空间信息提取技术在地质勘探中的应用等。

（2）地质多元统计分析的理论及实际应用。多元统计方法在遥感数据、地球物理场及其相关关系和在地壳构造分析中的应用。

（3）人工智能和专家系统在地质学中的应用、地质过程的数学模拟、计算机程序系统和自动绘图，以及微型计算机的开发和应用。特别是地质数据的微型计算机处理、微型计算机数据库、沉积盆地在微型计算机上的数学模拟及盆地分析，矿山工作计划的微型计算机软件包以及应用微型计算机对矿产资源进行分析等方面。

（4）地质统计学理论及其实际应用。特别是非参数地质统计学、多元地质统计学的研究，指示克立格法及条件模拟，地质统计学在石油潜力预测中的应用，地质统计学对矿床的自然模拟，地质统计学在地下矿山开采计算机辅助设计中的应用，以及资源评价方面的应用。

（5）矿物学中的数据库建立和计算。包括矿物鉴定、矿物数据库、矿物数学模拟、矿物相图的计算等。

（6）区域资源的定量预测方法。包括大比例尺矿产预测的理论和方法，矿床勘探统计模式合成中的概率和可信度，以及石油资源的预测等。

（7）应用于遥感—矿床—地球化学—工程地质及水文地质的特异值的统计、处理。

（8）巨型电子计算机在地球科学中的应用。包括岩石圈演化和地球动力学、地质过程的数学模拟、行星地质学以及勘探地震数据处理等方面的问题。

2 数学地质的研究途径

作为数学在地质科学与工程中的应用性学科，数学地质遵循与传统的地质学研究方法相通但不相同的研究模式，这种模式的突出特点是地质问题的定量化，其中合理的、理想的数学模型扮演着核心的作用。因此，作为学习和掌握数学地质基本方法的基础，必须明确数学地质的研究途径和一般过程。

2.1 数学地质的研究过程

数学地质的基本工作过程可以概括为（如图 2-1 所示）：由地质研究人员提出地质问题，分析问题的地质因素，建立相应的地质概念模型（conceptual model）；选择合适的数学方法，将定性的地质概念模型转化为定量的数学模型（mathematical model）并研制相应的应用软件；对计算机输出的定量结果及地质图形资料进行地质解释，并在此基础上确定或修改给出的地质概念模型及相应的数学模型，以期解决所提出的地质问题。

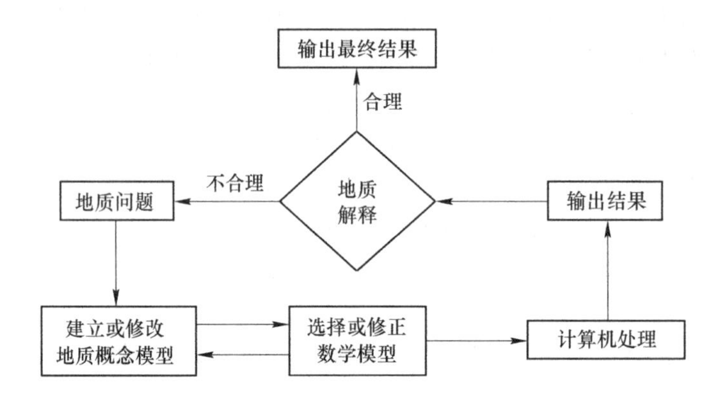

图 2-1 数学地质研究过程

具体而言，数学地质的研究过程可以归结为 8 个步骤：

（1）定义地质系统：根据研究对象和目的定义地质系统。

（2）建立地质概念模型：通过对地质系统的实际观测、数据分析、归纳并借助有关的先验知识等建立地质概念模型。

（3）设计数学模型：用数学公式来描述或逼近地质概念模型，从而建立起与研究目的相适应的数学模型。

（4）模型的程序化：将数学模型转变成计算机能接受的形式。

（5）设计模拟实验：输入信号、输入参数、参数的最优化、记录变量。

（6）模型装载：把数据分析程序或模拟程序输入计算机中。

（7）模型运行：在计算机上运行数据分析程序，或对模拟程序做模拟实验。

（8）地质解释并提交报告:对结果进行分析与整理,提交数据分析报告或模拟实验报告。

上述8个步骤可概括为三大阶段（如图2-2所示）：

（1）建模阶段：建立地质概念模型和设计相应的数学模型（建模技术或建模方法学）。

（2）模型程序化阶段：利用计算方法和算法语言将原始数学模型转变为适合于计算机处理的形式（程序）。为数据（统计）分析模型编制的程序通称为数据分析程序，为模拟模型编制的程序称为模拟程序（仿真程序、仿真模型）。

（3）模型运行阶段：对模型进行装载并使它在计算机上运行，同时记录模型在运行中各个变量的变化情况及其输出结果，最后按要求整理成报告。在运行阶段计算机的一系列工作都是由软件完成的（软件技术）。

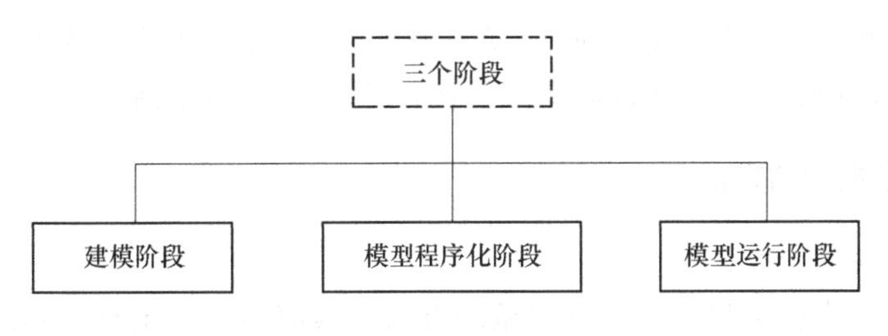

图2-2　数学地质研究的主要阶段

2.2　地质概念模型的建立

地质概念模型是数学地质研究的基础。建立地质概念模型一般有两条途径，即理论途径与经验途径。

（1）理论途径。根据理论关系——地质学基本理论或与它有关的各种科学定理、定律、原理来建立地质概念模型，其步骤如下：

① 对地质系统进行详细的观测，经过对实际资料的归纳与分析，确定出各地质成分（因素）的特征，找出它们之间的相互关系及制约（约束）条件。明确地质系统内各个成分之间的内在联系，查明过程的演化规律或形成机理。

② 对系统演化过程进行简化，选出对反映演化规律有意义的本质成分或因素，舍弃意义不大或一时作用尚不明确甚至是起干扰作用的因素。

③ 建立地质概念模型。首先把实际系统抽象成地质概念，然后用适当的地质假设和理论对地质系统进行建模，如成矿流体演化过程地质概念模型。

（2）经验途径。建立的地质概念模型所依据的不是理论关系，而是经验关系（无法建立理论关系式）。

2.3　数学模型的建立

2.3.1　建立数学模型的信息来源

为地质概念模型设计数学模型时必须依据与地质概念模型有关的信息，这种信息主要有三类。

A 建立数学模型的目的

建立数学模型就是利用各种数学理论和方法去描述或逼近地质概念模型。描述同一地质概念模型的数学模型可以有不同形式，采用什么样的数学形式和方法在很大程度上取决于建立数学模型的目的。建模目的是建模的重要信息来源之一。

B 先验知识

地质系统中的有些部分常常是前人已经研究过的，积累了丰富的经验，而且其中有的已被总结成许多假设、原理、定理或定律，它们可以用作建立数学模型的先验知识。先验知识是建立数学模型的另一重要信息来源。

C 观测数据

建立数学模型时，总要对实际的地质系统作必要的观测、取样、分析化验等工作，从中取得一定量的各种数据，这些数据是建立数学模型的重要信息来源。

2.3.2 建立数学模型的方法

A 演绎法（理论方法）

演绎法是基于先验信息建立数学模型的方法。其前提是假定对实际的地质系统已经有一些定理和原理可以被利用，因此可通过数学演绎和逻辑演绎来建立该系统的数学模型。这是一个从一般到特殊的过程，即将模型看做是从一组前提下经过演绎而得出的结果。一般地，如果地质概念模型是通过理论的方法来建立的，则数学模型可以由演绎法来建立，由此建立的模型称为理论模型。因此理论模型的建立过程就是一种演绎和推理的过程。

B 归纳法（经验方法）

归纳法是基于观测或试验数据来建立数学模型的方法，即从被观测到的现象或结果出发归纳出一个与观测结果相一致的更高一级的知识，这是一个从特殊到一般的过程，所以通过归纳法建立的数学模型将不是唯一的。由于有的地质事件没有很多的先验知识可以利用，这时就只能采用归纳法来建立数学模型。用归纳法建立数学模型时要注意以下两点：

（1）由于实际系统的观测数据经常是有限的，而且是不完全或不充分的，因此在归纳过程中必定会要求对数据进行某种外推，这种外推一定要有依据，而且要限制在最小的范围内，随意外推会导致建立的数学模型失真。

（2）由于用归纳法建立的数学模型会受到赖以建立数学模型的地质系统的具体条件的限制，所以在应用数学模型时必须考虑到这种应用的制约条件，而不能无条件地任意推广应用。利用归纳法建立的数学模型称为经验模型。

C 混合方法

混合方法是将演绎法与归纳法结合起来使用的方法。它包括两个方面，一方面可能利用一部分先验信息进行演绎，同时又通过搜集大量数据进行某种归纳，并对这两种方法所得的模型进行比较，然后不断加以完善；另一方面是通过演绎得到的数学模型可能包括由经验归纳而得到的某些经验成分在内。

2.4　模型的有效性、精确性与实用性

A　模型的有效性

模型的有效性即其可信性，一般来说，一个新建立的模型往往会真实性（模型中反映的各种基本要素及它们之间的关系是客观存在的）与失真性（基于研究的目的性或研究方法、手段的局限性，模型经过抽象与简化而建立）并存。这种真实性的程度可以通过对地质模型进行可信性分析来进行检验。

如果模型是通过演绎法建立的，则模型的可信性检验可以从以下几个方面进行考虑：(1) 演绎的前提是否正确；(2) 演绎过程在数学上和逻辑上是否严格正确；(3) 由前提引起的其他结果是否正确。

如果模型是通过归纳法建立的，则可以将从实际系统中收集的数据与模型提供的（主要是输出的）数据进行比较，以分析其可信性。

此外，还应采用各种方法对模型进行大量的验证，以证明其有效性。

B　模型的精确性

在建立模型时，在保证模型分析精度的基础上，应尽量把地质系统中有意义的因素包括进去，同时把无意义的甚至起干扰作用的因素予以排除。

C　模型的实用性

如果较简单的模型能使问题得到解决，就不必去追求复杂的模型。

3 地质分析的概率及数理统计基础

如前所述，地质科学所研究的地质运动或地质过程等研究对象往往是按照随机原理构成的，它们普遍地受概率法则的支配。同时，作为地质运动结果的地质体，是在漫长的地质历史过程中形成的，受目前研究能力所限，地质研究不可能开展广域空间意义上以及地质年代跨度上的地质体及地质过程的精细研究。也就是说，地质科学只能通过抽样观测和统计分析来研究和解释各种地质现象发生、发展和最终形成的原因。因此，地质科学和工程领域许多问题的解决少不了概率论及统计学相关理论和知识的应用。

3.1 随机事件

在日常生活中，我们经常可以发现这么一些现象，即在一定的条件下，有些事件（包括自然事件和社会事件）必然会发生，有些事件必然不会发生。我们把在一定条件下必然会出现的现象称为“必然事件（certain event)”；必然事件的反面，即在一定条件下必然不会出现的现象称为“不可能事件（impossible event)”。必然事件和不可能事件都是可以预知的，因而它们是确定性的。

但是，在自然界中，还广泛地存在着这样一类现象，在同一条件下多次进行同一试验或观测同一现象，所得到的结果不完全一样，有一定的差异，且在每次试验或观测之前无论对这些现象有多么仔细的了解，都不能确切预料将会出现什么结果，例如：

（1）在一定条件下投掷一枚质量均匀的硬币，每次出现正面或反面的结果是不完全一样的；

（2）在同一岩体上多次采集样品，每个样品的分析结果不完全一样；

（3）在环境观测中，在观测点上对某个现象多次观测的结果不完全一样；

（4）在区域地球化学测量中，在同一个采样点上先后几次采样，测试结果不完全一样；

（5）钻探到地表以下某一深度处时是否见到矿体；

⋮

我们把这种在一定条件下可能出现，也可能不会出现的事件称为“随机事件（random event)”。

通常，必然事件用 Ω 表示，不可能事件用 Φ 表示，随机事件用大写字母 A，B，… 表示。

以上所有这些现象有一个共同的特点，即结果具有随机性（不确定性）。为什么在同一条件下试验或观测的结果会不完全一样呢？就地质体而言，其形成经历了漫长的地质过程，中间存在着多种因素的作用、叠加、再现等复杂过程，此外还受试验、观测的偶然因素的影响，所以对地质体试验或观测的结果就具有了随机性。

由于地质作用的长期性和复杂性，地质过程中产生的大多数地质现象都可看做是随机事件。这些事件往往是相互影响、互相联系的，要解决地质问题就必须研究事件之间的关系。为此，有必要定义并引入一些符号来表示事件之间的关系。

A 事件的包含和相等

若事件 A 出现，事件 B 必然出现，则称事件 B 包含事件 A，记作 $A \subset B$。例如，A 表示“矿石中金品位为 5×10^{-6}”，B 表示“矿石中金品位介于 $(3 \sim 10) \times 10^{-6}$”，则只要 A 出现，B 必然出现，即 B 包含 A。

若事件 A 包含事件 B，同时事件 B 也包含事件 A，则称事件 A 和事件 B 相等，记作 $A = B$。

B 事件的和、差、积

对于任意两个事件 A 和 B：

(1)“至少有一个事件出现”也是一个事件，称此事件为 A，B 的和，记作 $A + B$ 或 $A \cup B$。

(2)“若 A 出现而 B 不出现”这一事件称为 A，B 之差，记作 $A - B$。

(3)“A 与 B 同时出现”这一事件，称为 A，B 的积，记作 AB 或 $A \cap B$。

例如，事件 A 表示“金含量 $(1 \sim 5) \times 10^{-6}$”，事件 B 表示“金含量 $(3 \sim 10) \times 10^{-6}$”，则 $A + B$ 表示的是“金含量 $(1 \sim 10) \times 10^{-6}$”，$A - B$ 表示的是“金含量 $(1 \sim 3) \times 10^{-6}$”，$AB$ 表示的是“金含量 $(3 \sim 5) \times 10^{-6}$”。

把事件的和、积概念推广到有限多个事件，设有事件 A_1，A_2，…，A_n，则 $A_1 + A_2 + \cdots + A_n = \sum_{i=1}^{n} A_i$ 表示 n 个事件的和，即“A_1，A_2，…，A_n 诸事件至少出现其一”。而 $A_1 A_2 \cdots A_n = \prod_{i=1}^{n} A_i$ 则表示 n 个事件的积，即“A_1，A_2，…，A_n 诸事件同时出现”。

C 不相容事件（incompatible event）和逆事件（adverse event）

若事件 A，B 不可能同时出现，即 $AB = \Phi$，则称 A，B 是互不相容的。

若事件 A_1，A_2，…，A_n 中任意两个事件都是互不相容的，即 $i \neq j$ 时，$A_i A_j = \Phi(i, j = 1, 2, \cdots, n)$，则称事件 A_1，A_2，…，A_n 为两两互不相容事件。

若事件 A，B 中必有一个出现，但不同时出现，即 $A + B = \Omega$，$AB = \Phi$，则称 A，B 是互逆事件，记作 $B = \overline{A}$ 或 $A = \overline{B}$。

例如，事件“金含量 $(1 \sim 5) \times 10^{-6}$”与事件“金含量 $(10 \sim 20) \times 10^{-6}$”是互不相容的，“矿”与“非矿”是互逆事件。

图 3-1 给出了上述几种事件间关系的几何解释。

3.2 随机事件的概率

当在一定的条件下重复作某一观测时，会发现一些现象出现的次数多一些，另一些现象出现的次数少一些。表明各事件出现的可能性是有大有小的，这自然会使人想到可以用一个数字来描绘事件出现的可能性。

设事件 A 在 N 次观测中出现了 n 次，则称 n/N 为事件 A 出现的频率。当观测次数 N

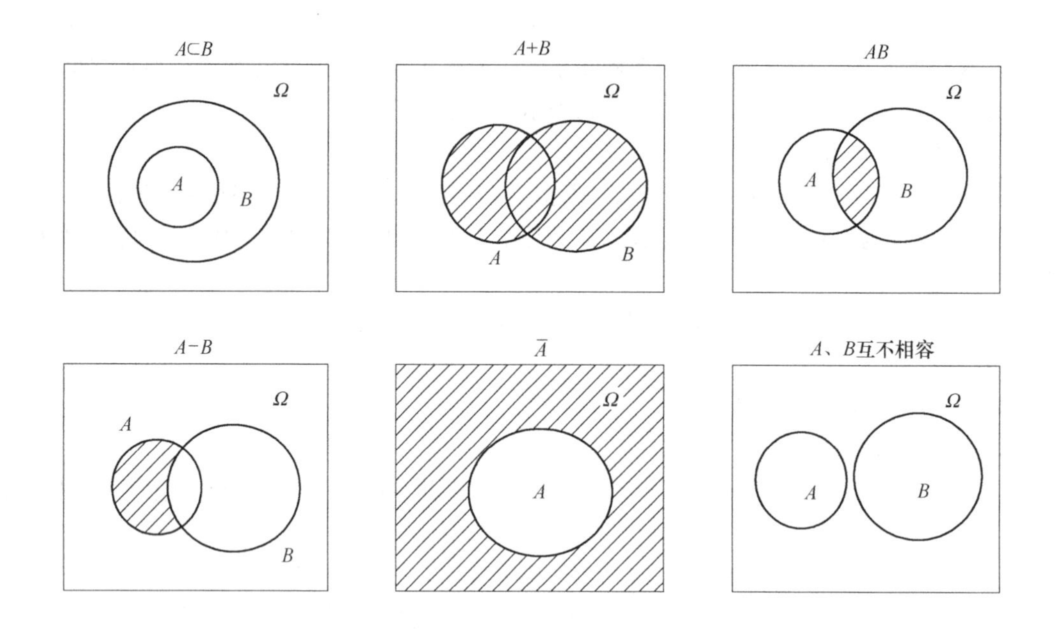

图 3-1 事件间关系的直观几何解释

（$A+B$，AB，$A-B$，$\bar{A}$ 分别为图中的阴影部分）

足够大时，事件 A 的频率 n/N 会稳定在某一数值 P 附近摆动，数值 P 即为事件 A 出现的概率，记作 $P(A)=P$。在实际研究工作中，通常就是用这个频率近似地表示该事件发生的概率。随机事件的概率有下列的重要性质和运算公式。

（1）对于任意随机事件 A，有

$$0 \leqslant P(A) \leqslant 1, \quad P(\Omega)=1, \quad P(\Phi)=0$$

（2）概率加法公式。若事件 A 和事件 B 互不相容，则有

$$P(A+B)=P(A)+P(B) \tag{3-1}$$

由于对立（互逆）事件之和是必然事件，因而对立事件的概率之和等于1，即

$$P(A)+P(\bar{A})=1$$

（3）条件概率。若 A，B 是两个随机事件（设 $P(B)\neq 0$），则

$$P(A|B)=\frac{P(AB)}{P(B)} \tag{3-2}$$

称为“事件 B 已经出现的条件下，事件 A 出现”的条件概率。

（4）概率乘法公式。A，B 为任意两个随机事件，则

$$P(AB)=P(B)P(A|B)=P(A)P(B|A) \tag{3-3}$$

可见，事件 A 与事件 B 不是独立的，而是互相影响的。

（5）事件的独立性。对事件 A 和事件 B 来说，若有 $P(A|B)=P(A)$ 和 $P(B|A)=P(B)$，则事件 A 和事件 B 是相互独立的。这时，一事件出现与否并不影响另一事件出现的概率。当 A，B 相互独立时，上述概率乘法公式即成为

$$P(AB) = P(A)P(B)$$

（6）全概率公式。假定 B_1，B_2，…，B_n 是一组互不相容的事件，并且 $B_1 + B_2 + \cdots + B_n$ 是一个必然事件，即 $P(B_1) + P(B_2) + \cdots + P(B_n) = 1$ 且 $P(B_i) > 0(i = 1,2,\cdots,n)$，则称 B_1，B_2，…，B_n 构成了一个互不相容的完备事件群。若事件 A 与事件 B_i 中之一同时出现，即

$$A = AB_1 + AB_2 + \cdots + AB_n$$

则

$$P(A) = P(B_1)P(A \mid B_1) + P(B_2)P(A \mid B_2) + \cdots + P(B_n)P(A \mid B_n) = \sum_{i=1}^{n} P(B_i)P(A \mid B_i) \tag{3-4}$$

可以看出，全概率公式将对一复杂事件 A 的概率求解问题转化成了在不同情况下发生的简单事件的概率的求和问题。

（7）贝叶斯公式。设 B_1，B_2，…，B_n 为一个互不相容的完备事件群，对于非不可能事件 A(即 $P(A) \neq 0$)，有

$$P(B_i \mid A) = \frac{P(B_i)P(A \mid B_i)}{\sum_{i=1}^{n} P(B_i)P(A \mid B_i)} \quad (i = 1,2,\cdots,n) \tag{3-5}$$

事实上，由条件概率公式（3-2）可得

$$P(A_i \mid B) = \frac{P(A_iB)}{P(B)}$$

再由乘法公式及全概率公式即得式（3-5）。贝叶斯公式有时也称为“逆概率公式”。

【例 3-1】 在某金矿脉上采取 500 件样品测定金的含量，其数值介于$(0.1 \sim 100) \times 10^{-6}$之间，把它们分成 9 个含量区间，样品金含量落入各区间的频数、频率列于表 3-1。

表 3-1 某矿脉金含量区间频数及频率分布表

区间号	1	2	3	4	5	6	7	8	9	Σ
金含量/10^{-6}	0.1~0.2	0.2~0.5	0.5~1	1~2	2~5	5~10	10~20	20~50	50~100	
频数	20	30	55	90	135	80	65	20	5	500
频率/%	4	6	11	18	27	16	13	4	1	100

不难看出，每个样品的金含量只能落在这 9 个含量区间中的一个，因而落入不同区间的样品金含量是互不相容的。由于所有样品的金含量值都必然出现在这 9 个区间之一，因而各区间频率之和等于 1，并且构成了一个完备事件群。若求金含量落在$(0.2 \sim 5) \times 10^{-6}$这个区间的概率，根据概率加法法则，它近似地等于第 2、3、4、5 四个含量区间的概率之和，即

$$P[(0.2 \sim 5) \times 10^{-6}] = P[(0.2 \sim 0.5) \times 10^{-6}] + P[(0.5 \sim 1) \times 10^{-6}] + P[(1 \sim 2) \times 10^{-6}] + P[(2 \sim 5) \times 10^{-6}]$$

$$=0.06+0.11+0.18+0.27$$

$$=0.62$$

【例3-2】 为考察某地断裂构造对金矿脉的控制作用，抽取具有代表性的120个已知单元进行其中断裂发育情况的统计，结果如下：

（1）有金矿脉出现的单元有26个，其中：伴随有北东向断裂的单元有17个；伴随有北西向断裂的单元有7个；伴随有东西向断裂的单元有2个。

（2）只出现北东向断裂的单元有3个。

（3）只出现北西向断裂的单元有9个。

（4）只出现东西向断裂的单元有6个。

（5）没有矿脉也没有断裂的单元有76个。

根据上列统计结果可得到下列几种认识：

（1）在任意的一个单元内

① P(矿脉出现) = 26/120 = 21.7%；

② P(北东向断裂出现) = (17 + 3)/120 = 16.7%；

③ P(北西向断裂出现) = (7 + 9)/120 = 13.3%；

④ P(东西向断裂出现) = (2 + 6)/120 = 6.7%；

⑤ P(矿脉和北东向断裂同时出现) = 17/120 = 14.2%；

⑥ P(矿脉和北西向断裂同时出现) = 7/120 = 5.8%；

⑦ P(矿脉和东西向断裂同时出现) = 2/120 = 1.7%；

⑧ P(断裂出现) = P(北东向断裂出现) + P(北西向断裂出现) + P(东西向断裂出现)

= 16.7% + 13.3% + 6.7% = 36.7%；

⑨ P(矿脉和断裂同时出现) = P(矿脉和北东向断裂同时出现) + P(矿脉和北西向断裂同时出现) + P(矿脉和东西向断裂同时出现) = 14.2% + 5.8% + 1.7% = 21.7%。

（2）在矿脉已经出现的条件下各类断裂出现的概率：

① $P(\text{北东向断裂} \mid \text{矿脉}) = \dfrac{P(\text{矿脉和北东向断裂同时出现})}{P(\text{矿脉出现})} = \dfrac{14.2\%}{21.7\%} = 65.4\%$；

② $P(\text{北西向断裂} \mid \text{矿脉}) = \dfrac{P(\text{矿脉和北西向断裂同时出现})}{P(\text{矿脉出现})} = \dfrac{5.8\%}{21.7\%} = 26.7\%$；

③ $P(\text{东西向断裂} \mid \text{矿脉}) = \dfrac{P(\text{矿脉和东西向断裂同时出现})}{P(\text{矿脉出现})} = \dfrac{1.7\%}{21.7\%} = 7.8\%$；

④ $P(\text{断裂} \mid \text{矿脉}) = \dfrac{P(\text{矿脉和断裂同时出现})}{P(\text{矿脉出现})} = \dfrac{21.7\%}{21.7\%} = 100\%$。

（3）在各类断裂构造出现的条件下矿脉出现的概率：

① $P(\text{矿脉} \mid \text{北东向断裂}) = \dfrac{P(\text{矿脉和北东向断裂同时出现})}{P(\text{北东向断裂出现})} = \dfrac{14.2\%}{16.7\%} = 85.03\%$；

② $P(\text{矿脉} \mid \text{北西向断裂}) = \dfrac{P(\text{矿脉和北西向断裂同时出现})}{P(\text{北西向断裂出现})} = \dfrac{5.8\%}{13.3\%} = 43.61\%$；

③ $P(\text{矿脉} \mid \text{东西向断裂}) = \dfrac{P(\text{矿脉和东西向断裂同时出现})}{P(\text{东西向断裂出现})} = \dfrac{1.7\%}{6.7\%} = 25.37\%$；

④ $P(\text{矿脉}\mid\text{断裂}) = \dfrac{P(\text{矿脉和断裂同时出现})}{P(\text{断裂出现})} = \dfrac{21.7\%}{36.7\%} = 59.13\%$。

3.3 随机变量及其概率分布

在统计学研究对象的数量化标志中，不变的数量标志称为常量或参数，可变的数量标志称为变量，变量按其性质可分为确定性变量和随机变量。如前所述，地质运动过程往往是按照随机原理构成的，因此，在地质学研究中，描述研究对象数量化标志的变量许多都是随机变量。

将在观测或试验中可能取这个数值或那个数值，但不能预知一定取什么值的变量，称为随机变量（random variable），通常用 ξ 表示。例如，用 ξ 表示“某金矿脉每个抽样的金含量”、“矿石中有用组分的含量”、“钻探结果”等不能预知的随机变量。

随机变量是随机事件的数量表征，尽管每次随机试验的结果不能事先确定，但随机变量的变化是有一定规律的，它可以由随机事件的概率来刻画。当随机变量取某一个值或落入某个数值区间时，便构成了一个随机事件。例如，用 ξ 表示“某矿脉每个抽样的金含量”，则 $P(3\times10^{-6}<\xi\leqslant15\times10^{-6})=20\%$ 表示“某矿脉抽样中金含量大于 3×10^{-6} 又不超过 15×10^{-6}”这样一个随机事件，它的概率是20%。

有的随机变量 ξ 所可能取的值可以按一定次序一一列举出来，而且 ξ 以各种确定的概率取这些不同的值，这样的随机变量称为“离散型随机变量（discrete random variable）”。而有的随机变量 ξ，其取值能够连续地取某个区间的一切实数值，这样的随机变量称为“连续型随机变量（continuous random variable）”。

随机变量的取值虽然不能预知，但它可能取些什么值和以多大的概率取这些值是可以确定的。因而随机变量是受一定的概率法则制约的，具有统计规律性。为了有效地描述随机变量的统计规律，在概率论中引入了分布律（distribution law）和分布函数（distribution function）的概念。

随机变量取值与其概率构成的对应关系称为随机变量的分布律。它给出随机变量的一切可能的取值，并指出以多大的概率取得这些值。

3.3.1 离散型随机变量的概率分布

设随机变量 ξ 可能的取值为 $x_k(k=1,2,\cdots)$，而 $p_k(k=1,2,\cdots)$ 是 ξ 取值 x_k 时的概率，则

$$P(\xi = x_k) = p_k \qquad (k = 1,2,\cdots) \tag{3-6}$$

称为“离散型随机变量 ξ 的概率分布”。或列成表格，称为“随机变量 ξ 的分布列”：

ξ	x_1	x_2	$\cdots$	x_k	$\cdots$
$P(\xi=x_k)$	p_1	p_2	$\cdots$	p_k	$\cdots$

显然，p_k 满足条件：

$$\begin{cases} p_k \geqslant 0 \\ \sum\limits_k p_k = 1 \end{cases}$$

在地质工作中，最常用的离散型随机变量的概率分布有二项分布、泊松分布和负二项分布。

A 二项分布

在相同条件下进行 n 次独立试验，每次试验只有两种可能的结果，即某事件出现或不出现，分别记为 A 和 $\overline{A}$。用 ξ 表示事件 A 发生的次数，如果在这 n 次试验中事件 A 出现的概率为 $P(A)=p$，不出现的概率为 $P(\overline{A})=1-p$，则在 n 次观测中事件 A 出现 k 次的概率为

$$P(\xi = k) = C_n^k p^k (1-p)^{n-k} \qquad (k = 0,1,\cdots,n) \tag{3-7}$$

那么就说 ξ 服从二项分布，记作 $\xi \sim B(n,p)$。

式中 p——1 次试验中事件 A 出现的概率，或称成功概率；

$1-p$——1 次试验中事件 A 不出现的概率；

C_n^k——二项式系数，$C_n^k = n!/[k!(n-k)!]$。

由于 $C_n^k p^k (1-p)^{n-k}$ 是二项式 $[p+(1-p)]^n$ 展开式的第 $n+1$ 项，因此称 n 次观测中事件 A 出现的次数遵从二项分布。

显然，当 $k=0$，1，…，n 时，构成一必然事件，故有

$$\sum_{k=0}^{n} C_n^k p^k (1-p)^{n-k} = 1$$

二项分布的平均数 $E\xi = np$，方差 $D\xi = np(1-p)$。

【例 3-3】 已知某铁矿 $w(TFe)>45\%$（富矿）的矿样占样品总数的 10%，现在该矿矿体上随机采取 3 个样品，问其中 3 个、2 个、1 个、0 个 $w(TFe)>45\%$ 的样品的概率各为多少？

解： 已知总样品中，$w(TFe)>45\%$ 的样品占 10%，即 $p=10\%=0.1$（1 次取样中，$w(TFe)>45\%$ 的概率为 10%）。

因而，$w(TFe)<45\%$ 的样品占总样数为 $1-p=0.9$，取 3 个样意味着观测次数 $n=3$，要出现 3，2，1，0 个 $w(TFe)>45\%$ 的样品，即 $k=3$，2，1，0。

按式（3-7），$P_n(k) = C_n^k p^k (1-p)^{n-k}$，式中 $C_n^k = n!/[k!(n-k)!]$。

所以

$$C_3^3 = 3!/[3!(3-3)!] = 1$$

$$C_3^2 = 3!/[2!(3-2)!] = 3$$

$$C_3^1 = 3$$

$$C_3^0 = 1$$

3 个样均为 $w(TFe)>45\%$ 的概率 $P_3(3) = C_3^3(0.1)^3(0.9)^{3-3} = 0.001 = 0.1\%$

3 个样中 2 个 $w(TFe)>45\%$ 的概率 $P_3(2) = C_3^2(0.1)^2(0.9)^{3-2} = 0.0243 = 2.43\%$

3 个样中 1 个 $w(TFe)>45\%$ 的概率 $P_3(1) = C_3^1(0.1)^1(0.9)^{3-1} = 0.243 = 24.3\%$

3 个样中 0 个 $w(TFe)>45\%$ 的概率 $P_3(0) = C_3^0(0.1)^0(0.9)^{3-0} = 0.729 = 72.9\%$

且 $P_3(3)+P_3(2)+P_3(1)+P_3(0)=1$

B 泊松分布

设离散型随机变量 ξ 的可能取值为 x_1，x_2，…，x_k，…；p_1，p_2，…，p_k，…是 x_k 出现的概率，则

$$P_{\lambda}(k) = P(\xi = k) = \frac{\lambda^{k}}{k!}e^{-\lambda} \tag{3-8}$$

称为离散型随机变量 ξ 服从参数为 λ 的泊松分布。

式（3-8）表示，在一定时间（空间）内，若某随机事件的发生概率是固定的（即 λ），则在给定的时间（空间）内，该事件发生指定次数 k 的概率为 $P_{\lambda}(k)$。

泊松分布只有一个参数 λ，且 $E\xi = D\xi = \lambda$。$p_k > 0$，$\sum_{k=0}^{\infty} p_k = 1$。

泊松分布是二项分布的特例（极限情况），即

$$\lim_{n\to\infty} C_n^k p^k (1-p)^{n-k} = \frac{(np)^k}{k!}e^{-np} = \frac{\lambda^k}{k!}e^{-\lambda}$$

因此，当 p 很小、n 很大时，用泊松分布能很好地近似二项分布（见表 3-2）。经验表明，当 $p \leqslant 0.1$，$n \geqslant 20$ 时，即可用泊松分布逼近二项分布。

表 3-2 二项分布与泊松分布的比较

k	$P(k)$	
	二项分布	泊松分布
0	0.3360	0.3679
1	0.3697	0.1839
2	0.1849	0.0613
3	0.0610	0.0153
4	0.0149	0.0031
5	0.0029	0.0005
6	0.0005	0.0001
7	0.0001	0.0001
8	0.0000	0.0000
合　计	1.0000	1.0000

由表 3-2 可见，二者计算结果非常接近，当 n 愈大其接近程度愈好，但泊松分布的 $P(k)$ 计算较为简便。

【例 3-4】 某火山岩盆地发育有与闪长玢岩有关的铁矿床（点），现将该盆地按 9km^2 大小划分成等面积单元 93 个，并调查统计了含不同矿床（点）数的单元的频数（个数），见表 3-3（F_i），问在该盆地内有无继续发现新矿床（点）的可能性？

表 3-3 各单元观测结果

单元内矿点	F_i（观测频数）	f_i^*（理论频数）
0	72	68.2
1	15	21.1
2	4	3.3
3	2	0.3
4	0	0

解： 该问题可按如下6个步骤进行分析。

（1）计算统计量：

计算出每个单元平均所含矿床（点）数 λ 及方差

$$\lambda = E\xi = (72\times0+15\times1+4\times2+2\times3+0\times4)/93 = 0.31$$

$$D\xi = [(0-0.31)^2\times72+(1-0.31)^2\times15+(2-0.31)^2\times14+\cdots]/(93-1) = 0.4342$$

（2）进行假设：

假定矿点分布服从泊松分布，即实测值（含0，1，2，3，…，n 个矿点的分布频次）与理论期望值（泊松分布的期望频次）无显著差异，且其分布模型为：

$$P_{0.31}(k) = 0.31^k e^{-0.31}/k!$$

（3）按上述模型计算不同 k 值（矿床数）下的概率值：

矿床数为0的概率，即 $k=0$ 时，$P_{0.31}(0)=0.31^0e^{-0.31}/0! =0.7334$

矿床数为1的概率，即 $k=1$ 时，$P_{0.31}(1)=0.31^1e^{-0.31}/1! =0.2274$

矿床数为2的概率，即 $k=2$ 时，$P_{0.31}(2)=0.31^2e^{-0.31}/2! =0.0352$

矿床数为3的概率，即 $k=3$ 时，$P_{0.31}(3)=0.31^3e^{-0.31}/3! =0.0036$

（4）计算理论频数：

计算方法：在 n 次试验中，若事件 A 出现了 m 次，则 m 为该事件发生的频数，比值 m/n 为事件 A 发生的频率；随着 n 的增大，m/n 稳定在某一数值 P 附近，则 P 称为事件 A 的概率，即 $m/n\rightarrow P$，所以理论频数 $m=n\cdot P$。

将上述各概率值 $P_\lambda(k)$ 分别乘以样本总数93即为理论频数，表3-3中的 f_i^* 即为相应的计算结果。

（5）进行假设检验：

该理论分布与观测分布之间的差异性用 χ^2 检验（详见3.6.2.4），在显著性水平 $\alpha=0.05$ 下，检验理论频数与观测频数无显著差别的假设是否成立。这时，按式（3-9）计算统计量 χ^2 并进行检验：

$$\chi^2 = \sum_{i=1}^{m}\frac{(f_i-f_i^*)^2}{f_i^*} \tag{3-9}$$

如果计算得到的 $\chi^2<\chi^2_{(0.05,1)}$，则接受原假设，否则拒绝。

按 χ^2 检验的要求，需将频数小于5的项合并，即将表3-3中单元内矿点数为2、3和4的行合并，合并后的观测频数和理论频数分别为6和3.6，故

$$\chi^2 = (72-68.2)^2/68.2+(15-21.1)^2/21.1+(6-3.6)^2/3.6 = 3.56$$

在显著性水平 $\alpha=0.05$，自由度 $m-r-1=3-1-1=1$ 下（r 为未知参数的个数，此处为1，即单元内矿点数），查 χ^2 分布的上侧分位数 χ^2_α 得 $\chi^2_{(0.05,1)}=0.841$。

显然，$\chi^2<\chi^2_{(0.05,1)}$，所以接受理论分布与观测分布之间无显著差异、矿点分布服从泊松分布的假设。

（6）进行地质解释：

已有调查结果显示（表3-3），在该盆地内已经发现的含一个矿床（点）的单元只有15个，而这种单元理论上应该有约21个（21.1个），因此，在该盆地内还有继续找到新

矿点的潜力和可能性。

C 负二项分布

负二项分布是几何分布的一种延伸，也称作巴斯卡分布。在相同条件下进行观测，观测结果只有 A 和 $\overline{A}$。记每次试验中事件 A 发生的概率为 p，如果 x 为事件 A 第 k 次出现时的试验次数，则 x 的可能取值为 k，$k+1$，…，称 x 服从负二项分布，记为 x：$Nb(p)$，其分布列为

$$P_k(x) = \mathrm{C}_{x-1}^{k-1} p^k q^{x-k} \qquad (x \geqslant k) \tag{3-10}$$

在负二项分布中，观测单位内出现计数为 x（$x=0$，1，2，…）的概率

$$P_k(x) = \frac{(x+k-1)!}{x!(k-1)!} \cdot \frac{p^x}{q^{x+k}} \tag{3-11}$$

表示观测 $k+x$ 次恰好有 k 次出现的概率。其中，$p=\mu/k$，$q=1+p=1+\mu/k$。因此，负二项分布有平均值 μ 和指数 k 两个参数。对式（3-11）作变换，得

$$P_k(x) = \frac{(x+k-1)!}{x!(k-1)!}\left(\frac{1}{q}\right)^k \cdot \left(1-\frac{1}{q}\right)^x \tag{3-12}$$

在实际应用中，需要估计参数 μ 和 k。估计 k 的方法有以下三种：

（1）矩法：由样本的平均值和方差 s^2 来估计

$$\hat{k} = \frac{(\bar{x})^2}{s^2 - \bar{x}} \tag{3-13}$$

（2）极大似然法：当 $n \to \infty$ 时，k 的估值 $\hat{k}$ 是一个完全有效的估值，它具有最小方差，可用最大似然法求得。为此采用试算法，用不同的试算值 $\hat{k}_i$ 代入式（3-14）进行试算

$$z_i = \sum_{x=0}^{n}\left(\frac{A_x}{\hat{k}_i + x}\right) - n\ln\left(1+\frac{\bar{x}}{\hat{k}_i}\right) \tag{3-14}$$

进行试算，其中使 $z_i \to 0$ 的 $\hat{k}_i$ 值，即为所求的 $\hat{k}$ 值。式中，A_x 为观测值中所有计数大于 x 的频数之和。

表 3-4 所列为用极大似然法求 k 的估值的一个例子，当 $\hat{k}_i=0.7611222$ 时，$z_i=-4\times10^{-9}$。

表 3-4 单元内矿点数负二项分布模拟结果表

计数值 x	观测频数	A_x	$\dfrac{A_x}{\hat{k}_i + x}$ （$\hat{k}_i = 0.7611222$）
0	52	28	36.78778519
1	18	10	5.678197686
2	5	5	1.810857919
3	3	2	0.531756187
4	1	1	0.210034517
5	1	0	0
$n=80$，$\bar{x}=0.575$，$\sum_{x=0}^{n}\frac{A_x}{\hat{k}_i+x}=45.01863150$			
$n\ln\left(1+\frac{\bar{x}}{\hat{k}_i}\right)=45.01863150$，$z_i=-4\times10^{-9}$，$p=0.7555$，$q=1.7555$			

（3）用样本数据中计数为0出现的频率估计 k 值，即

$$P_k(0) = \frac{1}{q^k} = \frac{f_0^*}{N}$$

则

$$q^k = \frac{N}{f_0^*}$$

$$k\ln\left(1 + \frac{\bar{x}}{k}\right) - \ln\frac{N}{f_0^*} = 0 \tag{3-15}$$

其中 $\ln\frac{N}{f_0^*}$ 是个常数。用试值的方法求出满足式（3-15）的 $\hat{k}_i$ 值，即是 k 的估值。

3.3.2　连续型随机变量的概率分布

对于连续型的随机变量，因为它有不可列无穷多个可能值，因此不可能作出其分布列。一般可以通过考察随机变量落在某一范围内的概率大小来认识它。在实际研究过程中，经常是通过作直方图和统计分布曲线来对数据进行统计分布研究。即把数据按大小划分数值区间，统计数据在各区间出现的频数、频率，做出频率直方图或频率分布曲线，根据图形判断该数据可能属于哪种分布类型，采用适当的检验方法确定数据的概率分布类型，并用样本的有关数字特征估计概率分布的参数，从而确定概率分布函数。

下面首先通过一个例子来说明这种认知的基本过程，然后介绍连续型随机变量概率分布的表征方法。

【例3-5】　表3-5为某铁矿500个样品TFe含量的分析和统计结果，利用该结果，做出 w(TFe)的频率分布直方图如图3-2所示。

表3-5　某铁矿取样样品铁品位分布情况

w(TFe)/%	频数	频率	累积频率	w(TFe)/%	频数	频率	累积频率
9.5~10.5	2	0.005	0.005	26.5~27.5	19	0.039	0.303
10.5~11.5	3	0.007	0.012	27.5~28.5	23	0.047	0.350
11.5~12.5	3	0.008	0.020	28.5~29.5	28	0.056	0.406
12.5~13.5	4	0.008	0.028	29.5~30.5	33	0.067	0.473
13.5~14.5	4	0.009	0.038	30.5~31.5	39	0.080	0.553
14.5~15.5	4	0.010	0.048	31.5~32.5	45	0.091	0.643
15.5~16.5	5	0.011	0.059	32.5~33.5	47	0.094	0.737
16.5~17.5	6	0.012	0.071	33.5~34.5	43	0.086	0.823
17.5~18.5	6	0.014	0.085	34.5~35.5	33	0.067	0.891
18.5~19.5	7	0.014	0.100	35.5~36.5	22	0.045	0.936
19.5~20.5	7	0.015	0.115	36.5~37.5	13	0.027	0.963
20.5~21.5	8	0.016	0.131	37.5~38.5	7	0.015	0.978
21.5~22.5	9	0.019	0.150	38.5~39.5	4	0.009	0.987
22.5~23.5	11	0.023	0.173	39.5~40.5	2	0.006	0.993
23.5~24.5	13	0.027	0.200	40.5~41.5	1	0.004	0.997
24.5~25.5	15	0.030	0.231	41.5~42.5	1	0.002	0.999
25.5~26.5	16	0.034	0.264	42.5~43.5	0	0.001	1.000

图 3-2 中每个区间上的小长方形的面积等于该区间上相应的频率值。容易看出，所有长方形的面积之和等于 1。或者也可作成如图 3-3 所示的累积频率多边形。

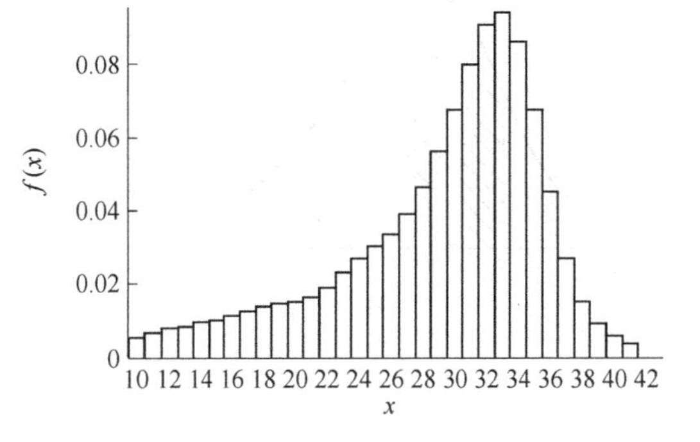

图 3-2 TFe 含量频率分布直方图

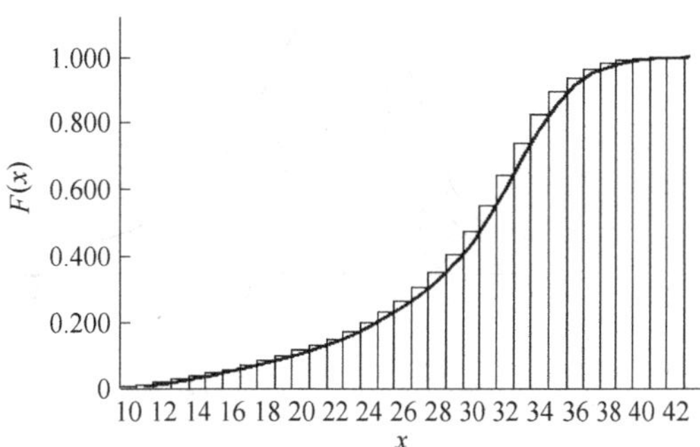

图 3-3 TFe 含量累积频率分布

人们在采用直方图的形式对观测数据的分布特征进行研究时发现，随着样本容量的不断增大，直方图的小长方形不断增多，小长方形顶边形成的折线将逐渐近似于一条光滑连续的曲线。此曲线称为频率分布密度曲线，它相对于概率分布密度曲线而言，是一条近似的经验曲线。在长期的生产实践中，人们依据一些共同的原则，将具有一定共性的许多数量性事物加以抽象，并在理论上推导出和频率分布密度相一致的函数关系，这种函数便是概率分布密度函数（density function of probability distribution），它是理论分布的数学模型，通常称为随机变量的分布律。

设 ξ 是随机变量，对于任何实数 x，事件（$\xi \leqslant x$）的概率 $P(\xi \leqslant x)$ 有意义，因而可定义函数

$$F(x) = P(\xi \leqslant x) \qquad (x \in R_1 = (-\infty, +\infty))$$

并称 $F(x)$ 为随机变量 ξ 的分布函数。它给出随机变量 ξ 取不大于 x 的值的概率。在几何意义上，事件（$\xi \leqslant x$）的概率是图 3-4(a)中阴影部分的面积。用积分的形式可把 $F(x)$ 表示为

$$F(x) = P(\xi \leqslant x) = \int_{-\infty}^{x} f(t)\,\mathrm{d}t \tag{3-16}$$

其中的 $f(t) = f(x)$，是概率分布密度函数。

如果知道了随机变量 ξ 的分布函数 $F(x)$，如图 3-4(c)所示，可求出 ξ 落入任何区间 $[x_1, x_2]$ 中的概率。即

$$P(x_1 < \xi \leqslant x_2) = P(\xi \leqslant x_2) - P(\xi \leqslant x_1) = F(\xi \leqslant x_2) - F(\xi \leqslant x_1) = F(x_2) - F(x_1) \tag{3-17}$$

由于分布函数表示的是小于 x 值的所有 ξ 的概率，因此也称为累积概率分布函数。图 3-4(c)所示的是分布函数 $F(x)$ 的几何表征。

下面以理论研究和实际应用中最为常用的正态分布为主要内容，说明连续型随机变量的分布特征。

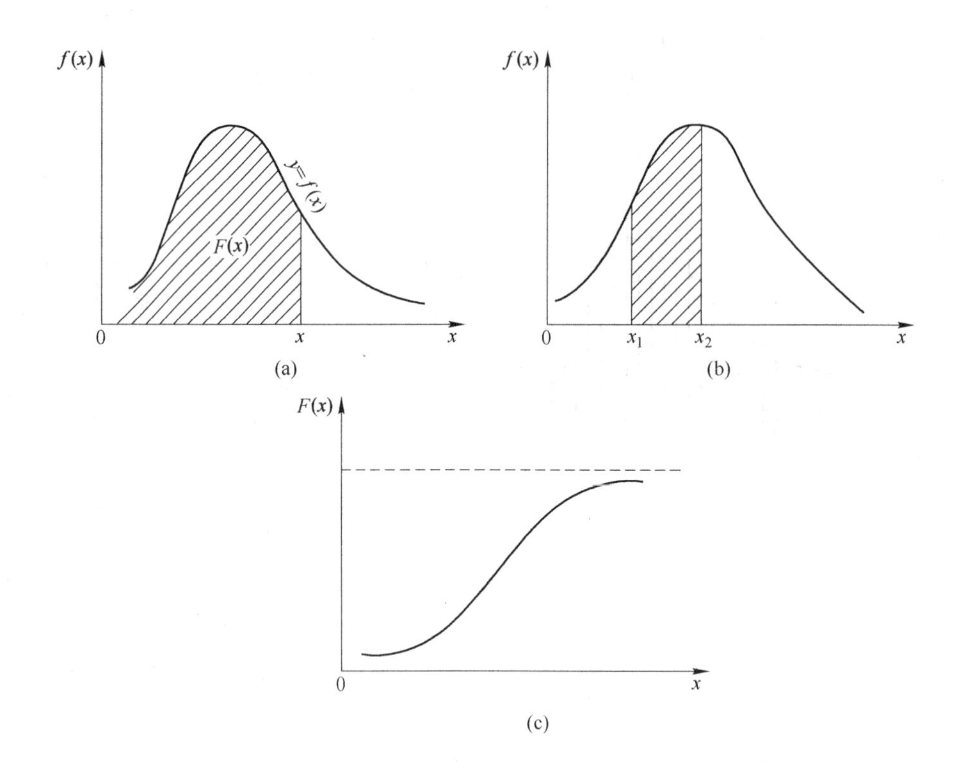

图 3-4　概率分布密度函数和概率分布函数的几何表示
(a), (b) 概率分布密度函数; (c) 概率分布函数

A　参数为 μ, σ 的正态分布

正态分布是目前研究得最彻底的一种数据分布率，许多统计方法都假设数据服从正态分布。当数据不服从正态分布时，常常将其变换为正态分布，或选择稳健的统计方法或非参数统计方法进行研究。

若连续型随机变量 ξ 的密度函数为

$$f(x) = \frac{1}{\sigma\sqrt{2\pi}}\mathrm{e}^{-\frac{(x-\mu)^2}{2\sigma^2}} \qquad (-\infty < x < +\infty) \tag{3-18}$$

其中 μ, $\sigma>0$ 为常数，则称随机变量 ξ 服从参数为 μ, σ 的正态分布，简记为 $\xi \sim N(\mu, \sigma^2)$。

正态分布的分布函数为：

$$F(x) = \frac{1}{\sigma\sqrt{2\pi}}\int_{-\infty}^{x}\mathrm{e}^{-\frac{(t-\mu)^2}{2\sigma^2}}\mathrm{d}t \qquad (t\text{ 为}(-\infty, x)\text{ 内 }\xi\text{ 的任一取值}) \tag{3-19}$$

正态分布的概率密度曲线和累积概率曲线分别如图 3-5 和图 3-6 所示。

不难看出，正态分布的概率密度函数 $f(x)$ 具有以下性质：

(1) 曲线 $y=f(x)$ 关于直线 $x=\mu$ 对称，即

$$f(\mu-\sigma)=f(\mu+\sigma)$$

由此可以得到，对任意的 $h>0$，有

$$P\{\mu - h \leqslant \xi \leqslant \mu\} = P\{\mu \leqslant \xi \leqslant \mu + h\}$$

特别地有

$$\int_{-\infty}^{\mu} f(x)\,\mathrm{d}x = \int_{\mu}^{+\infty} f(x)\,\mathrm{d}x = \frac{1}{2}$$

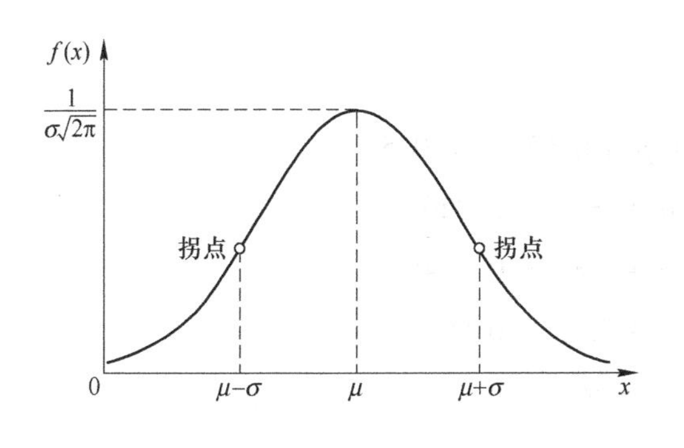

图 3-5 正态分布概率密度曲线

图 3-6 正态分布累积概率曲线

（2）当 $x=\mu$ 时，$f(x)$ 达到极大值 $\dfrac{1}{\sigma\sqrt{2\pi}}$，这表明，随机变量 ξ 在 $x=\mu$ 的近旁取值的概率较大。

（3）在 $x=\mu\pm\sigma$ 处，曲线 $y=f(x)$ 有拐点，且以 x 轴为水平渐近线（$f(x)\to 0$）。

（4）$(-\infty,\ +\infty)$ 内曲线与横轴围成的面积等于 1。

（5）$f(x)$ 有两个参数 μ 和 σ。μ 为位置参数（决定曲线的位置）；σ 为形状参数（决定曲线的形状）。

对于固定的 σ 值，改变 μ 值，则 $f(x)$ 的图形沿 x 轴平行移动，而图形的形状并不改变（如图 3-7(a) 所示）。可见，μ 值确定了曲线的位置。

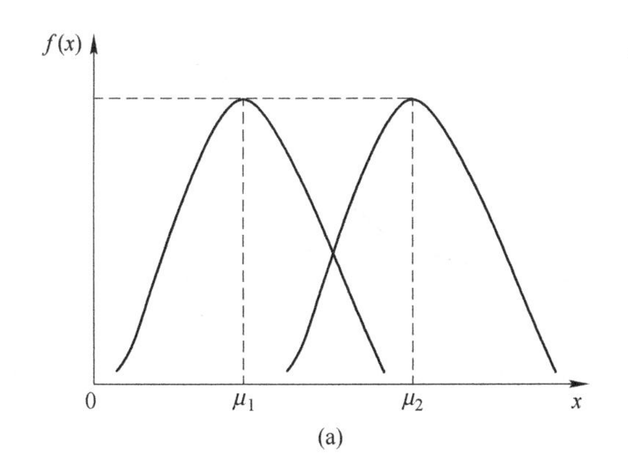

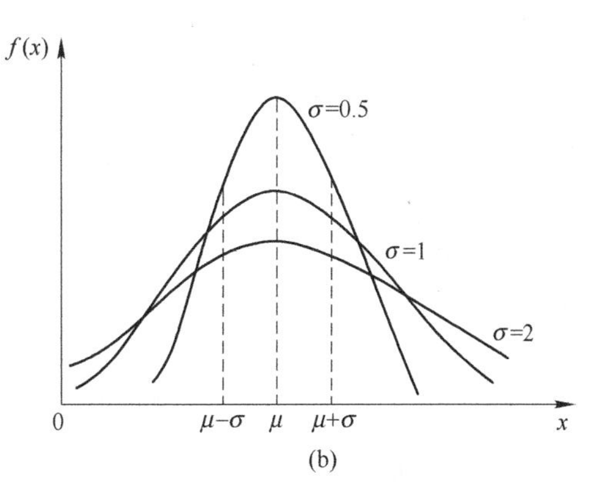

图 3-7 μ 和 σ 对正态分布曲线的影响

(a) σ 相同，μ 不同；(b) μ 相同，σ 不同

对于固定的 μ 值，改变 σ 值，则 $f(x)$ 的图形形状发生变化。因为 $f(x)$ 的最大值为 $\dfrac{1}{\sqrt{2\pi}\sigma}$，所以当 σ 值较小时，$f(x)$ 的最大值较大，曲线高而尖；当 σ 值较大时，$f(x)$ 的最

大值较小，曲线低而平（如图3-7(b)所示）。因而ξ在点μ附近取值的概率随着σ值的增大而减小，即σ值越大，ξ的取值越分散。

同样，由图3-6可以看出，正态分布函数$F(x)$具有以下性质：

(1) $F(\mu - x) = 1 - F(\mu + x)$

(2) $F(a \leqslant x \leqslant b) = F(b) - F(a)$

因此

$$F(\mu - 0.67\sigma < x < \mu + 0.67\sigma) = 0.5$$

$$F(\mu - \sigma < x < \mu + \sigma) = 0.6826$$

$$F(\mu - 2\sigma < x < \mu + 2\sigma) = 0.9545$$

$$F(\mu - 3\sigma < x < \mu + 3\sigma) = 0.9973$$

$$F(-\infty < x < +\infty) = 1$$

B　标准正态分布

当$\mu=0$，$\sigma=1$时的正态分布，即是平常所谓的标准正态分布，记为$\xi \sim N(0,1)$。标准正态分布的概率密度函数

$$\varphi(x) = \frac{1}{\sqrt{2\pi}}e^{-\frac{x^2}{2}} \tag{3-20}$$

标准正态分布的分布函数记为$\Phi(x)$，因此

$$\Phi(x) = P(\xi \leqslant x) = \frac{1}{\sqrt{2\pi}}\int_{-\infty}^{x} e^{-\frac{t^2}{2}}dt \tag{3-21}$$

其概率密度曲线和累积概率曲线如图3-8所示。

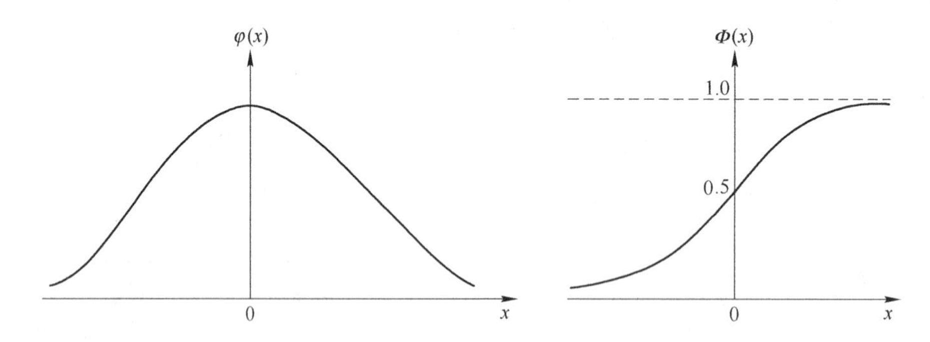

图3-8　标准正态分布概率密度曲线和累积曲线

分布函数$\Phi(x)$还满足等式

$$\Phi(-x) = 1 - \Phi(x)$$

标准正态分布的变换方法：设随机变量ξ服从参数为μ，σ的正态分布，其平均值为μ，标准差为σ，令$u = (x - \mu)/\sigma$，并以u代替x，则新变量就具有$N(0,1)$分布，变量u称为标准化正态变量。

【例3-6】　现有一铜矿床，Cu品位服从正态分布，且其平均品位$w(\text{Cu}) = 5\%$，标准差为2%，试求矿床中Cu品位介于5.24%～7.50%的概率为多少？

解：以上问题即求解：$P(5.24 < \xi < 7.50) = \frac{1}{\sqrt{2\pi}\sigma}\int_{5.24}^{7.50} e^{-\frac{(x-5)^2}{2\sigma^2}} dx$

（1）先进行标准化：$u = (x-\mu)/\sigma = (x-5)/2$

当 $x = 5.24$ 时，　　$u_1 = (5.24-5)/2 = 0.12$

当 $x = 7.50$ 时，　　$u_2 = (7.50-5)/2 = 1.25$

（2）求区间概率

$$P(5.24 < \xi < 7.50) = \frac{1}{\sqrt{2\pi}}\int_{0.12}^{1.25} e^{-\frac{\mu^2}{2}} du = F(1.25) - F(0.12)$$

$$= 0.894 - 0.548 = 0.346 = 34.6\%$$

即矿床中 Cu 品位介于 5.24% ~7.50% 的概率为 34.6%。

C　对数正态分布

如果随机变量 η 取对数后呈正态分布，则称该变量服从对数正态分布，如图 3-9 所示。

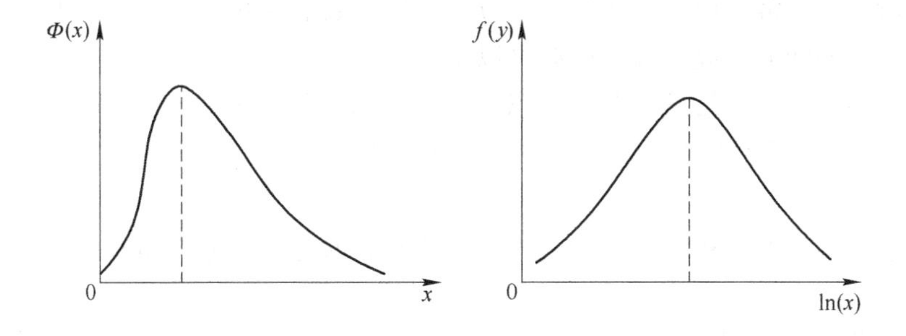

图 3-9　对数正态分布概率密度分布曲线

设 x_1，x_2，…为 η 的观测值，$\xi = \ln\eta$，则对数正态分布的概率分布密度函数

$$f(x) = \begin{cases} \frac{1}{\sigma\sqrt{2\pi}} e^{-\frac{(\ln x-\mu)^2}{2\sigma^2}} & (x > 0) \\ 0 & (x \leqslant 0) \end{cases} \tag{3-22}$$

式中，μ 和 σ^2 分别是变量 $\xi = \ln\eta$ 的平均值和方差：

$$\mu = \frac{1}{n}\sum_{i=1}^{n} \ln x_i$$

$$\sigma^2 = \frac{1}{n-1}\sum_{i=1}^{n} (\ln x_i - \mu)^2$$

经验表明，大多数内生有色、稀有及贵重金属矿床中的有用组分，以及岩石中的微量元素，都具有对数正态分布的特征。究其原因，是因为这类元素的含量往往受某些起显著作用的地质因素所控制，使它们在空间上的分布极不均匀，致使元素含量在数学上因不能满足中心极限定理的条件而趋于较大的正偏斜，从而导致随机变量服从或近似于对数正态分布。对这类地质研究对象，就需要按上述思路和方法，在对原始数据取对数之后，再按正态分布的概率分布密度函数和分布函数进行分析和计算。

3.3.3　随机变量概率分布的研究意义和步骤

借用统计学的上述理论和方法对地质体某种观测值的统计分布特征进行研究具有重要的意义。例如，地质体中某化学组分的正态分布特征，不但指示该组分因赋存在大多数矿物和岩石中而比较均匀地分散在地质体中，而且表明作用于该组分的各种地质因素都是均一微小的。若某元素呈对数正态分布，往往表明该元素只集中在少数几种矿物和岩石中，从而不均匀地分布在地质体中；同时也表明作用于该元素的各种地质因素并不都是均一微小的，而是由少数的地质因素起主导作用，这导致元素在地质体的某些局部空间上富集。不同规模矿床（点）个数在区域上呈负二项分布，则表明矿床（点）在空间上是呈丛集状产出的，这是由于矿床受某些突出的控矿地质因素影响而造成的。

应该指出的是，数值区间的划分情况对直方图和统计分布曲线的形态影响很大，区间划分过多，总体特征显现不出来；区间过少，会因丢失大量信息而使图形不能反映总体的真实特征。所以，通常采用多方案择优的方式来确定数值区间。一般情况下，划分10～20个区间，各区间的间隔一般相等，但亦可以不等。

作直方图会损失一些信息，对于正态分布，信息的损失取决于区间间隔 d 与均方差 s 的比值，$d/s<1/4$，信息损失约1%；$d/s<1/3$，损失2.3%。因此，应注意确保区间间隔小于均方差。

综上所述，用直方图和统计分布曲线研究地质数据的统计分布特征时，应当采用下列步骤：

（1）对数据适当分组，统计各组的频数、频率。

（2）作频数直方图和频率分布曲线。

（3）观察、分析直方图和分布曲线的形态特征，若是双峰或多峰，表明是多成因总体的混合分布，需把它筛分成单一总体后研究；若表现为单峰，则根据其具体的形态特征估计数据可能的分布类型。

（4）用适当的检验方法确定地质数据所属的概率分布类型。

（5）用样本估计各种统计分布特征值，如平均值、方差、变异系数等，确定地质数据的概率分布函数。

3.4　随机变量的数字表征

随机变量的某些特征可以用数字来表征。其中最重要的是平均值、方差和协方差。

3.4.1　平均值

平均值是变量自身中心趋势的一种度量，它反映的是随机变量的集中性质。

对离散型随机变量 ξ，设其可能的取值为 x_1，x_2，…，x_n，…，$P(\xi=x_i)=p_i$，则

$$\mathrm{E}\xi = \sum_i x_i p_i \tag{3-23}$$

称为 ξ 的平均值。不难看出，随机变量的平均值是这个变量所有可能取值以概率为权的加权平均。

对连续型随机变量 ξ，设它的概率分布密度为 $P(x)$，则

$$\mathrm{E}\xi = \int_{-\infty}^{+\infty} xP(x)\,\mathrm{d}x \tag{3-24}$$

称为 ξ 的平均值。

在概率论中，平均值也称作数学期望。

在实际应用中，经常通过对样本观测值（抽样观测）进行以下几种不同方法的计算来估计研究总体的平均值。

A　算术平均值

设 x_1，x_2，…，x_n 是样本容量为 n 的一组观测值，则

$$\bar{x} = \frac{1}{n}\sum_{i=1}^{n} x_i \tag{3-25}$$

称为该样本的算术平均值。不难看出，用以计算算术平均值的各个观测值的权因子是相等的，并且都等于 $1/n$。

B　加权平均值

设 x_1，x_2，…，x_n 是样本容量为 n 的一组观测值，f_1，f_2，…，f_n 是和每个观测值相对应的权因子，则

$$\bar{x}_{权} = \frac{\sum_{i=1}^{n} f_i x_i}{\sum_{i=1}^{n} f_i} \tag{3-26}$$

称为该样本的加权平均值。当 $\sum_{i=1}^{n} f_i = 1$ 时，则

$$\bar{x}_{权} = \sum_{i=1}^{n} f_i x_i$$

C　几何平均值

设 x_1，x_2，…，x_n 是样本容量为 n 的一组观测值，则

$$\bar{x}_{权} = \sqrt[n]{x_1 x_2 \cdots x_n} \tag{3-27}$$

称为该样本的几何平均值。

对于属性的观测值变化较大的地质体，同一个样本的算术平均值和加权平均值之间相差可达 30% ~80%。因而，计算方法的选择是影响精度的重要因素之一。库兹明（1972年）指出，加权平均值与算术平均值的关系为

$$\bar{x}_{权} = \bar{x}(1 + \hat{r}_{xf}\hat{V}_x\hat{V}_f) \tag{3-28}$$

式中　$\hat{r}_{xf}$——观测值 x 与权因子之间的相关系数；

$\hat{V}_x$——观测值 x 的变异系数；

$\hat{V}_f$——权因子 f 的变异系数。

式（3-28）表明，当观测值与权因子之间存在相关关系时，用算术平均值估计总体的平均值会产生偏差。$\hat{r}_{xf}>0$ 时，算术平均值有负误差；$\hat{r}_{xf}<0$ 时，有正误差；$\hat{r}_{xf}=0$ 时，加权平均值和算术平均值相等。这似乎表明，此时与方法的选择无关，其实不然，由于观测值与权因子之间不存在相关联系，加权因子反而会造成人为误差。所以，当观测值与权因子不存在相关联系时，不宜采用加权平均的方法。

样品平均值的精度往往与观测值的分布特征有关，一般认为，对于左不对称分布，样品的算术平均值大于真实平均值；对于右不对称分布，样品的算术平均值小于真实平均值。

当观测值遵从对数正态分布时，用几何平均值来估计总体的平均值。

还有其他一些表征随机变量集中性质的数字特征，如众数、中位数等。其中，众数是具有最大频数（或频率）的随机变量的值，一般用 M_0 表示。中位数则是把所有观测值按大小次序排列，位于数列中间的数值，一般用 M_e 表示。当观测值为正态分布时，$\bar{x}=M_0=M_e$；当观测值为左不对称分布时，$M_0<M_e<\bar{x}$；当观测值为右不对称分布时，$\bar{x}<M_e<M_0$。在实际应用中，当观测值中有特大、特小值或数列两边的数值不够精确时，观测值的众数或中位数更能反映随机变量的分布特征。

3.4.2 方差

方差是变量自身变化幅度的一种度量，它反映的是随机变量的离散性质。

对于随机变量 ξ，$\xi-\mathrm{E}\xi$ 称为 ξ 的离差，各离差平方的平均值

$$\mathrm{D}\xi=\mathrm{E}(\xi-\mathrm{E}\xi)^2 \tag{3-29}$$

称为 ξ 的方差。$\sqrt{\mathrm{D}\xi}$称为均方根差（简称均方差），记作 σ。

若 ξ 是具有概率分布 $P(\xi=x_i)=p_i(i=1,2,\cdots)$ 的离散型变量，则

$$\mathrm{D}\xi=\sum_i(x_i-\mathrm{E}\xi)^2p_i \tag{3-30}$$

若 ξ 是具有概率分布密度 $P(\xi)$ 的连续型变量，则

$$\mathrm{D}\xi=\int_{-\infty}^{+\infty}(x-\mathrm{E}\xi)^2P(x)\,\mathrm{d}x \tag{3-31}$$

不难看出，方差是对随机变量的取值与其平均值之间的偏差情况或分散程度的描述，方差越小，变量越集中分布于平均值附近。

在实际应用中，用样本的方差值估计总体的方差。设 x_1，x_2，…，x_n 是样本容量为 n 的一组观测值，则

$$S^2=\frac{1}{n-1}\sum_{i=1}^n(x_i-\bar{x})^2=\frac{1}{n-1}\Big(\sum_{i=1}^n x_i^2-n(\bar{x})^2\Big) \tag{3-32}$$

称为该样本的方差，它是总体方差的无偏估计值。

$$S=\sqrt{\frac{1}{n-1}\sum_{i=1}^n(x_i-\bar{x})^2} \tag{3-33}$$

称为该样本的均方差。

$$V = \frac{S}{\bar{x}} \tag{3-34}$$

称为该样本的变异系数。它是方差的相对表示，用于不同总体之间离散程度的对比。

实践经验表明，地质数据普遍存在空间变化的连续性。自协方差、自相关系数和变异函数就是描述变量自身空间变化连续程度的数字特征。

设 x_1，x_2，…，x_n 是在连续变化的空间上按一定方向抽取的一组观测值，假定自相关函数只与样品间的距离 j 有关，则

$$C_p = \frac{1}{n}\sum_{i=1}^{n-j}(x_i - \bar{x})(x_{i+j} - \bar{x}) \tag{3-35}$$

称为该样本的自协方差。

$$r_j = \frac{C_p}{S^2} \tag{3-36}$$

称为该样本的自相关系数。

$$2r(h) = \frac{1}{N(h)}\sum_{i=1}^{N(h)}(x_i - x_{i+h})^2 \tag{3-37}$$

称为样本的变异函数。式中 $N(h)$ 是相距 h 的数据对（x_i，x_{i+h}）的个数。在一定方向上，变异函数在一定距离 $|h| = a$ 以后趋于稳定，距离 a 称为变程，它是变量自相关范围的度量。当两点 x_i 和 x_{i+h} 之间的距离小于 a 时，两点之间具有一定的相关性；两点之间的距离大于 a 时，两点之间就没有相关联系了。

在成矿过程中，由于成矿环境、热动力学条件的不断变化，在不同的时间和空间上，成矿元素将依本身的地球化学性质表现为不同的能量状态，从而发生成矿物质的沉淀和迁移。成矿环境的热、动力学条件及其变化特征不同，成矿物质在空间上分布的均匀程度也不一样，导致样品中有用组分含量的方差大小不同。从这一点讲，方差是地质体中成矿物质颗粒有序度的一种度量。因此可以认为，方差从数量上反映了矿床的成因特点。

随机变量的平均值和方差具有以下几个常见的性质：

（1）设 C 为一常数，则

$$\mathrm{E}(C\xi) = C\mathrm{E}\xi, \qquad \mathrm{D}(C\xi) = C^2\mathrm{D}\xi$$

（2）设 ξ，η 是任意两个随机变量，则

$$\mathrm{E}(\xi + \eta) = \mathrm{E}\xi + \mathrm{E}\eta$$

（3）设 ξ 和 η 是相互独立的随机变量，则

$$\mathrm{E}(\xi \cdot \eta) = \mathrm{E}\xi \cdot \mathrm{E}\eta, \qquad \mathrm{D}(\xi + \eta) = \mathrm{D}\xi + \mathrm{D}\eta$$

3.4.3 协方差

设 ξ 和 η 是两个随机变量，则

$$\mathrm{Cov}(\xi,\eta) = \sigma_{\xi\eta} = \mathrm{E}[(\xi - \mathrm{E}\xi)(\eta - \mathrm{E}\eta)] \tag{3-38}$$

称为 ξ 和 η 的协方差。

若ξ，η是连续型变量，具有概率分布$P(x,y)$，则

$$\mathrm{Cov}(\xi,\eta)=\int_{-\infty}^{+\infty}\int_{-\infty}^{+\infty}(\xi-\mathrm{E}\xi)(\eta-\mathrm{E}\eta)P(x,y)\mathrm{d}x\mathrm{d}y \tag{3-39}$$

在实际应用中，常用样本的协方差估计总体的协方差。

设（x_1，y_1），（x_2，y_2），…，（x_n，y_n）是样本容量为n的一组观测值，则

$$\hat{\sigma}_{xy}=\frac{1}{n}\sum_{i=1}^{n}(x_i-\bar{x})(y_i-\bar{y})=\frac{1}{n-1}\left(\sum_{i=1}^{n}x_iy_i-n\bar{x}\bar{y}\right) \tag{3-40}$$

称为x，y的协方差，它是总体协方差的无偏估计值。

3.4.4　相关系数

设ξ和η是两个随机变量，则

$$r_{\xi\eta}=\frac{\mathrm{Cov}(\xi,\eta)}{\sqrt{\mathrm{D}\xi}\sqrt{\mathrm{D}\eta}} \tag{3-41}$$

称为ξ和η的相关系数。

在实际应用中，常用样本的相关系数估计总体的相关系数。

设（x_1，y_1），（x_2，y_2），…，（x_n，y_n）是样本容量为n的一组观测值，则

$$r_{xy}=\frac{\sum_{i=1}^{n}(x_i-\bar{x})(y_i-\bar{y})}{\sqrt{\sum_{i=1}^{n}(x_i-\bar{x})^2\sum_{i=1}^{n}(y_i-\bar{y})^2}}=\frac{\sum_{i=1}^{n}x_iy_i-n\bar{x}\bar{y}}{\sqrt{\sum_{i=1}^{n}(x_i-\bar{x})^2\sum_{i=1}^{n}(y_i-\bar{y})^2}} \tag{3-42}$$

称为x，y的相关系数，它是总体相关系数的无偏估计值。

相关系数有下列性质：

（1）任何两个随机变量的相关系数的绝对值都不大于1，即$|r_{\xi\eta}|\leqslant 1$。

（2）相互独立的随机变量，其协方差和相关系数都等于零；但相关系数等于零的两个随机变量不一定是独立的，因此称$\mathrm{Cov}(\xi,\eta)=0$或$r_{\xi\eta}=0$的随机变量为不相关的。

（3）若随机变量ξ和η之间有线性关系$\eta=a\xi+b$，则

$$|r_{\xi\eta}|\leqslant 1$$

不难看出，随机变量的相关系数是随机变量之间线性相关程度的一种度量。

3.5　参数估计

在数理统计学中，一项非常重要的任务就是根据带有随机性的观测数据（样本）以及问题的条件和假定（模型），对未知事物作出以概率形式表述的推断，即所谓的统计推断（statistical inference）。统计推断的特点是由样本推断总体，其基本问题可以分为两大类：一类是参数估计问题；另一类是假设检验问题。本书后续介绍的各种统计分析方法，都离不开对这两类问题的回答。本节首先介绍第一类问题，即参数的估计问题，而第二类问题将在后续的3.6节予以介绍。

通过前面的介绍可知，概率分布函数既能说明随机变量的可能取值，又能指出将以多大的概率取得这些值，因此，它较完整地描述了随机变量的变化特征。因此，通过对观测数据的分析，确定研究对象的概率分布，是一项十分重要的工作。

研究对象分布函数的类型是由总体的某些特征决定的，例如对具有正态分布特征的总体，其密度函数$f(x) = \frac{1}{\sigma\sqrt{2\pi}}e^{-\frac{(x-\mu)^2}{2\sigma^2}}$中的平均值$\mu$和均方差$\sigma$完全确定了正态分布总体的分布特征。$\mu$和$\sigma$对于固定的总体是固定值，而对不同的总体又是可变的。像μ，σ之类描述总体分布特征的特征值一般称为分布函数的参数。参数值一旦求出，总体的分布也就确定了。

一般地，总体的分布是通过有关参数的计算建立起来的。但是，总体的分布参数事先是未知的，只能由样本的相应特征值来代替，这种由总体中抽取的样本估计总体分布中包含的未知参数的方法，就是通常所说的参数估计（parameter estimation），参数估计有两种基本形式：点估计和区间估计。

3.5.1 点估计

设总体X的分布函数（或分布密度）的形式为已知，但它所含的一个或多个参数为未知。如何利用总体X的一组样本观测值x_1，x_2，…，x_n来估计总体未知参数的值，这个问题称为点估计（point estimation）问题。

点估计问题就是要构造一个适当的统计量$\hat{\theta}(X_1, X_2, \cdots, X_n)$，用它的观测值$\hat{\theta}(x_1, x_2, \cdots, x_n)$来估计未知参数$\theta$。$\hat{\theta}(X_1, X_2, \cdots, X_n)$称为$\theta$的估计量，$\hat{\theta}(x_1, x_2, \cdots, x_n)$称为$\theta$的估计值。

在3.4节随机变量的数字特征表征中，介绍了估计总体平均值和方差等的数学模型，但对一般的参数应如何估值呢？对估值结果的好坏又该如何评判呢？下面分别介绍常见的参数估值方法及衡量估值结果好坏的标准。

3.5.1.1 参数估计方法

参数估计于18世纪末由德国数学家C. F. 高斯首先提出，他用最小二乘法计算天体运行的轨道。20世纪60年代，随着电子计算机的普及，参数估计有了飞速的发展。参数估计的方法很多，有矩估计法、最小二乘法、极大似然法、极大验后法、最小风险法和极小化极大熵法等。在一定条件下，后面三个方法都与极大似然法相同。在这些方法中，最为基本的方法是最小二乘法和极大似然法。

A 矩估计法

矩估计法（method of moments）又称数字特征法，由英国统计学家K. 皮尔逊于20世纪初提出，其基本原理是用样本的k阶原点矩去估计相应的总体的k阶矩（前提是总体的k阶矩必须存在），或者说是一种以样本矩估计相应总体矩来求出参数估计量的方法。

设X和Y是随机变量，若$E(X^k)(k=1,2,\cdots)$存在，则称其为X的k阶原点矩，简称k阶矩。若$E\{[X-E(X)]^k\}(k=1,2,\cdots)$存在，则称其为$X$的$k$阶中心矩。可见，均值$E(X)$就是$X$的一阶原点矩，而方差$D(X)$为$X$的二阶中心矩。

若$E(X^kY^L)(k,L=1,2,\cdots)$存在，则称其为$X$和$Y$的$k+L$阶混合（原点）矩。若

$E\{[X-E(X)]^k[Y-E(Y)]^L\}(k,L=1,2,\cdots)$存在，则称其为 X 和 Y 的 $k+L$ 阶混合中心矩。可见，协方差 $\mathrm{Cov}(X, Y)$ 就是 X 和 Y 的二阶混合中心矩。

设总体 X 有分布函数 $F(x; \theta_1, \theta_2, \cdots, \theta_k)$，参数 θ_1，θ_2，…，θ_k 未知，假定 X 的 k $(k=1,2,\cdots)$阶矩 m_k 存在，则 X 的 r 阶矩

$$m_r = m_r(\theta_1,\theta_2,\cdots,\theta_k) = \int_{-\infty}^{+\infty} x^r \mathrm{d}F(x,\theta_1,\theta_2,\cdots,\theta_k) \qquad (r=1,2,\cdots,k) \tag{3-43}$$

是 θ_1，θ_2，…，θ_k 的函数。对 X 的 n 次独立观测结果 X_1，X_2，…，X_n，作 r 阶矩

$$\hat{m}_r = \frac{1}{n}\sum_{i=1}^{n}\xi_i^r \tag{3-44}$$

在 k 个方程

$$m_r(\theta_1,\theta_2,\cdots,\theta_k) = \hat{m}_r \qquad (r=1,2,\cdots,k) \tag{3-45}$$

中，$\hat{m}_r$ 为已知，一般可解得 $\hat{\theta}_1=\hat{\theta}_1(X_1,X_2,\cdots,X_n)$，…，$\hat{\theta}_k=\hat{\theta}_k(X_1,X_2,\cdots,X_n)$，$\hat{\theta}_j(j=1, 2, \cdots, k)$ 即为 θ_j 的估值。

可见，矩法是以样本的 r 阶矩作 EX^r 的估值的一种方法。

【例 3-7】 设总体 X 在 $[a, b]$ 上呈均匀分布，其中 a，b 未知，试用来自 X 的样本 x_1，x_2，…，x_n，求 a，b 的矩估计量。

解： 由题意可知，总体 X 的密度函数为

$$f(X) = \begin{cases} \dfrac{1}{b-a} & (X \in [a,b]) \\ 0 & (\text{否则}) \end{cases}$$

$$m_1 = E(x) = \int_a^b Xf(X)\mathrm{d}X = \frac{x^2}{2(b-a)}\bigg|_a^b = \frac{a}{2}+\frac{b}{2}$$

$$m_2 = E(X^2) = \int_a^b X^2 f(X)\mathrm{d}X = \frac{x^3}{3(b-a)}\bigg|_a^b = \frac{1}{3}(b^2+ab+a^2)$$

则有方程组

$$\begin{cases} a+b = 2\overline{X} \\ b^2+ab+a^2 = \dfrac{3}{n}\sum\limits_{i=1}^{n}x_i^2 \end{cases}$$

解此方程组得 a，b 的估值分别为

$$\begin{cases} \hat{a} = \bar{x} + \sqrt{\dfrac{3}{n}\sum\limits_{i=1}^{n}(x_i-\overline{X})^2} \\ \hat{b} = \bar{x} - \sqrt{\dfrac{3}{n}\sum\limits_{i=1}^{n}(x_i-\overline{X})^2} \end{cases}$$

【例 3-8】 设总体 X 的均值 μ 和方差 $\sigma^2(>0)$都存在且未知，试用来自 X 的样本 x_1，

x_2，…，x_n，求μ，σ^2 的矩估计量。

解：由题设条件

$$m_1 = E(X) = \mu$$

$$m_2 = E(X^2) = D(X) + [E(X)]^2 = \sigma^2 + \mu^2$$

解得

$$\mu = m_1, \sigma^2 = m_2 - \mu^2$$

于是μ，σ^2 的矩估计量为

$$\begin{cases} \hat{\mu} = \overline{X} \\ \hat{\sigma}^2 = \dfrac{1}{n}\sum_{i=1}^{n} x_i^2 - \overline{X}^2 = \dfrac{1}{n}\sum_{i=1}^{n}(x_i - \overline{X})^2 \end{cases}$$

矩估计法的优点是简单易行，并不需要事先知道总体是什么分布（如【例 3-8】所示）；缺点是当总体类型已知时，没有充分利用分布提供的信息；一般场合下，矩估计量不具有唯一性，其主要原因在于建立矩法方程时，选取哪些样本矩代替相应总体矩带有一定的随意性。

B 极大似然法

极大似然法（maximum likelihood estimation，MLE）是费歇尔于 1912 年提出的一种参数估计方法，其思想始于高斯的误差理论。该方法具有很多优点，如充分利用了总体分布函数的信息，克服了矩估计法的某些不足，具有无偏性和有效性等。

设总体 X 的分布类型已知，但含有未知参数 θ。当从模型总体随机抽取一组样本观测值 x_1，x_2，…，x_n 后，最合理的参数估计量应该使得从模型中抽取该组样本观测值的概率最大，这就是极大似然法的基本思想。

设总体 X 的概率密度函数为 $f(x;\ \theta_1,\ \theta_2,\ \cdots,\ \theta_k)$，则样本（$X_1$，$X_2$，…，$X_n$）的联合概率密度函数

$$f(x_1;\theta_1,\theta_2,\cdots,\theta_k)f(x_2;\theta_1,\theta_2,\cdots,\theta_k)\cdots f(x_n;\theta_1,\theta_2,\cdots,\theta_k) = \prod_{i=1}^{n} f(x_i;\theta_1,\theta_2,\cdots,\theta_k) \tag{3-46}$$

称为似然函数，并记之为

$$L(\theta_1,\theta_2,\cdots,\theta_k) = L(x_1,x_2,\cdots,x_n;\theta_1,\theta_2,\cdots,\theta_k) = \prod_{i=1}^{n} f(x_i;\theta_1,\theta_2,\cdots,\theta_k) \tag{3-47}$$

若参数 θ_1，θ_2，…，θ_k 的估计量 $\hat{\theta}_1$，$\hat{\theta}_2$，…，$\hat{\theta}_k$ 使得样本（X_1，X_2，…，X_n）落在观测值（x_1，x_2，…，x_n）的邻域内的概率 $L(\theta_1,\ \theta_2,\ \cdots,\ \theta_k)$ 达到最大，即

$$L(x_1,x_2,\cdots,x_n;\hat{\theta}_1,\hat{\theta}_2,\cdots,\hat{\theta}_k) = \max L(x_1,x_2,\cdots,x_n;\theta_1,\theta_2,\cdots,\theta_k)$$

则称 $\hat{\theta}_1$，$\hat{\theta}_2$，…，$\hat{\theta}_k$ 为参数 $\theta_1,\theta_2,\cdots,\theta_k$ 的极大似然估计值。

若似然函数 $L(\theta_1,\theta_2,\cdots,\theta_k)$ 关于 $\theta_j(j = 1,2,\cdots,k)$ 可导，令

$$\frac{\partial}{\partial\theta_j}L(\theta_1,\theta_2,\cdots,\theta_k) = 0$$

解此方程得 θ_j 的极大似然估计值 $\hat{\theta}_j(x_1,x_2,\cdots,x_n)$，从而得 θ_j 的极大似然估计量 $\hat{\theta}_j(X_1,X_2,\cdots,X_n)$。

由于 $\ln L$ 是 L 的上升函数，$L(\theta_1, \theta_2, \cdots, \theta_k)$ 与 $\ln L(\theta_1, \theta_2, \cdots, \theta_k)$ 具有相同的最大点，所以解方程 $\frac{\partial}{\partial\theta_j}\ln L(\theta_1,\theta_2,\cdots,\theta_k) = 0$ 也可得 θ_j 的极大似然估计值 $\hat{\theta}_j(x_1,x_2,\cdots,x_n)$ 和 θ_j 的极大似然估计量 $\hat{\theta}_j(X_1,X_2,\cdots,X_n)$。

如果对于给定的分布求出了参数的极大似然估计值，则表示给定的样本有最大的可能是来自参数等于该估计值的总体。

【例 3-9】 设 ξ 服从参数为 λ 的指数分布，x_1，x_2，…，x_n 为样本观测值，求 λ 的最大似然估计值。

解： 因总体为服从参数为 λ 的指数分布，故其概率密度函数为：

$$f(x,\lambda) = \begin{cases} \lambda e^{-\lambda x} & (x > 0) \\ 0 & (x \leqslant 0) \end{cases}$$

构造似然函数：

$$L(\lambda) = \prod_{i=1}^{n} f(x_i,\lambda) = \prod_{i=1}^{n} \lambda e^{-\lambda x_i} = \lambda^n \exp(-\lambda \sum_{i=1}^{n} x_i)$$

两边取对数

$$\ln L(\lambda) = n\ln\lambda - \lambda \sum_{i=1}^{n} x_i$$

令 $\frac{d\ln L(\lambda)}{d\lambda} = \frac{n}{\lambda} - \sum_{i=1}^{n} x_i = 0$，得

$$\hat{\lambda} = \frac{n}{\sum_{i=1}^{n} x_i} = \frac{1}{\bar{x}}$$

所以，λ 的极大似然估计值为 $\hat{\lambda} = \frac{1}{\bar{x}}$。

λ 的极大似然估计量为 $\hat{\lambda} = \frac{n}{\sum_{i=1}^{n} X_i} = \frac{1}{\bar{X}}$。

【例 3-10】 设 ξ 服从正态分布 $N(\mu,\sigma^2)$，μ 和 σ^2 是未知的参数，试用样本容量为 n 的一组观测值 x_1，x_2，…，x_n 求解 μ 和 σ^2 的极大似然估值。

解： 首先构造极大似然函数：

$$L = \prod_{i=1}^{n} \frac{1}{\sqrt{2\pi}\sigma}\exp\left[-\frac{(x_i-\mu)^2}{2\sigma^2}\right] = (2\pi)^{-\frac{n}{2}}(\sigma^2)^{-\frac{n}{2}}\exp\left[-\frac{1}{2\sigma^2}\sum_{i=1}^{n}(x_i-\mu)^2\right]$$

两边取对数：

$$\ln L = -\frac{n}{2}\ln(2\pi) - \frac{n}{2}\ln\sigma^2 - \frac{1}{2\sigma^2}\sum_{i=1}^{n}(x_i-\mu)^2$$

分别对待估参数求导数并令其为0：

$$\frac{\partial \ln L}{\partial \mu} = \frac{1}{\sigma^2}\sum_{i=1}^{n}(x_i - \mu) = 0$$

$$\frac{\partial \ln L}{\partial \sigma^2} = -\frac{n}{2\sigma^2} + \frac{1}{\sigma^4}\sum_{i=1}^{n}(x_i - \mu)^2 = 0$$

上述两式联立求解，得μ和σ^2的极大似然估值：

$$\hat{\mu} = \frac{1}{n}\sum_{i=1}^{n}x_i = \bar{x}, \qquad \hat{\sigma}^2 = \frac{1}{n}\sum_{i=1}^{n}(x_i - \bar{x})^2 = s^2$$

C　最小二乘法

在处理与实验相关的问题时，经常用最小二乘法（least square method）对参数进行估值。

设y与p个变量x_1，x_2，…，x_p有函数关系

$$y = \beta_0 + \beta_1 x_1 + \beta_2 x_2 + \cdots + \beta_p x_p$$

用样本容量为n的一组观测值y_k；x_{1k}，x_{2k}，…，$x_{pk}(k=1, 2, \cdots, n)$建立一个多元回归方程。

假设b_0，b_1，…，b_p是参数β_0，β_1，…，β_p的最小二乘估计值，则有

$$\hat{y}_k = b_0 + b_1 x_{1k} + b_2 x_{2k} + \cdots + b_p x_{pk} \qquad (k = 1,2,\cdots,n)$$

观测值y_k与回归估值$\hat{y}_k$之间必然会有误差，称此误差$y_k - \hat{y}_k(k = 1,2,\cdots,n)$为残差（或剩余值）。使此残值的平方和达到最小的估计值$\hat{b}_i(i = 0,1,\cdots,p)$显然就是$b_i$的最优估计值，这就是最小二乘法的基本思想。即求

$$\theta = \sum_{k=1}^{n}(y_k - \hat{y}_k)^2 = \sum_{k=1}^{n}(y_k - b_0 - b_1 x_{1k} - b_2 x_{2k} - \cdots - b_p x_{pk})^2$$

的极小值。根据微分学中的极值原理，b_0，b_1，…，b_p必须满足

$$\frac{\partial \theta}{\partial b_0} = -2\sum_{k=1}^{n}(y_k - b_0 - b_1 x_{1k} - b_2 x_{2k} - \cdots - b_p x_{pk}) = 0 \tag{3-48}$$

$$\frac{\partial Q}{\partial b_i} = -2\sum_{k=1}^{n}(y_k - b_0 - b_1 x_{1k} - b_2 x_{2k} - \cdots - b_p x_{pk})x_{ik} = 0 \tag{3-49}$$

由式（3-48）得

$$b_0 = \bar{y} - b_1\bar{x}_1 - b_2\bar{x}_2 - \cdots - b_p\bar{x}_p = \bar{y} - \sum_{j=1}^{p} b_j\bar{x}_j$$

将b_0代入式（3-49）得

$$\sum_{j=1}^{p} b_j \sum_{k=1}^{n}(x_{ik} - \bar{x}_i)(x_{jk} - \bar{x}_j) = \sum_{k=1}^{n}(x_{ik} - \bar{x}_i)(y_k - \bar{y}) \qquad (i = 1,2,\cdots,p) \tag{3-50}$$

式（3-50）构成一个p元一次方程组，由它可解出参数b_1，…，b_p，将这些参数回代即可得到b_0。

为了计算方便，上述参数求解过程可写成如下矩阵形式

$$X'XB = X'Y$$

$$B = (X'X)^{-1}X'Y$$

其中

$$X = \begin{pmatrix} x_{11} - \bar{x}_1 & x_{12} - \bar{x}_2 & \cdots & x_{1p} - \bar{x}_p \\ x_{21} - \bar{x}_1 & x_{22} - \bar{x}_2 & \cdots & x_{2p} - \bar{x}_p \\ \vdots & \vdots & \ddots & \vdots \\ x_{n1} - \bar{x}_1 & x_{n2} - \bar{x}_2 & \cdots & x_{np} - \bar{x}_p \end{pmatrix}$$

$$B = \begin{pmatrix} b_1 \\ b_2 \\ \vdots \\ b_p \end{pmatrix}, \qquad Y = \begin{pmatrix} y_1 - \bar{y} \\ y_2 - \bar{y} \\ \vdots \\ y_n - \bar{y} \end{pmatrix}$$

3.5.1.2 参数估值效果的判别标准

由上述参数估值的方法可以看出，对同一未知参数，采用不同的估计方法得到的估计量可能是不同的。即便采用相同的方法也可能得到不同的估计量，因为估计量是样本的函数，是随机变量，由不同的观测结果，就会求得不同的参数估计值。因此，一个好的估计应该在多次试验中体现出优良性。在参数估计中，这种优良性可以通过以下三个标准来衡量。

A 无偏性

估计量是随机变量，采用不同的样本值会得到不同的估计值。对一个好的估计我们总是希望估计值在待估参数的真值附近摆动，而它的期望值等于其真值。这就导致了无偏性这个标准的提出。

设随机变量 ξ 的分布函数为 $F(x;\theta_1,\theta_2,\cdots,\theta_K)$，$\theta = (\theta_1,\theta_2,\cdots,\theta_K)'$ 是未知参数，$\hat{\theta} = (\hat{\theta}_1,\hat{\theta}_2,\cdots,\hat{\theta}_k)'$ 是由 ξ 的 n 次独立观测结果 ξ_1，ξ_2，…，ξ_n 导出的参数估计值，若

$$E(\hat{\theta}) = \theta \tag{3-51}$$

则称 $\hat{\theta}$ 为 θ 的无偏估计，或者说 $\hat{\theta} = (\hat{\theta}_1,\hat{\theta}_2,\cdots,\hat{\theta}_k)'$ 是无偏的。

无偏性的实际意义是指没有系统性的偏差。例如，用样本均值作为总体的估计时，虽然无法说明一次估计所产生的偏差，但这种偏差随机性地在0的周围波动，对同一统计问题大量重复使用不会产生系统偏差。

B 有效性

一个参数往往有不止一个无偏估计，若 $\hat{\theta}$ 和 $\hat{\theta}'$ 都是 θ 的无偏估量，那么这两个估计量对 θ 而言孰优孰劣？这就引入了估值结果的有效性问题。

设 $\hat{\theta}$ 和 $\hat{\theta}'$ 都是 θ 的无偏估值，它们各自的方差为

$$D(\hat{\theta}) = E(\hat{\theta} - \theta)^2 \tag{3-52}$$

$$D(\hat{\theta}') = E(\hat{\theta}' - \theta)^2 \tag{3-53}$$

若 $D(\hat{\theta}) \leqslant D(\hat{\theta}')$，则称 $\hat{\theta}$ 较 $\hat{\theta}'$ 有效。若对固定的 n，$D(\hat{\theta})$ 的值达到极小，则称 $\hat{\theta}$ 为 θ 的有效估值。

【例 3-11】 设 ξ 有正态分布 $N(\mu, \sigma^2)$，$\bar{x}$，s^2 是 ξ 的平均值 μ 和方差 σ^2 的估值，试论 $\bar{x}$，s^2 作为 μ 和 σ^2 的估值的好坏。

设 x_1，x_2，…，x_n 是相互独立的同分布 $N(\mu, \sigma^2)$ 的随机变量的观测值，则

$$E(\bar{x}) = E\left(\frac{1}{n}\sum_{i=1}^{n} x_i\right) = \frac{1}{n}\sum_{i=1}^{n} Ex_i = \mu$$

所以，$\bar{x}$ 是 μ 的无偏估值。

$$\begin{aligned} E(s^2) &= E\left(\frac{1}{n}\sum_{i=1}^{n}(x_i - \bar{x})^2\right) \\ &= \frac{1}{n}E\sum_{i=1}^{n}[(x_i - \mu) - (\bar{x} - \mu)]^2 \\ &= \frac{1}{n}E\left(\sum_{i=1}^{n}(x_i - \mu)^2 - n(\bar{x} - \mu)^2\right) \\ &= \frac{1}{n}\sum_{i=1}^{n}E(x_i - \mu)^2 - E(\bar{x} - \mu)^2 \end{aligned}$$

因为

$$E(\bar{x} - \mu)^2 = D(\bar{x}) = D\left(\frac{1}{n}\sum_{i=1}^{n} x_i\right) = \frac{1}{n^2}\sum_{i=1}^{n} Dx_i = \frac{\sigma^2}{n}$$

所以

$$E(s^2) = \sigma^2 - \frac{\sigma^2}{n} = \frac{n-1}{n}\sigma^2 \neq \sigma^2$$

所以，$s^2 = \frac{1}{n}\sum_{i=1}^{n}(x_i - \bar{x})^2$ 不是 σ^2 的无偏估值。

若用 $\hat{\sigma}^2 = \frac{1}{n-1}\sum_{i=1}^{n}(x_i - \bar{x})^2$ 作 σ^2 的估值，则

$$\begin{aligned} E(\hat{\sigma}^2) &= E\left(\frac{1}{n-1}\sum_{i=1}^{n}(x_i - \bar{x})^2\right) = \frac{n}{n-1}E\left(\frac{1}{n}\sum_{i=1}^{n}(x_i - \bar{x})^2\right) \\ &= \frac{n}{n-1} \times \frac{n-1}{n}\sigma^2 = \sigma^2 \end{aligned}$$

所以，$\hat{\sigma}^2 = \frac{1}{n-1}\sum_{i=1}^{n}(x_i - \bar{x})^2$ 是 σ^2 的无偏估值。

C　一致性

前述估计量的无偏性是针对固定的样本容量 n 而言的，因此也被称作“小样本性质”。一般情况下，样本容量越大，对未知参数估计的精度也应该越高，也就是说，随着样本容

量的增大，一个好的估计量与被估计参数任意接近的可能性也就随之增大，这就产生了一致性（或称相合性）的概念。

对于任意小的正数 ε，如果有

$$\lim_{n\to\infty} P(|\hat{\theta}-\theta|<\varepsilon)=1$$

则称 $\hat{\theta}$ 是 θ 的一致性估计量，称 $\hat{\theta}$ 具有一致性。

一致性被认为是对估计的一个最基本要求，如果一个估计量在样本量不断增大时，它都不能把被估参数估计到任意指定的精度，那么这个估计是很值得怀疑的，因此，不满足一致性的估计一般不予考虑。相较于“小样本性质”，估计量的一致性被称为“大样本性质”。

3.5.2 区间估计

前面讨论了参数的点估计，点估计是用样本算得的一个值 $\hat{\theta}$ 去估计未知参数 θ 的估计方法。但是，点估计值仅仅是未知参数的一个近似值，它没有反映这个近似值的误差范围。而我们一般希望估计出一个以区间形式给出的范围，并能明确参数 θ 真值的可信程度，这种形式的估计即是区间估计（interval estimation）。

区间估计是在参数 θ 的分布为已知的情况下，找出相应参数的两个估值 $\hat{\theta}_L=\hat{\theta}_L(\xi_1, \xi_2,\cdots,\xi_n)$，$\hat{\theta}_U=\hat{\theta}_U(\xi_1,\xi_2,\cdots,\xi_n)$，使区间（$\hat{\theta}_L$，$\hat{\theta}_U$）含 θ 的概率为给定的值 $1-\alpha$，即

$$P(\hat{\theta}_L<\theta<\hat{\theta}_U)=1-\alpha$$

称 $1-\alpha$ 为置信水平，称随机区间（$\hat{\theta}_L$，$\hat{\theta}_U$）为 θ 的置信水平为 $1-\alpha$ 的置信区间，或简称（$\hat{\theta}_L$，$\hat{\theta}_U$）是 θ 的 $1-\alpha$ 置信区间。$\hat{\theta}_L$，$\hat{\theta}_U$ 分别称为 θ 的（双侧）置信下限和置信上限。

这里置信水平 $1-\alpha$ 的含义是指在大量使用该置信区间时，至少 $100(1-\alpha)\%$ 的区间含有 θ。

【例 3-12】 设某矿铁的品位服从正态分布，对其代表性部位的 9 个样品进行化验分析，铁的平均值为 $\bar{x}=32.4\%$，其标准差为 $\sigma=0.3\%$。试求该矿铁品位的 0.95 置信区间。

解： 此处 $\sigma=0.3$，$n=9$，$1-\alpha=0.95$，显著性水平 $\alpha=0.05$，查表知 $\mu_{1-\alpha/2}=\mu_{0.975}=1.96$（正态分布函数表中 0.975 对应的横纵坐标值之和），于是该矿铁品位的 0.95 置信区间为

$$P\left(\left|\frac{\bar{x}-\mu}{\sigma}\sqrt{n}\right|<1.96\right)=P\left(|\bar{x}-\mu|<1.96\frac{\sigma}{\sqrt{n}}\right)=0.95$$

所以，置信水平为95%时，铁品位的置信区间为 $\left(\bar{x}-1.96\frac{\sigma}{\sqrt{n}}, \bar{x}+1.96\frac{\sigma}{\sqrt{n}}\right)$，即（32.204，32.596）。

3.6 假设检验

在总体的分布函数完全未知或只知其形式，但不知其参数的情况下，为了推断总体的某些性质，首先需要提出关于总体的某些假设，然后利用已有的样本值对假设进行检验，这就是统计推断的另一类主要问题——假设检验（hypothesis testing）问题。例如，在地质研究中，经常会遇到不同露头地层或矿层的对比，铁帽或物化探异常含矿性评判之类的问题，这些问题就可以用假设检验来解决。

3.6.1 假设检验的基本思想

假设检验的理论依据是“小概率事件在一次试验中几乎是不可能出现的”。其基本途径是利用随机变量的 n 次独立观测值 x_1，x_2，…，x_n 检验关于该随机变量的某种假设能否成立。譬如根据一批实测数据，以一定的置信水平检验总体的分布特征，判断不同空间上的数据是否来自同一个总体，以及检验不同总体抽样的某个特征值是否有较大的差别等。

下面结合一个实例来说明假设检验的基本思想。

【例 3-13】 已知 p 地层的某标志值服从正态分布 $N(\mu,\sigma^2)$，已知其均值和方差分别为 $\mu=5$，$\sigma^2=4$。在露头 A 和 B 处分别获得 30 个和 15 个该地层标志值，其中均值 $\bar{x}_A=14$，$\bar{x}_B=4$；方差 $S_A^2=8$，$S_B^2=1.5$。试分析露头 A 和露头 B 是否属于同一地层。

（1）首先，考察 A，B 是否属于同一地层。为此，可利用统计量 $\Delta\bar{x}=\bar{x}_A-\bar{x}_B$ 通过假设检验来分析两个露头标志值的差异是否显著，若差异不显著，则认为二者同属一层；否则认为它们不属于同一地层。

假设 A，B 露头处该标志值均服从正态分布：$x_A \sim N(\mu_1,{\sigma_1}^2)$，$x_B \sim N(\mu_2,{\sigma_2}^2)$，则

$$\bar{x}_A \sim N\left(\mu_1,\frac{\sigma_1^2}{n_1}\right),\qquad \bar{x}_B \sim N\left(\mu_2,\frac{\sigma_2^2}{n_2}\right)$$

$$\Delta\bar{x} \sim N\left(\mu_1-\mu_2,\frac{\sigma_1^2}{n_1}+\frac{\sigma_2^2}{n_2}\right)$$

现假设 H_0：$\mu_1=\mu_2$，即露头 A 和露头 B 属于同一地层，则统计量

$$t=\frac{\mu_1-\mu_2}{\sqrt{\dfrac{\sigma_1^2}{n_1}+\dfrac{\sigma_2^2}{n_2}}} \sim N(0,1)$$

给定显著性水平 α，查表得检验临界值 t_α，则

$$P(|t|<t_\alpha)=1-\alpha$$

若 $|t|>t_\alpha$，则否定上述假设，认为 A，B 具有显著差异，二者不可能属于同一个地层；若 $|t|<t_\alpha$，表明二者差异不明显，A，B 有 $1-\alpha$ 的可能性属于同一个地层。

用样本估计总体时，$\mu=\bar{x}$，$\sigma^2=\dfrac{n-1}{n}s^2$，则

$$t=\frac{\bar{x}_1-\bar{x}_2}{\sqrt{(n_1-1)s_1^2+(n_2-1)s_2^2}}\sqrt{\frac{n_1n_2(n_1+n_2-2)}{n_1+n_2}}$$

服从自由度$f=n_1+n_2-2$的t分布。

把A，B的有关参数代入上式，得$t=13.04$，当显著性水平$\alpha=0.05$时，$t_\alpha(43)=2.02$，$|t|>t_\alpha$，因此拒绝假设H_0：$\bar{x}_A=\bar{x}_B$，说明A，B不属于同一个地层。

（2）其次，进一步分析A，B是否属于p地层。首先，假设露头A和露头B都属于p地层。

对于A，假设H_0：$\bar{x}_A=\mu$，即其属于p地层，则

$$\bar{x}_A \sim N\left(\mu,\frac{\sigma^2}{n_1}\right)$$

$$t=\frac{\bar{x}_A-\mu}{\sigma}\sqrt{n} \sim N(0,1)$$

代入有关数值，得

$$t=\frac{14-5}{2}\sqrt{30}=24.65$$

当显著性水平$\alpha=0.05$时，查表得$t_{0.05}=1.96$，$|t|>t_\alpha$，因此拒绝原假设，即A不可能属于p地层。

对于B，假设H_0：$\bar{x}_B=\mu$，即其属于p地层，同样有

$$\bar{x}_B \sim N\left(\mu,\frac{\sigma^2}{n_2}\right)$$

$$t=\frac{\bar{x}_B-\mu}{\sigma}\sqrt{n} \sim N(0,1)$$

代入有关数值，得

$$t=\frac{4-5}{2}\sqrt{15}=-1.94$$

显然，$|t|=1.94<t_{0.05}$，所以接受原假设，即B属于p地层。

上述结果也得到了A，B不属同一地层（p地层）的相同结论。

综上所述，假设检验的一般步骤可归结为：

第一步：根据问题性质作出某种假设H_0。

第二步：选取合适的统计量，原则是该统计量在假设成立时，其分布为已知。

第三步：根据实测数据计算统计量的值，并用一定置信度下的检验临界值对其进行检验，作出拒绝或接受假设的判断。

3.6.2 假设检验方法

在地质研究及其他领域的生产或科学研究中，许多随机变量都服从正态分布，所以我们重点介绍几种基于正态总体的假设检验方法。

3.6.2.1 *u* 检验

u检验是在大样本（$n>30$），或样本数小但总体标准差σ已知的条件下，对样本平均值进行检验的一种方法。理论上，u检验法要求样本来自正态分布总体。

设随机变量ξ服从正态分布$N(\mu_0, \sigma_0^2)$，μ_0，σ_0为已知，x_1，x_2，…，x_n为样本容

量为 n 的一组观测值，其平均值为 $\bar{x}$，检验样本是否属于该总体。

假设 H_0：$\bar{x}=\mu_0$，则 $\bar{x} \sim N\left(\mu_0, \frac{\sigma_0^2}{n}\right)$，且统计量

$$u = \frac{\bar{x}-\mu_0}{\sigma_0}\sqrt{n} \sim N(0,1) \tag{3-54}$$

u 的概率密度函数为

$$f(x) = \frac{1}{\sqrt{2\pi}}e^{-\frac{\mu^2}{2}} \tag{3-55}$$

给定显著性水平 α，查表得检验临界值 u_α，则

$$P(|u| < u_\alpha) = \int_{-u_\alpha}^{+u_\alpha} \frac{1}{\sqrt{2\pi}}e^{-\frac{\mu^2}{2}}du = 1-\alpha \tag{3-56}$$

当 $|u|<u_\alpha$ 时，接受假设，否则拒绝假设。

上述【例 3-13】中关于判断 A，B 是否属于 p 地层的问题就是用 u 检验法解决的。

u 检验法还可以用来比较两个总体的平均值是否相等。例如两个露头的铁矿层，铁含量分别服从正态分布 $N(\mu_1, \sigma_1{}^2)$，$N(\mu_2, \sigma_2{}^2)$，$\sigma_1{}^2$ 和 $\sigma_2{}^2$ 为已知。x_1，x_2，…，x_{n1} 和 y_1，y_2，…，y_{n2} 分别是样本容量为 n_1 和 n_2 的两矿层的观测值，用 u 检验法检验两矿层是否属于同一个层时，假设 H_0：$\mu_1=\mu_2$，则统计量

$$u = \frac{\bar{x}-\bar{y}}{\sqrt{\frac{\sigma_1^2}{n_1}+\frac{\sigma_2^2}{n_2}}} \sim N(0,1)$$

当给定显著性水平 α 时，查表得检验临界值 u_α，如果 $|u|>u_\alpha$，则表明二者差异显著，两个露头的铁矿层不可能是同一个层，若 $|u|<u_\alpha$，表明二者差异不显著，认为二者属于同一个矿层。

3.6.2.2 *t* 检验

当总体方差未知，样本容量不是很大时，有关正态分布总体平均值的假设检验一般用 t 检验法来解决。

设总体服从正态分布 $N(\mu_0, \sigma_0{}^2)$，$\sigma_0{}^2$ 未知。用样本容量为 n 的一组观测值 x_1，x_2，…，x_n 检验 H_0：$\bar{x}=\mu_0$ 时，由于 $\sigma_0{}^2$ 未知，只能用样本方差 S^2 来代替总体方差，则统计量

$$t = \frac{\bar{x}-\mu_0}{S}\sqrt{n} \tag{3-57}$$

服从自由度 $f=n-1$ 的 t 分布。给定显著性水平 α，查表得检验临界值 t_α，则

$$P(|t| > t_\alpha) = \alpha$$

若 $|t|>t_\alpha$，拒绝假设；否则接受假设。

对于两个正态分布总体，假设有样本容量分别为 n_1 和 n_2 的两组观测值 x_1，x_2，…，x_{n1}；y_1，y_2，…，y_{n2}，经计算得样本平均值 $\bar{x}$ 和 $\bar{y}$，方差 S_1^2 和 S_2^2。此时可以用 t 检验法检验两总体的平均值是否相等。

假设两总体的方差相等，则 $\sigma_1^2=\sigma_2^2=\sigma^2$。用 S_1^2 和 S_2^2 的加权平均值 $S^2=\dfrac{(n_1-1)S_1^2+(n_2-1)S_2^2}{n_1+n_2-2}$代替总体方差 σ^2。

假设 H_0：$\mu_1=\mu_2$，则

$$t=\frac{\bar{x}-\bar{y}}{\sqrt{(n_1-1)S_1^2+(n_2-1)S_2^2}}\sqrt{\frac{n_1n_2(n_1+n_2-2)}{n_1+n_2}}$$

服从自由度 $f=n_1+n_2-2$ 的 t 分布。给定显著性水平 α，查表得检验临界值 t_α，则

$$P(|t|>t_\alpha)=\alpha$$

当 $|t|>t_\alpha$ 时，拒绝假设，即认为两总体的差异显著，不可能同属一个总体。当 $|t|<t_\alpha$，接受二者属于同一总体的假设。

【例3-13】中 A，B 二露头是否属于同一个层的差异显著性检验，用的就是 t 检验法。

对多元正态总体，也可以仿照上述一元总体 t 检验的方法进行假设检验：

（1）设 p 元正态分布总体 $N(\boldsymbol{M},\boldsymbol{\Sigma})$，协方差 $\boldsymbol{\Sigma}$ 未知，用 p 元样本检验假设 H_0：$\bar{X}=\boldsymbol{M}$。

把式（3-57）两边平方得

$$t^2=\frac{(\bar{x}-\mu_0)^2}{S^2}n \tag{3-58}$$

仿式（3-58）可把多元总体写成

$$T^2=N(\bar{\boldsymbol{X}}-\boldsymbol{M})'\boldsymbol{S}^{-1}(\bar{\boldsymbol{X}}-\boldsymbol{M}) \tag{3-59}$$

式中 $\boldsymbol{M}=(\mu_1\mu_2\cdots\mu_p)'$——$p$ 维正态分布总体的均值向量；

$\bar{\boldsymbol{X}}=(\bar{x}_1\bar{x}_2\cdots\bar{x}_p)',\boldsymbol{S}=\{s_{ij}\}_{p\times p}$——分别是样本的均值向量和协方差矩阵；

N——样本的容量。

在假设 $H_0:\bar{\boldsymbol{X}}=\boldsymbol{M}$ 下，统计量 T^2 服从自由度为 p 的 χ^2 分布。给定显著性水平 α，则

$$P(N(\bar{\boldsymbol{X}}-\boldsymbol{M})'\boldsymbol{S}^{-1}(\bar{\boldsymbol{X}}-\boldsymbol{M})>\chi_p^2(\alpha))=\alpha \tag{3-60}$$

当 $N(\bar{\boldsymbol{X}}-\boldsymbol{M})'\boldsymbol{S}^{-1}(\bar{\boldsymbol{X}}-\boldsymbol{M})>\chi_p^2(\alpha)$ 时，拒绝假设，否则接受假设。

（2）设有两个 p 维正态分布总体 $N(\boldsymbol{M}_1,\boldsymbol{\Sigma}_1)$ 和 $N(\boldsymbol{M}_2,\boldsymbol{\Sigma}_2)$，检验两总体的差异显著性时，首先假设 $\boldsymbol{H}_0$：$\boldsymbol{M}_1=\boldsymbol{M}_2$，则

$$T_{12}=\frac{N_1N_2}{N_1+N_2}(\bar{\boldsymbol{X}}^{(1)}-\bar{\boldsymbol{X}}^{(2)})'\boldsymbol{S}_{12}^{-1}(\bar{\boldsymbol{X}}^{(1)}-\bar{\boldsymbol{X}}^{(2)}) \tag{3-61}$$

式中 $\bar{\boldsymbol{X}}^{(1)},\bar{\boldsymbol{X}}^{(2)}$——分别取自两个总体的样本均值向量；

$\boldsymbol{S}_{12}^{-1}$——两个样本协方差矩阵的逆矩阵，$\boldsymbol{S}_{12}=[s_{ij}]_{p\times p}$。

$$s_{ij}=\frac{1}{N_1+N_2-2}\left[\sum_{k=1}^{N_1}(x_{ik}^{(1)}-\bar{x}_i^{(1)})(x_{jk}^{(1)}-\bar{x}_j^{(1)})+\sum_{k=1}^{N_2}(x_{ik}^{(2)}-\bar{x}_i^{(2)})(x_{jk}^{(2)}-\bar{x}_j^{(2)})\right]$$

$$(i,j=1,2,\cdots,p)$$

在假设 $H_0:\bar{\boldsymbol{X}}^{(1)}=\bar{\boldsymbol{X}}^{(2)}$ 下，统计量

$$F_{12} = \frac{N_1 + N_2 - p - 1}{(N_1 + N_2 - 2)p} T_{12}^2 \tag{3-62}$$

服从自由度$f_1 = p$，$f_2 = N_1 + N_2 - p - 1$的F分布。给定显著性水平α，查表得检验临界值F_α，则

$$P(F_{12} > F_\alpha) = \alpha \tag{3-63}$$

当$F_{12} > F_\alpha$时，拒绝假设；否则接受假设。

如果存在$g(>2)$个具有公共协方差矩阵$\boldsymbol{\Sigma}$的p元正态分布总体$N(\boldsymbol{M}_{(i)}, \boldsymbol{\Sigma})(i = 1, 2, \cdots, g)$，可以用该方法检验各总体两两之间存在的差异显著性。

假设H_0: $\boldsymbol{M}_i = \boldsymbol{M}_j (i = 1, 2, \cdots, g-1; j = i+1, \cdots, g)$，则

$$F_{ij} = \frac{(N - g - p + 1)N_i N_g}{(N - g)p(N_i + N_j)} D_{12}^2 \qquad (i,j = 1,2,\cdots,g; i \neq j) \tag{3-64}$$

其中：

$N = N_1 + N_2 + \cdots + N_j$

$D_{ij}^2 = (\overline{\boldsymbol{X}}^{(i)} - \overline{\boldsymbol{X}}^{(j)})' \boldsymbol{S}^{-1} (\overline{\boldsymbol{X}}^{(i)} - \overline{\boldsymbol{X}}^{(j)})$

$\boldsymbol{S} = [s_{ij}]_{p \times p}$。

$$s_{ij} = \frac{1}{N - g} \sum_{\alpha=1}^{j} \sum_{\beta=1}^{N_\alpha} (x_{i\beta}^{(\alpha)} - \overline{x}_i^{(\alpha)})(x_{j\beta}^{(\alpha)} - \overline{x}_j^{(\alpha)}) \qquad (i,j = 1,2,\cdots,p) \tag{3-65}$$

在假设H_0：$M_i = M_j$的条件下，F_{ij}服从自由度$f_1 = p$，$f_2 = N - g - p + 1$的F分布。给定显著性水平α，查表得检验临界值F_α，这样可以检验任意两个总体的差异显著性。

3.6.2.3 *F*检验

F检验适用于两个正态分布总体方差的差异显著性检验。

设两个正态分布总体的方差分别为σ_1^2和σ_2^2，x_1，x_2，$\cdots$，x_{n1}；y_1，y_2，$\cdots$，y_{n2}是分别取自两个总体的样本观测值。用这两个样本的方差S_1^2和S_2^2检验两总体的方差是否相等时，假设H_0：$\sigma_1^2 = \sigma_2^2$，则

$$F = \frac{S_1^2}{S_2^2} \qquad (S_1^2 > S_2^2) \tag{3-66}$$

服从自由度$f_1 = n_1 - 1$，$f_2 = n_2 - 1$的F分布。给定显著性水平α，查表得检验临界值$F_{\alpha/2}$和$F_{1-\alpha/2}$。

若$F < F_{1-\alpha/2}$或$F > F_{\alpha/2}$，则认为σ_1^2和σ_2^2的差异显著，若$F_{1-\alpha/2} \leqslant F \leqslant F_{\alpha/2}$，则认为$\sigma_1^2$与$\sigma_2^2$没有显著差别。

3.6.2.4 χ^2检验

χ^2检验用于对一个正态分布总体方差的检验。

设有正态分布总体$N(\mu, \sigma^2)$，x_1，x_2，$\cdots$，x_n是样本容量为n的一组观测值，σ_0^2是已知常数。用该样本的方差S^2检验假设H_0：$\sigma^2 = \sigma_0^2$时，统计量

$$\chi^2 = \frac{nS^2}{\sigma_0^2} \tag{3-67}$$

服从自由度$f = n - 1$的χ^2分布。给定显著性水平α，查表得检验临界值χ_α^2，则

$$P(\chi^2 < \chi_\alpha^2) = 1 - \alpha \tag{3-68}$$

若$\chi^2 > \chi_\alpha^2$，拒绝假设，认为σ_0^2不可能是该总体的方差；若$\chi^2 < \chi_\alpha^2$，则接受假设。

用χ^2检验法还可以检验总体的分布。

设总体有分布$F(x)$，x_1，x_2，…，x_n是取自该总体的一个样本，$\varphi(x)$是已知类型的分布函数，用该样本来检验假设H_0：$F(x)=\varphi(x)$。其步骤如下：

（1）根据样本的取值范围，将其分成m个区间$(-\infty, a_1)$，(a_1, a_2)，…，(a_{m-1}, ∞)。区间数m的确定以保证每个区间包含的样本观测值个数不致太少为原则。

（2）统计每个区间(a_{i-1}, a_i)中包含的样本观测值的个数f_i^*。

（3）计算$P_i = P(a_{i1} \leqslant x < a_i) = \varphi(a_i) - \varphi(a_{i-1})$

P_i表示原假设成立时观测值区间(a_{i-1}, a_i)出现的概率。

（4）计算各区间$(a_{i-1}, a_i)(i=1, 2, \cdots, m)$上频率与概率的差$(f_i^*/n - P_i)$，它表示第$i$个区间上频率分布曲线和概率密度曲线的偏差。

（5）作表征上述偏差的统计量

$$D = \sum_{i=1}^{m} c_i\left(\frac{f_i^*}{n} - P_i\right)^2 \tag{3-69}$$

若取$c_i = n/P_i$，则

$$D = \sum_{i=1}^{m} \frac{(f_i^* - nP_i)^2}{nP_i} \tag{3-70}$$

根据皮尔逊（Pearson）定理，若H_0：$F(x)=\varphi(x)$成立，则

$$\lim_{n\to\infty}\left(\sum_{i=1}^{m} \frac{(f_i^* - nP_i)^2}{nP_i} \leqslant x\right) = \chi^2(m-1) \tag{3-71}$$

表明当样本容量n很大时，不管总体有什么分布，若假设H_0成立，统计量D服从自由度$f=m-1$的χ^2分布。如果仅知道$F(x)$的类型，它的p个参数是根据样本的相应值估计的，则D服从自由度$f=m-p-1$的χ^2分布。对于给定的显著性水平α，查表得检验临界值$D_\alpha = \chi_\alpha^2$，则

$$P(D > D_\alpha) = \alpha$$

当$D < D_\alpha$时，接受假设H_0，即认为该总体具有和已知类型同样的分布函数；若$D > D_\alpha$，则拒绝假设。

综上所述，检验总体分布时，有下列步骤：

（1）对样本适当分组，设分了m个组。

（2）统计各个组所含样品的频数f^*，计算频率$P_i^* = f_i^*/n$。

（3）利用已知类型的分布函数计算每个组出现的概率P_i。

（4）计算各组的频率和概率的差$P_i^* - P_i$。

（5）计算统计量$D = \sum_{i=1}^{m} n(P_i^* - P_i)^2/P_i$。

（6）给定显著性水平α，查表得检验临界值$D_\alpha = \chi_\alpha^2$。

（7）通过比较，作出接受或拒绝假设的判断。

3.6.2.5 偏度、峰度检验

正态分布的性质之一是密度函数曲线以平均值为中心的对称分布和图形顶峰具有一定

的凸度。对于近似于正态分布的经验分布而言，可以通过定量地考察它偏离正态对称和正态凸度的程度来检验总体是否服从正态分布。这种定量检验方法就是偏度、峰度检验。

设随机变量 ξ 以平均值 $\mathrm{E}(\xi)=\mu$ 为中心对称分布，则 ξ 的奇数阶中心矩为

$$\mathrm{E}((\xi-\mu)^{2k+1})=0 \qquad (k=0,1,2,\cdots)$$

因此，选用三阶中心矩 $\mathrm{E}(\xi-\mu)^3$ 作为分布不对称程度的度量。为便于对比，对数据标准化，得统计量

$$K=\frac{\sum_{i=1}^{n}(x_i-\mu)^3}{\sigma^3} \tag{3-72}$$

称为偏倚系数。正态分布的理论偏倚系数等于零。用样本估计的偏倚系数 K^* 也是随机变量，它服从正态分布 $N\left(0,\sqrt{\frac{\sigma}{n}}\right)$。因此

$$P\left(|K^*|>3\sqrt{\frac{\sigma}{n}}\right)=0.3\%$$

所以，$\left|\frac{1}{\sqrt{6n}}\frac{\sum_{i=1}^{n}(x_i-\bar{x})^3}{S^3}\right|>3$ 时拒绝 $K=0$ 的假设；否则接受 $K=0$ 的假设。

四阶中心矩可用来表示总体密度函数图形顶峰的凸度。为便于和标准正态分布的峰度进行对比，对数据标准化，得统计量

$$E=\frac{\frac{1}{n}\sum_{i=1}^{n}(x_i-\mu)^4}{\sigma^4}-3 \tag{3-73}$$

称为峰度系数。因为正态分布总体的四阶中心矩是二阶中心矩平方的 3 倍，所以

$$E=\frac{\sum_{i=1}^{n}(x_i-\mu)^4}{n\sigma^4}-3=0$$

用样本估计的峰度系数 E^* 也是随机变量，它服从正态分布 $N\left(0,\sqrt{\frac{24}{n}}\right)$。因此

$$P\left(|E^*|>3\sqrt{\frac{24}{n}}\right)=0.3\%$$

所以，$\left|\frac{1}{\sqrt{24n}}\frac{\sum_{i=1}^{n}(x_i-\bar{x})^4}{S^4}-3\right|>3$ 时，拒绝 $E=0$ 的假设，否则接受 $E=0$ 的假设。

综上所述，对于一个近似于正态分布的总体而言，当同时满足

$$\left|\frac{1}{\sqrt{6n}}\frac{\sum_{i=1}^{n}(x_i-\bar{x})^3}{S^3}\right|<3 \tag{3-74}$$

$$\left| \frac{1}{\sqrt{24n}} \frac{\sum_{i=1}^{n}(x_i - \bar{x})^4}{S^4} - 3 \right| < 3 \tag{3-75}$$

时，接受经验分布为正态分布的假设。否则拒绝该假设。

3.7 方差分析

在地质研究中，我们观测的地质现象如岩层的含砂量、渗透率、电阻率、岩层厚度、矿石中有用组分的含量等的多次观测结果都有一定的差异，引起这种差异的原因多种多样，按差异的性质可归结为两类：

一类为形成条件不同引起的差异，称为条件误差。例如不同岩层在含砂量方面出现的差异，不同矿化阶段金含量的差异，不同时代地层中某些微量元素含量的差异等都属于条件误差。

另一类为随机因素影响引起的差异，称为随机误差。例如同一岩层多个样品在含砂量方面出现的差异，同一矿体的不同矿石中有用组分含量的差异等都属于随机误差。

方差分析（analysis of variance）就是通过对所研究数据差异性的分析，把条件误差和随机误差区分开来，从中找出引起差异的主要因素，从而解决实际地质问题的一种统计分析方法。

3.7.1 一个因素的方差分析

设观测了 m 组，每组分别观测了 n 次，则观测数据共有 $m \times n$ 个。对数据进行方差分析时，全部 $N = m \times n$ 个观测值的总差异，用每个观测值 $x_{ij}(i=1, 2, \cdots, m; j=1, 2, \cdots, n)$ 与其总平均值 $\bar{x}$ 之差的平方和表征，即

$$S = \sum_{i=1}^{m} \sum_{j=1}^{n} (x_{ij} - \bar{x})^2 \tag{3-76}$$

其中

$$\bar{x} = \frac{1}{mn} \sum_{i=1}^{m} \sum_{j=1}^{n} x_{ij}$$

称 S 为总的离差平方和，它包括了条件误差和随机误差。将 S 进行分解

$$\begin{aligned} S &= \sum_{i=1}^{m} \sum_{j=1}^{n} (x_{ij} - \bar{x})^2 \\ &= \sum_{i=1}^{m} \sum_{j=1}^{n} [(x_{ij} - \bar{x}_i) + (\bar{x}_i - \bar{x})]^2 \\ &= \sum_{i=1}^{m} \sum_{j=1}^{n} [(x_{ij} - \bar{x}_i)^2 + 2(x_{ij} - \bar{x}_i)(\bar{x}_i - \bar{x}) + (\bar{x}_i - \bar{x})^2] \\ &= \sum_{i=1}^{m} \sum_{j=1}^{n} (x_{ij} - \bar{x}_i)^2 + 2\sum_{i=1}^{m} (\bar{x}_i - \bar{x}) \sum_{j=1}^{n} (x_{ij} - \bar{x}_i) + n\sum_{i=1}^{m} (\bar{x}_i - \bar{x})^2 \end{aligned}$$

$$= \sum_{i=1}^{m}\sum_{j=1}^{n}(x_{ij}-\bar{x}_i)^2 + n\sum_{i=1}^{m}(\bar{x}_i-\bar{x})^2$$

$$= \left[\sum_{i=1}^{m}\sum_{j=1}^{n}x_{ij}^2 - \frac{1}{n}\sum_{i=1}^{m}\left(\sum_{j=1}^{n}x_{ij}\right)^2\right] + \left[\frac{1}{n}\sum_{i=1}^{m}\left(\sum_{j=1}^{n}x_{ij}\right)^2 - \frac{1}{mn}\left(\sum_{i=1}^{m}\sum_{j=1}^{n}x_{ij}\right)^2\right]$$

其中

$$S_A = \frac{1}{n}\sum_{i=1}^{m}\left(\sum_{j=1}^{n}x_{ij}\right)^2 - \frac{1}{mn}\left(\sum_{i=1}^{m}\sum_{j=1}^{n}x_{ij}\right)^2 \tag{3-77}$$

称为组间离差平方和，它属于条件误差。

$$S_e = \sum_{i=1}^{m}\sum_{j=1}^{n}x_{ij}^2 - \frac{1}{n}\sum_{i=1}^{m}\left(\sum_{j=1}^{n}x_{ij}\right)^2 \tag{3-78}$$

称为组内离差平方和，它属于随机误差。

所以

$$S = S_A + S_e = \sum_{i=1}^{m}\sum_{j=1}^{n}x_{ij}^2 - \frac{1}{mn}\left(\sum_{i=1}^{m}\sum_{j=1}^{n}x_{ij}\right)^2 \tag{3-79}$$

用方差分析研究变异因素对观测值有无影响时，从以下基本假设出发进行假设检验：

（1）m 个组的观测值代表 m 个相互独立的随机子样。

（2）每个子样都来自均方差相同的正态分布总体 $N(\mu_1, \sigma^2)$，$N(\mu_2, \sigma^2)$，…，$N(\mu_m, \sigma^2)$。

假设 H_0：$\mu_1 = \mu_2 = \cdots = \mu_m = \mu$，则统计量

$$F = \frac{S_A/(m-1)}{S_e/(N-m)} \quad (N = n_1 + n_2 + \cdots + n_m) \tag{3-80}$$

服从自由度 $f_1 = m-1$，$f_2 = N-m$ 的 F 分布。按给定的显著性水平 α，查表得检验临界值 F_α，对计算出来的 F 值进行检验，若 $F \leqslant F_\alpha$，表明组间的差异很小，随机误差是造成差异的主要原因；若 $F > F_\alpha$，表明组间差异很大，条件误差是造成差异的主要因素。

具体应用时，需按下列步骤进行：

（1）将原始数据列表，形式见表3-6。

表3-6 单因素方差分析原始数据

样号	分组							
	1		2		…		m	
	x_{1j}	x_{1j}^2	x_{2j}	x_{2j}^2	…	…	x_{mj}	x_{mj}^2
1	x_{11}	x_{11}^2	x_{21}	x_{21}^2	…	…	x_{m1}	x_{m1}^2
2	x_{12}	x_{12}^2	x_{22}	x_{22}^2	…	…	x_{m2}	x_{m2}^2
⋮	⋮	⋮	⋮	⋮	⋮	⋮	⋮	⋮
n	x_{1n}	x_{1n}^2	x_{2n}	x_{2n}^2	…	…	x_{mn}	x_{mn}^2
$\sum$	$\sum_j x_{1j}$	$\sum_j x_{1j}^2$	$\sum_j x_{2j}$	$\sum_j x_{2j}^2$	…	…	$\sum_j x_{mj}$	$\sum_j x_{mj}^2$

（2）计算下列统计量：

① $\frac{1}{n}\sum_{i=1}^{m}\left(\sum_{j=1}^{n}x_{ij}\right)^2$；　② $\frac{1}{mn}\left(\sum_{i=1}^{m}\sum_{j=1}^{n}x_{ij}\right)^2$；　③ $\sum_{i=1}^{m}\sum_{j=1}^{n}x_{ij}^2$

（3）计算 S，S_A，S_e。

（4）计算统计量 F。

（5）按给定的显著性水平 α，查表得检验临界值 F_α。

（6）对 F 进行检验分析，对变异的主要来源作出判断。

【例 3-14】 银是某石英脉型金矿床的指示元素，为了探寻某地是否有金矿化的可能性，在同一个地层中采取 4 组样，每组 9 个样品，分析银含量（见表 3-7），试对其进行方差分析，说明引起银含量差异的主要原因。

表 3-7　四个岩层露头含银量原始数据

样品号	岩层露头							
	1		2		3		4	
	x_{1j}	x_{1j}^2	x_{2j}	x_{2j}^2	x_{3j}	x_{3j}^2	x_{4j}	x_{4j}^2
1	1.9	3.61	2.0	4.00	2.0	4.00	2.3	5.29
2	2.2	4.84	1.1	1.21	2.7	7.29	4.0	16.00
3	3.0	9.00	1.8	3.24	3.8	14.44	3.8	14.44
4	2.5	6.25	1.9	3.61	3.0	9.00	3.9	15.21
5	1.3	1.69	3.0	9.00	3.1	9.61	3.6	12.96
6	2.0	4.00	2.3	5.29	2.9	8.41	3.1	9.61
7	1.8	3.24	2.0	4.00	4.0	16.00	2.8	7.84
8	1.9	3.61	2.6	6.76	3.4	11.56	3.4	11.56
9	2.3	5.29	2.1	4.41	3.0	9.00	3.7	13.69
$\sum$	18.9	41.53	18.8	41.52	27.9	89.31	30.6	106.60

对表 3-7 的银含量数据进行相关计算，得 $S_A = 12.4233$，$S_e = 9.4689$，$S = 21.8922$，$F = 13.9948$。

当显著性水平 $\alpha = 0.05$，$f_1 = 3$，$f_2 = 32$ 时，检验临界值 $F_{0.05}(3,32) = 2.9$。

可见 4 组样的银含量具有显著差异，且 $F > F_\alpha$，表明银含量的差异主要因条件误差引起，即银的含量不单纯由沉积作用形成，可能有矿化作用叠加。

到此，方差分析已经结束。但就该问题而言，自然而然地会提出下列问题：

（1）4 组样中有没有相同的？

（2）若有，它们如何组合？

为解决上述问题，首先把 4 组样的平均值 $\bar{x}_i$ 按数量大小顺序排列，依次计算它们的差（见表 3-8）。

表 3-8　四组样组间差异

<table>
<tr><td>组号</td><td colspan="2">$\bar{x}_4$</td><td colspan="2">$\bar{x}_3$</td><td colspan="2">$\bar{x}_1$</td><td>$\bar{x}_2$</td></tr>
<tr><td>平均值</td><td colspan="2">3.4</td><td colspan="2">3.1</td><td colspan="2">2.1000</td><td>2.0889</td></tr>
<tr><td>差</td><td colspan="3">0.3</td><td colspan="2">1.0000</td><td colspan="2">0.0111</td></tr>
</table>

从直观上，可把它们分为两组，即 1 和 2 为一组，3 和 4 为另一组。因此，对它们进行假设 $H_0: \bar{x}_{1+2} = \bar{x}_{3+4}$ 的 t 检验。统计量为

$$t = \frac{\bar{x}_1 - \bar{x}_2}{\sqrt{(n_1 - 1)S_1^2 + (n_2 - 1)S_2^2}} \sqrt{\frac{n_1 n_2 (n_1 + n_2 - 2)}{n_1 + n_2}}$$

经计算 $t = 6.4327$，当 $\alpha = 0.05$，$f = 34$ 时，$t_{0.05}(34) = 1.69$。表明1+2组样和3+4组样之间存在显著差异。

为慎重起见，进一步进行假设 $H_0: \bar{x}_1 = \bar{x}_2, \bar{x}_3 = \bar{x}_4$ 的 t 检验，经计算得 $t_{12} = 0.04663$，$t_{34} = 1.0975$。当 $\alpha = 0.05$，$f = 16$ 时，$t_{0.05}(16) = 1.75$，表明1组和2组样之间差异不显著，3组和4组样之间差异也不显著。经进一步的野外地质调查，在3组和4组样所在空间，发育断裂裂隙，沿裂隙有时可见绢英岩化及网脉状石英。因此判定该处可能有金矿化，第1和2组样则表征该地层的银含量。

3.7.2 两个因素的方差分析

在实际问题中，影响一个标志的因素往往不止一个。这些因素对所考虑的标志有何影响，什么因素是主要的，因素之间有无交互作用，都是需要解决的问题。为此，本书通过两个因素的方差分析来说明解决问题的思路和方法。按此方法同样可以解决多因素的更为复杂的问题。

假定某一观测结果受 A，B 两个因素影响，因素 A 分成 a 个组，因素 B 分成 b 个组，二因素的每个组合重复观测 c 次。

和单因素方差分析一样，两个因素的方差分析也从分解总离差平方和入手。即

$$S = S_A + S_B + S_{AB} + S_e \tag{3-81}$$

S 为总离差平方和，数学表达式为

$$S = \sum_{i=1}^{a}\sum_{j=1}^{b}\sum_{k=1}^{c} x_{ijk}^2 - \frac{1}{abc}\left(\sum_{i=1}^{a}\sum_{j=1}^{b}\sum_{k=1}^{c} x_{ijk}\right)^2 \tag{3-82}$$

S_A 为因素 A 引起的条件误差，数学表达式为

$$S_A = \frac{1}{bc}\sum_{i=1}^{a}\left(\sum_{j=1}^{b}\sum_{k=1}^{c} x_{ijk}\right)^2 - \frac{1}{abc}\left(\sum_{i=1}^{a}\sum_{j=1}^{b}\sum_{k=1}^{c} x_{ijk}\right)^2 \tag{3-83}$$

S_B 为因素 B 引起的条件误差，数学表达式为

$$S_B = \frac{1}{ac}\sum_{j=1}^{b}\left(\sum_{i=1}^{a}\sum_{k=1}^{c} x_{ijk}\right)^2 - \frac{1}{abc}\left(\sum_{i=1}^{a}\sum_{j=1}^{b}\sum_{k=1}^{c} x_{ijk}\right)^2 \tag{3-84}$$

S_{AB} 是因素 A，B 交互作用影响引起的条件误差，数学表达式为：

$$S_{AB} = \frac{1}{abc}\left(\sum_{i=1}^{a}\sum_{j=1}^{b}\sum_{k=1}^{c} x_{ijk}\right)^2 + \frac{1}{c}\sum_{i=1}^{a}\sum_{j=1}^{b}\left(\sum_{k=1}^{c} x_{ijk}\right)^2 - \frac{1}{bc}\sum_{i=1}^{a}\left(\sum_{j=1}^{b}\sum_{k=1}^{c} x_{ijk}\right)^2 - \frac{1}{ac}\sum_{j=1}^{b}\left(\sum_{i=1}^{a}\sum_{k=1}^{c} x_{ijk}\right)^2 \tag{3-85}$$

S_e 为随机误差，数学表达式为

$$S_e = \sum_{i=1}^{a}\sum_{j=1}^{b}\sum_{k=1}^{c} x_{ijk}^2 - \frac{1}{c}\sum_{i=1}^{a}\sum_{j=1}^{b}\left(\sum_{k=1}^{c} x_{ijk}\right)^2 \tag{3-86}$$

假设检验的统计量

$$F^{(a)} = \frac{S_A/(a-1)}{S_e/ab(c-1)}$$

服从自由度$f_1=a-1$，$f_2=abc-ab$的F分布。

$$F^{(b)} = \frac{S_B/(b-1)}{S_e/ab(c-1)}$$

服从自由度$f_1=b-1$，$f_2=abc-ab$的F分布。

$$F^{(ab)} = \frac{S_{AB}/[(a-1)(b-1)]}{S_e/ab(c-1)}$$

服从自由度$f_1=ab-a-b+1$，$f_2=abc-ab$的F分布。

具体应用时，按下列步骤进行：

（1）按表3-9所列的格式列原始数据表。

表3-9　两个因素方差分析原始数据

因素			标志值 1	标志值 2	…	Σ
A_1	B_1	x_{11k}	x_{111}	x_{112}	…	$\sum_k x_{11}$
		x_{11k}^2	x_{111}^2	x_{112}^2	…	$\sum_k x_{11}^2$
	B_2	x_{12k}	x_{121}	x_{122}	…	$\sum_k x_{12}$
		x_{12k}^2	x_{121}^2	x_{122}^2	…	$\sum_k x_{12}^2$
	B_3	x_{13k}	x_{131}	x_{132}	…	$\sum_k x_{13}$
		x_{13k}^2	x_{131}^2	x_{132}^2	…	$\sum_k x_{13}^2$
A_2	B_1	x_{21k}	x_{211}	x_{212}	…	$\sum_k x_{21}$
		x_{21k}^2	x_{211}^2	x_{212}^2	…	$\sum_k x_{21}^2$
	B_2	x_{22k}	x_{221}	x_{222}	…	$\sum_k x_{22}$
		x_{22k}^2	x_{221}^2	x_{222}^2	…	$\sum_k x_{22}^2$
	B_3	x_{23k}	x_{231}	x_{232}	…	$\sum_k x_{23}$
		x_{23k}^2	x_{231}^2	x_{232}^2	…	$\sum_k x_{23}^2$
⋮	⋮	⋮	⋮	⋮	⋮	⋮

（2）计算下列数值

① $\frac{1}{bc}\sum_{i=1}^{a}(\sum_{j=1}^{b}\sum_{k=1}^{c}x_{ijk})^2$；　② $\frac{1}{abc}(\sum_{i=1}^{a}\sum_{j=1}^{b}\sum_{k=1}^{c}x_{ijk})^2$；　③ $\frac{1}{ac}\sum_{j=1}^{b}(\sum_{i=1}^{a}\sum_{k=1}^{c}x_{ijk})^2$；

④ $\sum_{i=1}^{a}\sum_{j=1}^{b}\sum_{k=1}^{c}x_{ijk}^2$；　⑤ $\frac{1}{c}\sum_{i=1}^{a}\sum_{j=1}^{b}(\sum_{k=1}^{c}x_{ijk})^2$

（3）计算 S_A，S_B，S_{AB}，S_e，S。

（4）计算统计量 $F^{(a)}$，$F^{(b)}$，$F^{(ab)}$。

（5）按给定的显著性水平查出检验临界值 F_α。

（6）对 F 进行分析，对变异的主要因素作出合理的判断。

【例 3-15】 对不同岩性的土壤 A_1，A_2，A_3 按不同的深度 B_1，B_2，B_3 取样化验，A，B 的每一个组合取 5 个样品，共取 45 个样品。用方差分析法研究不同岩性和不同深度取样对铜含量的影响。

这是两个因素的方差分析问题。首先，建立铜含量原始数据表（见表 3-10）。

表 3-10 不同岩性不同深度土壤铜含量（质量分数） %

因素			标志值					
			1	2	3	4	5	Σ
A_1	B_1	x_{11k}	1.20	1.5	1.0	1.3	1.4	6.40
		x_{11k}^2	1.44	2.25	1.00	1.69	1.96	8.34
	B_2	x_{12k}	1.10	1.4	1.3	1.0	1.2	6.00
		x_{12k}^2	1.21	1.96	1.69	1.00	1.44	7.30
	B_3	x_{13k}	1.60	1.1	1.2	1.4	1.1	6.40
		x_{13k}^2	2.56	1.21	1.44	1.96	1.21	8.38
A_2	B_1	x_{21k}	3.60	4.2	3.8	3.5	4.0	19.10
		x_{21k}^2	12.96	17.64	14.44	12.25	16.00	73.29
	B_2	x_{22k}	4.10	3.6	4.0	3.9	3.7	19.30
		x_{22k}^2	16.81	12.96	16.00	15.21	16.69	77.67
	B_3	x_{23k}	3.60	4.0	3.8	4.1	3.9	19.40
		x_{23k}^2	12.96	16.00	14.44	16.81	15.21	75.42
A_3	B_1	x_{31k}	12.0	13.0	12.5	11.9	12.2	61.60
		x_{31k}^2	144	169	156.25	141.61	148.84	759.70
	B_2	x_{32k}	13.0	13.1	12.9	12.1	12.2	63.30
		x_{32k}^2	169	171.61	166.41	146.41	148.84	802.27
	B_3	x_{33k}	11.6	12.0	12.8	13.0	11.9	61.30
		x_{33k}^2	134.56	144	163.84	169	141.61	753.01

计算以下统计量：

$$\frac{1}{bc}\sum_{i=1}^{a}\left(\sum_{j=1}^{b}\sum_{k=1}^{c}x_{ijk}\right)^2=\frac{1}{15}\sum_{i=1}^{3}\left(\sum_{j=1}^{3}\sum_{k=1}^{5}x_{ijk}\right)^2=2557.6480$$

$$\frac{1}{abc}\left(\sum_{i=1}^{a}\sum_{j=1}^{b}\sum_{k=1}^{c}x_{ijk}\right)^2=\frac{1}{45}\left(\sum_{i=1}^{3}\sum_{j=1}^{3}\sum_{k=1}^{5}x_{ijk}\right)^2=1534.7520$$

$$\frac{1}{ac}\sum_{j=1}^{b}\left(\sum_{i=1}^{a}\sum_{k=1}^{c}x_{ijk}\right)^2=\frac{1}{15}\sum_{j=1}^{3}\left(\sum_{i=1}^{3}\sum_{k=1}^{5}x_{ijk}\right)^2=1534.8520$$

$$\sum_{i=1}^{a}\sum_{j=1}^{b}\sum_{k=1}^{c}x_{ijk}^2=\sum_{i=1}^{3}\sum_{j=1}^{3}\sum_{k=1}^{5}x_{ijk}^2=2562.3800$$

$$\frac{1}{c}\sum_{i=1}^{a}\sum_{j=1}^{b}(\sum_{k=1}^{c}x_{ijk})^2 = \frac{1}{5}\sum_{i=1}^{3}\sum_{j=1}^{3}(\sum_{k=1}^{5}x_{ijk})^2 = 2558.1440$$

进一步计算得:

$S = 1027.6280$; $S_A = 1022.89603$; $S_B = 0.1000$;

$S_{AB} = 0.3960$, $S_e = 4.2360$。

统计量 $F^{(a)} = 4346.58$; $F^{(b)} = 0.42$; $F^{(ab)} = 0.84$。

当显著性水平 $\alpha = 0.05$ 时，检验临界值 $F_{0.05}(2,36) = 3.3$，$F_{0.05}(4,36) = 2.7$。

可见，因素 A 引起的差异十分显著，因素 B 引起的差异，以及 A，B 两因素交互作用引起的差异极不显著。表明不同岩层中的铜含量差别很大，而取样深度对铜含量没有多大影响。因此，在化探扫面中，应对不同的岩层确定不同的背景值。

4 地质数据的特征和预处理

在地质找矿工作中，人们投入大量的人力、物力、财力，通过各种手段如遥感、遥测、物探、化探等从野外采集得到大量的信息和数据，统称为地质数据。地质数据的特点是数据量大，种类繁多，根据不同的分类原则可以得到不同的分类结果。例如，从数据的表现形式可分为图片数据、曲线数据、记录数据等；从数据的来源可分为地质测量数据、物探测量数据、化探测量数据、遥感测量数据等；从数据的依存关系可分为广义测网数据、样本-变量数据和综合评价数据。各种数据还可进一步细分，如物探测量数据可分为电法测量数据、磁法测量数据、重力测量数据、地震法测量数据和放射性测量数据等。

充分地把握各类地质数据的特点，对其进行合理、有效的处理，是了解其统计分布特征并加以利用，进而认知隐藏在各种地质现象背后的规律，有效地找寻矿产资源，甚至为各种工程建设服务的基础。

4.1 实体、信息、数据

在我们通过各种手段获取了大量的数据之后，首先面临的问题就是如何管理这些数据，如何处理和加工这些数据，使之变成有用的信息。在现实世界中，我们通常是借助于计算机和信息技术的各种手段，通过构建特定功能的以数据库为基础的数据管理系统、信息管理系统来达到这一目的。

在数据库中人们是用数据模型（data medel）来对现实世界进行抽象，进而将其表示成为机器中存取的数据。数据模型是通过概念模型转换而成的。现实世界中的认识对象首先是通过人脑的抽象表示成为概念模型（或信息模型），之后经过进一步的转换才成为机器世界的数据模型。因此，在处理数据（包括地质数据）、研究数据模型之前，首先介绍几个信息技术领域用于表示概念模型的术语，以及它们之间的相互关系。

A　实体（entity）

客观存在的并可相互区别的物体叫实体。地质实体是指客观存在并可以相互区别的地质体、地质现象或地质作用等，如一个岩体、一个化石、龟裂现象、风化作用、地壳运动等。

B　信息（information）

信息是现实世界中的实体特性在人们头脑中的反映，人们把它用文字、数据、符号、声音、图像等形式记录下来，进行交流、传送或处理。每当看到这些符号或文字就会明白它所代表的实际内容。所以信息是对现实世界中实体的一种人为的标记。信息世界不是现实世界的完整录像，这不仅因为信息是用文字、符号等来表示的，而且因为信息世界中的对象是经过人为的选择和加工的。在此意义上，地质信息是地质实体特性的一种人为标记。

信息具有以下几个方面的特性：

（1）客观性。任何信息都是与客观事实相联系的，这是信息的正确性和精确度的保证。例如，我们说矿床地质特征，肯定是针对某个或某类矿床（即实体）的地质特征而言的。

（2）适用性。问题不同，影响因素不同，需要的信息种类是不同的。在信息系统中经常是将研究范围或领域所涉及的巨大数据流收集、组织和管理起来，经过处理、转换和分析变为对生产、管理和决策具有重要意义的有用信息，这是由建立信息系统的明确目的性所决定的。例如，某种矿化信息，对工程地质勘察来说，几乎毫无意义，但对找矿勘探而言，则可根据矿化程度的高低判断进一步找矿的潜力大小。

（3）传输性。信息可在信息发送者和接受者之间通过传输网络进行传播，被形象地称为“信息高速公路”。

（4）共享性。信息与实物不同，信息可传输给多个用户，为用户共享，而其本身并无损失，这为信息的并发应用提供了可能性。

C　数据（Data）

广义地说，数据是指能够由计算机处理的数字、字母和符号的集合。它是计算机程序使用和加工的原料。例如一个简单的计算程序，其加工的数据可能仅仅是一些运算符号和整数，而对一些编译程序来说，其使用和加工的数据则是用算法语言编写的源程序（数字、字母和符号的集合）。

数据是信息的表达、载体，信息是数据的内涵，是形与质的关系。例如2010年我国的铁矿石产量是10.7亿吨，这个数据表示了我国铁矿石产能这一信息，而这一信息又反映了我国在铁矿资源方面所具有的实力这一状态，10.7亿吨这种表示信息的数据是自然的数值数据，称为定量数据。另一种表示信息的数据是人为的，例如岩石有灰黑色、紫红色等各种不同的颜色，沉积岩有水平层理、交错层理等不同的层理构造，这种用文字描述的内容是无法用数值数据来表示的，但是为了让计算机能方便地处理它，可以用代码（包括字符、字母或其他符号）来加以表示，如1 = 灰黑色，2 = 紫红色，A = 波状层理，B = 斜交层理等。这种数据没有通常那种数量上的概念，只是一种代码，故称为名义型数据（定性数据的一种）。这样，现实世界中的一切信息不仅都可以用数据来表示，而且还可以用计算机来进行快速的处理。

4.2　地质数据及其特征

地质数据是表示地质信息的数字、字母和符号的集合。它是用来表示地质客观事实这一地质信息的。从广义的角度来看，地质数据既可以是定量的、定性的数据，也可以是文字的说明，甚至是图形的显示，因此，它几乎等同于原始的地质观测结果或地质资料。但是从狭义的角度来看，地质数据主要是指定量的和定性的地质数据。

4.2.1　地质数据的类型

地质数据按其特点可以分为观测数据、综合数据和经验数据三大类。

4.2.1.1　观测数据

对各种研究对象直接进行观测或度量所获得的数据，称为观测数据。这种数据一般没有经过任何的加工和处理，所以又称为原始数据。观测数据适用于对观测变量进行赋值。观测数据根据其本身特点可分为定性数据和定量数据。

A 定性数据

这是用代码（A，B，C，…）或字符（1，2，3，…）等来表示某一地质特征（标志）及其相互间关系的一种“数据”，这种数据不具备数值数据所具有的数量上的概念。定性数据包括名义型数据和有序型数据两大类。

a 名义型数据

地质学中有许多标志，如岩石的颜色、结构、构造、化石、重矿物等常需要用名义型数据来加以表示。这种数据是通过“鉴定”区分不同的对象或个体并赋予不同的代码后才形成的。对于同一个标志的表征则可用二态变量来描述，即存在为1，不存在为0。而对同类状态的对象或个体则可通过计量或计数来赋予数量的概念。

b 有序型数据

有序型数据为一组有次序的数码或代码并用次序来表示数码或代码间的一种单调的升降关系。例如，表示不同矿物硬度差别的摩氏硬度计分为10级，但各级硬度之间的绝对硬度差是不同的。

B 定量数据

这是一种具有数量概念的数值数据，包括间隔型数据和比例型数据。

a 间隔型数据

这种数据的特点是彼此间不仅能比较其大小，而且可以定量地表示数据间的差异，它无自然零值，但是有负值，如海平面高程值。

b 比例型数据

它是具有绝对零值和没有负值的间隔型数据。大多数定量数据如储量、产量、有机碳含量等数据都属于比例型数据，这种数据所反映的数据概念最完整、意义最明确，因而是最重要的一类数据。

定性数据通常为离散型数据，定量数据以连续型数据为主，但也有些属离散型数据。

4.2.1.2 综合数据

综合数据是由观测数据经有限次算术或代数运算后得到的具有明确地质意义的综合性数据，如最低工业米百分数（米克吨值）、时间-温度指数值、岩石（体）的孔隙率等。另外，随机变量的各种特征数值也都是综合数据，如平均值、标准差、方差、极差、变异系数、相关系数等，此外信息论中的相对熵、灰色系统理论中的关联度等也都是综合数据。综合数据用于对综合变量进行赋值。

4.2.1.3 经验数据

经验数据是在研究地质系统的变化规律时，根据大量实际观测值归纳出来，或根据经验公式计算而得出的经验值。它们通常反映了一系列地质因素对地质实体变化规律影响的总和。有时经验数据的地质意义是十分明确的，但是具体的地质影响因素及它们之间的相互关系却是不确定或不清楚的。如单储系数、排烃系数等，当经验数据是根据某些经验公式计算而得时，不仅其地质意义是明确的，而且影响它的主要地质因素和它们之间的相互关系也是比较清楚的，但是这些地质影响因素常常是不完全的。

4.2.2 地质数据的属性

为了有效地利用地质观测数据，首先要对它们进行科学的整理和分析，这样就必须了解其属性。通常把观测数据内蕴含的变化规律称为数据的属性。由于地质事件既受概率性法则的支配，又受确定性法则的支配，作为反映地质实体信息的地质数据必然会反映出这两方面的属性。为了清楚起见，我们借用放射性物质的原子核衰变规律来说明如下。

4.2.2.1 统计规律性

当观测一定数量放射性物质的原子核衰变时，如果仅仅看其中某一个原子核，它在何时发生衰变其偶然性是很大的，因此放射性物质的衰变过程是一个随机过程。但若把放射性物质作为集体来观察其全部原子核（数量极大）的衰变时，就可以发现它有明显的规律性，即它的衰变速度是一个常数。原子核发生衰变的概率可用泊松分布律来加以描述，即

$$p_k = \frac{\lambda^k}{k!}e^{-\lambda} \qquad (k = 0,1,2,\cdots,n) \tag{4-1}$$

式中 k——单位时间内发生衰变的原子核的个数；

λ——单位时间内原子核的平均衰变数，且 $\lambda>0$，常数；

p_k——单位时间内 k 个原子核发生衰变的概率。

这个规律称为放射性物质的衰变规律。它是一种统计规律，其特点是在一次性试验或观察单个个体时偶然性很大，而当多次重复试验，即观察大量同类现象时表现出来的规律性即统计规律性。统计规律性给出的规律性结论是统计平均性的。如对某一个放射性元素来说它的衰变速度是一个常数（衰变常数）。

4.2.2.2 函数规律性

函数规律与统计规律不同，只要给定自变量值 x，则函数 y 值就被完全确定了。例如利用上述的统计规律可得计算衰变产物即子元素数量的公式如下：

$$r = n_0 e^{-\lambda t} \tag{4-2}$$

式中 t——衰变所经历的时间，以年为单位；

n_0——在衰变开始时原子核的总数（母元素总数）；

r——经过时间 t 后所剩下的母元素的数量。

利用式（4-2）即可推导出计算矿物或岩石绝对年龄的计算公式

$$t = \frac{1}{\lambda}\ln\left(\frac{n_0}{r}\right)$$

令 D 为衰变产物（子元素）的原子数，则

$$n_0 = D + r$$

$$t = \frac{1}{\lambda}\ln\left(1 + \frac{D}{r}\right) \tag{4-3}$$

由于不同的放射性元素都有自己恒定的衰变常数 λ，这样就可以把式（4-2）及式（4-3）当作确定型数学模型来对待。因为在这些公式中 t，D，r 之间的关系是一种确定型的函数关系。

由上述内容可知，地质数据往往既表现出统计规律的属性，又蕴含着函数规律的属性。而且两者之间还存在着密切的关系。

4.2.3 地质数据的特点

由于地质系统、地质条件和地质作用复杂多变、地质作用时间的长短不一及各种技术测试手段存在着很大的差异等原因，造成了地质数据自身所具有的许多特点。这些特点概括起来有以下 3 个方面。

（1）地质数据的类型多、性质不一，反映的地质内容十分广泛，数据的多寡和精度相差悬殊，量纲变化大，数据水平的高低亦不一样。

（2）地质数据由于反映多种地质作用迭加的结果而具有混合分布的特征。

（3）目前仍以定量数据为主，定性数据的定量化研究和应用尚处于开发阶段。

上述特点说明地质数据不是属于单一性质数据的集合，而是属于具有多种来源的复杂数据的集合。这些特点是客观存在和不易改变的，因此在使用时要特别注意数据的适用性，即不同的使用目的应选用不同的数据。同时还要加强和改进数据的加工和处理技术，只有这样才能有效地使用地质数据，使数学地质的研究方法取得较好的效果。

4.2.4 地质数据的误差

任何的地质观测结果都不可能得到与实际情况（真值）完全相符的测定值。这是因为在野外观测、样品采集管理、分析化验、仪器读数、资料整理的过程中，由于工作人员的主观因素、测量或分析仪器精度的限制、周围环境或随机性因素及人为过失等的影响，会使观测结果与真值之间产生偏差，形成误差。误差是衡量数据品质好坏的重要依据。误差按其性质可分为以下三类。

A 随机误差或偶然误差

这是一种在观测或测量过程中由不可控制的、无规律的偶然因素引起的误差，它服从正态分布律。其特点是误差的大小及符号各不相同，不能人为地加以控制，当观测次数增加时其算术平均值将逐渐趋近于零，这种误差往往导致观测数据在一定范围内出现波动，故称为观测数据的波动性或统计性涨落。

B 系统误差

这是由于观测系统本身所引起的误差，如仪器不准确、测量方法不合理、测量条件（如温度，压力）的非随机性变化、不同观测者的不同习惯等因素引起的误差都属于系统误差。这种误差的特点是在大多数情况下都表现为常数（如增大或减小），在观测过程和数据整理过程中可以通过一定的方法来识别和消除这类性质的误差。

C 过失误差（失真）

在地质数据获取的过程中往往会由于各种干扰或人为的过失，使地质数据失去自身的“真实性”和“代表性”。这种因受非地质因素影响而失去了真实性和代表性的数据称为外来值（也有人称其为“被污染”的数据），同时把数据的这种误差统称为“失真”或“过失误差”。

4.3 地质数据的选择和整理

4.3.1 数据的选择

地质问题定量研究成果的好坏，固然与地质基础研究的深入程度、数学模型的合理性和计算方法的有效性有关，但是也与地质数据的质量、数量与使用的是否恰当有着非常重要的关系。例如，对找矿勘探工作而言，对于研究程度比较高的地区，定量数据的来源是很丰富的。但是对研究程度较低或早期的勘探地区来说，定量数据大多是由过去小比例尺的区域地质、地球物理（航磁、重力、电法，地震）勘探、地球化学勘探、遥感图像及浅井等资料产生和形成的，由于受当时技术水平或条件的限制，与数学地质研究需要较系统、全面、可靠的要求差距较大，甚至有的是零星、片断的。不同施工单位提供的资料或数据的水平、可靠程度和精度也有差别。因此，必须对地质数据进行收集、汇总和选择。在具体选择时要注意下列问题：

（1）应根据研究目的和要求来选用数据；

（2）数据反映的指标的地质意义要明确；

（3）数据的水平要一致，可靠性要强；

（4）尽可能对数据的统计和函数规律性做出描述；

（5）数据的数量应满足数学模型建模的要求；

（6）数据的分布要合理，并尽可能保持均匀。

对于不符合研究要求的数据，必须有所取舍，使用时要慎重；否则不仅于研究无益，反而会对有效数据起干扰作用。

4.3.2 数据的整理

地质数据的数量一般较大，而且分布律和量纲各异，出于数学模型（特别是概率型数学模型）的需要及方便使用的目的，可首先按大的地质工作领域分成许多类，如地质、物化探，钻井、测井类等，然后分别整理并构成不同的数据矩阵。

一般数据矩阵是由处于同一状态的同类数据的集合构成。根据其特点，数据矩阵可分为三种类型。

A　原始数据矩阵

原始数据矩阵是通过对原始资料的收集、汇总、选择和取舍后形成的原始数据的集合构成的。

它由地质变量及给其赋值的数据组成，并按规则排列成如下形式的数据表：

$$X = [x_{ij}]_{(n\times p)} = \begin{bmatrix} x_{11} & x_{12} & \cdots & x_{1p} \\ x_{21} & x_{22} & \cdots & x_{2p} \\ \vdots & \vdots & \ddots & \vdots \\ x_{n1} & x_{n2} & \cdots & x_{np} \end{bmatrix}_{(n\times p)}$$

这个数据表即为矩阵，矩阵的行为样品中各变量的数值，样品数 $i=1, 2, \cdots, n$；列为变量，变量数为 $j=1, 2, \cdots, p$。矩阵由 $n\times p$ 个数据组成，每个数据 x_{ij} 称为矩阵的元素，它代表第 j 个地质变量的第 i 个样品的观测值，每一行数据组成一个行向量，第 i 个行向量代表第 i 个样品的所有 p 个观测值；每一列数据组成一个列向量，第 j 个列向量代表所有样品中第 j 个变量的观测值。

因为原始数据矩阵是地质资料汇集整理的结果，根据它即可初步了解与研究专题有关的地质研究程度。原始数据矩阵的优劣是决定数学地质研究成果好坏的重要因素。

B 方法数据矩阵

不同的数学模型，特别是概率型数学模型，对数据往往有一些特定的要求，如单一分布、正态分布、变量间的线性相关性、量纲一致性，等等，若不满足这些要求，则由方法本身产生的不确定性（如有偏估计）会给计算结果带来干扰和误差。为此，必须对原始数据矩阵的数据进行适当变换，使其变成能满足某些数学模型要求的一种新的数据矩阵，这个新的矩阵即为方法数据矩阵。例如沉积岩粒度数据，当以毫米为单位时不呈正态分布，若取对数后即可使其接近或转换成正态分布。有的原始矩阵中的数据量纲不一致，经过标准化等变换后即可消除量纲的影响。有的数据具有混合分布的特征，这时就应对原始的数据进行分解工作使其变成单一分布，然后才能用有关的数学模型进行处理。所以方法数据矩阵是对原始数据矩阵中的原始数据进行数据变换以后生成的；原始数据矩阵是方法数据矩阵的基础。

C 结构数据模型

由于地质数据的前述特点，它的组织（形成原始数据矩阵和方法数据矩阵）和管理工作是十分繁重和复杂的，目前已由各类地质数据库系统来承担，因此地质数据库系统是现代计算机应用进入高级阶段的信息资源基础。

数据库系统的一个核心问题是研究和处理实体间的联系。因为在现实世界中的实体和描述实体的数据都是互相联系的，人们通常把表示实体及实体之间联系的模型叫做结构数据模型，它是反映实体间联系的一个全局性逻辑数据（轮廓）视图（又叫概念模型）。结构数据模型包括以下三种。

层次模型：用树形结构表示实体之间联系的模型。

网络模型：用丛结构表示实体之间联系的模型。

关系模型：用表格数据表示实体和实体间联系的模型。

地质数据库就是通过上述结构数据模型和各种地质理论来建立地质数据之间的关系，以便构置原始数据矩阵和方法数据矩阵，从而达到高效、巧妙地进行地质数据的处理而又花费最小的目的。

4.4 地质数据的预处理

前已述及，地质数据的类型多、量纲各异，数据量多寡不一，时空上分布不均匀，且常有数据失真的情况发生，所以以原始数据形式出现的地质数据在大多数情况下都要经过预处理，以便构置成方法数据矩阵后才能供计算机进行处理。结构数据模型是数据库系统研究的核心问题，下面仅讨论构置原始数据矩阵的方法。

4.4.1 可疑数据的鉴别和处理方法

地质数据失真的结果导致它严重偏离其余数据值，有的特高值数据可以比数据的平均值高出很多倍，故被称为离群数据或外来值。它们的存在使数据平均值过高，不能反映数据的总体特征。然而要查明造成这种数据差异的原因是不容易的，因而在实际工作中就不能将这种可疑数据随便地舍去或保留。这时根据某些数学的方法——统计学等的方法来决定取舍是较为妥当的。这种方法大多是首先确定一个可疑数据的界限，然后根据这个界限来决定对它的取舍。下面介绍两种常用的鉴别检验方法。

4.4.1.1 肖维纳（Chauvent）检验法

肖维纳检验法对数值取舍的准则为：在 n 个观测值中，设任一观测值与平均值的偏差为 D，凡等于或大于 D 的所有偏差出现的概率均小于 $1/(2n)$ 时，则此观测值应予弃去。例如在一组测量中，观测次数为 10（即 $n=10$），其概率误差为 Q，当某一观测值与平均值的偏差大于 $2.91Q$ 时，则此观测值为外来值应弃去，这时所有等于或大于 $2.91Q$ 的偏差，其出现的概率均将小于 $1/(2n)$。其检验步骤如下：

（1）计算观测值的算术平均值（包括可疑数据在内）：

$$\bar{x} = \frac{1}{n}\sum_{i=1}^{n} x_i$$

（2）计算所有数据的标准差 σ：

$$\sigma = \sqrt{\frac{1}{n-1}\sum_{i=1}^{n}(x_i - \bar{x})}$$

（3）计算单次观测的概率误差 Q：

$$Q = 0.6745\sigma$$

Q 的数学意义：在一组测量中，任意选出一个观测值，其误差介于 $-0.6745\sigma \sim +0.6745\sigma$ 之间的概率为 50%。也可以说在一组测量中，若不计正负号，误差大于 Q 的观测值与误差小于 Q 的观测值将各占观测次数的 50%。

（4）计算可疑数据与平均值之偏差 $D = |x_i - \bar{x}|$，并求其与 Q 的比值 D/Q。

（5）根据（见表 4-1）所列的观测次数（n）以及与其对应的 D'/Q'（D/Q 随 n 变化的临界值）决定数值的取舍。

表 4-1 观测次数与对应偏差/概率误差

n	5	10	15	20	50	100
D'/Q'	2.5	2.9	3.2	3.3	3.8	4.2

（6）若可疑数据的 $D/Q > D'/Q'$，则判定其为离群数据，舍去；否则为正常数据，应予保留。

【**例 4-1**】 某一含铜矿脉铜含量值见表 4-2，试检验观测结果为 1.60% 的 4 号样是否为外来值。

表 4-2　铜含量观测结果

No.	$w(\mathrm{Cu})/\%$	D	D^2
1	1.17	0.084	0.0071
2	1.15	0.104	0.0108
3	1.16	0.094	0.0088
4	1.60	0.346	0.1197
5	1.19	0.064	0.0410

按上述步骤计算各项统计量如下：

$$\sum_{i=1}^{5} x_i = 6.27, \qquad \sum_{i=1}^{5} D_i^2 = 0.1505$$

$$\bar{x} = 6.27/n = 6.27/5 = 1.254, \qquad \sigma = s = \sqrt{\frac{0.1505}{4}} = 0.194$$

$$Q = 0.6745\sigma = 0.6745 \times 0.194 = 0.1309$$

铜含量为 1.60% 的观测值

$$D/Q = 0.346/0.1309 = 2.64$$

由表 4-1 中可知，$n = 5$ 时，

$$D'/Q' = 2.5$$

显然，

$$D/Q > D'/Q'$$

故此数据为外来值，应予舍去。

4.4.1.2　格罗伯斯（Grubps）检验法

当数据 x_1，x_2，…，x_n（按由小到大排序）服从正态分布时，可用下述统计量（U）来检验数据是否为外来值。

$$U = \frac{x_{(n)} - \bar{x}}{s} \tag{4-4}$$

其中，$s = \sqrt{\sum_{i=1}^{n} (x_i - \bar{x})^2 / n - 1}$。

U 为极值（异常值）减去均值形式的统计量。

当 $U > U_{n,a}$ 时，则 x_n 为外来值，不同显著性水平和不同 n 下的临界值 $U_{n,a}$ 可由表 4-3 查得。

表 4-3 格罗伯斯检验临界值表

n	a				n	a			
	0.01	0.025	0.05	0.1		0.01	0.025	0.05	0.1
3	1.155	1.155	1.153	1.148	15	2.705	2.549	2.408	2.247
4	1.492	1.481	1.463	1.425	16	2.747	2.585	2.443	2.279
5	1.749	1.715	1.672	1.602	17	2.785	2.62	2.475	2.309
6	1.944	1.887	1.822	1.729	18	2.821	0.651	2.504	2.338
7	2.097	2.02	1.938	1.828	19	2.849	2.676	2.527	2.358
8	2.198	2.104	2.011	1.89	20	2.884	2.708	2.557	2.368
9	2.323	2.215	2.109	1.977	21	2.912	2.733	2.58	2.408
10	2.41	2.29	2.176	2.036	22	2.939	2.758	2.603	2.429
11	2.485	2.355	2.234	2.088	23	2.963	2.781	2.624	2.449
12	2.55	2.412	2.285	2.134	24	2.987	2.802	2.644	2.467
13	2.608	2.461	2.331	2.175	25	2.997	2.792	2.682	2.45
14	2.659	2.507	2.371	2.213					

例如，对【例 4-1】中的 4 号样进行格罗伯斯检验：

$$U_4 = (x_{(n)} - \bar{x})/s = (1.6 - 1.254)/0.194 = 1.78$$

$$U_{n,a} = U_{5,0.01} = 1.749$$

显然，$U_4 > U_{5,0.01}$

据此，以高度显著性可以认为 x_4 为外来值，应予舍弃。

同样 $U = (x_{(n)} - \bar{x})/s$ 这个统计量还可检验最小值 $x_{(2)}$ 是否属外来值，

$$x_{(2)} = 1.15$$

$$U_2 = (1.254 - 1.15)/0.194 = 0.536$$

$$U_{n,a} = U_{5,0.01} = 1.749$$

因 $0.536 < 1.749$，所以 $x_{(2)}$ 为正常值，而非外来值。

可疑数据的检验还有一些其他方法，如狄克松（Dixon）检验法、威尔克斯（Wilks）统计量检验法等。对可疑数据的鉴别最好采用多种方法，这样可以互相比较，避免误判。当肯定可疑数据为外来值时，应查明其失真的原因，对原因不明而又比较重要的数据，如条件允许可进行重新观测。

外来值数据应予舍弃，因为它对有效数据会产生干扰，影响计算和地质解释结果。

对不能舍弃的外来值数据可以采用平均值代替法、邻近数据平均值代替法、界限值代替法和地质推断代替法等予以处理。

4.4.2 数据的均匀化、缺值插补和删点

由于不同勘探阶段投入的勘探工作量和工作配置是不同的，所以，地质数据在空间上的分布是很不均匀的，而且由于多种原因地质数据的项目也很可能是不齐全的。为了使数据能均匀地分布，构置成合理的数据矩阵并且能提高计算速度及使计算结果比较稳定，可

以对地质数据进行均匀化、缺值插补及删点处理。

A 数据的网格化方法

首先将勘探区网格化，设勘探区共划分成 m 个面积相等的网格，勘探区内共有 N 个观测点，每个网格内共有 n_j 个观测点（至少要有一个观测点，要不然则应补点），令

$$y_j = \frac{\sum_{i=1}^{n_j} x_{ij}}{n_j} \tag{4-5}$$

式中 y_j——第 j 个网格内的网格化值（$j=1, 2, \cdots, m$）；

x_{ij}——第 j 个网格内某地质变量的第 i 个观测值（$i=1, 2, \cdots, n_j$）；

n_j——第 j 个网格内的观测次数。

$$N = \sum_{j=1}^{m} n_j$$

这样，每个网格内相当于有一个有效的观测点，于是就将原来 N 个样品点简化为 m 个有效观测点。计算时只需用 m 个观测点值即可，实际上网格化值是一个网格内某地质变量观测值的平均值。网格化后观测点的坐标可用网格的中心点坐标代替。

B 缺值插补和删点

当勘探区内样品点分布不均匀时，在某些面积不大的局部地区可能出现空白区，为了研究的需要或计算稳定起见，允许根据地质规律或统计等方法对空白地区补充适量数据点，但这种空白区的计算结果一般是不可靠的，解释时只能根据周围情况作一些推断或参考。而对于数据点过密的不大的局部地区可以随机地删去一些点以保持全区数据分布的均匀性。有时在构置原始数据矩阵时可能出现个别的缺位项，若采取舍弃观测点的办法可能会损失重要的信息，这时可用周围数据平均值或统计等方法适当予以插补，但是这种插补的数据不宜过多，否则会干扰计算结果及其地质解释的可信度。

5　地质变量的选择与变换

5.1　地质变量及其分类

5.1.1　地质变量

应用数学地质理论和方法研究地质问题的特点之一，是对各种地质现象的观测资料和数据进行数学处理，建立各种数学模型来描述地质体或地质作用过程和机理的数学特征，以揭示地质规律，解决实际地质问题。

实践表明，同一种地质现象，在不同的时间或空间上，其观测结果并不相同。例如，有用组分在矿体中各点的含量、不同世代黄铁矿中微量元素的数量、岩层沿走向或倾向的厚度、微量元素含量、含砂量、孔隙度、电阻率、岩石颜色、结构构造等都是不同的。可见，我们观测取样得到的各种地质现象的观测资料，都是随着时间或空间位置不同而发生变化的量，通常把这种量称作地质变量。地质变量有以下三个主要特点：

（1）由于地质作用的长期性和多期性，所有地质体都是多种地质因素综合作用的结果。对各种地质现象观测取样得到的地质变量，反映的是区域规律性变化因素、局部空间规律性变化因素、偶然性因素综合作用的特征。当规律性变化因素起主导作用时，地质变量在一定的时间或空间方向上，明显地发生规律性的变化。当偶然性因素起主导作用时，地质变量因具有随机性，其变化与空间位置没有明显的关系。由此可见，地质变量既受确定性法则支配，又在很大程度上受概率法则制约。因此，研究地质变量时，不但需要有确定性的数学方法，更重要的是，需要运用概率论和数理统计的理论和方法。

（2）地质变量中有一部分是定量数据，不但能够给出清晰的数量概念，而且可以直接比较其大小，彼此间的差异也可以用精确的数值来表示。但是，由于地质作用的复杂性，大量地质现象很难用具体的数值来表征，只能对其进行定性描述。这就是说，我们赖以解决地质问题的观测资料的绝大部分是定性描述资料。因此，数学地质研究的重要任务之一，是把定性描述资料转化为地质数据，并用专门的理论和方法对这些数据进行正确的处理。

（3）地质作用发生在漫长的时间和广阔的空间上，我们在野外观测取样得到的资料和数据，仅是地质变量总体的一个微小部分。我们的工作正是利用这一小部分地质变量来发现地质作用规律，可见，观测样品的代表性好坏，从根本上决定着数学地质研究结论的正确与否，因而观测样品代表性的评价，是数学地质研究中的重要命题之一。

5.1.2　地质变量的分类

根据地质变量的获取方式不同，可把地质变量分为观测变量、组合变量、伪变量三种类型。

5.1.2.1 观测变量

对地质体直接观测和度量所取得的，表征各种地质现象的实际资料和数据属于观测地质变量。按其性质又可分为定性的、半定量的和定量的三种。

（1）定性变量。这类变量没有数量概念，也没有上下、早晚、大小的区分，只能定性地说明地质现象的性质和状态。例如，矿体的形态被描述为层状、透镜体状、不规则状，断层的性质被描述为压性、张性、扭性，岩石颜色被描述为红色、黄色、灰色、黑色，矿物结构被描述为全自形晶、半自形晶、它形晶等。对地质现象的这些描述既没有数量概念，也不能区分其大小、上下、早晚，因此，矿体的形态、断层的性质、岩石的颜色、矿物的结构等都是定性变量，这种变量一般用名义型数据表示，多用于逻辑运算。

（2）半定量变量。这类变量含有大小、上下、早晚等顺序或等级概念，但不同级序间的级差在绝对数量上是不相同的，各级之间也不存在比例关系。例如，各时代地层自下而上按自然数顺序赋值，表征地层形成的早晚和空间排列特征；按矿物分级的摩氏硬度表征矿物硬度相对大小；用自然数从小到大顺序表示的矿床勘探类型，表征勘探难度的逐渐增大等，都属于半定量变量。半定量变量一般用有序型数据表示。

（3）定量变量。这类变量不但能够说明地质现象的性质和状态，而且有明确、清晰的数量概念，既能比较其大小，又能精确地表示变量间的差异。例如，岩层厚度、矿体规模、矿石比重、元素含量、岩石孔隙率、电阻率等都是定量变量。定量变量一般由间隔型数据和比例型数据表示。

5.1.2.2 组合变量

几个单一变量的和、积或通过某种综合方式构成的新地质变量称为组合变量。例如，某金矿体前缘晕的指示元素是 Hg、Sb、As、Tl，尾晕的指示元素是 Ag、Cu、Pb、Zn。由于样品中单个元素的含量变化很大，用单个元素表示原生晕的性质十分困难，而用各元素的和 $Hg+Sb+As+Tl$ 及 $Ag+Cu+Pb+Zn$ 则能很好地指示矿体的前缘晕和尾晕。这两项和的比值更能清晰地指示矿体可能存在的空间位置。可见，几个单一变量的某种形式的组合，有时会指示更加明确的地质意义。又如，在胶东地区，只有当胶东群地层、北东向断裂构造、中生代花岗岩同时存在时，才有可能发生金矿化作用。因此，上述三种地质因素的组合构成一种新的变量，指示该区金矿化的必要形成环境。白云鄂博稀土铁矿床中，沉积—变质作用成因的独居石具有钕高镧低的特点，而热液作用成因的独居石恰好相反，具有钕低镧高的特点。因此二元素的比值，也即一个元素同另一个元素倒数的乘积构成了一个指示不同矿化期的地质变量。类似地，花岗闪长岩与石灰岩的乘积指示矽卡岩型矿床必要的形成环境。酸性火山岩和较高的重力异常的乘积，指示古火山中心的可能存在等，都表明若干个单个变量的乘积，有时能提供更为清晰的地质信息。再如，某金矿床包括两个矿化阶段，最佳地球化学标志组合分别为 Au-Ag-Bi-Te 和 Au-Ag-Cu-Pb-As-Zn。对矿石中化学元素含量进行因子分析，第一主因子轴突出了 Au、Ag、Bi、Te，第二主因子轴突出了 Au、Ag、Cu、Pb、Zn、As，则第一、二主因子的得分构成了两个新变量，指示两个矿化阶段的地球化学特征。因此，这种通过某种方式形成的综合变量，不但能够明确地指示某种地质意义，而且有减少变量、简化数学模型的作用。

5.1.2.3 伪变量

在分析研究过程中，有时为了计算上的需要，会人为地附加一个不影响计算结果客观性的变量，这种变量即是伪变量。例如，在建立多元回归模型，求解回归系数时，经常在各样品中人为地加上一个数值为1的变量，以使计算过程更加方便。

5.2 地质变量的选择

应用数学地质理论和方法解决地质问题的基本途径是，通过有关地质变量的数学处理，建立所需的数学模型，揭示地质体或地质作用过程或机理的数学特征，对其进行地质、地球化学分析，以达到解决地质问题的目的。可以看出，开展数学地质研究的基本条件之一是必须有一组地质变量。这就涉及如何从众多复杂的地质现象中选择和提取可靠且有用的地质变量的问题。

5.2.1 地质变量的选择原则

地质运动过程的复杂性决定了自然界有许许多多、形形色色的地质变量，在具体的研究过程中没必要，更不可能全部用来进行数学处理，而是需要从中选取一小部分来进行数学地质研究，在选择地质变量时，应遵循以下4个方面的原则。

(1) 作为选择地质变量的最基本原则，在地质问题所限定的范围内，选取那些与地质问题的性质或所欲达到的目的密切相关的变量。如果我们进行的是对某一类型矿床的统计预测，则应根据已知的成矿模式选取那些与该类型矿床密切联系的控矿地质因素和找矿标志。例如，对斑岩型铜矿开展统计预测时，首先应把选择变量的空间范围限制在斑岩体分布的范围内，然后选取与该类型矿化相关联的岩浆岩相标志、垂直和水平分带标志、断裂裂隙系统标志、蚀变岩标志、矿物组合标志、地球化学标志等。如果没有现成的成矿模式，则应首先在研究区开展地质研究，建立矿床形成的地质概念模型；在此基础上，选取与矿床有成因联系的地质标志。又如，在对胶东招掖金矿化带土壤地球化学异常致矿性进行评判时，根据前人资料了解到该区发育石英脉型和蚀变岩型两类金矿床。在选取变量之前，必须进一步了解二者在成因上是各自独立的，还是有一定的联系。如果是独立的，必须找出它们各自的控矿地质、地球化学因素，选取变量时，也必须选取两套标志；如果二者有成因联系，还需要进一步研究二者成因联系的密切程度，看能否用二者共有的地质、地球化学标志来进行评判。为解决上述问题，研究人员在矿化带范围内开展了控矿地质条件研究，建立了矿床形成的地质概念模型。模型反映出该区金矿化只有一个成因类型，即中温热液充填型。所谓石英脉型和蚀变岩型是同源、同因含金热液在迁移演化过程中，所处裂隙性质及相应的物理化学环境不同形成的两个自然类型。于是根据模型中指出的各矿化阶段的地球化学标志组合，选取了一组最佳控矿地球化学标志来进行异常致矿性评判。

(2) 应用数学地质理论和方法解决地质问题的方式，在大多数情况下，仍然是应用类比法。因此要求研究对象的地质构造环境、地质作用过程和机理等，和用以建立数学模型的已知地区（样本）相类似。在此基础上，应保证所选取的变量有较好的代表性。包括以下两个方面：

① 被选取的变量在横向和纵向上应有较好的代表性。所谓横向代表性，是指变量的可利用性在水平方向上能扩展多远；纵向代表性指变量的可利用性在垂直方向上能扩展多深。一般用变量在空间上的变异度来衡量，变异度大，变量在空间上可以外推的范围小；变异度小，变量在空间上可以外推的范围则大。因此，应尽量选取空间变异度小的变量，以保证在已知区（或样本）建立的数学模型应用于研究区的效果。

② 选取的变量应具备观测取样单位、观测取样方法、分析测试条件、数据水平和精度等的一致性。

(3) 由于地质研究程度所限，对某种矿床的成矿规律的认识比较模糊时，应尽可能多地选取变量，以免漏失重要的地质信息。

(4) 选取变量应采用地质研究和数学地质分析相结合的方式。对于数学地质方法选出的地质意义不十分明确的变量，应进一步研究其地质意义，看它是否是与研究对象有关的重要的隐蔽地质信息。如果还看不出它的地质意义，则应检查该变量的取值和变换方法，看是否是数学处理过程中造成的错误。

5.2.2 地质变量的选择方法

地质变量的选择一般是在建立或明确具体研究对象的地质概念模型的基础上，通过解析几何、数理统计等方法具体进行选择。

在具体的选择过程中，首先，将原始数据模型看成是由变量及其观测值构成的矩阵，如下边的 $m \times n$ 矩阵

$$\begin{array}{c} \\ \text{变量 } 1 \\ 2 \\ \vdots \\ m \end{array} \begin{array}{c} \begin{array}{cccc} \text{样 } 1 & \text{样 } 2 & \cdots & \text{样 } n \end{array} \\ \begin{bmatrix} x_{11} & x_{12} & \cdots & x_{1n} \\ x_{21} & x_{22} & \cdots & x_{2n} \\ \vdots & \vdots & \ddots & \vdots \\ x_{m1} & x_{m2} & \cdots & x_{mn} \end{bmatrix} \end{array}$$

然后，对该矩阵的行进行筛选、增补或组合，使之达到“变量结构最优化”。即在数学上减少空间维数，使尽可能相互独立的变量组成 $P(P < m)$ 维空间的数据集，且对其信息损失不大，以最优变量建立最佳数学模型，从而获得最佳的研究效果。

变量地质选择的方法很多，常用的有几何作图法、相关系数法、信息量计算法、秩和检验法、统计推断法、矢量长度分析法、数量化理论、变异序列法、回归分析等。

5.2.2.1 几何作图法

通过几何作图，直观地显示变量与研究对象，以及变量间的关系，并通过对这种关系的对比分析，来决定对变量的取舍。

A 点聚图法（scattergram method）

假定从已知含矿总体抽取 m 个样品 x_1，x_2，…，x_m，从已知无矿总体抽取 n 个样品 y_1，y_2，…，y_n，它们由 p 个地质标志来描述。

用点聚图法筛选和评价标志时，是把某地质标志看做空间中的一维数轴，把样品看做该数轴上的点，如果含矿样品点的大部分集中分布在数轴的某个区间，而无矿样品点的大

部分集中分布在数轴的另一个区间，当这种区分率高于75%时，则可认为该标志对“含矿”和“无矿”具有较高的辨识能力，可选作参与预测的地质标志（变量）。

当然，也可以对两个地质标志来进行同样的研究，此时，两个地质标志被看做二维平面上的两个相互垂直的坐标轴，把样品看做该坐标系中的点来作图。当已知含矿样点和已知非矿样点在平面上混杂在一起分布时，可认为这两个标志对矿与非矿没有辨识能力，应该予以删除。而当已知含矿样点和已知非矿样点分别集中于不同的平面空间，且区分率高于75%时，则可认为两个标志中至少有一个对矿与非矿有辨识能力。进一步观察，若点群主要沿0°或90°方向分布，表明只有与该方向轴平行的标志有鉴别能力(图5-1(a))，把它（x_1）选作参与预测的标志，而删除掉另一个地质标志（x_2）。若点群主要沿45°或135°方向分布，则表明两个地质标志都具有较高的辨识能力，应当把它们都选做参与预测的地质标志(图5-1(b))。

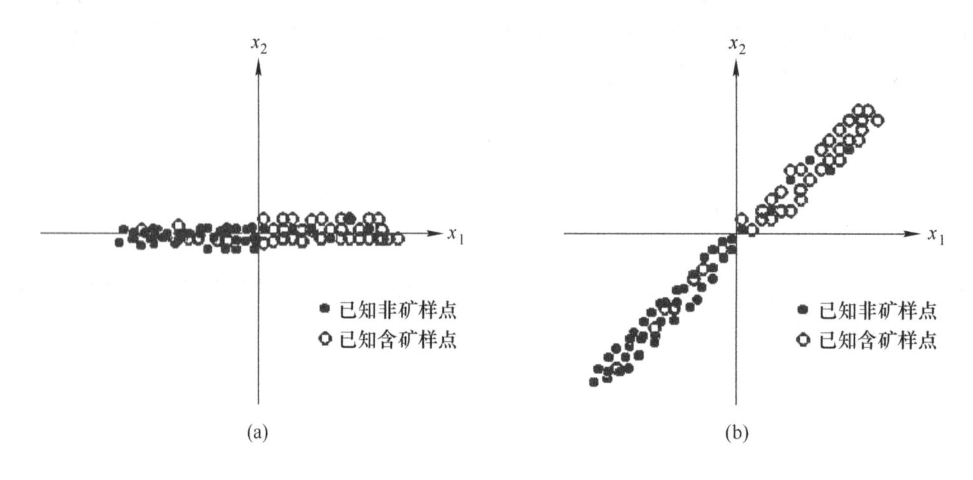

图5-1 两个变量的点聚图法选择

B 雷达图法（radar diagram method）

设有 m 个已知含矿样品，n 个已知无矿样品，它们由 p 个地质标志来描述。

用雷达图法筛选标志时，以 O 为原点，以适当长度为半径画圆，将圆周 p 等分，连接圆心和等分点得 p 条成辐射状的半径，在等分点处注明地质变量代码，这样，每条半径就代表了一个地质标志。以每条半径为坐标轴，根据每个变量数值波动幅度的不同，在坐标轴上进行刻度，并将每个样品的各标志值按其具体取值标在坐标轴上，连接成 p 边形。分析对比两类总体所构成的多边形形态及其关系，以发现具有鉴别能力的地质标志。赵鹏大等（1983）曾以一个假设的例子说明用雷达图选择地质标志（变量）的方法，现引述于下：

设有8个岩体，1，2，3，4为已知含矿岩体，5，6，7，8为已知无矿岩体，每个岩体取 n 个样进行化学分析，得每个岩体 SiO_2、TiO_2、CaO、FeO、K_2O 化学成分数据的平均值。依据上述方法，在空间上画圆，并将其5等分，各等分点与圆心的连线形成5个空间坐标轴，每一坐标轴用来刻画各个岩体相应化学成分的大小（平均值），将每个岩体各组分的平均值投影到各组分轴上，并将同一岩体在各轴上的投影点连接起来，从而形成8个五边形（如图5-2所示），根据有矿类与无矿类岩体在各轴上的分散程度即可确定变量的可用性。

由图5-2可见，区分含矿和无矿的最好标志是SiO_2和FeO，其次是TiO_2和CaO。但仅据TiO_2有可能把含矿的3号岩体错判为无矿，仅据CaO则可能把含矿的4号岩体错判为无矿。若考虑组合标志SiO_2-TiO_2-CaO-FeO，就有可能把1，2，3，4号岩体判为有矿，标志K_2O无区分能力，予以剔除。

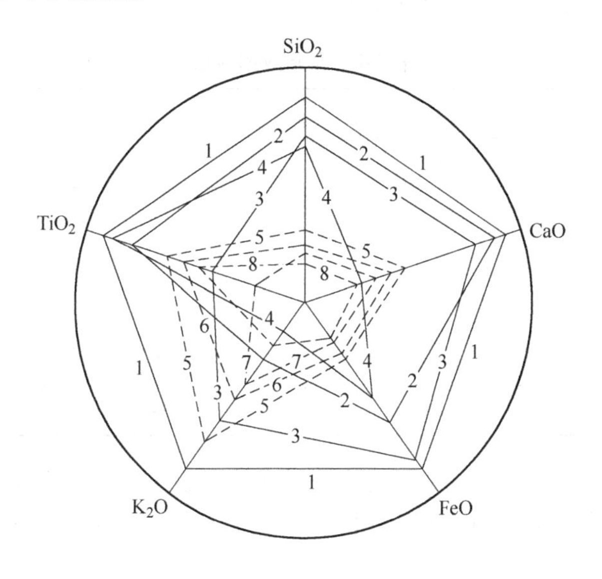

图5-2 雷达图法示意图

5.2.2.2 相关系数法（correlation coefficient method）

A 简单相关系数法

该方法是根据某种地质现象与若干个地质标志（变量）关联程度的不同，通过相关分析来决定变量的取舍。

设y为某地质现象，x_{ij}为j（$j=1, 2, \cdots, n$）样品中地质标志i（$i=1, 2, \cdots, p$）的具体取值。所谓简单相关系数法就是通过计算和比较每个地质标志x_i与地质现象y之间相关系数$r_{x_i,y}$的大小，保留相关系数比较大的标志，去掉相关系数较小的标志。相关系数的计算公式如下：

$$r_{x_i,y} = \frac{S_{x_i,y}}{S_{x_i}S_y} = \frac{\sum_{j=1}^{n}(x_{ij}-\bar{x}_i)(y_j-\bar{y})}{\sqrt{\sum_{j=1}^{n}(x_{ij}-\bar{x}_i)^2}\sqrt{\sum_{i=1}^{n}(y_j-\bar{y})^2}} \tag{5-1}$$

式中，$\bar{x}_i = \frac{1}{n}\sum_{j=1}^{n}x_{ij}$，$\bar{y} = \frac{1}{n}\sum_{j=1}^{n}y_j$。

B 偏相关系数法

在多要素构成的系统中，自变量与因变量之间的相关性往往很复杂，简单的相关系数不能充分说明两者之间的关系，为此，必须在去掉其他变量影响的条件下计算两个变量间的相关关系。设因变量y与自变量x_1在去掉自变量x_2的影响后的相关系数为r_{x_1y,x_2}，则

$$r_{x_1y,x_2} = \frac{r_{x_1,y} - r_{x_2,y}r_{x_1,x_2}}{\sqrt{1 - r_{x_2,y}^2}\sqrt{1 - r_{x_1,x_2}^2}} \tag{5-2}$$

式中，$r_{x_1,y}$，$r_{x_2,y}$，r_{x_1,x_2} 分别为 x_1 与 y，x_2 与 y，x_1 与 x_2 之间的简单相关系数。

【例 5-1】 假定有两个地质标志 x_1，x_2，y 为某地质现象，它们各自的赋值见表 5-1。试比较 x_1，x_2 对解释该地质现象的重要性。

表 5-1 原始数据赋值

样 品	x_1	x_2	y
1	5	7	10
2	3	5	8
3	1	3	4
4	4	1	2
均值	3.25	4.00	6.00
标准差	1.70	2.58	3.56

（1）首先，计算 x_1，x_2 及 y 的平均值及标准差（表 5-1 中最后两行）。

（2）其次，按式（5-1）计算简单相关系数 $r_{x_1,x_2} = 0.3779$，$r_{x_1,y} = 0.4276$，$r_{x_2,y} = 0.9901$。

（3）按式（5-2）计算偏相关系数：

$$r_{x_1y,x_2} = \frac{0.4276 - 0.9901 \times 0.3779}{\sqrt{1 - 0.9901^2}\sqrt{1 - 0.3779^2}} = 0.4112$$

$$r_{x_2y,x_1} = 0.9899$$

显然，在去掉其他因素的影响后，x_2 与 y 之间的关系比 x_1 与 y 之间的关系更为密切，或者说其对 y 的影响更大。因此在相关的地质研究中，x_2 比 x_1 更适合作为 y 的预测变量。

5.2.2.3 秩相关系数法（method of sequence coefficient for rank）

所谓“秩”即“秩序”、“次序”，它是把一个变量的实验观测值按从小到大（或从大到小）排序后每一个观测值所占的位次。秩相关系数法是用秩代替原始数值，求出两个变量秩间的相关系数，然后依照此相关系数的大小决定变量取舍的变量选择方法。这种方法由于秩均为正整数，具有计算方便且不损失原始数据基本信息的优点而被经常使用。秩相关系数 ρ 为

$$\rho = 1 - \frac{6\sum_{i=1}^{n} d_i^2}{n(n^2 - 1)} \tag{5-3}$$

式中 d_i——某一样品中变量 1 与变量 2 的秩的序差，即 $d_i = x_{i秩} - y_{i秩}$；

n——样品数。

【例 5-2】 某地在铂族元素的找矿过程中，试图通过分析样品中 Pt 与其他元素的相关关系来达到找出 Pt 的找矿指示元素的目的。表 5-2 列出了研究所用的 18 个样品中 Pt、As 的含量，试说明 Pt 和 As 之间的相关性及后者对前者找矿的指示性。

表 5-2 Pt 和 As 的秩相关系数分析

样 号	Pt			As			秩差 d_i =	d_i^2
	含量	序	秩	含量	序	秩	$Pt_{秩} - As_{秩}$	
1	0.02	1	2.5	0.5	1	1	1.5	2.25
2	0.65	11	11	3.5	7	9	2	4
3	0.07	6	6	2.0	5	5	1	1
4	0.02	2	2.5	3.5	8	9	−6.5	42.25
5	0.06	5	5	3.5	9	9	−4	16
6	1.97	15	15	4.0	12	12	3	9
7	0.13	7	7	1.0	2	3	4	16
8	0.02	3	2.5	1.0	3	3	−0.5	0.25
9	0.31	8	8	3.5	10	9	−1	1
10	0.49	10	10	6.0	15	15.5	−5.5	30.25
11	0.02	4	2.5	1.0	4	3	−0.5	0.25
12	0.78	12	12.5	3.5	11	9	3.5	12.25
13	0.39	9	9	2.5	6	6	3	9
14	1.67	14	14	6.0	16	15.5	−1.5	2.25
15	13.4	18	18	11.0	18	18	0	0
16	2.05	16	16	10.0	17	17	−1	1
17	4.63	17	17	5.0	14	14	3	9
18	0.78	13	12.5	4.5	13	13	−0.5	0.25
							$\sum d_i = 0$	$\sum d_i^2 = 156$

（1）确定各样品关于 Pt、As 的秩

将 18 个样品按 Pt 含量从小到大的顺序进行排序，从而确定每个样品在 Pt 序列中的位次，即秩 $Pt_{秩}$，如表 5-2 中的第 4 列所示。

同样，将 18 个样品按 As 含量从小到大的顺序进行排序，从而确定每个样品在 As 序列中的位次即秩 $As_{秩}$，如表 5-2 中的第 7 列所示。

说明：如果某个元素在若干个样品中的含量相同，则这些样品的秩应该是相同的，因此这些样品的秩应取其位次的平均值，如表 5-2 中 1，4，8，11 号样品的 Pt 含量均为 0.02，其位次分别为 1，2，3，4，则这 4 个样品的 $Pt_{秩}$ 同取 $(1+2+3+4)/4=2.5$。同理，7，8，11 号样品的 As 含量同为 1.0，按 As 排序的位次分别为 2，3，4，则这几个样品的 $As_{秩}$ 同取 $(2+3+4)/3=3$。

（2）计算每个样品的秩差

$d_i = Pt_{秩} - As_{秩}(i=1,2,\cdots,18)$，结果如表 5-2 中第 8 列所示。

（3）按式（5-3）计算秩相关系数

$$\rho = 1 - \frac{6\sum_{i=1}^{n} d_i^2}{n(n^2-1)} = 1 - \frac{6 \times 156}{18(18^2-1)} = 0.84$$

（4）进行地质解释

以上秩相关系数说明，Pt 和 As 之间存在着很强的相关性，若找矿，则后者是前者的良好指示元素。

5.2.2.4　秩和检验法（rank sum test method）

秩和检验法是基于某种地质标志（变量）判断两类地质总体是否存在差异性的一种非参数检验方法。其基本思想是如果根据该变量判定两类总体存在显著差异，则说明该变量对区分两类总体有重要作用，是有意义的变量。其具体分析过程如下：

（1）设（x_1，x_2，…，x_{n1}）和（y_1，y_2，…，y_{n2}）分别是取自 X，Y 两个总体的样品，其样本数分别为 n_1 和 n_2，将两个样本混在一起，按变量值从小到大进行排序，并统计其秩；

（2）将样本数较少的总体的秩相加，得到秩和 T；

（3）根据两个总体各自的样品数 n_1，n_2，给定显著性水平 α(如 $\alpha=0.05$)，由秩和检验表查出秩和上限 T_1 和下限 T_2；

（4）若 T 落在 T_1 和 T_2 之外，则表明该变量所表征的两类总体差异显著，该变量可选做判别变量，否则应予舍弃。

【例 5-3】 设有两类岩体 A(含矿）和 B(无矿)，分别分析了 P 个变量，其中 x_1 变量在 A，B 两岩体中的观测值见表 5-3，问 x_1 在区分 A，B 时的作用如何?

表 5-3　两类总体原始数据

A(含矿)	14.7	14.8	14.9	15.6
B(无矿)	14.6	15.0	14.8	

（1）两岩体混在一起并排序，统计其秩，见表 5-4。其中 14.8 这个数 A，B 均有，它们的秩为相应的两个秩的算数平均，即$(3+4)/2=3.5$。

（2）求出样数较少的总体（B）的秩和：$T=1+3.5+6=10.5$。

（3）根据两总体各自的样品数 $n_1=3$，$n_2=4$，在 $\alpha=0.05$ 下查秩和检验表（见表 5-5)，得 $T_1=7$(秩上限)，$T_2=17$(秩下限)。

（4）由于 $T_1<T<T_2$，说明差异不明显，x_1 在判别两岩体时的作用不大，应予舍弃。

表 5-4　两类总体混合排序

秩	1	2	3.5	3.5	5	6	7
A(含矿)		14.7	14.8		14.9		15.6
B(无矿)	14.6			14.8		15.0	

表 5-5　秩和检验

n_1	n_2	$\alpha=0.025$		$\alpha=0.05$	
		T_1	T_2	T_1	T_2
2	4 ⋮ 10	… ⋮ 4	… ⋮ 22	3 ⋮ 5	11 ⋮ 21
3	3 4 5 ⋮	… 6 6 ⋮	… 18 21 ⋮	6 7 7 ⋮	15 17 20 ⋮

5.2.2.5 特征向量长度分析法（vector length analysis method）

此法主要用于选择二态变量，其方法和原理如下：

（1）把 n 个已知样品（岩体、矿床等）视做 n 维空间。

（2）每一个变量（假定共有 p 个）视为 n 维空间中的一个向量（a_{11}，a_{12}，…，a_{1p}），这 n 个样品的 p 个变量构成 $p\times n$ 矩阵 A，A 中的各元素 a_{ji}取值为 1 或 0，可理解为该样品有该变量（特征）时为 1，否则为 0。

$$\boldsymbol{A}=\begin{bmatrix} a_{11} & a_{12} & \cdots & a_{1n} \\ a_{21} & a_{22} & \cdots & a_{2n} \\ \vdots & \vdots & \ddots & \vdots \\ a_{p1} & a_{p2} & \cdots & a_{pn} \end{bmatrix}_{p\times n}$$

（3）每一行为一特征向量，向量长为各元素平方和的平方根

$$L_j=\sqrt{\sum_{i=1}^{n} a_{ij}^2} \tag{5-4}$$

其中，$i=1$，2，…，n 代表样品，$j=1$，2，…，p 代表变量。

p 个向量可计算得到 p 个长度。L_j 越大，说明 j 变量与其特征越密切。

（4）计算逻辑向量长：为了既考虑某变量出现对成矿的意义，又考虑该变量与其他每一变量同时两两出现时的成矿意义，从而引入另一矩阵：$\boldsymbol{B}=\boldsymbol{A}\times\boldsymbol{A}'$（$\boldsymbol{A}'$为 $\boldsymbol{A}$ 的转置阵），这时，逻辑向量长为

$$L_j=\sqrt{\sum_{i=1}^{n} b_{ij}^2} \tag{5-5}$$

【例 5-4】 设有 $\boldsymbol{A}$，$\boldsymbol{B}$，$\boldsymbol{C}$，$\boldsymbol{D}$ 四个矽卡岩型铁矿床，选取了石灰岩、闪长岩、构造 3 个变量来研究，经调查分析，这 3 个地质标志变量在 4 个矿床的出现情况见表 5-6（√表示出现，×表示未出现）。问：这 3 个变量中哪些与矽卡岩型铁矿床关系密切，可成为找矿有利特征？

表 5-6 各地质标志的出现情况

岩　型	A	B	C	D
石灰岩	×	√	√	√
闪长岩	√	×	√	√
构　造	√	√	×	×

（1）根据各标志出现的情况，构造初始数据矩阵 $\boldsymbol{A}$ 阵（1 表示该标志出现，0 表示未出现）：

$$\boldsymbol{A}=\begin{bmatrix} 0 & 1 & 1 & 1 \\ 1 & 0 & 1 & 1 \\ 1 & 1 & 0 & 0 \end{bmatrix} \begin{matrix} \text{石灰岩} \\ \text{闪长岩} \\ \text{构造} \end{matrix}$$

（2）列出 **B** 阵

$$\boldsymbol{B} = \boldsymbol{A} \times \boldsymbol{A}' = \begin{bmatrix} 0 & 1 & 1 & 1 \\ 1 & 0 & 1 & 1 \\ 1 & 1 & 0 & 0 \end{bmatrix} \begin{bmatrix} 0 & 1 & 1 \\ 1 & 0 & 1 \\ 1 & 1 & 0 \\ 1 & 1 & 0 \end{bmatrix} = \begin{bmatrix} 3 & 2 & 1 \\ 2 & 3 & 1 \\ 1 & 1 & 2 \end{bmatrix}$$

（3）计算特征向量长

$$L_{石灰岩} = (3^2 + 2^2 + 1^2)^{1/2} = 3.74$$

$$L_{闪长岩} = (2^3 + 3^2 + 1^2)^{1/2} = 3.74$$

$$L_{构造} = (1^2 + 1^2 + 2^2)^{1/2} = 2.25$$

（4）按特征向量长的大小排序，并根据截止点（经验选取）选出有利变量。

从计算结果可以看出，构造的特征向量长度明显小于石灰岩和闪长岩，应予优先剔除，这与矽卡岩型矿床的成矿机制也是吻合的。

5.2.2.6 相关频数比值法（correlation frequency ratio method）

从大量可作为预报指标的变量中选出若干较好的变量组成数学模型，使预报效果更好，这是变量筛选的主要目的。这些被选出的变量应该具有两个方面的特征：一是与预报目标的相关性好；二是独立性强（与其他变量的互相关性差）。相关频数比值法即是基于此目的而选择变量的一种方法。其基本方法如下：

假定用预报指标 x_i 对某预报目标 y（如含矿性）进行预报，n_i 为在 N 次预报过程中用该指标预报正确的频数（次数）。

（1）n_i（或 n_i/N）反映了预报量 y 与预报指标 x_i 之间的相关程度的高低，n_i 大意味着 x_i 与 y 相关性好，反之，相关性差。

（2）变量 x_i 的独立性可用该变量与其他变量分别预报 y 时准确程度的高低来衡量：

用 x_i 预报正确，而用其他变量预报错误，表示 x_i 对于其他变量独立性好；

用 x_i 预报正确，而用其他变量也预报正确，表示 x_i 对于其他变量独立性差。

为此，定义变量间的相关频数指标 n_i'，它表示当 x_i 预报错误时，样本中其他变量也重复报错的总频数（注意：n_i'中不包括 x_i 自己）。这样，n_i'就表示了变量间独立性的好坏，n_i'大表示变量 x_i 独立性差，而 n_i'小则表示其独立性好。

（3）综合考虑上述用 x_i 报对和报错的两种情况，可构造一个关于 x_i 的综合性预报指标：$m_i = \dfrac{n_i}{n_i' + 1}$，该指标叫作 x_i 的相关频数比，它可作为判断变量 x_i 好坏的定量指标，m_i 大表示变量 x_i 与预报量 y 的相关性好，而与其他变量相关性差，因而可用来预报 y。

（4）计算各变量的相关频数比 m_i，首先将 m_i 最小的变量剔除掉。然后对剩余变量重新计算其 m_i，剔除 m_i 最小的变量。如此反复计算，最后剩余的变量即为最优者。

【例 5-5】 某研究区有 10 个已知岩体，其中 5 个含矿、5 个不含矿，现选择 x_1，x_2，…，x_7 等 7 个变量预报这些岩体的含矿性（y），各个变量的预报结果见表 5-7。问哪些变量在评价岩体含矿性方面较好？

表 5-7 各变量用于预报岩体含矿性的结果

岩体号	预报量 y（1—有矿，0—无矿）	自变量（预报变量）						
		x_1	x_2	x_3	x_4	x_5	x_6	x_7
1	1	1	1	0	1	0	1	1
2	1	1	1	1	1	0	0	1
3	1	1	0	0	0	1	1	0
4	1	0	1	1	1	1	0	1
5	1	1	0	1	1	1	1	0
6	0	0	1	0	0	1	0	0
7	0	0	0	1	0	1	0	0
8	0	0	0	1	1	0	1	0
9	0	0	1	0	0	1	1	1
10	0	1	0	0	1	0	0	1
n_i		8	6	6	7	5	6	6
n_i'		3	8	7	7	7	7	9
m_i		2	0.66	0.75	0.87	0.62	0.75	0.60

依据上述相关频数比值法的分析思路，依次计算每个预报变量的 n_i，n_i'及 $m_i(i=1, 2, \cdots, 7)$，结果见表5-7 中最后3 行。从计算表可知：

（1）m_i 最小的变量为 $x_7(m_7=0.60)$，所以首先将其予以剔除。

（2）按照与上述过程相同的步骤，重新计算剩余的 6 个变量（x_1，x_2，…，x_6）的 m_i，并剔除 m_i 最小者。

（3）依次下去，即可确定所有 7 个变量在预报 10 个岩体含矿性方面的好坏。

5.3 地质变量的取值

如前所述，地质变量包括定量变量和定性变量。定量地质变量的具体数值是通过各种实际的测量、计数和分析测试等手段直接取得，用这些数据可以进行任何方法的数学计算。

相比于定量变量，定性变量的取值要复杂得多，因此本部分重点讨论地质变量中大量存在的那些定性变量的取值问题。

定性变量一般用名义型数据表示，只能起鉴别作用，最多能参加某些逻辑运算。这对地质问题的解决是很不够的。如果想对定性变量进行更深一步的数学处理，必须按某种恰当的方式对它们进行赋值。通常赋值的方法有以下 4 种。

A 按 1，0 两种数值赋值

在数量化理论中，把定性变量称作“项目”，把变量的不同取“值”或状态称作“类目”，把

$$x_i(j,k) = \begin{cases} 1 & (\text{当 } i \text{ 样品中项目 } j \text{ 的定性数值为类目 } k \text{ 时}) \\ 0 & (\text{否则}) \end{cases} \tag{5-6}$$

称作项目 j 的类目 k 在 i 样品中的反应。即根据数量化理论，定性变量可以按数值1，0赋值。例如，以岩石颜色为标志时，对红色岩石而言，当它在观测单元中出现时，赋值为1；不出现时，赋值为0。二态变量经过这种方式的赋值后可以进行类似于多元统计分析方法中的回归分析、判别分析、因子分析、对应分析等方法的数学计算。

B　按有序型数据的方式赋值

定性变量的不同取值或状态对某个地质作用过程具有不同的指示作用时，可以根据指示作用从小到大按自然数顺序对其赋值。例如，黄铁矿的晶形不同，对金矿化的指示作用也不一样，其中，五角十二面体的指示作用最大，八面体其次，六面体最小。因此，可以按3，2，1分别对它们赋值，以区分不同晶形对金矿化指示作用的相对大小。

还可以按变量在不同研究单元中所表现的指示作用的相对大小来赋值。例如，铜的矿化作用在 A，B，C 三个研究区中依次加强，则矿化作用这一变量在3个区的取值依次为1，2，3。

这种按有序型数据方式赋值的变量，经常用于确定不同研究单元相对重要性的综合运算。

C　按统计计算结果赋值

在地质找矿工作中，经常需要考查地质变量与矿化的关系。在解决这类问题方面，除了一些主观定性方法外，还有一些定量的统计分析方法。如地质特征向量长度分析法、镶嵌模型估计矿床产出概率法、找矿信息量法、条件概率法等。用这类方法对变量与矿床的空间分布关系进行统计分析，能够得到表征变量控矿作用程度的具体数值。如果该变量是用来评价成矿作用的，用上述统计分析方法得到的数值作为变量的值更有意义。这种数值不但表征变量（或变量的不同状态）间控矿作用的相对大小，并且给出了两者差异的数量表征。因此，用这种赋值方式的变量可以进行各种数学变换和计算。

D　多个定性变量经统计计算后的综合赋值

用统计分析方法对多个定性变量进行数学处理，产生一个由多个变量组成的综合变量。它的数值表征多个变量的综合信息，有更明确的地质意义。如相对熵值表征岩层出露的复杂程度，因子得分表征某个矿化阶段的矿化程度，回归估计值表示含矿概率等。

5.4　地质变量的变换

5.4.1　地质变量变换的目的和原则

从前面的章节中可以看出，地质变量是十分复杂的。表现为从取值方法上有观测变量、组合变量、伪变量之分，在变量的性质上有定性、半定量、定量的不同。在变量的取值上既有通过观测、计数、分析测试等取得的十分精确的数值，又有表示该变量存在与否的1，0二态数值，和表示变量大小顺序的有序型数据。更有多个变量组合而成的、反映综合信息的数值。地质变量观测单元的大小也相差悬殊，大的可大到用一个成矿带作为观测单元，小的可小到用矿物包体作为一个观测单元。因此，地质变量的实际数据不但有连续型的，而且更有大量离散型的，并且有各种各样的统计分布特征。

在数学地质研究过程中，不但要求地质变量的观测单元一致、数据水平一致、量纲一致，而且，在大多数情况下，要求数据遵从正态分布。不同的数学模型，对变量的具体要求也不一样，例如，判别分析要求变量遵从正态分布；回归分析要求因变量呈正态分布，自变量和因变量之间具有相关关系；聚类分析则要求各变量互相独立，并且变量的量纲一致。可见，在对变量进行数学处理之前，必须根据地质问题的性质和所用数学模型的要求，对变量进行变换，以使变量类型达到一致、变量接近于正态分布、变量的量纲达到一致、变量间的非线性关系转化为线性关系，从而构成一组新的、为数更少且互相独立的变量，代替原来的有相关联系的一组地质变量。

概括起来，变量变换的目的不外乎以下几个方面：

（1）统一地质变量的量纲。

（2）使地质变量尽可能呈正态分布。

（3）使两个地质变量间的非线性关系转换为线性关系。

（4）用一组新的数量更少的相互独立的变量代替原来有相关关系的一组地质变量。

对地质变量进行变换，必须遵从两项原则，即

（1）防止变换后的数据产生有偏估计，丢失大量信息或造成假象。

（2）不破坏数据与母体间的相互关系，即变换前后数据之间的相关程度保持不变。

5.4.2 变量的变换方法

由上可知，对地质变量进行变换往往有特定的目的，目的不同、研究对象不同，所采用的变换方法也会不同。下面分别介绍一些基于不同目的的地质变量的变换方法。

5.4.2.1 统一变量类型的变换

（1）定量变量转化为定性变量的变换。有时，指示地质意义的不是变量的具体数值，而是某些数值区间。例如，经统计，某类型矿床大多数分布在距离花岗岩体 50～400m 范围内。这时，距花岗岩体距离这一地质变量，在指示矿体出现可能性方面，只有两种状态是有意义的，即 50～400m 距离指示矿体可能出现，其他距离指示矿体不可能出现。在两类距离内部，变量的具体数值是没有意义的。因此，可把距离转化为二态变量。即

$$D_i = \begin{cases} 1 & (\text{距离花岗岩体 150} \sim 400\text{m}) \\ 0 & (\text{其他距离}) \end{cases}$$

有些统计分析方法的运算，要求变量具有定性数据。例如，逻辑信息分析法要求变量具有 1，0 二态数据；特征分析法要求变量具有 1，0 二态数据或 +1，0，-1 三态数据。某些离散型变量分布模型的模拟，要求变量为计数值 0，1，2，…的形式。因此，需要把定量变量变换成有关数学方法要求的定性数据的形式。

（2）定性变量变换为定量变量。在 5.3 节变量的取值中曾指出，定性变量 0，1 数值经过矢量长度分析、条件概率分析、找矿信息量分析等数学方法处理，可以转化为定量变量，这实际上是一种把定性变量转化为定量变量的变换方法。

此外，一组定性变量根据数量化理论构成的相当于回归值的综合变量和根据数量化理

论构成的相当于因子得分的综合变量，是把定性变量转化为定量变量的又一种变换方法。

有时，为了计算上的需要，必须把定量变量的数值区间转化为一个数值。例如，用组中值代表数值区间。

5.4.2.2 统一变量量纲的变换

如果变量间数值不在同一个数量级范围内，把它们放在一起计算时，会因参加计算的各变量的权值不同，导致数量级大的变量更加突出而掩盖数量级小的变量的作用。这种计算结果是没有意义的。因此，在计算之前，必须把所有的变量统一在同一个量纲上。

常用的统一量纲的变换方法有标准化变换、极差变换、均匀化变换等。

A 标准化变换

对一批样品的具有不同量纲的观察属性（变量），可通过式（5-7）的标准化变换使其统一到同一量纲上来，

$$x'_{ij} = \frac{x_{ij} - \bar{x}_j}{s_j} \qquad (i = 1,2,\cdots,n;j = 1,2,\cdots,p) \tag{5-7}$$

式中 x_{ij}——第 j 个变量在第 i 个样品中的原始观测值；

x'_{ij}——变换后获得的第 j 个变量在第 i 个样品中的新观测值；

$\bar{x}_j$——第 j 个变量的算术平均值，$\bar{x}_j = \frac{1}{n}\sum_{i=1}^{n} x_{ij}$；

s_j——第 j 个变量的标准差，$s_j = \sqrt{\frac{1}{n-1}\sum_{i=1}^{n}(x_{ij} - \bar{x}_j)^2}$。

经过标准化处理后的变量其平均值为0，方差为1，各变量量纲一致，变换前后变量间的相关程度不变。通常称变换后的数据为规格化数据。

标准化变换的几何意义：相当于把坐标原点移至数据重心（平均数）位置，如果原始数据服从正态分布，则变换后的数据服从标准正态分布。因此，这种变换适合于量纲和数量大小不同的连续型数据，如元素的含量、岩层的厚度等变量的变换。

B 极差变换

极差变换又称极差规格化或极差正规化变换。令

$$x'_{ij} = \frac{x_{ij} - x_{j\min}}{x_{j\max} - x_{j\min}} \qquad (i = 1,2,\cdots,n;j = 1,2,\cdots,p) \tag{5-8}$$

式中 x'_{ij}——变换后获得的第 j 个变量在第 i 个样品中的新观测值；

x_{ij}——第 j 个变量在第 i 个样品中的原始观测值；

$x_{j\min}$——第 j 个变量的最小值；

$x_{j\max}$——第 j 个变量的最大值。

极差变换的几何意义：相当于把坐标原点移到了变量最小值位置。变换后数据的量纲一致，其最大值为1，最小值为0，所有数据都在0~1之间变化，变换前后变量间相关程度亦不变。

C 均匀化变换

对于 i 样品的第 j 个变量 x_{ij}，均匀化变换后的变量为

$$x'_{ij} = \frac{x_{ij}}{\bar{x}_j} \qquad (i = 1,2,\cdots,n;\ j = 1,2,\cdots,p) \tag{5-9}$$

式中，各符号的意义同前。

经过均匀化变换后，变量的数值在 1 的附近变化，其数学期望值为 1，变量与平均值之差的期望值为 0。均匀化变换又称为平均值计量变换，适合于比例型变量，如长度、体积、质量等变量的变换。

5.4.2.3　正态变换

许多研究方法都假定研究对象的相关数据服从正态分布，事实上，由于客观的、主观的原因，研究过程中所获得的数据往往满足不了这种假设要求。基于研究方法的这种适用性考虑，人们在研究过程中通过种种方式的数学变换，将非正态分布的原始数据转化为正态或近似正态分布，以满足研究方法的需要。

A　对数变换

通过对原始数据散点图的观察，如果发现数据的分布曲线具有较强的正偏形态，则可通过如下的取对数变换，使其变得接近于正态分布：

$$x' = \lg(x + c) \tag{5-10}$$

其中　x——原始数据（服从对数正态分布）；

x'——变换后的新数据（服从正态分布）；

c——常数。

这种变换适用于服从对数正态分布的数据，如化探数据等。由于这类数据往往严重正偏，很可能出现接近于 0 的值，它们在取对数时将变成负值，为此，在取对数之前先对所有数据加上一个常数 c，c 值的具体大小需要根据数据的情况，通过正态分布的偏度、峰度检验（见 3.6.2.5）来确定。

B　平方根变换

对于 i 样品的第 j 个变量 x_{ij}，平方根变换后的变量为

$$x'_{ij} = \sqrt{x_{ij} + c} \tag{5-11}$$

式中，c 为常数，其他符号同前。

平方根变换主要用于具有泊松分布的离散型随机变量。如单元内矿点个数、单位面积内落下的陨石个数等。这类数据的平均值与方差相等，变换后方差与平均值无关，但使数据变异度变小。加常数项 c 的目的是为了使变量由离散趋于连续而接近于正态分布，因此常数项数值不能太小。

C　反正弦与反余弦变换

对于 i 样品的第 j 个变量 x_{ij}，根据数据分布的具体情况，进行如下的变换：

$$x'_{ij} = 1/\sin(\sqrt{x_{ij}/10^n}) \tag{5-12}$$

$$x'_{ij} = 1/\cos(\sqrt{x_{ij}/10^n}) \tag{5-13}$$

可使非正态分布转变为接近于正态分布。

前者称为反正弦变换，能使弱右偏的不对称分布接近于正态分布；后者称为反余弦变换，可使弱左偏的不对称分布接近于正态分布，n 为正整数，具体数值相当于变量原始观

测值中最大值的整数位数。变换后的数据由 0°～90°之间的角度表征。原始数据除以 10^n 的目的是为了把数据统一在［0，1］区间内，开方是为了避免数据过小。因此，在应用时要视数据的具体情况，决定是否进行除或开方的运算。

反正弦和反余弦变换适用于具有相对百分比数据，通过变换把相对百分比分布曲线的尾端拉长，将曲线的中段压缩，使之趋于正态分布。经过这种变换的两个变量，其相关性与变换前相比略有差异。

以上三种变换都属于使偏态变量接近于正态的变换方法，具体选择何种方法，应首先考查数据的频率分布曲线，区分它是左偏还是右偏，若是右偏，则用反正弦变换；若是左偏，按长尾收敛程度选择变换方法：左偏偏度大的采用对数变换，偏度中等的用平方根变换，弱左偏的则用反余弦变换。在具体的分析过程中，由于区分偏倚程度的尺度很难掌握，最可靠的是对同一个变量进行多种方法的变换，从中选出最恰当的变换方法。

5.4.2.4 线性变换

地质变量之间有各种各样的关系，其中既有线性的关系，亦有非线性的关系。在实际应用中，当两个变量之间为非线性关系时，为了研究上的方便，经常需要把变量的非线性关系转化为线性关系，然后基于线性关系进行相应的分析（如回归分析）。

线性变换方法又称为图形变换，它是通过数学模型的变换来实现的。其方法是首先做出原始数据的平面散点图，根据点的分布趋势选择某种数学函数去拟合这种趋势，然后对该数学函数进行适当变换，使其由非线性关系转变成线性关系。下面列出一些常见的函数图形、数学模型及其变换方法。

A　幂函数的变换

幂函数的特点是变换前 x、y 在双对数坐标纸上成一直线，其分布图形如图 5-3 所示，函数关系式为

$$y = cx^b \qquad (c > 0, x > 0) \tag{5-14}$$

幂函数的变换方法：

等式两边取对数：$\lg y = \lg c + b\lg x$，令

$Y = \lg y$，$a = \lg c$，$X = \lg x$，则有如下线性关系式：

$Y = a + bX$

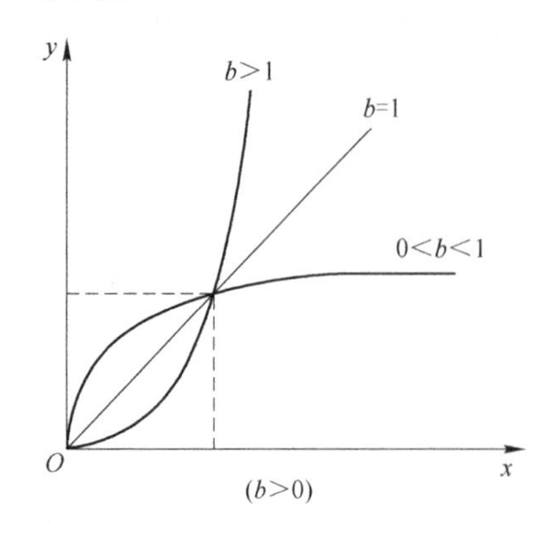

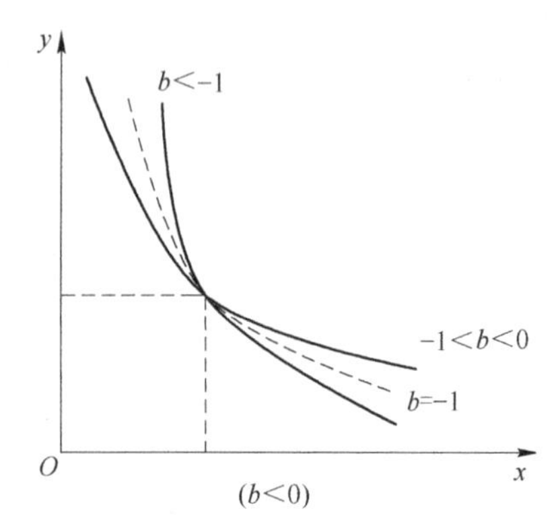

图 5-3　幂函数的图像

B 指数函数的变换

指数函数的特点是变换前 x，y 在单对数坐标纸上成一直线，其分布图形如图 5-4 所示，函数关系式为

$$y = ce^{bx} \qquad (c > 0) \tag{5-15}$$

指数函数的变换方法：

等式两边取自然对数：$\ln y = \ln c + bx$

令 $Y = \ln y$，$a = \ln c$，$X = x$，则有如下线性关系式：

$Y = a + bX$

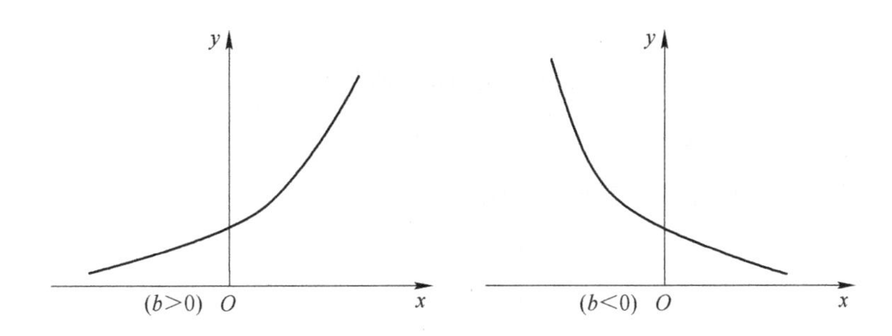

图 5-4 指数函数的图像一

对形如图 5-5 所示的指数函数 $y = ce^{b/x}$（$c > 0$），亦可通过如下的变换过程，将其转变为线性关系：

等式两边取自然对数：$\ln y = \ln c + b/x$

令 $Y = \ln y$，$a = \ln c$，$X = 1/x$

则有 $Y = a + bX$

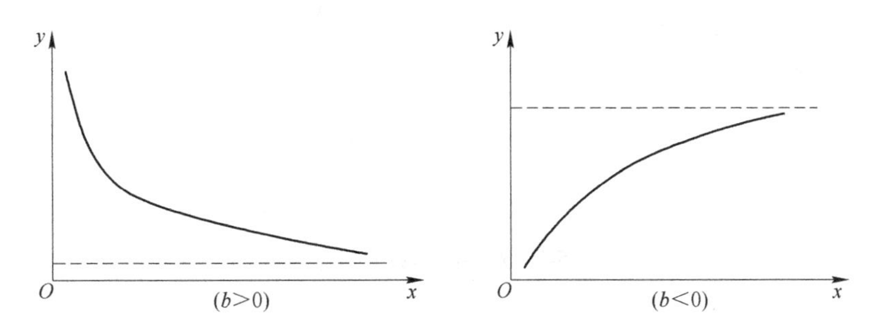

图 5-5 指数函数的图像二

C 对数函数的变换

对数函数的特点是变换前 x，y 在单对数坐标纸上成一直线，其分布图形如图 5-6 所示，函数关系式为

$$y = a + b\lg x \tag{5-16}$$

对数函数的变换方法：

令 $Y = y$，$X = \lg x$，则有如下线性关系式：

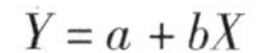

$Y = a + bX$

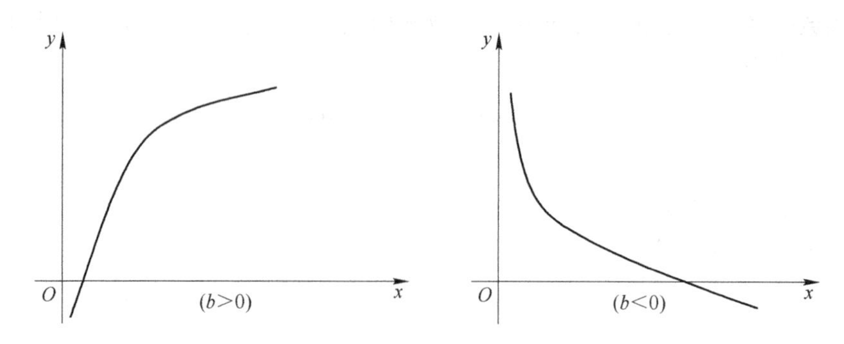

图 5-6　对数函数的图像

D　双曲线函数的变换

双曲线函数分布图形如图 5-7 所示，函数关系式为

$$\frac{1}{y} = a + \frac{b}{x} \tag{5-17}$$

双曲线函数的变换方法：

令 $Y = 1/y$，$X = 1/x$，则有如下线性关系式：

$Y = a + bX$

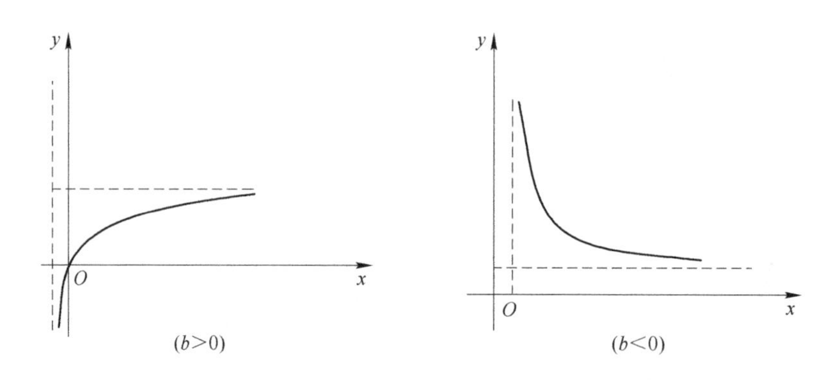

图 5-7　双曲线函数的图像一

对形如图 5-8 所示的双曲线函数 $y = \dfrac{1}{a + bx}$ 亦可通过如下的变换过程，使其转变为线性关系：

令 $Y = 1/y$，$X = x$，则

$Y = a + bX$

E　S 型曲线的变换

S 型曲线由于其曲线形状与动植物的生长过程的基本特点类似，故又称生长曲线。曲线一开始时增长较慢，而在以后的某一范围内迅速增长，达到一定的限度后增长又缓慢下来，曲线呈拉长的“S”，故称 S 曲线。其数学模型为

$$y = \frac{k}{1 + ae^{-bx}} \quad (a > 0, b > 0, k > 0) \tag{5-18}$$

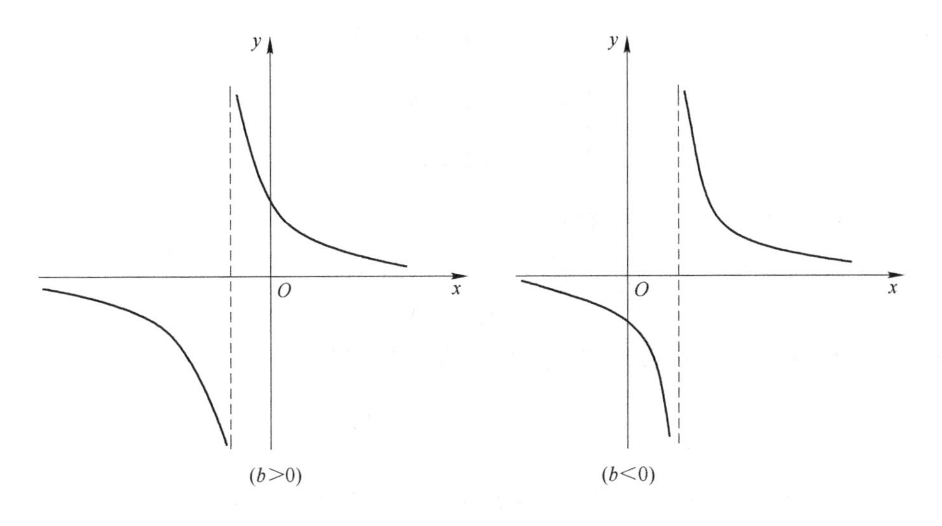

图 5-8　双曲线函数的图像二

最著名的 S 曲线是 Logistic 生长曲线，它最早由比利时数学家 P. F. Vehulst 于 1838 年导出，但直至 20 世纪 20 年代才被生物学家及统计学家 R. Pearl 和 L. J. Reed 重新发现，并逐渐被人们所认识。目前它已广泛应用于众多领域的模拟研究。

当 $x = 0$ 时，Logistic 曲线方程为 $\hat{y} = \frac{k}{1 + a}$；当 $x \to \infty$ 时，$\hat{y} = k$。所以时间为 0 时起始量为 $\frac{k}{1 + a}$，时间为无限延长时终极量为 k。曲线在 $x = \frac{\ln a}{b}$ 时有一拐点，这时 $\hat{y} = \frac{k}{2}$，恰好是终极量 k 的一半。在拐点左侧，曲线凹向上，表示速率由小趋大；在拐点右侧，曲线凸向上，表示速率由大趋小，如图 5-9 所示。

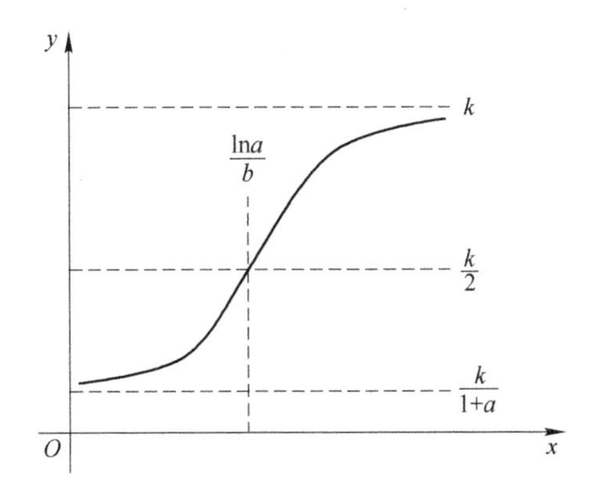

图 5-9　S 型曲线的图像

S 型曲线的变换方法：

由于曲线的 k 为未知常数，所以必须首先确定 k 值。

可取 3 对有代表性的观察值 (x_1, y_1)，(x_2, y_2) 和 (x_3, y_3)，分别代入曲线方程后得到联立方程

$$\begin{cases} y_1 = k/(1 + a\mathrm{e}^{-bx_1}) \\ y_2 = k/(1 + a\mathrm{e}^{-bx_2}) \\ y_3 = k/(1 + a\mathrm{e}^{-bx_3}) \end{cases}$$

若令 $x_2 = (x_1 + x_3)/2$，则可解得

$$k = \frac{y_2^2(y_1 + y_3) - 2y_1y_2y_3}{y_2^2 - y_1y_3}$$

有了 k 的估值后，可将原方程移项并取自然对数，得

$$\ln(\frac{k - y}{y}) = \ln a - bx$$

可令 $Y = \ln\left(\frac{k - y}{y}\right)$，$X = x, a' = \ln a, b' = -b$，得线性方程

$$Y = a' + b'X$$

6 相关分析与回归分析

自然界中的事物往往是相互联系的，这表现为反映这些事物属性的量之间存在着一定的关系。这些关系一般可分为两类：一类是完全确定的函数关系，如图 6-1 所示，导体中电压和电流的关系就属于这种确定性的函数关系；另一类是无法用数学表达式精确描述的相互关系，例如，在某煤矿的勘探过程中采集了许多煤样，并测定了每个煤样的灰分（y）和密度（x），煤的密度越大，灰分越高，有成正比的趋势（如图 6-2 所示）。但是这种关系不是明确的函数关系。这是由于煤的密度不仅与煤的灰分有关，还与煤的变质程度、孔隙度及湿度等许多因素有关，这是一种复杂的相关关系。这种关系在地质问题中是大量存在的。

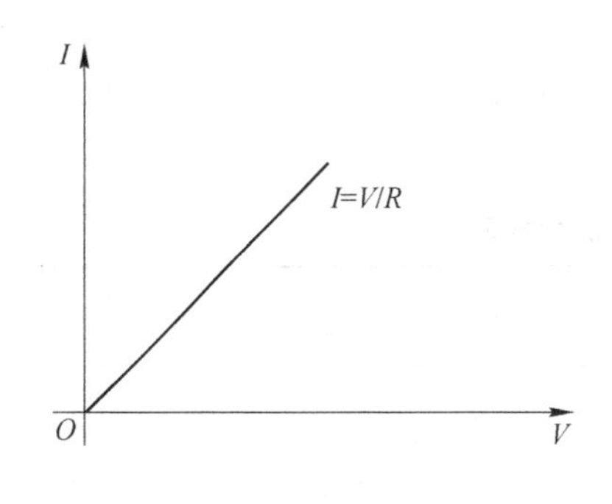

图 6-1 电压-电流函数关系

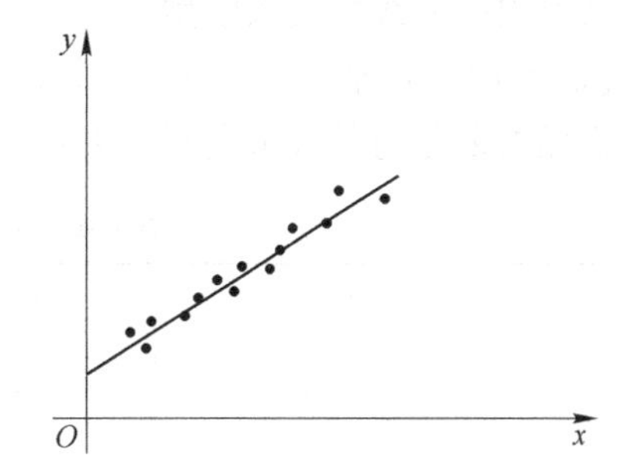

图 6-2 灰分-密度相关关系

相关分析（correlation analysis）和回归分析（regression analysis）就是研究和确定两种或两种以上随机变量间相互依赖的定量关系的一种统计分析方法。前者主要是研究随机变量之间有无相关关系及其相关的程度；后者则注重研究两个变量之间相关关系的表达形式。这两者在计算方法上是十分相似的，所以一般不加区别，统称回归分析。

回归分析是数理统计的一个重要分支，在生产和科研中有着广泛的应用，例如，求经验公式、确定最佳生产条件、进行预测和控制等。回归分析按照其所涉及的自变量的多少，可分为一元回归分析和多元回归分析；按照自变量和因变量之间的关系类型，可分为线性回归分析和非线性回归分析。如果在回归分析中，只包括一个自变量和一个因变量，且二者的关系可用一条直线近似表示，这种回归分析称为一元线性回归分析。如果回归分析中包括两个或两个以上的自变量，且因变量和自变量之间是线性关系，则称为多元线性回归分析。

对数据进行回归分析的主要内容及任务包括以下 4 点：

（1）从表示变量属性的一组数据出发，确定这些变量间的定量关系式；

（2）对定量关系式的可信程度进行统计检验；

（3）从影响某一个量的许多变量中，判断出哪些变量的影响是显著的，哪些是不显著的；

（4）利用所求得的关系式进行预测和控制。

6.1 一元线性回归分析

一元线性回归分析，主要是处理两个变量 X，Y 之间的关系。一般而言，两个变量之间的关系可以是线性的，也可以是非线性的，通常我们可以通过在二维平面上画出这两个变量观测数据的散点分布图，来大致了解其关系是线性的还是非线性的。对于两者之间是非线性关系的变量，通常的处理方法是通过一定的数学方法，将非线性关系转化为线性关系，然后应用线性回归的分析方法进行处理。

6.1.1 一元线性回归的数学模型

设变量 x 和 y 之间存在着相关关系，其中 x 是可以精确测量或可控制的变量（非随机变量），y 是一个随机变量，且假定 y 和 x 之间的相关关系为线性相关关系。下面通过一个例子来引出一元线性关系模型。

【例 6-1】 在某煤矿取了 18 个煤样，分析测得煤的灰分含量和容重数据，见表 6-1，试分析煤的灰分与其容重之间的关系。

表 6-1 煤的灰分和容重观测数据表

样号（i）	容重（x_i）	灰分（y_i）	样号（i）	容重（x_i）	灰分（y_i）
1	1.5	25	10	1.3	4
2	1.2	4	11	1.5	17
3	1.7	30	12	1.5	24
4	1.4	20	13	1.6	25
5	1.8	36	14	1.4	6
6	1.3	7	15	1.6	26
7	1.3	5	16	1.5	24
8	1.5	24	17	1.4	20
9	1.7	33	18	1.5	9

用 x 表示煤的容重，y 表示灰分含量，对于每一对数据（x_i，y_i）（$i=1$，2，⋯，18），都可在二维平面上确定一个点，将此 18 个点作图（如图 6-3 所示），可以看出煤的灰分含量是随煤的容重增大而增大的，且大致呈直线关系。

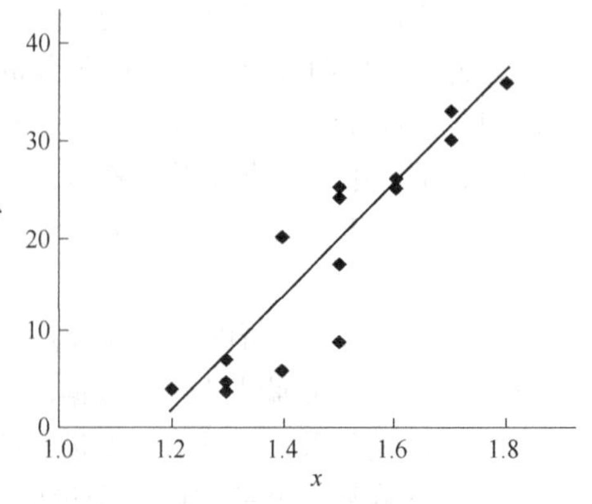

图 6-3 煤的灰分与容重关系

因此，可以假定灰分与容重之间具有如下线性结构式：

$$\hat{y} = a + bx + \varepsilon \tag{6-1}$$

式中 a，b——回归系数；

x——自变量；

$\hat{y}$——y 的估计值；

ε——随机误差，常常假定 ε 遵从正态分布 $N(0,\sigma^2)$，即表示误

差为正和负的机会一样多；

σ^2——误差的大小。

通常称方程（6-1）为 y 关于 x 的线性回归方程。其中 a，b，σ^2 通常是未知的，它们需要通过数据的信息来估计。

6.1.2 回归系数的最小二乘估计

回归分析的首要任务就是确定回归系数，回归系数确定了，回归方程也就建立了。对线性关系模型式（6-1），任给一组（a，b），在平面上就可得到一条直线。当 a，b 取各种可能的值时，在平面上就会有许许多多的直线。在这些直线中，究竟哪一条最接近于表达原始样本数据所反映的两变量的相关关系呢？这就需要对参数 a，b 进行最佳估计，所以 a，b 被称为待估参数，这种估计一般采用最小二乘法。

设一元线性回归方程为

$$\hat{y} = a + bx \tag{6-2}$$

对每一个 x_i，都可由式（6-2）确定一个回归值 $\hat{y}_i$。这个回归值 $\hat{y}_i$ 与实际观测值 y_i 之差 $y_i - \hat{y}_i$，刻画了 y_i 与回归直线 $\hat{y} = a + bx$ 的偏离程度。对于所有的 x_i，$\hat{y}_i$ 与 y_i 的偏离越小，则认为直线和所有的试验点拟合得越好。显然，全部观测值 y_i 与回归值 $\hat{y}_i$ 的离差平方和

$$Q(a,b) = \sum_{i=1}^{n}(y_i - \hat{y}_i)^2 = \sum_{i=1}^{n}(y_i - a - bx_i)^2 \tag{6-3}$$

刻画了全部观测值与回归直线的偏离程度。

最小二乘法，即是使 $Q(a,b)$ 最小的一种确定待估参数 a，b 的方法。也就是说，用其配出的直线 $\hat{y} = a + bx$ 与点 $(x_i, y_i)(i = 1, 2, \cdots, n)$ 的偏离是一切直线中最小的。

由于 $Q(a,b)$ 为 a，b 的二元二次函数，是非负的，所以它的最小值总是存在的。根据微积分学中求极值的原理，只要将 Q 分别对 a，b 求偏导数，并令 $Q'(a, b) = 0$，即可得正规方程组，如式（6-4），而待求的估计值 a，b 是该方程组的解。

$$\begin{cases} \dfrac{\partial Q}{\partial a} = -2\sum_{i=1}^{n}(y_i - a - bx_i) = 0 \\ \dfrac{\partial Q}{\partial b} = -2\sum_{i=1}^{n}(y_i - a - bx_i)x_i = 0 \end{cases} \tag{6-4}$$

即

$$\begin{cases} na + b\sum_{i=1}^{n}x_i = \sum_{i=1}^{n}y_i \\ a\sum_{i=1}^{n}x_i + b\sum_{i=1}^{n}x_i^2 = \sum_{i=1}^{n}x_iy_i \end{cases} \tag{6-5}$$

令
$$\bar{x} = \frac{1}{n}\sum_{i=1}^{n}x_i, \qquad \bar{y} = \frac{1}{n}\sum_{i=1}^{n}y_i$$

则式（6-5）变为

$$\begin{cases} a + b\bar{x} = \bar{y} \\ na\bar{x} + b\sum_{i=1}^{n} x_i^2 = \sum_{i=1}^{n} x_i y_i \end{cases} \tag{6-6}$$

求解式（6-6），得

$$b = \frac{\sum_{i=1}^{n} x_i y_i - n\bar{x}\bar{y}}{\sum_{i=1}^{n} x_i^2 - n\bar{x}^2} = \frac{\sum_{i=1}^{n} x_i y_i - \frac{1}{n}(\sum_{i=1}^{n} x_i)(\sum_{i=1}^{n} y_i)}{\sum_{i=1}^{n} x_i^2 - \frac{1}{n}(\sum_{i=1}^{n} x_i)^2} \tag{6-7}$$

$$a = \bar{y} - b\bar{x} \tag{6-8}$$

至此，即可得到 x，y 之间的回归方程式

$$\hat{y} = a + bx \tag{6-9}$$

假如将 a 代入式（6-9），则有

$$\hat{y} - \bar{y} = b(x - \bar{x}) \tag{6-10}$$

即回归直线应通过（$\bar{x}$，$\bar{y}$），也就是质点组（x_i，y_i）的重心点，这是回归直线必须具备的特性。

对上述确定回归系数的过程，若记

$$\begin{cases} l_{xx} = \sum_{i=1}^{n} (x_i - \bar{x})^2 = \sum_{i=1}^{n} x_i^2 - \frac{1}{n}(\sum_{i=1}^{n} x_i)^2 \\ l_{yy} = \sum_{i=1}^{n} (y_i - \bar{y})^2 = \sum_{i=1}^{n} y_i^2 - \frac{1}{n}(\sum_{i=1}^{n} y_i)^2 \\ l_{xy} = \sum_{i=1}^{n} (x_i - \bar{x})(y_i - \bar{y}) = \sum_{i=1}^{n} x_i y_i - \frac{1}{n}(\sum_{i=1}^{n} x_i)(\sum_{i=1}^{n} y_i) \end{cases} \tag{6-11}$$

则 a，b 可表达为：

$$\begin{cases} b = \frac{l_{xy}}{l_{xx}} \\ a = \bar{y} - \frac{l_{xy}}{l_{xx}}\bar{x} \end{cases} \tag{6-12}$$

由此，可归纳一元线性回归方程的具体计算步骤如下：

（1）根据给定的数据（x_i，y_i）（$i = 1，2，\cdots，n$），列表计算 $\bar{x}, \bar{y}, l_{xx}, l_{xy}, l_{yy}$（见表 6-2）。

表 6-2　一元线性回归原始数据及统计量列表

编　号	x	y	x^2	xy	y^2
1	x_1	y_1	x_1^2	x_1y_1	y_1^2
2	x_2	y_2	x_2^2	x_2y_2	y_2^2
⋮	⋮	⋮	⋮	⋮	⋮
n	x_n	y_n	x_n^2	x_ny_n	y_n^2
Σ	Σx_i	Σy_i	Σx_i^2	Σx_iy_i	Σy_i^2

（2）计算 a，b 的值，即

$$\begin{cases} b = \dfrac{l_{xy}}{l_{xx}} \\ a = \bar{y} - b\bar{x} \end{cases} \tag{6-13}$$

于是得回归直线方程。

前述【例 6-1】中，$\bar{x} = 1.48$，$\bar{y} = 18.83$，$l_{xx} = 0.43$，$l_{yy} = 1866.5$，$l_{xy} = 26.13$，因此解得回归系数 $a = -71.11$，$b = 60.77$，即煤的灰分与其容重之间的关系可以初步用 $\hat{y} = -71.11 + 60.77x$ 来表征。

6.1.3　回归方程的显著性检验

建立回归方程时，我们假定了两个变量 x，y 之间是线性关系。从利用原始数据做出的散点图来看，这些点的分布的确也接近一条直线，因此把它看成是线性关系来处理是可以的。但是，如果 x，y 之间不是线性关系，我们也可按上述方法给它们配上一个线性函数，其结果将肯定与实际情况不符，所得出的回归方程也没有实用价值。

因此，在讨论回归方程时，就存在这样一个问题，即 x，y 之间是否存在线性相关关系，应该如何判断，这涉及所建立的回归方程是否具有实际意义的问题。

要解决这个问题，就需要找到一个能反映变量 y 和 x 之间线性关系密切程度的合适的统计量，进行统计检验。通过检验，如果回归方程是显著的，则它具有实际应用价值，否则就无意义。

观测值 y_1，y_2，…，y_n 之间的差异，是由两个因素引起的，即自变量 x 取值的不同，以及其他因素（包括试验误差）的影响。为了检验两因素中哪一个是主要影响因素，首先就必须把它们所引起的差异从总体差异中分离出来。

n 个观测值之间的差异，可用观测值与其平均值 $\bar{y}$ 的离差平方和来表示，称为总的离差平方和

$$\begin{aligned} S_{总} &= \sum_{i=1}^{n}(y_i - \bar{y})^2 \\ &= \sum_{i=1}^{n}[(y_i - \hat{y}_i) + (\hat{y}_i - \bar{y})^2] \\ &= \sum_{i=1}^{n}(y_i - \hat{y}_i)^2 + \sum_{i=1}^{n}(\hat{y}_i - \bar{y})^2 + 2\sum_{i=1}^{n}(y_i - \hat{y}_i)(\hat{y}_i - \bar{y}) \end{aligned}$$

可以证明，上式第 3 项为 0，令

$$S_{回} = \sum_{i=1}^{n}(\hat{y}_i - \bar{y})^2, \qquad S_{剩} = \sum_{i=1}^{n}(y_i - \hat{y}_i)^2$$

则

$$S_{总} = S_{回} + S_{剩} \tag{6-14}$$

$S_{回}$ 称为回归平方和，它是回归值 $\hat{y}_i$ 与平均值 $\bar{y}$ 之差的平方和，它反映了由于 x 与 y 之间存在线性相关关系，且由自变量 x 的变化而引起的 y 的变动的大小。因此，$S_{回}$ 的大小，反映了自变量 x 对 y 的影响程度。

$S_{剩}$ 称为剩余平方和，它是由试验误差及其他未加控制的因素所引起的，反映了各离散点偏离回归直线的距离。$S_{剩}$ 的大小，反映了试验误差及其他因素对试验结果的影响，通过式（6-14），就能把对 n 个观测值的两种影响从数量上基本区别开来。

$$S_{回} = \sum_{i=1}^{n}(\hat{y}_i - \bar{y})^2 = \sum_{i=1}^{n}(a + bx_i - a - b\bar{x})^2$$

$$= \sum_{i=1}^{n} b^2(x_i - \bar{x})^2 = b^2\sum_{i=1}^{n}(x_i - \bar{x})^2$$

$$= b^2 l_{xx} = \left(\frac{l_{xy}}{l_{xx}}\right)^2 l_{xx} = \frac{l_{xy}^2}{l_{xx}} \tag{6-15}$$

$$S_{剩} = S_{总} - S_{回} = l_{yy} - \frac{l_{xy}^2}{l_{xx}} \tag{6-16}$$

$S_{总}$，$S_{回}$，$S_{剩}$ 的自由度分别为 $f_{总} = n-1$，$f_{回} = 1$，$f_{剩} = n-2$，且满足 $f_{总} = f_{回} + f_{剩}$。

如果 y 与 x 之间无线性关系，则方程 $y = a + bx$ 中一次项系数 $b = 0$；反之，则 $b \neq 0$。所以，要检验两个变量之间是否有线性关系，归根结底就是检验回归系数 b 是否为 0，解决这一问题可通过比较 $S_{回}$ 与 $S_{剩}$ 来实现。下面分别通过 F-检验法和相关系数检验法来说明其实现途径。

6.1.3.1 *F*-检验法

假设 H_0：$b = 0$，即 y 与 x 之间不存在式（6-2）给出的线性关系。

若 H_0 为真，那么 $S_{回}$ 就比较小，$S_{剩}$ 就比较大，当 $S_{回}/S_{剩}$ 小于某个临界值时，就接受原假设 H_0；否则，就否定原假设 H_0，即变量 y 与 x 之间有着密切的线性关系。可以证明统计量

$$F = \frac{S_{回}/f_{回}}{S_{剩}/f_{剩}} = \frac{S_{回}/1}{S_{剩}/(n-2)}$$

服从第一自由度为 1 和第二自由度为 $n-2$ 的 F 分布。因此，可先由观测值计算出统计量 F 值，然后在给定的显著性水平 α 下，在 $F_{\alpha}(1, n-2)$ 分布表上查得临界值 F_{α}。

如果 $F > F_{\alpha}$，则说明原假设不成立，y 与 x 之间存在线性关系，此时称回归方程是显著的，可以付诸应用；

如果 $F \leqslant F_{\alpha}$，则接受原假设，y 与 x 之间无线性关系，回归方程不显著，无应用价值。

这种用 F-检验法判断回归方程显著性的方法，称为方差分析。

前述【例 6-1】中，各统计量的计算结果如下：

$$S_{回} = \frac{l_{xy}^2}{l_{xx}} = \frac{26.13^2}{0.43} = 1588$$

$$S_{剩} = l_{yy} - \frac{l_{xy}^2}{l_{xx}} = 1866.5 - 1588 = 278.5$$

$$F = \frac{S_{回}/1}{S_{剩}/(n-2)} = \frac{1588}{278.5/(18-2)} = 91.2$$

给定 α 为 0.01 和 0.05，查 F 分布表得临界值

$$F_{0.05}(1,16) = 4.49, F_{0.01}(1,16) = 8.53$$

显然，$F > F_{0.01} > F_{0.05}$，说明原关系为线性关系，基于18组煤样数据所建立的回归方程 $\hat{y} = -71.11 + 60.77x$ 是显著的，可以用其预测具体煤样的灰分含量。

6.1.3.2 相关系数检验法

设随机变量 ξ 与 η 的方差分别为 σ_ξ^2 和 σ_η^2，协方差为 $\sigma_{\xi\eta}$，则称

$$\rho = \frac{\sigma_{\xi\eta}}{\sigma_\xi \sigma_\eta} \tag{6-17}$$

为 ξ 与 η 的相关系数。

这是理论相关系数，且 $|\rho| \leqslant 1$，当 $|\rho| = 1$ 时，两变量线性相关，$|\rho| = 0$ 时则线性无关。

理论相关系数通常是通过对总体取样样本的相关系数来估计的。即对给定的一组容量为 n 的样本数据 $(x_i, y_i)(i = 1, 2, \cdots, n)$，用

$$r^2 = S_{回}/S_{总}$$

来表示 x 与 y 之间的线性关系的密切程度，称

$$r = \sqrt{\frac{S_{回}}{S_{总}}} = \sqrt{\frac{l_{xy}^2/l_{xx}}{l_{yy}}} = \frac{l_{xy}}{\sqrt{l_{xx}l_{yy}}} \tag{6-18}$$

为相关系数。

如果 r 接近于0，则认为 x 与 y 不相关；r 的绝对值接近于1，则认为 x 与 y 密切相关，r 取正号时为正相关，r 取负号时为负相关。由于 r 的大小与所取的样本有关，采用的样本不同计算得到的 r 就不一样，因此这里的 r 实际上只是样本的相关系数，它与所研究总体的相关系数是不同的，为了区别起见，把 r 称为经验相关系数。尽管 r 与 ρ 是不同的，但是 r 在一定程度上反映了总体相关系数的大小，也就是说可以用 r 来估计 ρ。

对一个具体的问题来说，计算得到的相关系数 r 多大时，才能断定 x 与 y 间存在线性相关关系呢？也就是说 r 的值大到什么程度时所配回归直线才可表示 y 与 x 之间的关系呢？

假设 H_0：y 与 x 没有线性关系，在此假设下，总体的理论相关系数 $\rho = 0$，这时可证明统计量

$$t = \frac{r\sqrt{n-2}}{\sqrt{1-r^2}} \tag{6-19}$$

服从自由度为 $n-2$ 的 t 分布，对于给定的显著性水平 α，从 t 分布表查 t_α，当 $t > t_\alpha$ 时，则否定原假设，即认为 y 与 x 存在线性关系；当 $t \leqslant t_\alpha$ 时，接受原假设，y 与 x 无线性关系。

为了方便，由式（6-19）可解得

$$r = \frac{t}{\sqrt{n-2+t^2}} \tag{6-20}$$

利用 t 的临界值表，可制得 r 的临界值表（相关系数检验表）。如果算得的 r 的绝对值大于 r 的临界值，即 $|r| > r_\alpha(n-2)$，否定原假设，否则接受。

对于前述【例6-1】，$r = \dfrac{l_{xy}}{\sqrt{l_{xx}l_{yy}}} = \dfrac{26.13}{\sqrt{0.43 \times 1866.5}} = 0.92$

给定显著性水平 $\alpha=0.05$，自由度 $n-2=16$，相应的相关系数临界值 $r_{0.05}(16)=0.468$。显然 $|r|>r_{0.05}$，同样说明 y 与 x 之间的线性关系是十分密切的，所得回归方程 $\hat{y}=-71.11+60.77x$ 是有意义的。

6.1.4　利用回归方程进行预测

设 $y_0=a+bx_0+\varepsilon_0,\varepsilon_0\sim N(0,\sigma^2)$，当随机变量 ξ 与变量 x 之间的线性相关关系显著时，由试验数据（x_i，y_i）（$i=1$，2，…，n）得到的 ξ 关于 x 的线性回归方程 $\hat{y}=\hat{a}+\hat{b}x$ 大致反映了 ξ 与 x 之间的变化规律，但由于它们之间的关系是非确定性的，对于 x 的任一取值 x_0，不可能确定 ξ 的相应值 y_0，由回归方程确定的 $\hat{y}_0=\hat{a}+\hat{b}x_0$ 只是 y_0 的估计值。我们自然关心，若以 $\hat{y}_0$ 作为 y_0 的估计值，其精确性如何，可靠性能否保证，因此，对于给定的 $x=x_0$，需要预测对应的 ξ 的观测值的取值范围，即必须对 y_0 进行区间估计，对于给定的置信概率 $1-\alpha$，求出 y_0 以概率 $1-\alpha$ 所落的区间。

设 $s=\sqrt{\dfrac{S_{剩}}{n-2}}$，称 s 为剩余标准差，它反映了观测值 y_1，y_2，…，y_n 偏离回归直线的程度，可以证明

$$\frac{y_0-\hat{y}_0}{s\sqrt{1+\dfrac{1}{n}+\dfrac{(x_0-\bar{x})^2}{l_{xx}}}}\sim t(n-2)$$

对于给定的置信水平 $1-\alpha$，确定 $t_{\alpha/2}(n-2)$，使

$$P\left(\frac{y_0-\hat{y}_0}{s\sqrt{1+\dfrac{1}{n}+\dfrac{(x_0-\bar{x})^2}{l_{xx}}}}<t_{\alpha/2}(n-2)\right)=1-\alpha$$

即

$$P\left(|y_0-\hat{y}_0|<s\sqrt{1+\frac{1}{n}+\frac{(x_0-\bar{x})^2}{l_{xx}}}t_{\alpha/2}(n-2)\right)=1-\alpha$$

因此，y_0 的对应于置信概率 $1-\alpha$ 的预测区间为

$$\hat{y}_0-s\sqrt{1+\frac{1}{n}+\frac{(x_0-\bar{x})^2}{l_{xx}}}t_{\alpha/2}(n-2)<y_0<\hat{y}_0+s\sqrt{1+\frac{1}{n}+\frac{(x_0-\bar{x})^2}{l_{xx}}}t_{\alpha/2}(n-2)$$

当 n 充分大且 $\dfrac{(x_0-\bar{x})^2}{l_{xx}}=\dfrac{(x_0-\bar{x})^2}{\sum\limits_{i=1}^{n}(x_i-\bar{x})^2}$ 充分小时，预测区间可近似地取为

$$\hat{y}_0-st_{\alpha/2}(\infty)<y_0<\hat{y}_0+st_{\alpha/2}(\infty)\tag{6-21}$$

例如，$\alpha=0.05$ 时，$t_{0.025}(\infty)=1.96$，y_0 的对应于置信概率 0.95 的预测区间为

$$\hat{y}_0-1.96s<y_0<\hat{y}_0+1.96s$$

这时，对于试验数据（x_i，y_i）（$i=1$，2，…，n），有

$$P(\hat{y}_i-1.96s<y_i<\hat{y}_i+1.96s)=P(\hat{a}-1.96s+\hat{b}x_i<y_i<\hat{a}+1.96s+\hat{b}x_i)=0.95$$

因此，若在回归直线 L: $\hat{y} = \hat{a} + \hat{b}x$ 的上下两侧分别作与回归直线平行的直线（如图6-4所示）

$$L_1: \quad \hat{y} = \hat{a} + 1.96s + \hat{b}x$$

$$L_2: \quad \hat{y} = \hat{a} - 1.96s + \hat{b}x$$

则所有可能出现的试验点 (x_i, y_i) $(i = 1, 2, \cdots, n)$ 中，约有95%的点落在这两条直线之间的带型区域内（图6-4）。

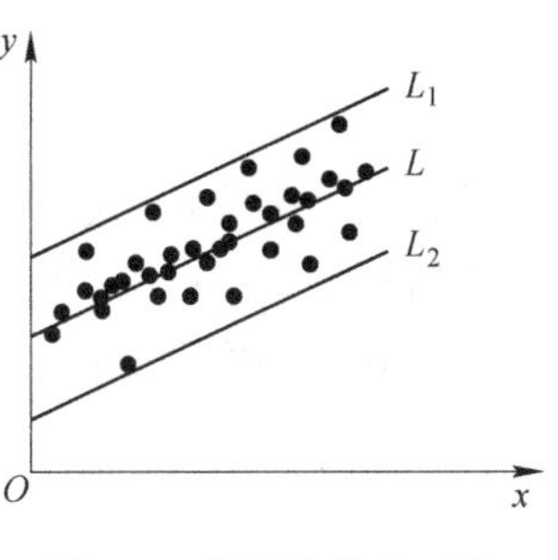

图6-4 估计值分布区间

由于 y_0 与 $\hat{y}_0$ 均服从正态分布，所以 $y_0 - \hat{y}_0$ 也服从正态分布，根据正态分布的性质，及“三 s 规则”即可确定 y_0 的置信区间为：

$\hat{y}_0 - s < y_0 < \hat{y}_0 + s$ 的置信概率为68.3%；

$\hat{y}_0 - 2s < y_0 < \hat{y}_0 + 2s$ 的置信概率为95.4%；

$\hat{y}_0 - 3s < y_0 < \hat{y}_0 + 3s$ 的置信概率为99.7%。

显然，剩余标准差 s 的值越小，用线性回归方程预测 y_0 的值则越精确，因此，可用剩余标准差的大小衡量预测的精确度，至于预测的可靠性则可由置信概率体现。

另外，值得注意的是，利用线性回归方程进行预测，一般只能在原来的试验范围内进行，不能随意扩大范围。

对前述【例6-1】，以置信概率为95.4%为例，

$$S = \sqrt{\frac{S_{剩}}{n-2}} = \sqrt{278.5/16} = 4.17$$

则 $$y' = -71.11 + 60.77x - 2 \times 4.17 = -79.45 + 60.77x$$

$$y'' = -71.11 + 60.77x + 2 \times 4.17 = -62.77 + 60.77x$$

亦即，如果要根据煤样的容重预测其灰分含量的话，可以这样表述：以18个样品为代表的煤炭会有95.4%的灰分值落在这两条直线范围之内。

现假定有一煤样的容重为 $x_0 = 1.5$，则

$$\hat{y}_0 = -71.11 + 60.77x_0 = -71.11 + 60.77 \times 1.5 = 20.05$$

预测区间 $(\hat{y}_0 - 2s, \hat{y}_0 + 2s) = (20.05 - 2 \times 4.17, 20.05 + 2 \times 4.17) = (11.71, 28.39)$

也就是说，当测得一个煤样的容重为1.5时，可以有95.4%的把握预测该煤样的灰分含量介于11.71%～28.39%范围内。

6.1.5 利用回归方程进行控制

在工业生产过程中，出于对最终产品或中间产品质量（如前述煤炭的灰分含量）控制的目的，需要对影响该产品质量的原料的质量加以控制，从而使该产品的质量以一定的概率处在一个合格的指标范围内，这就是所谓的控制问题。事实上控制属于预测的反问题，即要求 ξ 的观测值 y 在某区间 (y_1, y_2) 内取值时，问应控制 η 的值 x 在什么范围，亦即对于给定的置信概率 $1-\alpha$，求出相应的控制区间 B，使 $x \in B$ 时，x 所对应的观测值 y 落在区间 (y_1, y_2) 内的概率不小于 $1-\alpha$，当 n 充分大时，令

$$y_1 = \hat{y} - st_{\alpha/2}(\infty) = \hat{a} + \hat{b}x - st_{\alpha/2}(\infty) \tag{6-22}$$

$$y_2 = \hat{y} + st_{\alpha/2}(\infty) = \hat{a} + \hat{b}x + st_{\alpha/2}(\infty) \tag{6-23}$$

求解式（6-22）、式（6-23）构成的方程组即可求出相应的控制区间 B 的上下限。下面以置信概率 $1-\alpha=0.95$ 为例进行讨论。

由于 $\alpha=0.05$ 时，$t_{0.025}(\infty)=1.96$，因此由式（6-22）、式（6-23）可得

$$\hat{b}(x_2 - x_1) = (y_2 - y_1) - 3.92s$$

若 $y_2-y_1>3.92s$，且 $\hat{b}>0$ 时，有 $x_1<x_2$，因此，当 $x_1<x<x_2$ 时，有

$$P(y_1 < y < y_2) = P(\hat{a} - 1.96s + \hat{b}x_1 < y < \hat{a} + 1.96s + \hat{b}x_2)$$

$$\geqslant P(\hat{a} - 1.96s + \hat{b}x < y < \hat{a} + 1.96s + \hat{b}x) = 0.95$$

即控制区间为（x_1，x_2）。

同理，若 $\hat{b}<0$，则控制区间为（x_2，x_1）。

控制区间的直观表示如图 6-5 所示，其中 L: $\hat{y} = \hat{a} + \hat{b}x$ 为回归直线，直线 L_1: $\hat{y} = \hat{a} + 1.96s + \hat{b}x$ 及 L_2: $\hat{y} = \hat{a} - 1.96s + \hat{b}x$ 均与回归直线平行。

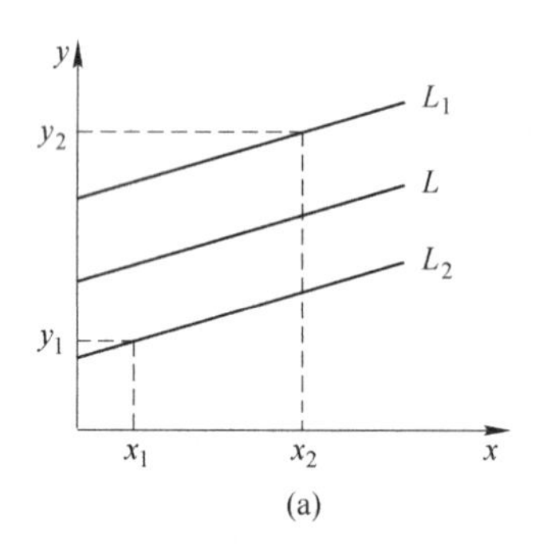

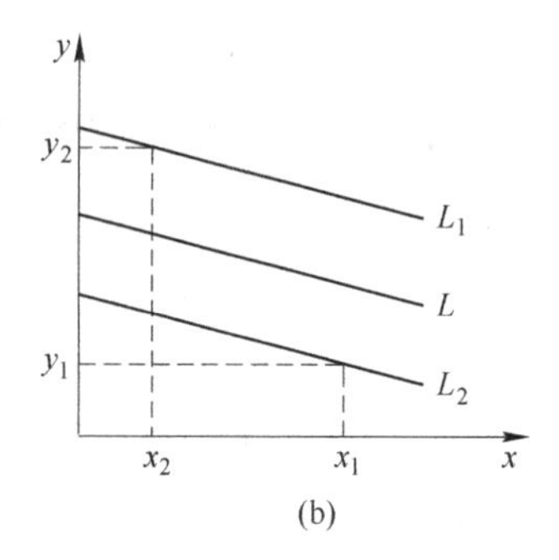

图 6-5 控制值分布区间

（a）$b>0$；（b）$b<0$

对前述【例 6-1】，假定要求以 0.95 的概率保证煤炭原料的灰分在（15，40）以内，则煤样的可测变量容重的大小应控制在什么范围?

解以下不等式组：

$$\begin{cases} -71.11 + 60.77x - 1.96 \times 4.17 > 15 \\ -71.11 + 60.77x + 1.96 \times 4.17 < 40 \end{cases}$$

得（x_1，x_2）=（1.55，1.69），即若将煤样的容重控制在 1.55 ~ 1.69 之间，则有 95% 的把握可以保证煤样的灰分在（15，40）以内。

6.2 一元非线性回归分析

前面介绍了一元线性回归分析的基本方法，但在实际问题中，变量之间的关系往往不

是线性关系，而是表现为非线性的相互变化关系，这时，就不能用线性回归方程描述它们之间的相关关系，需要进行非线性回归分析。然而，非线性回归方程一般很难求，因此，把非线性回归化为线性回归应该说是解决问题的好方法。

首先，利用所研究对象的物理背景或散点图可帮助我们选择适当的非线性回归方程

$$\hat{y} = \mu(x;a,b)$$

式中 a 及 b 为未知参数（在此仅讨论含两个参数的非线性回归方程）。为求参数 a 及 b 的估计值，可以先通过变量置换，把非线性回归化为线性回归，然后再利用线性回归的方法确定参数 a 及 b 的估计值。

表 6-3 列出了常用的曲线方程及其图形，并给出相应的化为线性方程的变量置换公式。以帮助我们通过观察散点图来确定回归方程的类型。

表 6-3 常用曲线方程及其线性变换表

曲线方程	变换公式	变换后的线性方程	曲线图形
$\frac{1}{y} = a + \frac{b}{x}$	$Y = \frac{1}{y}$ $X = \frac{1}{x}$	$Y = a + bX$	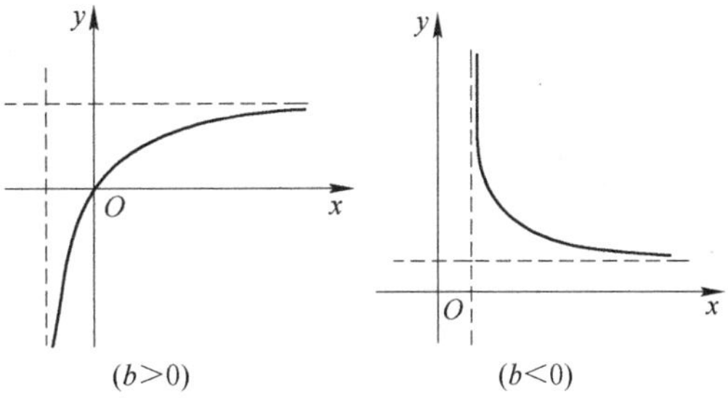 y O x ($b>0$)　y O x ($b<0$)
$y = ax^b$	$Y = \ln y$ $X = \ln x$	$Y = a' + bX$ $(a' = \ln a)$	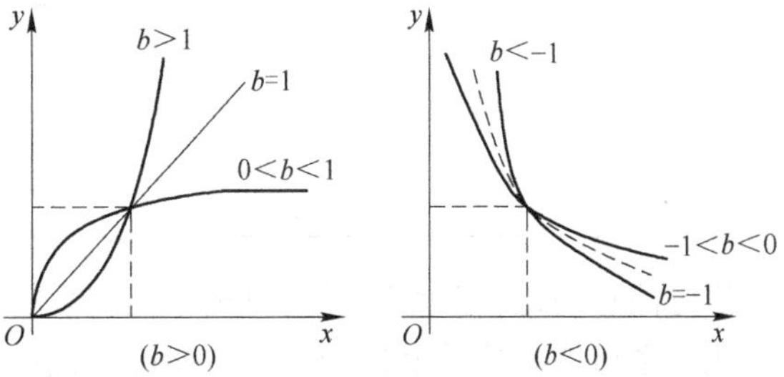 y $b>1$ $b=1$ $0<b<1$ O x ($b>0$)　y $b<-1$ $-1<b<0$ $b=-1$ O x ($b<0$)
$y = a + b\ln x$	$Y = y$ $X = \ln x$	$Y = a + bX$	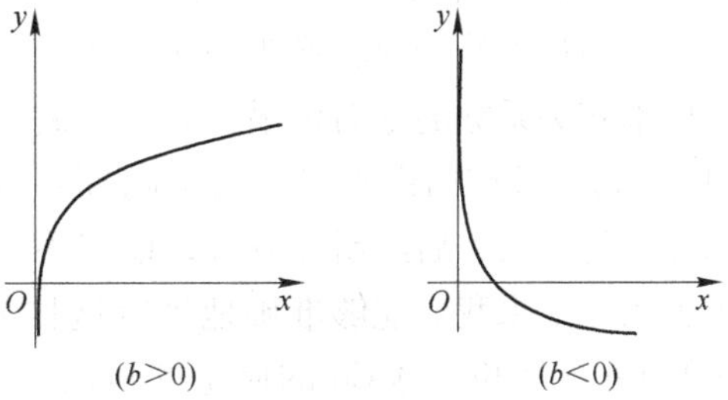 y O x ($b>0$)　y O x ($b<0$)

续表 6-3

曲线方程	变换公式	变换后的线性方程	曲线图形
$y = ae^{bx}$	$Y = \ln y$ $X = x$	$Y = a' + bX$ $(a' = \ln a)$	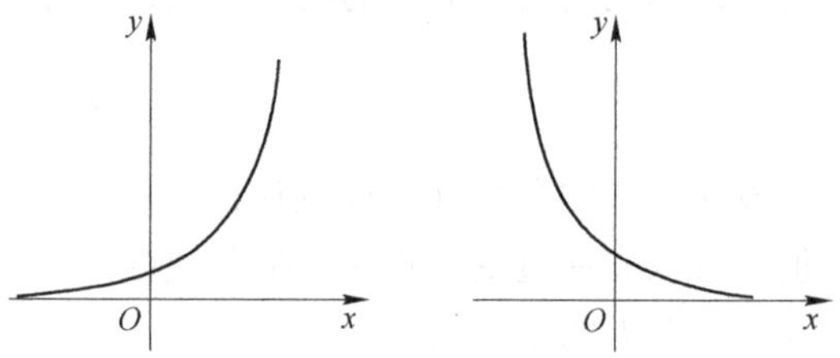 $(b>0)$　$(b<0)$
$y = ae^{\frac{b}{x}}$	$Y = \ln y$ $X = \frac{1}{x}$	$Y = a' + bX$ $(a' = \ln a)$	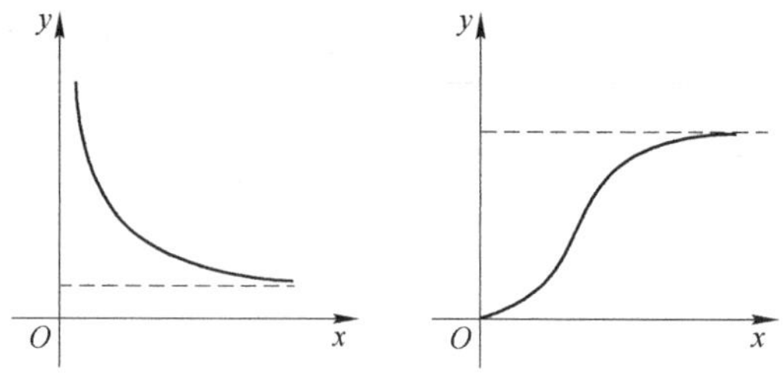 $(b>0)$　$(b<0)$
$y = \frac{1}{a + bx}$	$Y = \frac{1}{y}$ $X = x$	$Y = a + bX$	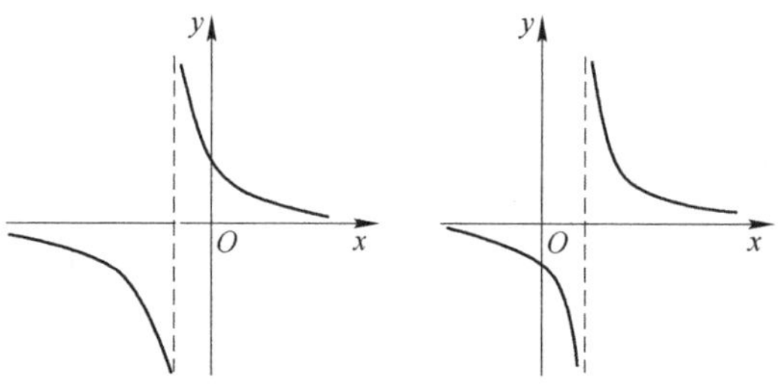 $(b>0)$　$(b<0)$

值得注意的是，散点图毕竟只是相关关系的粗略表示，有时散点图所反映的变量之间的变化关系可能与数学上的若干种曲线都很接近，这时建立与这些曲线相应的回归方程可能都是合理的。这样，一个非线性回归问题，由于变量之间关系模式选择的不同，得到了同一个问题的多个回归方程，那么，自然就产生了哪一个回归方程最优的问题。对此问题，对于能通过线性变换转换为一元线性回归的问题，可通过计算样本相关系数的办法来解决，样本相关系数的绝对值最大者对应最优的回归方程。

【例 6-2】　某矿山由于受历史上勘探和认识的限制，长期以来一直以铜为储量计算、开采和加工的对象，后经研究发现，该矿还伴生有可供回收的钴，且 Cu-Co 之间存在着某种相关关系，如果我们能够准确地确定这种关系，即可达到根据已有的勘探资料，由 Cu 直接预测 Co 含量和计算 Co 的储量的目的。表 6-4 是对该矿典型部位取样化验和分析的结果。

表 6-4　某矿典型样品的 Cu、Co 分析结果

No.	$w(\mathrm{Co})(x_i)/\%$	$w(\mathrm{Cu})(y_i)/\%$	No.	$w(\mathrm{Co})(x_i)/\%$	$w(\mathrm{Cu})(y_i)/\%$
1	0.05	0.10	7	0.25	1.00
2	0.06	0.14	8	0.31	1.12
3	0.07	0.23	9	0.38	1.19
4	0.10	0.37	10	0.43	1.25
5	0.14	0.59	11	0.47	1.29
6	0.20	0.79			

解：(1) 根据化验结果做出原始数据散点图，如图 6-6 所示。

根据散点图可大致判断对应于 Cu、Co 含量的合适的回归方程为

$$\hat{y} = A\mathrm{e}^{b/x} \qquad (b < 0)$$

其中 A 及 b 为参数，两边取对数，得

$$\ln\hat{y} = \ln A + \frac{b}{x}$$

(2) 进行变量代换：$X = 1/x$，$Y = \ln y$，并设 $a = \ln A$，得 $\hat{Y} = a + bX$

则由原始试验数据 $(x_i, y_i)(i = 1, 2, \cdots, 11)$，可求出对应的变换后数据 $(X_i, Y_i)(i = 1, 2, \cdots, 11)$，见表 6-5。

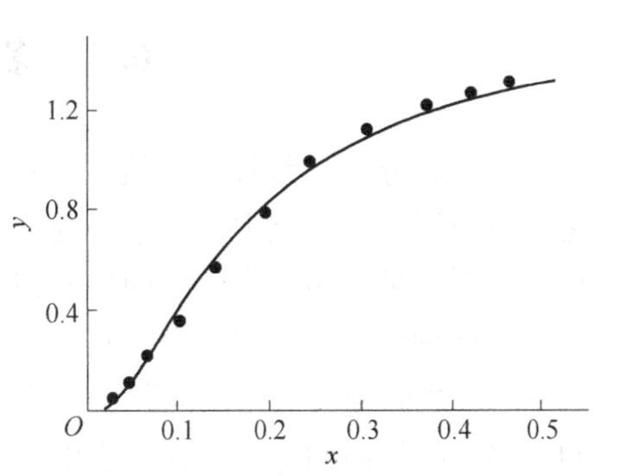

图 6-6　Cu、Co 含量散点分布

表 6-5　Cu-Co 数据转换表

No.	X_i	Y_i	No.	X_i	Y_i
1	20.000	-2.303	7	4.000	0
2	16.667	-1.966	8	3.226	0.113
3	14.286	-1.470	9	2.632	0.174
4	10.000	-0.994	10	2.326	0.223
5	7.143	-0.528	11	2.128	0.255
6	5.000	-0.236			

(3) 根据表 6-5 计算前述与线性回归分析相对应的各统计量

$$\overline{X} = 7.946, \quad l_{XX} = 406.614$$

$$\overline{Y} = -0.612, \quad l_{YY} = 8.690$$

$$l_{XY} = -112.835 - 11 \times 7.946 \times (-0.612) = -59.343$$

样本相关系数

$$r = \frac{l_{XY}}{\sqrt{l_{XX}l_{YY}}} = \frac{-59.343}{\sqrt{406.614 \times 8.690}} = -0.998$$

查相关系数显著性检验表，当自由度 $n-2=9$ 时，$r_{0.05}(9)=0.602$，$r_{0.01}(9)=0.735$

因为 $|r| > r_{0.01}(9)=0.735$，所以，可以认为 Y 与 X 之间的线性相关关系特别显著。

再求 a 及 b 的估计值：

$$\hat{b} = \frac{l_{XY}}{l_{XX}} = \frac{-59.343}{406.614} = -0.146$$

$$\hat{a} = \overline{Y} - \hat{b}\overline{X} = -0.612 - (-0.146) \times 7.946 = 0.548$$

则 Y 关于 X 的线性回归方程为 $\hat{Y} = 0.548 - 0.146X$。

换回原变量，得 $\ln\hat{y} = 0.548 - \frac{0.146}{x}$，即 $\hat{y} = e^{0.548 - \frac{0.146}{x}} = 1.73e^{-\frac{0.146}{x}}$。

所以，Cu 关于 Co 的回归方程为 $\hat{y} = 1.73e^{-\frac{0.146}{x}}$。

6.3　多元线性回归分析

一元回归分析（线性、非线性）研究的是一个因变量与一个自变量之间的回归问题，但是，在地质学的研究中，与某一变量 y 有关的变量往往不止一个，而是多个，因此需要进行一个因变量与多个自变量间的回归分析。

假定这种影响因变量 y 变化的自变量有 p 个：x_1，x_2，…，x_p，研究变量 y 与变量 x_1，x_2，…，x_p 之间相关关系的问题，称为多元回归问题。其中，简单而又一般的是多元线性回归。多元线性回归分析在地质学中使用得较多，其思想、方法和原理与一元线性回归分析基本相同，但是其中要涉及一些新的概念以及进行更细致的分析，特别是在计算上要比一元线性回归分析复杂得多。多元线性回归分析的基本任务包括：

（1）根据因变量与多个自变量的实际观测值建立因变量对多个自变量的多元线性回归方程；

（2）检验、分析各个自变量对因变量的综合线性影响的显著性；

（3）检验、分析各个自变量对因变量的单纯线性影响的显著性，选择仅对因变量有显著线性影响的自变量，建立最优多元线性回归方程；

（4）评定各个自变量对因变量影响的相对重要性以及测定最优多元线性回归方程的偏离度等。

6.3.1　多元线性回归的数学模型

假如变量 y 与 p 个变量 x_1，x_2，…，x_p 的内在联系是线性的，它的第 i 次试验数据为 $(y_i;\ x_{i1},\ x_{i2},\ \cdots,\ x_{ip})$ $(i = 1,\ 2,\ \cdots,\ n)$，则 n 次试验就构成了如表 6-6 所示的数据矩阵。

表 6-6　原始数据矩阵

序　号	变　量				
	y	x_1	x_2	…	x_p
1	y_1	x_{11}	x_{12}	…	x_{1p}
2	y_2	x_{21}	x_{22}	…	x_{2p}
⋮	⋮	⋮	⋮	⋮	⋮
n	y_n	x_{n1}	x_{n2}	…	x_{np}

那么，可以假设这一组数据具有如下结构式：

$$\begin{cases} y_1 = \beta_0 + \beta_1 x_{11} + \beta_2 x_{12} + \cdots + \beta_p x_{1p} + \varepsilon_1 \\ y_2 = \beta_0 + \beta_1 x_{21} + \beta_2 x_{22} + \cdots + \beta_p x_{2p} + \varepsilon_2 \\ \vdots \\ y_n = \beta_0 + \beta_1 x_{n1} + \beta_2 x_{n2} + \cdots + \beta_p x_{np} + \varepsilon_n \end{cases} \tag{6-24}$$

式中 $\beta_0, \beta_1, \cdots, \beta_p$——$p+1$ 个待估参数；

$x_1, x_2, \cdots, x_p$——p 个可以精确测量或可控制的一般变量；

$y_1, y_2, \cdots, y_n$——可以观测的随机变量，随 $x_1, x_2, \cdots, x_p$ 变化而变化；

$\varepsilon_1, \varepsilon_2, \cdots, \varepsilon_n$——$n$ 个相互独立且服从同一正态分布 $N(0,\sigma^2)$ 的随机变量。

这就是多元线性回归的数学模型。

6.3.2 模型参数的最小二乘估计

与研究一元线性关系时给两组数据之间配合一条直线一样，研究 p 个变量 $x_1, x_2, \cdots, x_p$ 及因变量 y 之间的关系，可根据一批实际观测数据：$x_{i1}, x_{i2}, \cdots, x_{ip}$ 及 y_i（$i=1, 2, \cdots, n, n>p+1$），配合一个面（当 $p=2$ 时为平面，当 $p>2$ 时为超平面）：

$$\hat{y} = \beta_0 + \beta_1 x_1 + \beta_2 x_2 + \cdots + \beta_p x_p \tag{6-25}$$

并寻求参数 $\beta_0, \beta_1, \cdots, \beta_p$ 存在的那组最佳值，使所配的面（或超平面）最能反映 y 与 $x_1, x_2, \cdots, x_p$ 之间的实际关系。

同一元线性回归分析一样，仍采用最小二乘法对参数 β 进行估计。

设 $b_0, b_1, \cdots, b_p$ 分别为参数 $\beta_0, \beta_1, \cdots, \beta_p$ 的最小二乘估计值，则回归方程为

$$\hat{y} = b_0 + b_1 x_1 + b_2 x_2 + \cdots + b_p x_p \tag{6-26}$$

式中，b_0 为常数项，$b_j (j=1, 2, \cdots, p)$ 称为 y 对 x_j 的偏回归系数。它表示当其他自变量固定时，自变量 x_j 的变化对 y 值影响的程度。

由最小二乘法的基本原理可知，作为 $\beta_0, \beta_1, \cdots, \beta_p$ 的最佳估计值，$b_0, b_1, \cdots, b_p$ 应使得全部观测值 y_i 与回归值 $\hat{y}_i$ 的离差平方和达到最小，即

$$Q = \sum_{i=1}^{n} (y_i - \hat{y}_i)^2 = \sum_{i=1}^{n} (y_i - b_0 - b_1 x_{i1} - b_2 x_{i2} - \cdots - b_p x_{ip})^2 \Rightarrow \min \tag{6-27}$$

在式（6-27）中，如果 y_i；$x_{i1}, x_{i2}, \cdots, x_{ip}$ 是给定的已知数据，则 Q 是 $b_0, b_1, \cdots, b_p$ 的非负二次函数，其最小值一定存在。为此，将 Q 对 $b_0, b_1, \cdots, b_p$ 分别求偏导数，并令这些偏导数等于 0，可得下列 $p+1$ 个方程：

$$\begin{cases} \dfrac{\partial Q}{\partial b_0} = -2\sum_{i=1}^{n} (y_i - b_0 - b_1 x_{i1} - b_2 x_{i2} - \cdots - b_p x_{ip}) = 0 \\ \dfrac{\partial Q}{\partial b_1} = -2\sum_{i=1}^{n} (y_i - b_0 - b_1 x_{i1} - b_2 x_{i2} - \cdots - b_p x_{ip}) x_{i1} = 0 \\ \vdots \\ \dfrac{\partial Q}{\partial b_p} = -2\sum_{i=1}^{n} (y_i - b_0 - b_1 x_{i1} - b_2 x_{i2} - \cdots - b_p x_{ip}) x_{ip} = 0 \end{cases} \tag{6-28}$$

这种方程组称为正规方程组，由该方程组不难推得

$$\sum_{i=1}^{n}[(y_i-\bar{y})-b_1(x_{i1}-\bar{x}_1)-\cdots-b_p(x_{ip}-\bar{x}_p)](x_{ij}-\bar{x}_j)=0 \qquad (j=1,2,\cdots,p)$$

令

$$l_{kj}=\sum_{i=1}^{n}(x_{ik}-\bar{x}_k)(x_{ij}-\bar{x}_j)$$

$$l_{ky}=\sum_{i=1}^{n}(x_{ik}-\bar{x}_k)(y_i-\bar{y})$$

则有

$$l_{j1}b_1+l_{j2}b_2+\cdots+l_{jp}b_p=l_{jy} \qquad (j=1,2,\cdots,p)$$

即

$$\begin{cases} l_{11}b_1+l_{12}b_2+\cdots+l_{1p}b_p=l_{1y} \\ l_{21}b_1+l_{22}b_2+\cdots+l_{2p}b_p=l_{2y} \\ \vdots \\ l_{p1}b_1+l_{p2}b_2+\cdots+l_{pp}b_p=l_{py} \end{cases} \tag{6-29}$$

若记

$$\boldsymbol{A}=\begin{bmatrix} l_{11} & l_{12} & \cdots & l_{1p} \\ l_{21} & l_{22} & \cdots & l_{2p} \\ \vdots & \vdots & \ddots & \vdots \\ l_{p1} & l_{p2} & \cdots & l_{pp} \end{bmatrix}, \qquad \boldsymbol{B}=\begin{bmatrix} b_1 \\ b_2 \\ \vdots \\ b_p \end{bmatrix}, \qquad \boldsymbol{L}=\begin{bmatrix} l_{1y} \\ l_{2y} \\ \vdots \\ l_{py} \end{bmatrix}$$

则上述方程组也可以写成如下的矩阵式：

$$\boldsymbol{AB}=\boldsymbol{L}$$

由上述方程组即可解得 b_1，…，b_p，将它们代入方程组（6-28）中的方程 1，即可得 b_0，这样就得到 $p+1$ 个参数 β_0，β_1，…，β_p 的最小二乘估计值 b_0，b_1，…，b_p，于是得到多元回归方程为

$$\hat{y}=b_0+b_1x_1+b_2x_2+\cdots+b_px_p$$

它是所有平面中与实测数据偏离程度最小的平面，该平面称为回归平面（或回归超平面）。当 $x_1=x_2=\cdots=x_p=0$ 时，$\hat{y}=0$，在 b_0 有实际意义时，b_0 表示 y 的起始值；偏回归系数 $b_j(j=1, 2, \cdots, p)$ 表示除自变量 x_j 以外的其余 $p-1$ 个自变量都固定不变时，自变量 x_j 每变化一个单位，因变量 y 平均变化的数值。确切地说，当 $b_j>0$ 时，自变量 x_j 每增加一个单位，因变量 y 平均增加 b_j 个单位；当 $b_j<0$ 时，自变量 x_j 每增加一个单位，因变量 y 平均减少 b_j 个单位。

6.3.3 多元线性回归方程的显著性检验

在实际问题中，事先并不能判断随机变量 y 与一般变量 x_1，x_2，…，x_p 之间是否有线性关系，在求线性回归方程前，前述线性回归模型式只是一种假设，尽管这些假设常常不是毫无根据的，但在求得线性回归方程后，还需对其进行统计假设检验，以给出肯定或否定的结论。为此，与一元线性回归分析一样，需要把总的离差平方和进行分解。

设对一批观测数据（y_i；x_{i1}，x_{i2}，…，x_{ip}），所配平面

$$\hat{y} = b_0 + b_1x_1 + b_2x_2 + \cdots + b_px_p$$

是所求得的回归方程，$\hat{y}_i$ 是第 i 个观测点（x_{i1}，x_{i2}，…，x_{ip}）上的回归值（$i=1$，2，…，n）。它与该点的实际观测值 y_i 会有一定的偏差，仍用 $S_{总}$ 表示总的离差平方和，则

$$S_{总} = \sum_{i=1}^{n}(y_i - \bar{y})^2 \tag{6-30}$$

它的自由度 $f_{总}=n-1$，对它进行分解，可得

$$\begin{aligned} S_{总} &= \sum_{i=1}^{n}[(y_i - \hat{y}_i) + (\hat{y}_i - \bar{y})]^2 \\ &= \sum_{i=1}^{n}(y_i - \hat{y}_i)^2 + \sum_{i=1}^{n}(\hat{y}_i - \bar{y})^2 + 2\sum_{i=1}^{n}(y_i - \hat{y}_i)(\hat{y}_i - \bar{y}) \end{aligned}$$

可以证明，上式第3项为0，令

$$S_{回} = \sum_{i=1}^{n}(\hat{y}_i - \bar{y})^2, \qquad S_{剩} = \sum_{i=1}^{n}(y_i - \hat{y}_i)^2$$

则

$$S_{总} = S_{回} + S_{剩}$$

其中，$S_{回}$ 称为回归平方和，自由度为 $f_{回}=p$；$S_{剩}$ 称为剩余平方和，自由度为 $f_{剩}=n-p-1$。

在实际计算中，用下列公式：

$$S_{总} = \sum_{i=1}^{n}y_i^2 - \frac{1}{n}\left(\sum_{i=1}^{n}y_i\right)^2 \tag{6-31}$$

$$S_{回} = \sum_{i=1}^{n}(\hat{y}_i - \bar{y})^2 = \sum_{i=1}^{n}[(b_0 + b_1x_{1i} + \cdots + b_px_{pi}) - (b_0 + b_1\bar{x}_1 + \cdots + b_p\bar{x}_p)]^2 = \sum_{j=1}^{p}b_jl_{jy} \tag{6-32}$$

$$S_{剩} = S_{总} - S_{回}$$

$S_{回}$ 代表全部自变量 x_1，x_2，…，x_p 对 y 的影响所引起的变差；$S_{剩}$ 代表除自变量以外，其他未加控制的随机因素对 y 影响引起的变差。因此，回归效果的好坏可以用 $S_{回}$ 在 $S_{总}$ 中所占的比例来衡量，也可以通过比较 $S_{回}$ 与 $S_{剩}$ 的大小来考查。

数学上已经证明，在 y 与 x_j（$j=1$，2，…，p）之间没有线性相关关系的情况下，即假设 H_0：$b_1=b_2=\cdots=b_p=0$ 成立时，统计量

$$F = \frac{S_{回}/p}{S_{剩}/(n-p-1)} \tag{6-33}$$

服从自由度为 p 和（$n-p-1$）的 F 分布。因此，在给定显著性水平 α 的条件下，可用 F-检验法检验回归方程的效果，通常列如下方差分析表（见表6-7）来进行分析。

表6-7　多元线性回归关系方差分析表

方差来源	SS（平方和）	df（自由度）	MS（均方）	F（统计量）
回　归	$S_{回}=\Sigma b_jl_{jy}$	p	$S_{回}/p$	$F=S_{回}(n-p-1)/(S_{剩}p)$
剩　余	$S_{剩}=l_{yy}-S_{回}$	$n-p-1$	$S_{剩}/(n-p-1)$	
总　和	$S_{总}=l_{yy}$	$n-1$		

对于给定的α，查F分布表得临界值$F_{\alpha}(p, n-p-1)$，当计算得到的$F > F_{\alpha}$时，否定原假设H_0，认为回归方差显著；反之，当$F \leqslant F_{\alpha}$时，则接受原假设，回归效果不显著。

【例 6-3】 C、H、O是煤粉燃烧过程中产生热量的主要元素，今对某煤层取12个试样，其发热量Q_{DT}与C、H、O含量数据见表6-8，试建立回归方程，并检验之。

表 6-8　煤的发热量数据表

No.	$y(Q_{DT})$	x_1(C)	x_2(H)	x_3(O)	No.	$y(Q_{DT})$	x_1(C)	x_2(H)	x_3(O)
1	6.5	62	5	15	7	8.4	85	6	6
2	7	70	6	20	8	8.5	88	3	3
3	7.2	75	6.5	25	9	8.8	90	5	5
4	7.5	75	5	10	10	8	90	2.5	2.5
5	7.7	78	5.5	15	11	8.5	92	3	3
6	8	80	5.2	4	12	8.7	95	3.5	3.5

解：假设所求回归方程为$\hat{y} = b_0 + b_1x_1 + b_2x_2 + b_3x_3$

即
$$Q_{DT} = b_0 + b_1w(C) + b_2w(H) + b_3w(O)$$

首先，基于原始数据表，进行各相关统计量的计算，见表6-9。

表 6-9　原始数据及相关统计量

No.	x_1	x_2	x_3	y	x_1^2	x_1x_2	x_2^2	x_1x_3	x_2x_3	x_3^2	x_1y	x_2y	x_3y	y^2
1	62	5	15	6.5	3844	310	25	930	75	225	403	32.5	97.5	42.25
2	70	6	20	7	4900	420	36	1400	120	400	490	42	140	49
3	75	6.5	25	7.2	5625	487.5	42.25	1875	162.5	625	540	46.8	180	51.84
4	75	5	10	7.5	5625	375	25	750	50	100	562.5	37.5	75	56.25
5	78	5.5	15	7.7	6084	429	30.25	1170	82.5	225	600.6	42.35	115.5	59.29
6	80	5.2	4	8	6400	416	27.04	320	20.8	16	640	41.6	32	64
7	85	6	6	8.4	7225	510	36	510	36	36	714	50.4	50.4	70.56
8	88	3	3	8.5	7744	264	9	264	9	9	748	25.5	25.5	72.25
9	90	5	5	8.8	8100	450	25	450	25	25	792	44	44	77.44
10	90	2.5	2.5	8	8100	225	6.25	225	6.25	6.25	720	20	20	64
11	92	3	3	8.5	8464	276	9	276	9	9	782	25.5	25.5	72.25
12	95	3.5	3.5	8.7	9025	332.5	12.25	332.5	12.25	12.25	826.5	30.45	30.45	75.69
Σ	980	56.2	112	94.8	81136	4495	283.04	8502.5	608.3	1688.5	7818.6	438.6	835.85	754.82
Σ/n	81.7	4.7	9.3	7.9	6761.3	374.6	23.6	708.5	50.7	140.7	651.6	36.6	69.7	62.9

由表6-9可得
$$\sum_{i=1}^{12} y_i = 94.8, \qquad \bar{y} = \frac{1}{12}\sum_{i=1}^{12} y_i = 7.9$$

$$\sum_{i=1}^{12} x_{i1} = 980, \qquad \bar{x}_1 = \frac{1}{12}\sum_{i=1}^{12} x_{i1} = 81.67$$

$$\sum_{i=1}^{12} x_{i2} = 56.2, \qquad \bar{x}_2 = \frac{1}{12}\sum_{i=1}^{12} x_{i2} = 4.68$$

$$\sum_{i=1}^{12} x_{i3} = 112, \qquad \bar{x}_3 = \frac{1}{12}\sum_{i=1}^{12} x_{i3} = 9.33$$

进而，$l_{11} = \sum_{i=1}^{12}(x_{i1} - \bar{x}_1)^2 = \sum_{i=1}^{12} x_{i1}^2 - \frac{1}{12}(\sum_{i=1}^{12} x_{i1})^2 = 81136 - \frac{980^2}{12} = 1103$

$$l_{22} = \sum_{i=1}^{12}(x_{i2} - \bar{x}_2)^2 = \sum_{i=1}^{12} x_{i2}^2 - \frac{1}{12}(\sum_{i=1}^{12} x_{i2})^2 = 283.04 - \frac{56.2^2}{12} = 19.8$$

$$l_{33} = \sum_{i=1}^{12}(x_{i3} - \bar{x}_3)^2 = \sum_{i=1}^{12} x_{i3}^2 - \frac{1}{12}(\sum_{i=1}^{12} x_{i3})^2 = 1688.5 - \frac{112^2}{12} = 643.2$$

$$l_{12} = \sum_{i=1}^{12}(x_{i1} - \bar{x}_1)(x_{i2} - \bar{x}_2) = \sum_{i=1}^{12} x_{i1}x_{i2} - \frac{1}{12}\sum_{i=1}^{12} x_{i1}\sum_{i=1}^{12} x_{i2} = 4495 - \frac{980 \times 56.2}{12} = -94.7$$

$$l_{13} = \sum_{i=1}^{12}(x_{i1} - \bar{x}_1)(x_{i3} - \bar{x}_3) = \sum_{i=1}^{12} x_{i1}x_{i3} - \frac{1}{12}\sum_{i=1}^{12} x_{i1}\sum_{i=1}^{12} x_{i3} = 8502.5 - \frac{980 \times 112}{12} = -644.2$$

$$l_{23} = \sum_{i=1}^{12}(x_{i2} - \bar{x}_2)(x_{i3} - \bar{x}_3) = \sum_{i=1}^{12} x_{i2}x_{i3} - \frac{1}{12}\sum_{i=1}^{12} x_{i2}\sum_{i=1}^{12} x_{i3} = 608.3 - \frac{56.2 \times 112}{12} = 83.8$$

$$l_{1y} = \sum_{i=1}^{12}(x_{i1} - \bar{x}_1)(y_i - \bar{y}) = \sum_{i=1}^{12} x_{i1}y_i - \frac{1}{12}\sum_{i=1}^{12} x_{i1}\sum_{i=1}^{12} y_i = 7818.6 - \frac{980 \times 94.8}{12} = 76.6$$

$$l_{2y} = \sum_{i=1}^{12}(x_{i2} - \bar{x}_2)(y_i - \bar{y}) = \sum_{i=1}^{12} x_{i2}y_i - \frac{1}{12}\sum_{i=1}^{12} x_{i2}\sum_{i=1}^{12} y_i = 438.6 - \frac{56.2 \times 94.8}{12} = -5.4$$

$$l_{3y} = \sum_{i=1}^{12}(x_{i3} - \bar{x}_3)(y_i - \bar{y}) = \sum_{i=1}^{12} x_{i3}y_i - \frac{1}{12}\sum_{i=1}^{12} x_{i3}\sum_{i=1}^{12} y_i = 835.35 - \frac{113 \times 94.8}{12} = -48.9$$

$$l_{yy} = \sum_{i=1}^{12}(y_i - \bar{y})^2 = \sum_{i=1}^{12} y_i^2 - \frac{1}{12}(\sum_{i=1}^{12} y_i)^2 = 754.82 - \frac{94.8 \times 94.8}{12} = 5.9$$

于是，得正规方程组

$$\begin{cases} l_{11}b_1 + l_{12}b_2 + l_{13}b_3 = l_{1y} \\ l_{21}b_1 + l_{22}b_2 + l_{23}b_3 = l_{2y} \\ l_{31}b_1 + l_{32}b_2 + l_{33}b_3 = l_{3y} \end{cases} \Rightarrow \begin{cases} 1103b_1 - 94.7b_2 - 644.2b_3 = 76.6 \\ -94.7b_1 + 19.8b_2 + 83.8b_3 = -5.4 \\ -644.2b_1 + 83.8b_2 + 643.2b_3 = -48.9 \end{cases}$$

解此方程组得　$b_1 = 0.06476$，　$b_2 = 0.18784$，　$b_3 = -0.03564$

$$b_0 = \bar{y} - b_1\bar{x}_1 - b_2\bar{x}_2 - b_3\bar{x}_3 = 2.06417$$

由此得回归方程　$\hat{y} = 2.06417 + 0.06476x_1 + 0.18784x_2 - 0.03564x_3$

或　$Q_{DT} = 2.06417 + 0.06476w(C) + 0.18784w(H) - 0.03564w(O)$

由于

$$S_{总} = l_{yy} = 5.9$$

$$S_{回} = b_1l_{1y} + b_2l_{2y} + b_3l_{3y} = 5.7$$

$$S_{剩} = S_{总} - S_{回} = 5.9 - 5.7 = 0.2$$

而自由度　$f_{总} = n - 1 = 11, f_{回} = p = 3, f_{剩} = n - p - 1 = 8$

所以 $F=(5.7/3)/(0.2/8)=76.0$

至此，可得方差分析表6-10。

表6-10 三元线性回归方差分析结果

方差来源	SS(平方和)	df(自由度)	MS(均方)	F(统计量)	显著性
回　归	5.7	3	1.9	76.0	* * *
剩　余	0.2	8	0.025		
总　和	5.9	11			

在给定 $\alpha=0.01$ 的条件下，查 F 分布表得 $F_{0.01}(3,8)=7.59$。

因 $F=76.0>7.59$，所以回归方程是显著的，有实用价值，表明煤的发热量 y 与 C 元素含量 x_1、H 元素含量 x_2、O 元素含量 x_3 之间存在着极为显著的线性关系，或者说 C 元素含量 x_1、H 元素含量 x_2、O 元素含量 x_3 对煤的发热量 y 的综合线性影响是极显著的。

当然，也可以用复相关系数来进行显著性检验：

$$R=\sqrt{\frac{S_{回}}{S_{总}}}=\sqrt{\frac{5.7}{5.9}}=0.98$$

$$R_{\alpha}(n-2)=R_{0.01}(10)=0.814$$

因 $R=0.98>R_{\alpha}(n-2)=0.814$，所以，也可得相同结论。

6.3.4 偏回归系数的显著性检验

前面讨论了回归方程中全部自变量的总体回归效果，但总体回归效果显著并不能说明每个自变量 x_1，x_2，…，x_p 对因变量 y 都是重要的，即可能有某个自变量 x_j 对 y 并不起作用或者可被其他的变量 x_k 的作用所代替。因此，当所建立的多元线性回归关系经显著性检验为显著或极显著时，还必须对每个偏回归系数进行显著性检验，以判断每个自变量对因变量的线性影响是显著的还是不显著的，以便从回归方程中剔除那些不显著的自变量，重新建立更为简单的多元线性回归方程。显然，某个自变量 x_j 如果对 y 作用不显著，则它的偏回归系数 b_j 就应为0，因此检验每个自变量 x_j 是否显著，就要检验以下的假设

$$H_0: b_j=0 \qquad (j=1,2,\cdots,p)$$

是否成立，如果成立，则该变量为无效变量，应该从模型中予以剔除；否则应予保留。下面介绍两种常用的检验方法。

6.3.4.1 *F* 检验法

在多元线性回归分析中，回归平方和 $S_{回}$ 反映了所有自变量对因变量的综合线性影响，它总是随着自变量的个数增多而有所增加，但决不会减少。因此，如果在所考虑的所有自变量当中去掉一个自变量时，回归平方和 $S_{回}$ 只会减少，不会增加。减少的数值越大，说明该自变量在回归中所起的作用越大，也就是该自变量越重要，这就是决定该变量在回归模型中是否应该保留的基本依据。

设 $S_{回}$ 为 p 个自变量 x_1，x_2，…，x_p 所引起的回归平方和，$S'_{回}$ 为去掉某个自变量 x_j 后剩余的 $p-1$ 个自变量所引起的回归平方和，那么它们的差 $S_{回}-S'_{回}$ 即为去掉自变量 x_j 之后，回归平方和所减少的量，称为自变量 x_j 的偏回归平方和，记为 S_{b_j}，即

$$S_{b_j} = S_{回} - S'_{回}$$

可以证明

$$S_{b_j} = \frac{b_j^2}{c_{jj}} \qquad (j = 1,2,\cdots,p) \tag{6-34}$$

式中　c_{jj}——多元线性回归正规方程组系数矩阵 $\boldsymbol{A}$ 的逆阵 $\boldsymbol{A}^{-1}$的主对角线元素。

偏回归平方和可以衡量每个自变量在回归中所起作用的大小，或者说反映了每个自变量对因变量的影响程度的大小。值得注意的是，在一般情况下，$S_{回}$ 与所有变量的偏回归平方和并不相等，即

$$S_{回} \neq \sum_{j=1}^{p} S_{b_j}$$

这是因为 p 个自变量之间往往存在着不同程度的相关性，使得各自变量对因变量的作用相互影响。只有当 p 个自变量相互独立时，才有

$$S_{回} = \sum_{j=1}^{p} S_{b_j}$$

偏回归平方和 S_{b_j}是去掉一个自变量使回归平方和减少的部分，也可理解为添入一个自变量使回归平方和增加的部分，其自由度为1，称为偏回归自由度。

检验假设 H_0：$b_j=0$，可用服从自由度分别为1和 $n-p-1$ 的 F 分布的统计量

$$F_{b_j} = \frac{S_{b_j}/1}{S_{剩}/(n-p-1)} \sim F(1,n-p-1)$$

对于给定的检验水平 α，从 F 分布表中查得临界值 $F_\alpha(1,\ n-p-1)$，如果 $F_{b_j} > F_\alpha(1,\ n-p-1)$，则拒绝假设 H_0，认为 x_j 对 y 有重要作用；如果 $F_{b_j} \leqslant F_\alpha(1,\ n-p-1)$，则接受假设 H_0，即认为自变量 x_j 对 y 不起重要作用，可以剔除。

作为对多元线性回归方程进行偏回归系数的显著性检验的结果，当对显著的多元线性回归方程中各个偏回归系数进行显著性检验都为显著时，说明各个自变量对因变量的单纯影响都是显著的；若有一个或几个偏回归系数经显著性检验为不显著时，说明其对应的自变量对因变量的作用或影响不显著，或者说这些自变量在回归方程中是不重要的，此时应该从回归方程中剔除一个不显著的偏回归系数对应的自变量，重新建立多元线性回归方程，再对新的多元线性回归方程或多元线性回归关系以及各个新的偏回归系数进行显著性检验，直至多元线性回归方程显著，并且各个偏回归系数都显著为止。此时的多元线性回归方程即为最优多元线性回归方程。

当经显著性检验有几个不显著的偏回归系数时，一次只能剔除一个不显著的偏回归系数对应的自变量，被剔除的自变量的偏回归系数，应该是所有不显著的偏回归系数中的 F 值为最小者。

【例 6-4】　仍以前述【例 6-3】煤的发热量的多元线性回归为例。我们已经进行了三元线性回归关系的显著性检验，结果为极显著。现在对 3 个偏回归系数分别进行显著性检验。

首先计算各个变量对应的偏回归平方和

$$S_{b_1} = \frac{b_1^2}{c_{11}} = \frac{0.06476^2}{0.002249} = 1.8652$$

$$S_{b_2} = \frac{b_2^2}{c_{22}} = \frac{0.18784^2}{0.115893} = 0.3045$$

$$S_{b_3} = \frac{b_3^2}{c_{33}} = \frac{(-0.03564)^2}{0.005066} = 0.2507$$

进而计算各个偏回归均方：

$$MS_{b_1} = \frac{S_{b_1}}{1} = 1.8652$$

$$MS_{b_2} = \frac{S_{b_2}}{1} = 0.3045$$

$$MS_{b_3} = \frac{S_{b_3}}{1} = 0.2507$$

最后计算各 F 的值：

$$F_{b_1} = \frac{MS_{b_1}}{MS_{剩}} = \frac{1.8652}{0.025} = 74.6^{**}$$

$$F_{b_2} = \frac{MS_{b_2}}{MS_{剩}} = \frac{0.3045}{0.025} = 12.2$$

$$F_{b_3} = \frac{MS_{b_3}}{MS_{剩}} = \frac{0.2507}{0.025} = 10.0$$

查 F 临界值表得 $F_{0.05}(1,8) = 5.32$，$F_{0.01}(1,8) = 11.3$。因为 $F_{b_1} > F_{0.01}(1,8)$，$F_{b_2} > F_{0.01}(1,8)$，而 $F_{0.05}(1,8) < F_{b_3} < F_{0.01}(1,8)$，因此可以认为偏回归系数 b_1，b_2极显著，变量 x_1，x_2 在回归方程中的作用重要，而偏回归系数 b_3 较不显著，变量 x_3 的作用不重要，可以考虑从回归方程中予以剔除。

也可以把上述偏回归系数显著性检验的结果列成方差分析表 6-11 的形式。

表 6-11　偏回归系数显著性检验方差分析表

变异来源	SS	df	MS	F
x_1 的偏回归	1.8652	1	1.8652	74.6**
x_2 的偏回归	0.3045	1	0.3045	12.2*
x_3 的偏回归	0.2507	1	0.2507	10.0
离回归	0.2	8	0.025	

6.3.4.2　偏回归平方和法

偏回归平方和 S_{b_j}是去掉自变量 x_j 之后，回归平方和所减少的量，这个量代表了变量 x_j 在总的回归平方和中的贡献。S_{b_j}越大，说明 x_j 在回归方程中越重要，对 y 的作用和影响也越大，或者说对回归方程的贡献越大。因此，偏回归平方和也是用来衡量每个自变量在回归方程中作用大小（贡献大小）的一个指标。使用该指标检验偏回归系数显著性的主要步骤如下：

（1）计算每个自变量 x_j 的偏回归平方和 S_{b_j}。

（2）计算总偏回归平方和

$$S_t = \sum_{j=1}^{p} S_{b_j}$$

（3）计算各 S_{b_j} 占 S_t 的比例

$$R_j = S_{b_j}/S_t \qquad (R_j \in [0,1]; j = 1,2,\cdots,p)$$

（4）根据 R_j 大小选择自变量，选出“较优”回归方程。

将 R_j 按由大到小的顺序进行排序（该顺序说明了各变量在回归方程中由高到低的重要程度），然后计算累积 R_j。一般地，可选择累积 $R_j \geqslant 0.95$（或 0.85，0.90，0.99，需按实际情况而定）的自变量组合，作为“较优”回归模型的自变量组合，从而得到所求“较优”回归方程。

以前述【例 6-3】为例，$S_{b_1} = 1.8652$，$S_{b_2} = 0.3045$，$S_{b_3} = 0.2507$，$S_t = 2.4204$，$R_1 = 0.7706$，$R_2 = 0.1258$，$R_3 = 0.1036$。显然，3 个变量在回归方程中的重要程度依次为 x_1，x_2，x_3，与用 F-检验法的结果相同。如果按累积 $R_j \geqslant 0.95$ 的标准衡量，3 个变量都是重要变量，【例 6-3】所得回归方程就是“较优”的回归方程；而如果按 $R_j \geqslant 0.85$ 的标准衡量，则第 3 个变量将是应予剔除的变量，此时，应该用前两个变量重新进行回归分析，建立二元回归分析模型。

7 地质趋势分析

在统计学中，某一事物的某个标志或属性在空间的分布特征及其变化趋势（规律）是重要的研究课题。“趋势”是指事物发展总的趋向，它不受局部因素的影响而由总的规律所支配。在地质研究领域，地质体或地质现象等研究对象往往是多种地质因素长期作用的结果，表征其某个属性的观测值可被看做是既受规律性（区域性）变化因素的影响，又受局部性、偶然性因素制约的综合作用的产物。如某一构造幅度或某构造层厚度的区域性变化，某地球化学指标分布的总体规律等。基于掌握地质体在空间上演变和分布的规律、地质找矿等的需要，在地质工作中经常需要对地质数据中所包含的三部分信息，即区域性变化的信息、局部变化的信息和随机变化的信息进行分析，排除干扰因素，找出区域性变化趋势，突出局部异常。趋势面分析（trend surface analysis）作为一种统计分析方法，正好为实现这一目标提供了有效的手段。

趋势分析与回归分析、聚类分析、因子分析、判别分析、对应分析、路径分析和多维标度分析等方法，均属于多元统计分析的范畴，其共同任务是研究多个随机变量之间的相互依赖关系以及内在统计规律，从而为相关的科研、生产实践服务。趋势分析方法于1957年被引入地学领域，现已被广泛应用于沉积学、构造地质学、地层学、古地理学、地球化学、石油和天然气地质学等众多的地学研究领域。

7.1 趋势分析的基本思想和类型

7.1.1 趋势分析的基本思想

趋势分析是用一个适当的数学函数（一维是线，二维是面，三维是空间体）去拟合观测数据，把观测数据中受区域因素影响的在大范围内变化的特点与受局部因素影响的在小范围内变化的特点区分开。它实质上是通过回归分析原理，运用最小二乘法拟合一个线性或非线性函数，借以模拟地质数据在空间上的分布规律，展示其在地域空间上的变化趋势。趋势分析的一个基本要求，就是所选择的数学函数（趋势面模型）应该是剩余值最小，而趋势值最大，这样拟合才能达到足够的精度和准确性。

在实际研究过程中，根据所研究地质问题性质或目的的不同，有时需要将局部影响因素从总的宏观背景中分离出来，探究局部异常的变化特征，如对物探、化探异常的分析等；有时需要注重全局性的变化趋势，将大范围内的变化特点揭示出来，例如，对区域构造基底物探异常的研究。至于何时需要研究全局性的变化，何时需要探究局域性变化，要看研究问题的具体任务而定。

假定 Z 为某一具有空间变化特征的地质变量，则其观测值 Z_i 可被认为是研究或取样位置（坐标）的函数

$$Z_i = f(x_i, y_i, z_i) \qquad (i = 1, 2, \cdots, n) \tag{7-1}$$

即 Z_i 在空间上随其空间位置的变化而变化。任何一点的观测值可分解为三部分（如图 7-1 所示）

$$Z_i = \hat{Z}_i + a_i + \varepsilon_i \qquad (i = 1, 2, \cdots, n) \tag{7-2}$$

式中　$\hat{Z}_i$——区域性变化（趋势）部分，它反映了区域性的总体变化规律，受大范围的系统因素所控制，为一确定性函数；

a_i——局部范围的变化特点，受局部因素所控制，为异常分量（剩余残差）；

ε_i——随机因素所引起的偶然误差分量（噪声）。

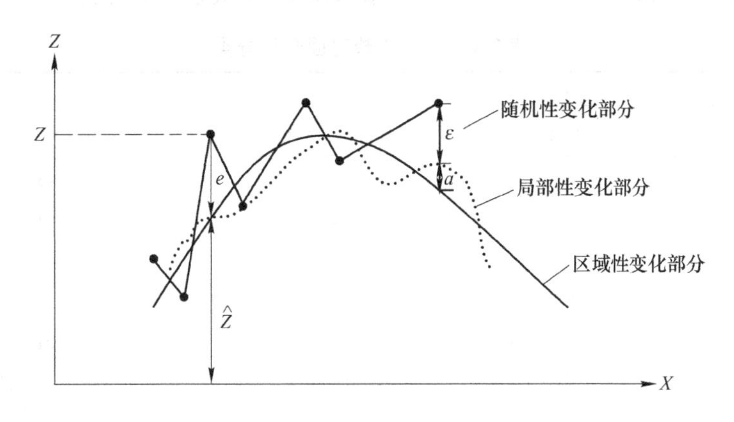

图 7-1　观测值分解示意图

趋势面分析就是要找出一个光滑的几何曲面，用该曲面集中概括某特征的区域性变化趋势，同时用 $e_i = Z - \hat{Z}$ 来表征其局部异常特征。例如，在矿床统计预测中，对分析和研究有用的是前两种变化。当对产于岩浆岩与石灰岩接触带某一特征接触面上的矿床开展统计预测时，接触面在空间上的分布和形态变化特征是重要的控矿标志，因此，需要去除局部性变化和随机性变化的干扰，显现区域性变化规律；反过来，在化探工作中，其目标是发现矿化异常，即发现数据中局部性变化的那部分，以圈定异常为目的，所以必须去除区域性变化和随机性变化的干扰，使之突出局部性变化规律。

7.1.2　趋势分析的类型

根据趋势分析所选用的数学模型的不同，趋势分析大致可分为多项式趋势面分析和调和趋势分析两大类。

A　多项式趋势面分析

多项式趋势面分析是用多项式函数拟合（逼近）地质变量（特征）的空间趋势变化。当多项式次数增高时，多项式能在有限范围内任意逼近各种连续函数，从而较好地反映地质变量连续变化的趋势，这种方法在目前使用得比较多。

按多项式函数中自变量个数（空间维数）的不同，多项式趋势面分析又可分为：

（1）一维趋势面分析。多项式函数中只有 1 个自变量，主要用来反映地质变量沿一个空间方向的变化趋势，即研究因变量在一维坐标系中的变化趋势。

（2）二维趋势面分析。多项式函数中有 2 个自变量，反映地质变量沿平面两个方向的变化趋势，即研究因变量在二维坐标系中的变化趋势。这种趋势分析方法目前使用得比较多。

（3）三维趋势面分析。多项式函数中有3个自变量，旨在研究因变量在三维坐标系中的变化趋势，可用来反映地质变量在三度空间中的变化趋势。

以上各维趋势面按多项式幂的次数的不同，又可分为一次、二次、三次、…、n次趋势分析。

表7-1列出了不同维度、不同幂次多项式趋势面的函数式和空间分布形态。一般来说，选择的多项式的次数愈高，趋势值与实测值的偏差愈小。但次数愈高计算愈复杂，同时造成趋势面过多曲折，有时效果反而不好。因此，通常应根据具体研究的目的，适当选择多项式趋势方程的次数。一般每个地质变量只做1～4次趋势面分析。

表7-1　多项式趋势面分析分类

维数	自变量个数	曲线（面）名称	趋势面次数	函　数	图　形
一维	1	直线	1	$z = a_0 + a_1 x$	z x
		抛物线	2	$z = a_0 + a_1 x + a_2 x^2$	z x
		三次曲线	3	$z = a_0 + a_1 x + a_2 x^2 + a_3 x^3$	z x
		⋮	⋮	⋮	⋮
二维	2	平面	1	$z = a_0 + a_1 x + a_2 y$	z x y
		双曲面	2	$z = a_0 + a_1 x + a_2 y + a_3 x^2 + a_4 xy + a_5 y^2$	z x y
		三次曲面	3	$z = a_0 + a_1 x + a_2 y + a_3 x^2 + a_4 xy + a_5 y^2 + a_6 x^3 + a_7 x^2 y + a_8 xy^2 + a_9 y^3$	z x y
		⋮	⋮	⋮	⋮

续表 7-1

维数	自变量个数	曲线（面）名称	趋势面次数	函数	图形
三维	3	一次超曲面	1	$z = a_0 + a_1x + a_2y + a_3w$	
		二次超曲面	2	$z = a_0 + a_1x + a_2y + a_3w + a_4x^2 + a_5xy + a_6xw + a_7yw + a_8y^2 + a_9w^2$	
		三次超曲面	3	$z = a_0 + a_1x + a_2y + a_3w + a_4x^2 + a_5xy + a_6xw + a_7yw + a_8y^2 + a_9w^2 + a_{10}x^3 + a_{11}y^3 + a_{12}w^3 + a_{13}x^2y + a_{14}xy^2 + a_{15}x^2w + a_{16}xw^2 + a_{17}y^2w + a_{18}yw^2 + a_{19}xyw$	
		⋮	⋮	⋮	⋮

B 调和趋势面分析（傅里叶趋势面分析）

调和趋势面分析是以傅立叶级数为基础，通过拟合一个复杂的曲面，表征地质变量在空间或时间内的周期性变化趋势。这种趋势面分析也称为三角多项式趋势面分析。对于具有周期性变化的地质变量，应用这种方法的效果较好。

7.2 一维趋势分析

一维趋势分析用来研究地质变量在某个一维空间上的变化趋势和规律，如沿某个地质剖面、化探剖面某种元素的含量变化，沿某个测井岩层的导电率变化情况等。一维趋势分析包括前后衔接的两个环节和内容，其一是通过概率分析检验地质变量的观测值有无趋势性变化存在，其二是在判定有趋势性变化的基础上，进行具体的趋势分析。

A 一维空间变化性质的概率分析

设有一组代表某地质属性在一维空间连续变化的样品观测值 x_1，x_2，…，x_n，通过概率分析确定其有无趋势变化，实质上是对其进行随机性假设检验。其步骤如下：

(1) 首先，给定某一标准点，依据该标准点把观测值数列变换成两种状态，高于标准点的为“升”，以“+”表示，低于标准点的为“降”，以“-”表示。标准点的选择通常选观测值数列的中位数。然后，统计具有“+”的样品数 n_1 和具有“-”的样品数

n_2，以及观测序列的升降变化次数μ。

（2）进行概率分析。即在样品数和升降比例为已知的条件下，计算升降变化次数μ的概率：

$$P(\mu)=\frac{2(n_1-1)!(n_2-1)n_1!n_2!}{\left(\frac{\mu}{2}-1\right)!\left(\frac{\mu}{2}-1\right)!\left(n_1-\frac{\mu}{2}\right)!\left(n_2-\frac{\mu}{2}\right)!n!}\quad(\mu\text{ 为偶数})\tag{7-3}$$

或

$$P(\mu)=\frac{(n_1-1)!(n_2-1)n_1!n_2!}{\left(\frac{\mu-1}{2}\right)!\left(\frac{\mu-3}{2}\right)!n!}\times\left[\frac{1}{\left(n_1-\frac{\mu+1}{2}\right)!\left(n_2-\frac{\mu-1}{2}\right)!}+\frac{1}{\left(n_1-\frac{\mu-1}{2}\right)!\left(n_2-\frac{\mu+1}{2}\right)!}\right]\quad(\mu\text{ 为奇数})\tag{7-4}$$

其中，$n=n_1+n_2$。

以显著性水平0.05为检验临界值，当$P(\mu)>0.05$时，接受样品序列为随机性变化的假设，即该序列的趋势性变化不明显；反之，拒绝假设，认为该序列有趋势性变化。

【例7-1】 某测井电阻率观测值（Ω·m）自上而下为：9.1，28.8，54.8，58.5，61，66，15.65，28.9，57，81，81，14，54，26.3，现对其进行随机性假设检验，以确定其在垂直方向有无趋势性变化规律。

首先，进行观测序列状态分析。以其中位数$(54+54.8)/2=54.4$为标准点，将该序列分成两种状态：

观测值	9.1	28.8	54.8	58.5	61	66	15.65	28.9	57	81	81	14	54	26.3
状态	−	−	+	+	+	+	−	−	+	+	+	−	−	−

可以看出，各统计参数为$n=14$，$n_1=7$，$n_2=7$，$\mu=5$。

其次，进行概率分析。

$$P(\mu)=\frac{(7-1)!(7-1)!7!7!}{\left(\frac{5-1}{2}\right)!\left(\frac{5-3}{2}\right)!14!}\times\left[\frac{1}{\left(7-\frac{5+1}{2}\right)!\left(7-\frac{5-1}{2}\right)!}+\frac{1}{\left(7-\frac{5-1}{2}\right)!\left(7-\frac{5+1}{2}\right)!}\right]$$

$$=0.0524$$

结论：$P(\mu)=0.0524>0.05$，接受序列为随机性变化的假设，即该序列的趋势性变化不明显。

需要说明的是，本方法能以一定的置信度定量地对一维序列做出随机性或趋势性的检验，计算方法简单，比较实用。但该方法也存在下列问题：

（1）检验结果在一定程度上取决于参与检验的观测值的数目和它们之间的间隔大小。同一序列由于其观测密度不同，检验结论可能不一样。

（2）没有考虑到每个观测值的变化幅度。

（3）概率$P(\mu)$是指在给定的升降比例中，全部观测值进行随机排列时，产生μ次升降的概率。如果升降次数特别少，则拒绝观测值呈随机起伏的假设；反之，若升降次数极高，也将拒绝随机性假设（有周期性趋势）。但对于波长大小中等的具有周期趋势变化的序列，其升降次数不那么高，但也不那么低，用该方法检验，很可能被误判为随机变化的序列。

B 趋势分析

如上所述，一旦判定某观测序列存在趋势性变化规律，则需要对其进行趋势分析，建立其趋势模型。一维趋势分析所常采用的模型见表7-1，包括直线、抛物线、三次曲线等模型。至于具体的分析过程，与下述二维、三维的基本相同，且比其简单得多。

7.3 多维趋势分析

多维趋势分析用来研究地质变量在二维或三维空间上的变化趋势和规律，地质变量在多维空间上的变化情况以及相应的数学处理手段比一维的情况要复杂得多。这里以二维趋势面分析为例，介绍多维趋势分析的一般过程。

7.3.1 多项式趋势面分析

如前所述，趋势面分析是基于回归分析原理，通过运用最小二乘法拟合一个数学函数，借以模拟地质数据在空间上的分布规律的统计分析方法。多项式趋势面分析是以多项式函数为回归模型。一般来说，多项式的级次越高，拟合效果越接近实际观测曲面。因此，多项式趋势面分析是按照对事物认识由易到难的规律，通过调整多项式的次数使所求的回归方程适于问题的解决。

A 多项式趋势面模型

设有空间内 n 个观测值 Z_i（$i=1, 2, \cdots, n$），在二维空间中 Z_i 是坐标 x_i，y_i 的函数

$$Z_i = f(x_i, y_i) + e_i \tag{7-5}$$

多项式趋势面分析的目的就是找出 Z_i 和坐标（x_i，y_i）之间的函数关系。这个函数的模式如下：

一次趋势面： $$\hat{Z}_i = a_0 + a_1 x_i + a_2 y_i \tag{7-6}$$

二次趋势面： $$\hat{Z}_i = a_0 + a_1 x_i + a_2 y_i + a_3 x_i^2 + a_4 x_i y_i + a_5 y_i^2 \tag{7-7}$$

三次趋势面： $$\hat{Z}_i = a_0 + a_1 x_i + a_2 y_i + a_3 x_i^2 + a_4 x_i y_i + a_5 y_i^2 + a_6 x_i^3 + a_7 x_i^2 y_i + a_8 x_i y_i^2 + a_9 y_i^3 \tag{7-8}$$

其中，一次趋势面为平面，二次为抛物、椭圆面或双曲面，三次以上为具有更复杂形状的曲面。模型中 a_0，a_1，…为待定系数，可通过最小二乘法确定。

B 模型系数 a_i 的确定

为了使趋势面更好地逼近原始数据，根据最小二乘法的原理，每一点观测值 Z_i（$i=1$，2，…，n）与趋势值 $\hat{Z}_i$（$i=1$，2，…，n）之差的平方和应最小，即

$$Q = \sum_{i=1}^{n} (Z_i - \hat{Z}_i)^2 \Rightarrow \min \tag{7-9}$$

（1）一次趋势面

$$Q = \sum_{i=1}^{n}(Z_i - a_0 - a_1x_i - a_2y_i)^2 \Rightarrow \min \tag{7-10}$$

由于 Q 为关于 a_i 的非负函数，其极值存在。根据数学分析中求函数极值的原理，分别求 Q 对 a_0，a_1，a_2 的一阶偏导数$\frac{\partial Q}{\partial a_i}$，并令其为0，得正规方程组：

$$\begin{cases} \frac{\partial Q}{\partial a_0} = 2\sum_{i=1}^{n}(Z_i - a_0 - a_1x_i - a_2y_i)(-1) = 0 \\ \frac{\partial Q}{\partial a_1} = 2\sum_{i=1}^{n}(Z_i - a_0 - a_1x_i - a_2y_i)(-x_i) = 0 \\ \frac{\partial Q}{\partial a_2} = 2\sum_{i=1}^{n}(Z_i - a_0 - a_1x_i - a_2y_i)(-y_i) = 0 \end{cases} \tag{7-11}$$

对式（7-11）进行整理，得

$$\begin{cases} a_0n + a_1\sum_{i=1}^{n}x_i + a_2\sum_{i=1}^{n}y_i = \sum_{i=1}^{n}Z_i \\ a_0\sum x_i + a_1\sum_{i=1}^{n}x_i^2 + a_2\sum_{i=1}^{n}x_iy_i = \sum_{i=1}^{n}x_iZ_i \\ a_0\sum_{i=1}^{n}y_i + a_1\sum_{i=1}^{n}x_iy_i + a_2\sum_{i=1}^{n}y_i^2 = \sum_{i=1}^{n}y_iZ_i \end{cases} \tag{7-12}$$

或

$$\begin{bmatrix} n & \sum_{i=1}^{n}x_i & \sum_{i=1}^{n}y_i \\ \sum_{i=1}^{n}x_i & \sum_{i=1}^{n}x_i^2 & \sum_{i=1}^{n}x_iy_i \\ \sum_{i=1}^{n}y_i & \sum_{i=1}^{n}x_iy_i & \sum_{i=1}^{n}y_i^2 \end{bmatrix}\begin{bmatrix} a_0 \\ a_1 \\ a_2 \end{bmatrix} = \begin{bmatrix} \sum_{i=1}^{n}Z_i \\ \sum_{i=1}^{n}Z_ix_i \\ \sum_{i=1}^{n}Z_iy_i \end{bmatrix} \tag{7-13}$$

令

$$\boldsymbol{X} = \begin{bmatrix} 1 & x_1 & y_1 \\ 1 & x_2 & y_2 \\ \vdots & \vdots & \vdots \\ 1 & x_n & y_n \end{bmatrix}, \quad \boldsymbol{A} = \begin{bmatrix} a_0 \\ a_1 \\ a_2 \end{bmatrix}, \quad \boldsymbol{Z} = \begin{bmatrix} Z_1 \\ Z_2 \\ \vdots \\ Z_n \end{bmatrix}$$

则式（7-13）还可写成 $\boldsymbol{X'XA} = \boldsymbol{X'Z}$，即 $\boldsymbol{A} = (\boldsymbol{X'X})^{-1}\boldsymbol{X'Z}$，式中，$\boldsymbol{X}$ 为测点坐标矩阵；$\boldsymbol{A}$ 为系数向量；$\boldsymbol{Z}$ 为观测值向量。

（2）二次趋势面

$$Q = \sum_{i=1}^{n}(Z_i - a_0 - a_1x_i - a_2y_i - a_3x_i^2 - a_4x_iy_i - a_5y_i^2)^2 \Rightarrow \min \tag{7-14}$$

同一次趋势面一样，求系数 a_i 的正规方程组为 $\boldsymbol{X'XA} = \boldsymbol{X'Z}$，即

$$\begin{bmatrix} n & \sum_{i=1}^{n} x_i & \sum_{i=1}^{n} y_i & \sum_{i=1}^{n} x_i^2 & \sum_{i=1}^{n} x_i y_i & \sum_{i=1}^{n} y_i^2 \\ \sum_{i=1}^{n} x_i & \sum_{i=1}^{n} x_i^2 & \sum_{i=1}^{n} x_i y_i & \sum_{i=1}^{n} x_i^3 & \sum_{i=1}^{n} x_i^2 y_i & \sum_{i=1}^{n} x_i y_i^2 \\ \sum_{i=1}^{n} y_i & \sum_{i=1}^{n} x_i y_i & \sum_{i=1}^{n} y_i^2 & \sum_{i=1}^{n} x_i^2 y_i & \sum_{i=1}^{n} x_i y_i^2 & \sum_{i=1}^{n} y_i^3 \\ \sum_{i=1}^{n} x_i^2 & \sum_{i=1}^{n} x_i^3 & \sum_{i=1}^{n} x_i^2 y_i & \sum_{i=1}^{n} x_i^4 & \sum_{i=1}^{n} x^3 y_i & \sum_{i=1}^{n} x_1^2 y_i^2 \\ \sum_{i=1}^{n} x_i y_i & \sum_{i=1}^{n} x_1^2 y_i & \sum_{i=1}^{n} x_i y_i^2 & \sum_{i=1}^{n} x_i^3 y_i & \sum_{i=1}^{n} x_i^2 y_i^2 & \sum_{i=1}^{n} x_i y_i^3 \\ \sum_{i=1}^{n} y_i^2 & \sum_{i=1}^{n} x_i y_i^2 & \sum_{i=1}^{n} y_i^3 & \sum_{i=1}^{n} x_i^2 y_i^2 & \sum_{i=1}^{n} x_i y_i^3 & \sum_{i=1}^{n} y_i^4 \end{bmatrix} \begin{bmatrix} a_0 \\ a_1 \\ a_2 \\ a_3 \\ a_4 \\ a_5 \end{bmatrix} = \begin{bmatrix} \sum_{i=1}^{n} Z_i \\ \sum_{i=1}^{n} Z_i x_i \\ \sum_{i=1}^{n} Z_i y_i \\ \sum_{i=1}^{n} Z_i x_i^2 \\ \sum_{i=1}^{n} Z_i x_i y_i \\ \sum_{i=1}^{n} Z_i y_i^2 \end{bmatrix} \quad (7\text{-}15)$$

变换后可得：$\boldsymbol{A} = (\boldsymbol{X'X})^{-1}\boldsymbol{X'Z}$

其中：$\boldsymbol{X} = \begin{bmatrix} 1 & x_1 & y_1 & x_1^2 & x_1 y_1 & y_1^2 \\ 1 & x_2 & y_2 & x_2^2 & x_2 y_2 & y_2^2 \\ \vdots & \vdots & \vdots & \vdots & \vdots & \vdots \\ 1 & x_n & y_n & x_n^2 & x_n y_n & y_n^2 \end{bmatrix}$，　$\boldsymbol{A} = \begin{bmatrix} a_0 \\ a_1 \\ \vdots \\ a_5 \end{bmatrix}$，　$\boldsymbol{Z} = \begin{bmatrix} Z_1 \\ Z_2 \\ \vdots \\ Z_n \end{bmatrix}$

C　趋势面模型的检验

趋势面模型系数 a_i 确定之后，趋势面模型应该说也就确定了。但是，这个多项式模型是否能较好地代表原始变量的空间变化趋势，其对变量的拟合程度究竟如何，如果拟合程度太低，将会影响该模型的实用价值。为了回答这个问题，需要用统计方法进行检验。统计检验的方法有很多，这里仍然采用前文介绍的统计参数的显著性检验方法。

n 个观测值之间的差异，可用观测值 $Z_i(i=1, 2, \cdots, n)$ 与其平均值 $\overline{Z}$ 的离差平方和来表示

$$S_{zz} = \sum_{i=1}^{n} (Z_i - \overline{Z})^2 \quad (7\text{-}16)$$

式中　Z_i——观测值；

$\overline{Z}$——观测值的平均值；

S_{zz}——总离差平方和，表示 n 次观测值的总波动，S_{zz}可分解为两部分：

$$S_{zz} = \sum_{i=1}^{n} (Z_i - \overline{Z})^2 = \sum_{i=1}^{n} [(Z_i - \hat{Z}_i) + (\hat{Z}_i - \overline{Z})]^2$$

$$= \sum_{i=1}^{n} (Z_i - \hat{Z}_i)^2 + \sum_{i=1}^{n} (\hat{Z}_i - \overline{Z})^2 + 2\sum_{i=1}^{n} (Z_i - \hat{Z}_i)(\hat{Z}_i - \overline{Z})$$

令

$$Q = \sum_{i=1}^{n} (Z_i - \hat{Z}_i)^2$$

$$U = \sum_{i=1}^{n} (\hat{Z}_i - \overline{Z})^2$$

则
$$S_{zz} = Q + U$$

其中，Q 为剩余平方和（残差平方和）；U 为回归平方和，代表自变量变化引起的 Z 的变化，反映了拟合程度的高低。这样就可以定义如式（7-17）所示的拟合度系数 c 作为衡量拟合程度的标准

$$c = \frac{U}{S_{zz}} = \left(1 - \frac{Q}{S_{zz}}\right) \times 100\% = \left(1 - \frac{\sum_{i=1}^{n} (Z_i - \hat{Z}_i)^2}{\sum_{i=1}^{n} (Z_i - \overline{Z})^2}\right) \times 100\% \tag{7-17}$$

可以看出，$0 \leqslant c \leqslant 1$，当 $c = 100\%$ 时，$\hat{Z}_i = Z_i (i = 1, 2, \cdots, n)$，$Q = 0$，说明趋势值 $\hat{Z}_i$ 在所有数据点上和观测值完全吻合；当 $c = 0$ 时，说明 $\hat{Z}_i$ 与 Z_i 完全不吻合；当 $c = 30\%$ 时，说明趋势面只反映了原始数据 30% 的变异性，70% 的趋势变化未反映出来，而在剩余中。

拟合度 c 在数学上表示了回归平方和在总离差平方和中所占的比例，在物理意义上反映了趋势面模型对原始数据的拟合程度，c 越大，拟合程度越好。一般来说，随着趋势面次数的提高，拟合度将会逐渐增大，但拟合度究竟达到多大才算达到了回归效果，或者说回归效果最好，这可以用 F 检验来说明，为此，引入检验统计量

$$F = \frac{U/p}{Q/(n - p - 1)} \tag{7-18}$$

式中 p——多项式的项数（不包括常数项 a_0 项）；

n——样品数。

F 服从自由度 $f_1 = p$，$f_2 = n - p - 1$ 的 F 分布，在给定显著性水平 α 的情况下，若 $F > F_\alpha$，则表示该趋势面反映的变异性是显著的；否则不显著（需继续提高趋势面的次数）。

【例 7-2】 中酸性侵入岩体是矽卡岩型矿床的控矿要素（标志）之一，因此查明其在空间的分布形态对预测相应矿床的空间分布具有重要的意义。表 7-2 为某地控矿岩体的顶板形态变化数据，试对其进行趋势面分析。

表 7-2 各观测点顶板高程及位置坐标

序号	横坐标(x_i)/km	纵坐标(y_i)/km	高程(Z_i)/m
1	0	6	40
2	1	2	30
3	1	5	60
4	2	1	50
5	3	2	50
6	3	4	70
7	3	7	90
8	4	1	60
9	4	3	70

续表 7-2

序　号	横坐标(x_i)/km	纵坐标(y_i)/km	高程(Z_i)/m
10	5	3	80
11	5	6	70
12	6	1	80
13	6	4	60
14	6	7	50

（1）首先对其进行一次趋势面分析，列出其正规方程组

$$\begin{bmatrix} 14 & \sum x_i & \sum y_i \\ \sum x_i & \sum x_i^2 & \sum x_i y_i \\ \sum y_i & \sum x_i y_i & \sum y_i^2 \end{bmatrix} \begin{bmatrix} a_0 \\ a_1 \\ a_2 \end{bmatrix} = \begin{bmatrix} \sum Z_i \\ \sum Z_i x_i \\ \sum Z_i y_i \end{bmatrix} \qquad (i = 1,2,\cdots,14)$$

由原始数据可算得方程中各元素的值如下：

$$\sum x_i = 49, \quad \sum y_i = 52, \quad \sum Z_i = 860, \quad \sum x_i^2 = 223,$$

$$\sum y_i^2 = 256, \quad \sum x_i y_i = 181, \quad \sum Z_i x_i = 3230, \quad \sum Z_i y_i = 3260$$

故有

$$\begin{bmatrix} 14 & 49 & 52 \\ 49 & 223 & 181 \\ 52 & 181 & 256 \end{bmatrix} \begin{bmatrix} a_0 \\ a_1 \\ a_2 \end{bmatrix} = \begin{bmatrix} 860 \\ 3230 \\ 3260 \end{bmatrix}$$

解此方程组得　　$(a_0,\ a_1,\ a_2) = (42.26,\ 4.29,\ 1.11)$

所以，一次趋势方程应为

$$\hat{Z}_i = 42.26 + 4.29x_i + 1.11y_i$$

求出 14 个点的 $\hat{Z}_i$ 值及剩余值 $\hat{R}_i$，见表 7-3。

表 7-3　各观测点一次拟合后的趋势及剩余值

序号	1	2	3	4	5	6	7	8	9	10	11	12	13	14
x_i	0	1	1	2	3	3	3	4	4	5	5	6	6	6
y_i	6	2	5	1	2	4	7	1	3	3	6	1	4	7
观测值 Z_i	40	30	60	50	50	70	90	60	70	80	70	80	60	50
趋势值 $\hat{Z}_i$	49	49	52	52	57	60	63	61	63	67	70	69	72	76
剩余值 $\hat{R}_i$	-9	-19	8	-2	-7	10	27	-1	7	13	0	11	-8	-26

将表 7-3 中数据绘成趋势等值线和剩余等值线，如图 7-2 所示。

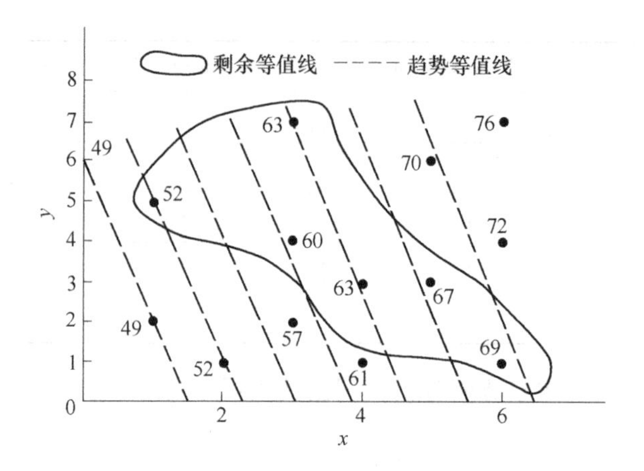

图 7-2 一次拟合趋势及残差图

对此分析结果进行显著性检验：

$$S_{zz} = \sum_{i=1}^{14} Z_i^2 - \frac{1}{n} \times \left(\sum_{i=1}^{14} Z_i\right)^2 = 3571.41$$

$$Q = \sum_{i=1}^{n} (Z_i - \overline{Z}_i)^2 = 2548$$

$$U = S_{zz} - Q = 3571.41 - 2548 = 1023.41$$

$$F = \frac{U/2}{Q/(14-2-1)} = 2.21$$

$$F_{0.05}(2,11) = 3.98 > F$$

显然，未通过 F-检验，说明拟合效果不显著，其拟合度只有 $c = \frac{U}{S_{zz}} = \frac{1023.41}{3571.41} = 28.7\%$，需要进一步作二次趋势面分析。

(2) 二次趋势面分析

二次趋势面方程为 $\hat{Z}_i = a_0 + a_1x_i + a_2y_i + a_3x_i^2 + a_4x_iy_i + a_5y_i^2$

仿照上述求解一次方程的方法，得到该二次趋势方程为

$$\hat{Z}_i = -20.89 + 34.83x_i + 10.14y_i - 3.03x_i^2 - 2.53x_iy_i + 0.20y_i^2$$

该方程对应于 14 个点的 $\hat{Z}_i$ 值及剩余值 $\hat{R}_i$ 见表 7-4。

表 7-4 各观测点二次拟合后的趋势及剩余值

序号	1	2	3	4	5	6	7	8	9	10	11	12	13	14
x_i	0	1	1	2	3	3	3	4	4	5	5	6	6	6
y_i	6	2	5	1	2	4	7	1	3	3	6	1	4	7
观测值 Z_i	40	30	60	50	50	70	90	60	70	80	70	80	60	50
趋势值 $\hat{Z}_i$	47	27	54	42	62	70	84	70	72	72	70	74	62	54
剩余值 $\hat{R}_i$	-7	3	6	8	-12	0	6	-10	-2	8	0	6	-2	-4

将表 7-4 中数据绘成趋势等值线和剩余等值线，如图 7-3 所示。

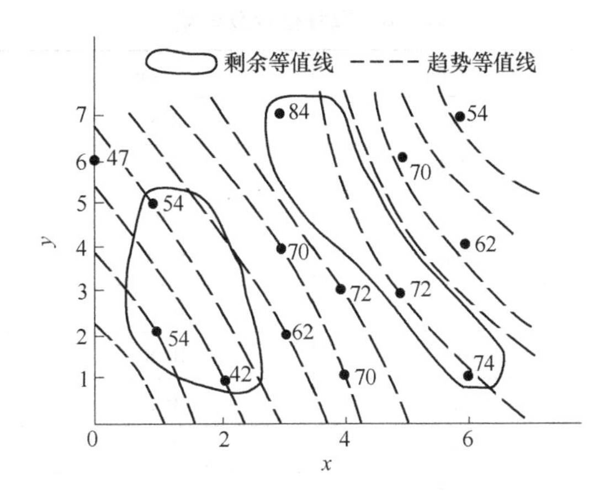

图 7-3　二次拟合趋势及残差图

对此计算结果进行显著性检验：

$$S_{zz} = 3571.41$$

$$Q = 573.09$$

$$U = 2998.3$$

$$c = \frac{U}{S_{zz}} = \frac{2998.3}{3571.41} = 83.95\%$$

$$F = \frac{U/5}{Q/(14 - 5 - 1)} = 8.4$$

$$F_{0.05}(5,8) = 3.69 < F$$

显然，拟合效果是显著的。将一次、二次拟合的方差分析进行列表对比，见表 7-5。

表 7-5　趋势面显著性检验结果

离差来源	平方和	自由度	均方差	F	$F_{0.05}$
一次回归	1023.41	2	511.71	2.21	3.98
一次剩余	2548	11	231.64		
二次回归	2998.3	5	599.66	8.4*	3.69
二次剩余	573.09	8	71.64		

（3）三次趋势面分析

通过对该数据进行三次趋势面分析，可以得到 $c = 92.3\%$ 的拟合度，但其 $F = 5.3$，小于 $F_{0.05}(9, 4) = 6$，故将趋势面拟合次数由二次增高到三次，对回归方程并无新贡献。

所以，综合权衡和比较，可以得出如下结论：二次趋势方程可以较好地预报该岩体的顶板形态变化趋势。

【例 7-3】　某铂矿区收集了 14 个取样点的样品，取样点位置和铂含量 Z 的分析结果见表 7-6。求此区域铂元素分布的一至三次趋势面，对铂的异常情况进行分析。（本例引自徐振邦《数学地质基础》，1994）

表 7-6 取样位置及含量

编 号	x(×10m)	y(×10m)	Z($\times 10^{-6}$)
ZK23	5. 4	8. 5	0. 120
ZK26	-5. 8	16. 5	0. 116
ZK25	8	16	0. 005
ZK12	-6	10. 5	0. 120
ZK41	-1	10. 5	0. 440
ZK11	6	10. 8	0. 702
CK2	3. 3	10. 5	0. 525
CK1	13	10. 5	0. 292
ZK43	-3. 5	7	0. 285
CK8	0	5. 5	0. 503
ZK22	-0. 5	3. 5	0. 127
ZK9	6. 3	2	0. 240
ZK19	9	7	0. 071
ZK10	11. 5	4	0. 121
平 均	3. 23	8. 77	0. 262

解：(1) 首先进行一次趋势分析

求一次趋势面 $Z = a_0 + a_1 x + a_2 y$，算出表 7-6 各列的平均数

$$\bar{x} = \frac{1}{14}\sum_{i=1}^{14} x_i = 3.23, \quad \bar{y} = \frac{1}{14}\sum_{i=1}^{14} y_i = 8.77, \quad Z = \frac{1}{14}\sum_{i=1}^{14} Z_i = 0.262$$

再求正规方程系数

$$l_{xx} = \sum_{i=1}^{14} x_i^2 - n\bar{x}^2 = 496, \quad l_{xy} = \sum_{i=1}^{14} x_i y_i - n\bar{x}\bar{y} = -64.85$$

$$l_{yy} = \sum_{i=1}^{14} y_i^2 - n\bar{y}^2 = 241.5, \quad l_{xZ} = \sum_{i=1}^{14} x_i Z_i - n\bar{x}\bar{Z} = -0.893$$

$$l_{yZ} = \sum_{i=1}^{14} y_i Z_i - n\bar{y}\bar{Z} = -0.444, \quad l_{ZZ} = \sum_{i=1}^{14} Z_i^2 - n\bar{Z}^2 = 0.557$$

于是得正规方程组

$$\begin{cases} 496a_1 - 64.85a_2 = -0.893 \\ 64.85a_1 + 241.5a_2 = -0.444 \end{cases}$$

由此解得 $a_1 = -0.00212$，$a_2 = 0.00241$，$a_0 = \bar{Z} - a_1\bar{x} - a_2\bar{y} = 0.290$。

于是，一次趋势方程为 $Z = 0.290 - 0.00212x + 0.00241y$。

其等值线如图 7-4 所示。对其进行显著性检验

$$S_{ZZ} = l_{ZZ} = 0.557$$

$$U = a_1 l_{xZ} + a_2 l_{yZ} = 0.003$$

$$c = U/S_{ZZ} = 0.003/0.557 = 0.0053$$

说明一次趋势面只反映原始数据中 0.53% 的波动，拟合程度非常差。

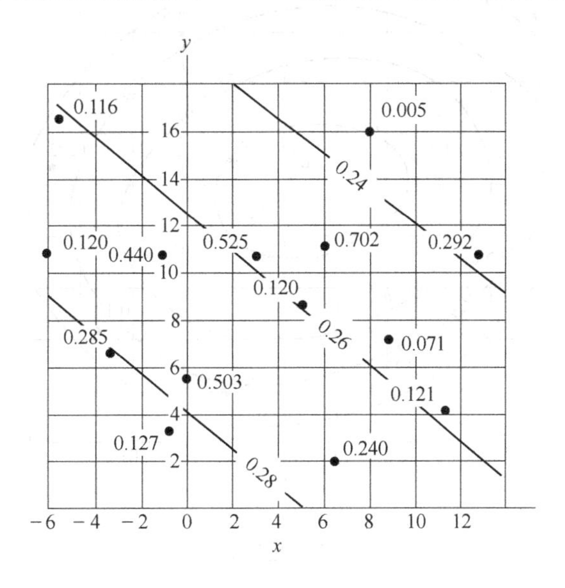

图 7-4　一次趋势面等值线

(2) 进行二次趋势面分析

为其配合二次趋势面模型 $Z = a_0 + a_1 x + a_2 y + a_3 x^2 + a_4 xy + a_5 y^2$

求模型参数 a_i 应满足的正规方程组为

$$\begin{cases} 496a_1 - 64.85a_2 + 3057a_3 + 4658a_4 - 1248a_5 = -0.893 \\ 64.85a_1 + 241.5a_2 + 96.36a_3 + 109.6a_4 + 4493a_5 = -0.444 \\ 3057a_1 + 96.36a_2 + 33400a_3 + 25710a_4 + 1844a_5 = -41.36 \\ 4658a_1 + 109.6a_2 + 25710a_3 + 54540a_4 - 641.8a_5 = 4.26 \\ -1248a_1 + 4493a_2 + 1844a_3 - 641.8a_4 + 89040a_5 = -33.05 \end{cases}$$

由此解出

$a_1 = 0.0267$， $a_2 = 0.0978$， $a_3 = -0.0028$， $a_4 = -0.0011$， $a_5 = -0.0049$

再算出 $a_0 = -0.0659$，于是得出二次趋势面方程

$$Z = -0.0659 + 0.0267x + 0.0978y - 0.0028x^2 - 0.0011xy - 0.0049y^2$$

其等值线图如图 7-5 所示。

对其进行显著性检验：

$$S_{ZZ} = l_{ZZ} = 0.557$$

$$U = \sum_{i=1}^{5} a_i l_{i5} = 0.206$$

$$c = U/S_{ZZ} = 0.206/0.557 = 0.371$$

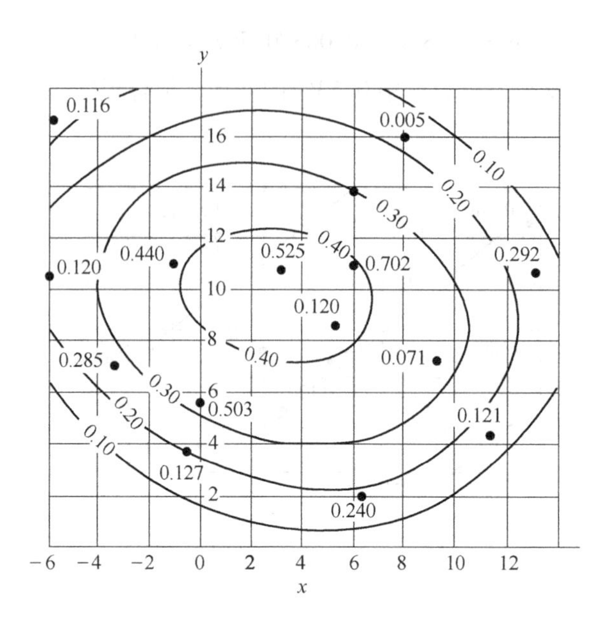

图 7-5　二次趋势面等值线

说明二次趋势面反映了原始数据中 37.1% 的波动，而 62.9% 的波动仍然没被反映出来，拟合效果仍不理想。

（3）进行三次趋势面分析

为其配合三次趋势面模型

$$Z = a_0 + a_1x + a_2y + a_3x^2 + a_4xy + a_5y^2 + a_6x^3 + a_7x^2y + a_8xy^2 + a_9y^3$$

求解其所对应的正规方程组，得到

$a_1 = -0.0343$，　$a_2 = -0.2502$，　$a_3 = -0.0042$，　$a_4 = 0.0085$，　$a_5 = 0.0362$，

$a_6 = 0.00044$，　$a_7 = -0.00037$，　$a_8 = -0.00043$，　$a_9 = -0.0013$

相应地，可算得 $a_0 = 0.7752$。

于是，三次趋势面方程为

$$Z = (7752 - 343x - 2502y - 42x^2 + 85xy + 362y^2 + 4.4x^3 - 3.7x^2y - 4.3xy^2 - 13y^3) \times 10^{-4}$$

其等值线图如图 7-6 所示。对其进行显著性检验：

$$S_{ZZ} = l_{ZZ} = 0.557$$

$$U = 0.336$$

$$c = U/S_{ZZ} = 0.336/0.557 = 0.604$$

$$\sigma = 0.235$$

说明三次趋势面反映了原始数据中 60.4% 的波动，因此它比一次、二次趋势面的拟合程度有明显提高，根据铂矿工业指标的相关要求，可以认为等值线图 7-6 中等值线 $Z = 0.4$ 所圈出的区域为铂元素异常区。

下面将三次趋势面的趋势值、残差值和观测值进行对照，列于表 7-7 中。

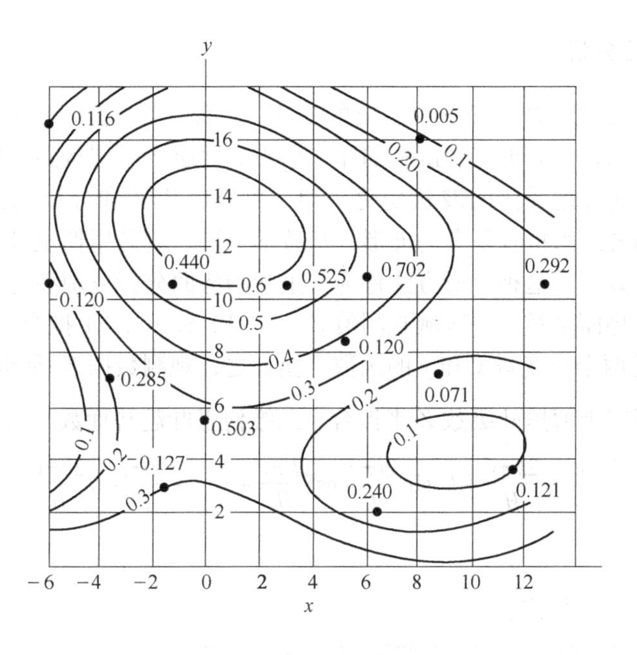

图 7-6　三次趋势面等值线

从表 7-7 中可以看出，除了少数观测点外，拟合效果都比较好，残差绝对值较大的测点中，ZK11 与 CK8 两处的残差是正的，而且已超过或接近剩余标准差 $\sigma = 0.235$ 的 1 倍，可以认为是局部异常引起的，这些测点应予重视。

表 7-7　铂元素含量拟合效果对比

编　号	$x(\times 10\text{m})$	$y(\times 10\text{m})$	$Z_{观}(\times 10^{-6})$	$Z_{估}(\times 10^{-6})$	$Z_{残}(\times 10^{-6})$
ZK23	5.4	8.5	0.120	0.328	−0.208
ZK26	−5.8	16.5	0.116	0.096	0.020
ZK25	8	16	0.005	0.040	−0.035
ZK12	−6	10.5	0.120	0.149	−0.029
ZK41	−1	10.5	0.440	0.564	−0.124
ZK11	6	10.8	0.702	0.443	0.259
CK2	3.3	10.5	0.525	0.532	−0.007
CK1	13	10.5	0.292	0.284	0.008
ZK43	−3.5	7	0.285	0.218	0.067
CK8	0	5.5	0.503	0.269	0.234
ZK22	−0.5	3.5	0.127	0.288	−0.161
ZK9	6.3	2	0.240	0.203	0.037
ZK19	9	7	0.071	0.144	−0.073
ZK10	11.5	4	0.121	0.106	0.015

7.3.2 调和趋势面分析

某些地质体或地质现象带有波状性质的变化，即某一状态出现以后，经过一定的时间，该状态又重复出现。如地层的沉积韵律、褶皱的岩层、断层构造结构面、地球磁场的变化，等等。为了研究地质体的波状变化规律，可以应用调和分析的方法，综合波状现象，用简单波形的叠加来拟合复杂的波形。从数学上讲，就是用傅里叶级数来拟合具有波状性质的地质观测数据。这种分析方法称为傅里叶趋势面分析或调和趋势面分析。

二维傅里叶趋势面是对某一区域观测值 $Z_i(i=1, 2, \cdots, n)$ 拟合一个波状的趋势面，此时，因变量 Z 是两个自变量 x 和 y 的函数。换言之，观测数据 Z_i 是坐标（x_i，y_i）上曲面的高，该值可用二维傅里叶级数 $\hat{Z}$ 来拟合。二维傅里叶趋势面数学表达式为

$$\hat{Z}=\sum_{l=0}^{r}\sum_{k=0}^{s}\left[a_{lk}\cos\frac{2l\pi x}{L}\cos\frac{2k\pi y}{H}+b_{lk}\sin\frac{2l\pi x}{L}\cos\frac{2k\pi y}{H}+c_{lk}\cos\frac{2l\pi x}{L}\sin\frac{2k\pi y}{H}+d_{lk}\sin\frac{2l\pi x}{L}\sin\frac{2k\pi y}{H}\right] \tag{7-19}$$

式中 $\hat{Z}$——傅里叶趋势值；

r——x 方向上给定的傅里叶级数项的最大次数；

s——y 方向上给定的傅里叶级数项的最大次数；

a_{lk}——次数为 l，k 的余弦-余弦项的系数；

b_{lk}——次数为 l，k 的正弦-余弦项的系数；

c_{lk}——次数为 l，k 的余弦-正弦项的系数；

d_{lk}——次数为 l，k 的正弦-正弦项的系数；

L——x 方向上的取样长度（基波长度）；

H——y 方向上的取样长度（基波长度）；

x——横坐标；

y——纵坐标。

各项系数 a_{lk}，b_{lk}，c_{lk}，d_{lk} 可由正规方程组求出。现以一次傅里叶趋势面为例，运用最小二乘原理解出正规方程组。若记

$$A_l=\cos\frac{2l\pi x}{L},\qquad B_l=\sin\frac{2l\pi x}{L}\qquad(l=1,2,\cdots,r)$$

$$C_k=\cos\frac{2k\pi y}{H},\qquad D_k=\sin\frac{2k\pi y}{H}\qquad(k=1,2,\cdots,s)$$

则一阶傅里叶趋势面为

$$\hat{Z}=a_{00}+a_{10}A_1C_0+a_{01}A_0C_1+a_{11}A_1C_1+b_{10}B_1C_0+b_{11}B_1C_1+c_{01}A_0D_1+c_{11}A_1D_1+d_{11}B_1D_1 \tag{7-20}$$

其残差平方和

$$\begin{aligned}Q=\sum_{ij}(Z_{ij}-\hat{Z}_{ij})^2=\sum_{ij}(&Z_{ij}-a_{00}-a_{10}A_1C_0-a_{01}A_0C_1-a_{11}A_1C_1-\\&b_{10}B_1C_0-b_{11}B_1C_1-c_{01}A_0D_1-c_{11}A_1D_1-d_{11}B_1D_1)^2\end{aligned} \tag{7-21}$$

分别求 Q 关于各项系数 a_{lk}，b_{lk}，c_{lk}，d_{lk}的偏导数，并令其为0，得

$$\frac{\partial Q}{\partial a_{00}} = 2\sum_{ij}(Z_{ij} - \hat{Z}_{ij})(-1) = 0$$

$$\frac{\partial Q}{\partial a_{10}} = 2\sum_{ij}(Z_{ij} - \hat{Z}_{ij})(-A_1C_0) = 0$$

$$\frac{\partial Q}{\partial a_{01}} = 2\sum_{ij}(Z_{ij} - \hat{Z}_{ij})(-A_0C_1) = 0$$

$$\frac{\partial Q}{\partial a_{11}} = 2\sum_{ij}(Z_{ij} - \hat{Z}_{ij})(-A_1C_1) = 0$$

$$\frac{\partial Q}{\partial b_{10}} = 2\sum_{ij}(Z_{ij} - \hat{Z}_{ij})(-B_1C_0) = 0$$

$$\frac{\partial Q}{\partial b_{11}} = 2\sum_{ij}(Z_{ij} - \hat{Z}_{ij})(-B_1C_1) = 0$$

$$\frac{\partial Q}{\partial c_{01}} = 2\sum_{ij}(Z_{ij} - \hat{Z}_{ij})(-A_0D_1) = 0$$

$$\frac{\partial Q}{\partial c_{11}} = 2\sum_{ij}(Z_{ij} - \hat{Z}_{ij})(-A_1D_1) = 0$$

$$\frac{\partial Q}{\partial d_{11}} = 2\sum_{ij}(Z_{ij} - \hat{Z}_{ij})(-B_1D_1) = 0$$

以上各式构成正规方程组，将其进行整理后，可表示为如下矩阵形式：

$$\begin{bmatrix}
\sum_{ij}1 & \sum_{ij}A_1C_0 & \sum_{ij}A_0C_1 & \sum_{ij}A_1C_1 & \sum_{ij}B_1C_0 & \sum_{ij}B_1C_1 & \sum_{ij}A_0D_1 & \sum_{ij}A_1D_1 & \sum_{ij}B_1D_1 \\
\sum_{ij}A_1C_0 & \sum_{ij}(A_1C_0)^2 & \sum_{ij}A_0C_1A_1C_0 & \sum_{ij}A_1C_1A_1C_0 & \sum_{ij}B_1C_0A_1C_0 & \sum_{ij}B_1C_1A_1C_0 & \sum_{ij}A_0D_1A_1C_0 & \sum_{ij}A_1D_1A_1C_0 & \sum_{ij}B_1D_1A_1C_0 \\
\sum_{ij}A_0C_1 & \sum_{ij}A_1C_0A_0C_1 & \sum_{ij}(A_0C_1)^2 & \sum_{ij}A_1C_1A_0C_1 & \sum_{ij}B_1C_0A_0C_1 & \sum_{ij}B_1C_1A_0C_1 & \sum_{ij}A_0D_1A_0C_1 & \sum_{ij}A_1D_1A_0C_1 & \sum_{ij}B_1D_1A_0C_1 \\
\sum_{ij}A_1C_1 & \sum_{ij}A_1C_0A_1C_1 & \sum_{ij}A_0C_1A_1C_1 & \sum_{ij}(A_1C_1)^2 & \sum_{ij}B_1C_0A_1C_1 & \sum_{ij}B_1C_1A_1C_1 & \sum_{ij}A_0D_1A_1C_1 & \sum_{ij}A_1D_1A_1C_1 & \sum_{ij}B_1D_1A_1C_1 \\
\sum_{ij}B_1C_0 & \sum_{ij}A_1C_0B_1C_0 & \sum_{ij}A_0C_1B_1C_0 & \sum_{ij}A_1C_1B_1C_0 & \sum_{ij}(B_1C_0)^2 & \sum_{ij}B_1C_1B_1C_0 & \sum_{ij}A_0D_1B_1C_0 & \sum_{ij}A_1D_1B_1C_0 & \sum_{ij}B_1D_1B_1C_0 \\
\sum_{ij}B_1C_1 & \sum_{ij}A_1C_0B_1C_1 & \sum_{ij}A_0C_1B_1C_1 & \sum_{ij}A_1C_1B_1C_1 & \sum_{ij}B_1C_0B_1C_1 & \sum_{ij}(B_1C_1)^2 & \sum_{ij}A_0D_1B_1C_1 & \sum_{ij}A_1D_1B_1C_1 & \sum_{ij}B_1D_1B_1C_1 \\
\sum_{ij}A_0D_1 & \sum_{ij}A_1C_0A_0D_1 & \sum_{ij}A_0C_1A_0D_1 & \sum_{ij}A_1C_1A_0D_1 & \sum_{ij}B_1C_0A_0D_1 & \sum_{ij}B_1C_1A_0D_1 & \sum_{ij}(A_0D_1)^2 & \sum_{ij}A_1D_1A_0D_1 & \sum_{ij}B_1D_1A_0D_1 \\
\sum_{ij}A_1D_1 & \sum_{ij}A_1C_0A_1D_1 & \sum_{ij}A_0C_1A_1D_1 & \sum_{ij}A_1C_1A_1D_1 & \sum_{ij}B_1C_0A_1D_1 & \sum_{ij}B_1C_1A_1D_1 & \sum_{ij}A_0D_1A_1D_1 & \sum_{ij}(A_1D_1)^2 & \sum_{ij}B_1D_1A_1D_1 \\
\sum_{ij}B_1D_1 & \sum_{ij}A_1C_0B_1D_1 & \sum_{ij}A_0C_1B_1D_1 & \sum_{ij}A_1C_1B_1D_1 & \sum_{ij}B_1C_0B_1D_1 & \sum_{ij}B_1C_1B_1D_1 & \sum_{ij}A_0D_1B_1D_1 & \sum_{ij}A_1D_1B_1D_1 & \sum_{ij}(B_1D_1)^2
\end{bmatrix}$$

$$
\begin{bmatrix} a_{00} \\ a_{10} \\ a_{01} \\ a_{11} \\ b_{10} \\ b_{11} \\ c_{01} \\ c_{11} \\ d_{11} \end{bmatrix} = \begin{bmatrix} \sum_{ij} Z \\ \sum_{ij} ZA_1C_0 \\ \sum_{ij} ZA_0C_1 \\ \sum_{ij} ZA_1C_1 \\ \sum_{ij} ZB_1C_0 \\ \sum_{ij} B_1C_1 \\ \sum_{ij} A_0D_1 \\ \sum_{ij} A_1D_1 \\ \sum_{ij} B_1D_1 \end{bmatrix} \tag{7-22}
$$

类似地，可得高阶傅里叶趋势面正规方程组

$$
\begin{bmatrix} \sum_{ij}(A_0C_0)^2 & \sum_{ij} A_0C_0A_1C_0 & \cdots & \sum_{ij} B_rD_sA_0C_0 \\ \sum_{ij} A_0C_0A_1C_0 & \sum_{ij}(A_1C_0)^2 & \cdots & \sum_{ij} B_rD_sA_1C_0 \\ \vdots & \vdots & \ddots & \vdots \\ \sum_{ij} A_0C_0B_rD_s & \sum_{ij} A_1C_0B_rD_s & \cdots & \sum_{ij}(B_rD_s)^2 \end{bmatrix} \begin{bmatrix} a_{00} \\ a_{10} \\ \vdots \\ d_{rs} \end{bmatrix} = \begin{bmatrix} \sum_{ij} ZA_0C_0 \\ \sum_{ij} ZA_1C_0 \\ \vdots \\ \sum_{ij} ZB_rD_s \end{bmatrix} \tag{7-23}
$$

式中，r，s 含义同前。

解此方程组即可求出傅里叶趋势面方程的系数 a_{00}，a_{10}，…，d_{rs}，进而得到傅里叶趋势面的数学模型。

8 聚类分析

8.1 概　　述

自然界中存在着大量的分类问题，如生物的分类、经济发展水平的分类和教育水平的分类等。分类是自然科学和社会科学的重要研究内容，科学的分类能反映事物的本质和内在规律。在早期的分类研究中，人们主要依靠经验和专业知识来实现分类，这种方法有很大的主观性。随着生产技术和科学的发展，人类的认识不断加深，分类越来越细，要求也越来越高，有时光凭经验和专业知识难以实现准确的分类，而是需要将定性和定量分析结合起来进行分类，于是数学工具逐渐被引进分类学中，形成了数值分类学。聚类分析（cluster analysis）即是多元统计方法中的一种数值分类方法，又称簇群分析、簇分析、点群分析、丛分析等。

在地质学研究中也存在着大量的分类问题，如古生物种族分类、矿物及岩石的分类、矿床类型的划分、油气圈闭的分类等。因此，将现代分类学研究的最新成果——聚类分析方法应用于这些地质研究对象的分类过程，从而解决相关的科研和生产问题，是数学地质研究的内容之一。

聚类分析的出发点，是把研究的对象看做空间中的点，然后用数学方法研究点与点之间的疏密关系（即研究对象之间的相似性），最后把关系密切的点归为一群（类），以达到对研究对象分类或对比的目的。

为了实现上述目的，聚类分析在一个大的对称矩阵中探索诸元素间相关关系，然后根据相关程度的高低来确定类别的归属。例如，在煤田地质勘探中，有时一个含煤地层会含有多个煤层，煤层与煤层之间往往存在着性质上的差异，那么在进行煤层的对比分析时，如果标志不明显，只用宏观的标志进行煤层对比就会较为困难，这时就可用聚类分析进行煤层的数字分类，从而达到对比煤层的目的。具体做法是在一个煤田或勘探区内，选择若干见煤钻孔，对所有煤层进行工业分析、光谱分析等，从而取得一批试验观测数据，见表8-1。

表8-1　某煤田煤层部分化验结果

层号	A^q	S_Q^q	煤灰成分（质量百分数）/%					
			SiO_2	Fe_2O_3	Al_2O_3	CaO	MgO	SO_3
1	43.46	6.39	52.62	5.70	15.24	9.95	5.82	9.60
2	37.03	7.83	61.10	5.20	23.35	2.74	2.86	1.36
3	13.09	10.13	30.36	33.59	28.21	3.09	0.89	1.58
4	39.84	6.56	71.90	4.00	14.59	2.33	1.04	1.55
5	36.78	5.12	53.58	1.80	37.84	3.23	1.09	1.80

续表 8-1

层　号	A^q	S_Q^q	煤灰成分(质量百分数)/%					
			SiO_2	Fe_2O_3	Al_2O_3	CaO	MgO	SO_3
6	29.73	8.51	55.80	7.80	23.89	4.19	3.11	2.23
7	36.38	7.78	67.90	5.40	15.84	4.39	2.96	2.19
8	38.61	6.17	51.06	3.80	37.40	3.33	1.42	2.06
9	21.72	9.95	53.64	10.30	25.94	2.72	2.66	1.31

首先，用煤的灰分含量（A^q）指标进行煤层分类，如图 8-1 所示，在一维空间（数轴）中把各个点的灰分表示出来，并可直观看出：

（1）点①、②、④、⑤、⑦、⑧的 $A^q > 35\%$，比较接近，它们可以归为一组；

（2）点⑥、⑨的 A^q 介于 20% ~35% 之间，可以归为一组；

（3）点③的 $A^q < 15\%$，自成一组。

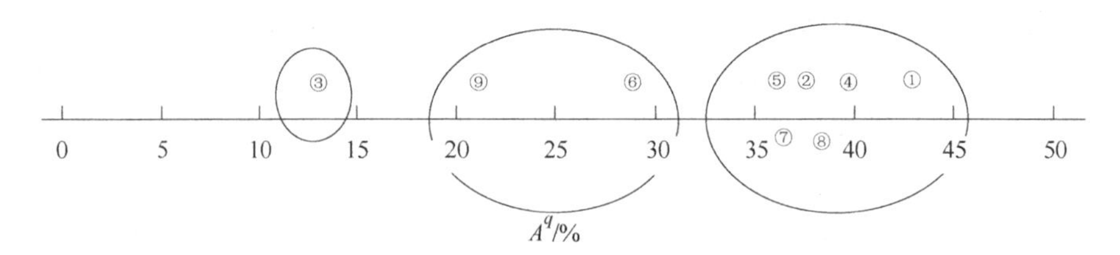

图 8-1　基于灰分含量的煤层分类结果

由此可知，当只取一个指标（变量）时，可把各指标所代表的煤层视为一维空间上不同的点，此时指标数值为点的一维坐标，根据这些点的疏密程度归类。

如果每个煤层化验两个指标，如煤的灰分（A^q）和硫分（S^q），同样可把每个煤层（样品）用二维空间内的一个点来表示，则 A^q 和 S^q 为各点的二维坐标。然后，根据二维空间点的疏密程度进行归类（如图 8-2 所示）。

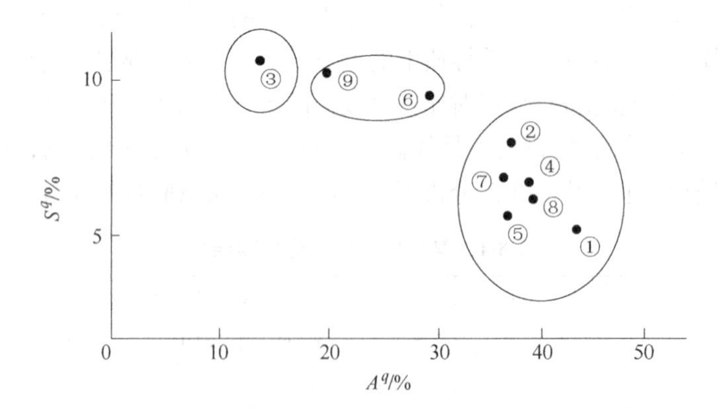

图 8-2　二维空间样品分布

由图 8-2 可以看出，9 个煤样点可归为以下 3 个群：

（1）点①、②、④、⑤、⑦、⑧的 $A^q > 35\%$，S^q 在 5.12% ~7.83% 之间，它们归为

一群；

（2）点⑥、⑨为一群，其 A^q 在 20% ~35% 之间，S^q 在 8.51% ~9.95% 之间；

（3）点③自成一群，其 A^q <15%，S^q >10.13%。

如果每个煤样化验 3 个指标，同样可以把每个样品点视为三维空间中的点；若每个煤样化验 m 个指标，则可以把各个煤样视为 m 维空间上的点。3 组或 m 组的指标数值，视为点在三维或 m 维空间上的坐标。

显然，多维空间上的点，就不像以上所述的那样可以用图形直观地表示出来，而只能基于特定的分类统计量，通过数学运算和理论思维来对其进行分类，而这正是聚类分析作为数值分类学中的一个独立分支所欲解决的问题。

8.2 聚类方法及基本原理

根据分类对象的不同，可将聚类分析分为两种，即 Q 型聚类分析和 R 型聚类分析。

（1）Q 型聚类分析：主要用于研究样品（标本）之间的相似性程度。它是用样品的许多变量观测值，按一定的相似关系，对样品进行分类。从几何意义上来说，Q 型聚类分析是以样品的若干个要素（变量，假定为 p 个）为坐标轴，每个样品视为 p 维空间中的一个点（向量），研究变量空间中样品点之间的相似关系（如图 8-3 所示）。

（2）R 型聚类分析：主要用于研究变量间的相似程度。它是利用变量的许多观测值（在许多样品上），表示变量间的相关关系。从几何意义上来说，R 型聚类分析是以 n 个样品为坐标轴，每一变量 p 视为 n 维空间中的一个点（向量），研究样本空间中变量点之间的相似性关系（如图 8-4 所示）。

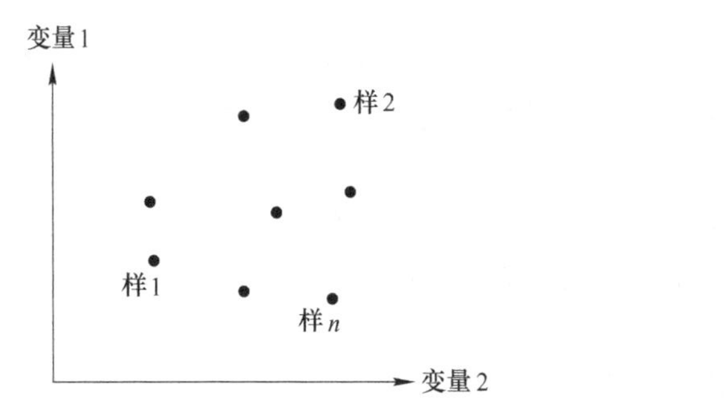

图 8-3 Q 型聚类分析（两个变量）

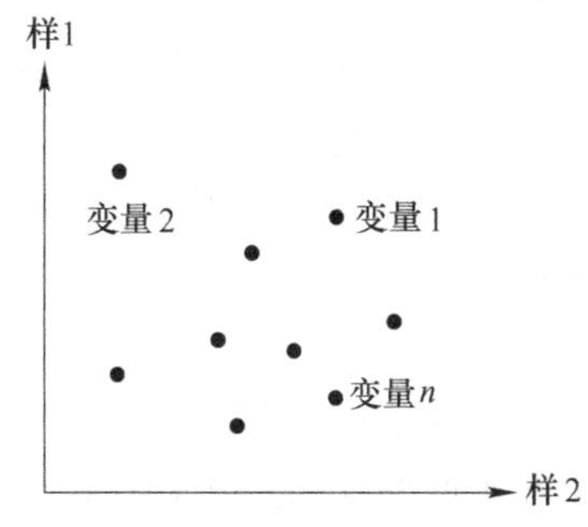

图 8-4 R 型聚类分析（两个样品）

从聚类所用的方法或聚类选用的统计量看，聚类分析可分为系统聚类法、分解法、有序样品聚类法、动态聚类法、模糊聚类法、图论聚类法、聚类预报法等。

（1）系统聚类法（systematic cluster）：系统聚类法是聚类分析诸方法中用得最多的一种。该方法假定被分类的样品是相互独立的，分类时彼此是平等的。其基本思想是：先将 n 个元素（样品或变量）看成 n 类，然后将性质最接近（或相似程度最大）的两类合并为一个新类，得到 $n-1$ 类，再从 $n-1$ 类中找出最接近的两类加以合并，得到 $n-2$ 类，如此下去，最后所有的元素全聚在一个大类之中。

（2）分解法（divisive method）：其程序与系统聚类法正好相反。其基本思路是首先把所有的元素看做一类，然后用某种最优准则将它分成 2 类，再用同样准则将这 2 类各自分裂为 2 类，从中选 1 个使目标函数较好者，这样由 2 类变成了 3 类。如此下去，一直分裂到每类中只有 1 个元素为止。

（3）有序样品分类法（sequence sample cluster）：n 个样品按某种要素（时间或年龄或地层深度等）排成次序，分类时不能打乱次序，且次序相邻的样品才能聚在一类。比如，要将某个矿床的成矿作用过程划分出几个阶段，那么这个阶段的划分必须以时间的顺序为依据，时间上的次序是不能打乱的。有序样品的分类实质上是找一些分点，将有序样品划分为几个分段，每个分段看作一个类，所以分类也称为分割。显然分点取在不同的位置就可以得到不同的分割。通常寻找最好分割的一个依据就是使各段内部样品之间的差异最小，而各段样品之间的差异较大。

（4）动态聚类法（dynamic clustering algorithm）：又称逐步聚类法，它是先将 n 个元素粗糙地分成若干类，然后用某种最优准则进行调整，一次又一次地调整，直至不能调整了为止。

（5）模糊聚类法（fuzzy clustering analysis）：是将模糊集的概念运用到聚类分析中所产生的一种聚类方法，它是根据研究对象本身的属性构造一个模糊矩阵，在此基础上根据一定的隶属度来确定其分类关系。

（6）图论聚类法（graph cluster analysis）：利用图论中最小支撑树（MST）的概念来处理分类问题，是一种独具风格的分类方法。

（7）聚类预报法（forecasting method of cluster）：利用聚类方法处理预报问题，主要是处理一些异常数据，如气象中灾害性天气的预报，地质灾害的预报等。这些异常数据用回归分析或判别分析处理的效果一般不好，而聚类预报可以弥补回归分析或判别分析之不足，是一种值得重视的方法。

应该说，以上各种方法各自有其适用的研究对象，也有其优缺点，本章重点介绍系统聚类方法、逐步聚类法及其在地质学中的应用。下面首先以系统聚类法为背景，通过一个简单的例子来说明聚类分析的基本思想。

【例 8-1】 6 个样品点在二维空间（两个变量）的散点分布如图 8-5 所示，为了达到对其进行分类的目的，选用各个点在该空间中的距离来表示它们彼此之间的亲疏关系，进而对这 6 个样品进行分类。

（1）6 个原始样品意味着有 6 个初始类型（$n=6$）。

（2）在二维空间中，6 个样品中 4，6 之间的距离最短，因此首先将它们相连，形成一个新样（新类），权且将其命名为 46，此时，总的类型数变成了 5 类。

（3）在分出的 5 类中，3，5 之间的距离最近，将其相连，命名为 35。

（4）再找距离最近者，并将其相连，得到 135。

（5）重复以上过程，依次得 1352，135246。

（6）经过以上 5 步，所有的 6 个样品全部聚在了一个大类之中。根据聚类的先后次序及相应的距离系数，做出谱系图，如图 8-6 所示。

由聚类分析的上述思路可以看出：

（1）聚类分析与图解法基本一致，但定量化及解析化（公式化）了；

（2）这种分类能反映样品（变量）之间的内在的组合关系；

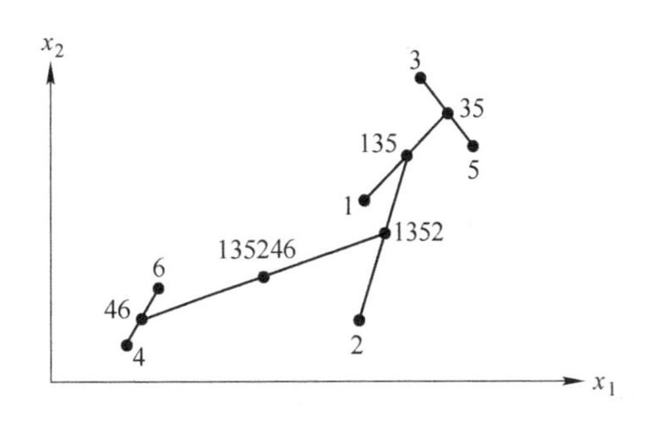

图 8-5　原始数据分布

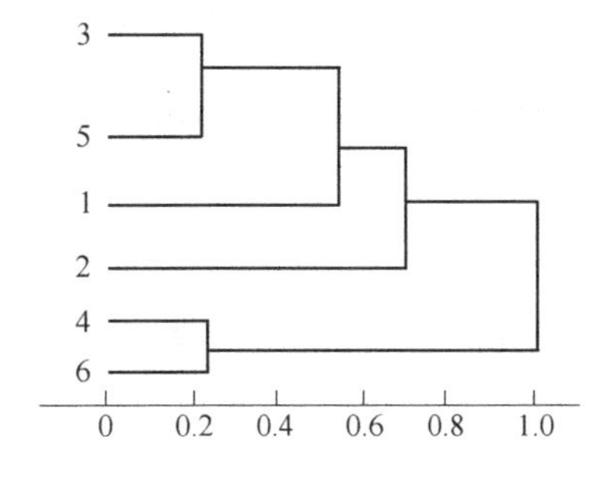

图 8-6　分类谱系

(3) 从数学原理看，它是在一个大的对称矩阵中探索相似性关系的一种数学分类方法。

在实际工作中，由于样品多个指标的观测值代表了同一样品的不同属性，这些观测值可能在量纲和量级上有较大差别，下面从讨论数据变换方法开始，叙述聚类分析的方法原理、计算步骤和应用实例。

8.3　聚类要素的数据处理

在聚类分析中，聚类要素的选择是十分重要的，它直接影响分类结果的准确性和可靠性。在地质学研究中，被聚类的对象常常是由多个要素构成的。不同要素的观测值往往具有不同的单位和量纲。因此，直接用原始数据进行计算，可能会突出某些量级大的要素在分类中的作用，压低甚至淹没某些小量级要素的作用，从而对分类结果的可靠性产生影响。为此，当分类要素的对象确定之后，在进行聚类分析之前，需要对聚类要素进行数据处理。

假设有 n 个被聚类的对象，每个对象都由 x_1，x_2，…，x_p 个要素构成。它们所对应的要素数据可用表 8-2 给出。在聚类分析中，常用的聚类要素的数据处理方法有如下几种。

表 8-2　聚类要素表

聚类对象	要　素					
	x_1	x_2	…	x_j	…	x_p
1	x_{11}	x_{12}	…	x_{1j}	…	x_{1p}
2	x_{21}	x_{22}	…	x_{2j}	…	x_{2p}
⋮	⋮	⋮	⋮	⋮	⋮	⋮
i	x_{i1}	x_{i2}	…	x_{ij}	…	x_{ip}
⋮	⋮	⋮	⋮	⋮	⋮	⋮
n	x_{n1}	x_{n2}	…	x_{nj}	…	x_{np}

(1) 总和标准化。分别求出各聚类要素所对应的数据的总和，以各要素的数据除以该要素数据的总和，即

$$x'_{ij}=x_{ij}\Big/\sum_{i=1}^{n}x_{ij}\qquad(i=1,2,\cdots,n;\ j=1,2,\cdots,p)$$

经过这种标准化方法处理的数据 x'_{ij} 满足

$$\sum_{i=1}^{n}x'_{ij}=1\qquad(j=1,2,\cdots,p)$$

（2）标准差的标准化，即

$$x'_{ij}=\frac{x_{ij}-\bar{x}_j}{s_j}\qquad(i=1,2,\cdots,n;\ j=1,2,\cdots,p)$$

其中，$\bar{x}_j=\frac{1}{n}\sum_{i=1}^{n}x_{ij}$，$s_j=\sqrt{\frac{1}{n}\sum_{j=1}^{n}(x_{ij}-\bar{x}_j)^2}$。

由这种标准化方法得到的新数据 x'_{ij} 的平均值为0，标准差为1，即有

$$\bar{x}'_j=\frac{1}{n}\sum_{i=1}^{n}x'_{ij}=0,\qquad s'_j=\sqrt{\frac{1}{n}\sum_{j=1}^{n}(x'_{ij}-\bar{x}'_j)^2}=1$$

（3）极大值标准化，即

$$x'_{ij}=\frac{x_{ij}}{\max\limits_{i}\{x_{ij}\}}\qquad(i=1,2,\cdots,n;\ j=1,2,\cdots,p)$$

经过这种标准化所得的新数据，各要素的极大值为1，其余各数值均小于1。

（4）极差的标准化，即

$$x'_{ij}=\frac{x_{ij}-\min\limits_{i}\{x_{ij}\}}{\max\limits_{i}\{x_{ij}\}-\min\limits_{i}\{x_{ij}\}}\qquad(i=1,2,\cdots,n;\ j=1,2,\cdots,p)$$

经过这种标准化所得的新数据，各要素的极大值为1，极小值为0，其余的数值均在0与1之间。

以前述表8-1煤层灰分数据为例，其经过极差标准化处理后的数据见表8-3。

表8-3 极差标准化变换后煤层灰分数据

样 号	A^q	S_Q^q	SiO_2	Fe_2O_3	Al_2O_3	CaO	MgO	SO_3
1	1.00	0.25	0.54	0.12	0.03	1.00	1.00	1.00
2	0.79	0.54	0.74	0.11	0.38	0.05	0.40	0.01
3	0.00	1.00	0.00	1.00	0.59	0.10	0.00	0.03
4	0.88	0.29	1.00	0.07	0.00	0.00	0.03	0.03
5	0.78	0.00	0.56	0.00	1.00	0.12	0.04	0.06
6	0.55	0.68	0.61	0.19	0.40	0.24	0.45	0.11
7	0.77	0.53	0.90	0.11	0.05	0.27	0.42	0.11
8	0.84	0.21	0.50	0.06	0.98	0.13	0.11	0.09
9	0.28	0.96	0.56	0.27	0.49	0.05	0.36	0.00

8.4　聚类分析的分类统计量

设有一批数据，其聚类要素如表 8-2 所示。所谓 R 型聚类分析，即是研究表中 p 列（p 个变量）之间的亲疏关系；而所谓 Q 型聚类分析，则是研究表中 n 行（n 个样品）之间的亲疏关系。要定量地研究要素间的亲疏关系，首先必须确定一些可用于分类的数量指标，即引入一些能表示样品（变量）之间相似程度的数量指标，这个量即为分类统计量。

距离是事物之间差异性的测度，而相似系数则是其相似性的测度，所以距离和相似系数是聚类分析常用的两类分类统计量。当聚类要素的数据处理工作完成以后，就要计算分类对象之间的距离或相似系数，并依据距离或相似系数的矩阵结构进行聚类。

8.4.1　Q 型聚类分析的分类统计量

8.4.1.1　距离

如果把 n 个样品看成 p 维空间中的 n 个点，则两个样品间的相似程度可用 p 维空间中两点的距离来度量（如图 8-7 所示）。令 d_{ij} 表示样品 x_i 与 x_j 的距离，常用的距离有以下 3 种。

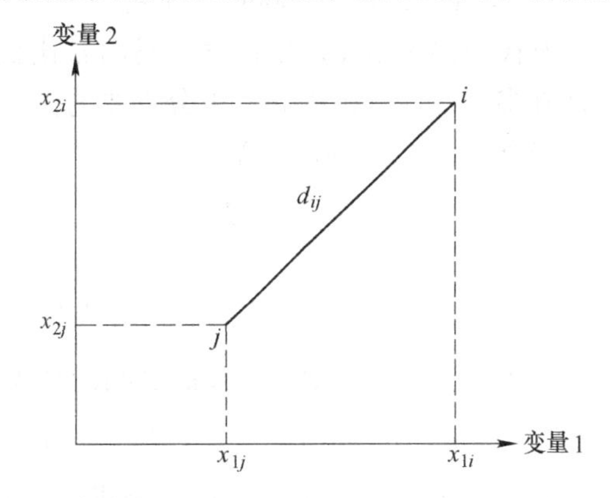

图 8-7　样品在二维空间中的距离

A　明氏（Minkowski）距离

$$d_{ij}(q) = \left(\sum_{a=1}^{p} |x_{ia} - x_{ja}|^{q} \right)^{1/q} \tag{8-1}$$

当 $q=1$ 时，即绝对距离

$$d_{ij}(1) = \sum_{a=1}^{p} |x_{ia} - x_{ja}| \tag{8-2}$$

当 $q=2$ 时，即欧氏距离

$$d_{ij}(2) = \left(\sum_{a=1}^{p} |x_{ia} - x_{ja}|^{2} \right)^{1/2} \tag{8-3}$$

当 $q=\infty$ 时，即切比雪夫距离

$$d_{ij}(\infty) = \max_{1 \leqslant a \leqslant p} |x_{ia} - x_{ja}| \tag{8-4}$$

明氏距离特别是其中的欧氏距离是人们较为熟悉的也是使用最多的距离。但明氏距离存在不足之处，主要表现在两个方面：第一，它与各指标的量纲有关，当然，此不足可以通过对原始数据的统一量纲变化来消除；第二，它没有考虑指标之间的相关性，欧氏距离也不例外。除此之外，从统计的角度上看，使用欧氏距离要求一个向量的 n 个分量是不相关的且具有相同的方差，或者说各坐标对欧氏距离的贡献是同等的且变差大小也是相同的，这时使用欧氏距离才合适，效果也较好，否则就有可能不能如实反映情况，甚至导致错误结论。因此一个合理的做法，就是对坐标加权，这就产生了“统计距离”。比如设 $P=(x_1,x_2,\cdots,x_p)'$，$Q=(y_1,y_2,\cdots,y_p)'$，且 Q 的坐标是固定的，点 P 的坐标相互独立地

变化。用s_{11}，s_{12}，…，s_{pp}表示p个变量$x_1,x_2,\cdots,x_p$的n次观测的样本方差，则可以定义P到Q的统计距离为

$$d(P,Q)=\sqrt{\frac{(x_1-y_1)^2}{s_{11}}+\frac{(x_2-y_2)^2}{s_{22}}+\cdots+\frac{(x_p-y_p)^2}{s_{pp}}} \tag{8-5}$$

所加的权是$k_1=\frac{1}{s_{11}},k_2=\frac{1}{s_{22}},\cdots,k_p=\frac{1}{s_{pp}}$，即用样本方差除相应坐标。当取$y_1=y_2=\cdots=y_p=0$时，就是点$P$到原点$O$的距离。若$s_{11}=s_{22}=\cdots=s_{pp}$，就是欧氏距离。

B 马氏（Mahalanobis）距离

马氏距离是由印度统计学家马哈拉诺比斯于1936年引入的，故称为马氏距离。这一距离在多元统计分析中起着十分重要的作用，下面给出其定义。

设$\boldsymbol{\Sigma}$表示指标的协方差阵，即

$$\boldsymbol{\Sigma}=(\sigma_{ij})_{p\times p}\qquad(i,j=1,2,\cdots,p)$$

其中，$\sigma_{ij}=\frac{1}{n-1}\sum_{a=1}^{n}(x_{ai}-\bar{x}_i)(x_{aj}-\bar{x}_j)$，$\bar{x}_i=\frac{1}{n}\sum_{a=1}^{n}x_{ai}$，$\bar{x}_j=\frac{1}{n}\sum_{a=1}^{n}x_{aj}$。

如果$\boldsymbol{\Sigma}^{-1}$存在，则两个样品之间的马氏距离为

$$d_{ij}^2(M)=(\boldsymbol{X}_i-\boldsymbol{X}_j)'\boldsymbol{\Sigma}^{-1}(\boldsymbol{X}_i-\boldsymbol{X}_j) \tag{8-6}$$

这里$\boldsymbol{X}_i$，$\boldsymbol{X}_j$分别为所有样品的p个指标组成的向量，即原始数据矩阵的第i，j行向量。

顺便给出样品X到总体G的马氏距离定义为

$$d^2(X,G)=(\boldsymbol{X}-\boldsymbol{\mu})'\boldsymbol{\Sigma}^{-1}(\boldsymbol{X}-\boldsymbol{\mu}) \tag{8-7}$$

式中 $\boldsymbol{\mu}$——总体的均值向量；

$\boldsymbol{\Sigma}$——协方差阵。

马氏距离既排除了各指标之间相关性的干扰，而且还不受各指标量纲的影响。除此之外，它还有一些优点，如可以证明，将原数据作一线性交换后，马氏距离仍不变等。

C 兰氏（Canberra）距离

它是由Lance和Williams最早提出的，故称兰氏距离。

$$d_{ij}(\mathrm{L})=\frac{1}{p}\sum_{a=1}^{p}\frac{|x_{ia}-x_{ja}|}{x_{ia}+x_{ja}}\qquad(i,j=1,2,\cdots,n) \tag{8-8}$$

此距离仅适用于所有$x_{ij}>0$的情况，这个距离有助于克服各指标之间量纲的影响，但没有考虑指标之间的相关性。

计算任何两个样品X_i与X_j之间的距离d_{ij}，其值越小表示两个样品接近程度越高，d_{ij}值越大表示两个样品接近程度越低。当把任何两个样品的距离都算出来后，可排成距离矩阵

$$\boldsymbol{D}=\begin{bmatrix}d_{11}&d_{12}&\cdots&d_{1n}\\d_{21}&d_{22}&\cdots&d_{2n}\\\vdots&\vdots&\ddots&\vdots\\d_{n1}&d_{n2}&\cdots&d_{nn}\end{bmatrix}$$

其中 $d_{11}=d_{22}=\cdots=d_{nn}=0$。$\boldsymbol{D}$ 是一个实对称阵，所以只需计算上三角形部分或下三角形部分即可。根据 $\boldsymbol{D}$ 可对 n 个点进行分类，距离近的点归为一类，距离远的点归为不同的类。

8.4.1.2 相似系数

研究样品之间的关系，除了可以用距离来表示之外，还可以用相似系数。顾名思义，相似系数是描述样品之间相似程度的一个量，常用的相似系数有以下 3 种。

A 夹角余弦

这是受相似形的启发而来的，图 8-8 中的曲线 AB 和 CD 尽管长度不一样，但形状相似。

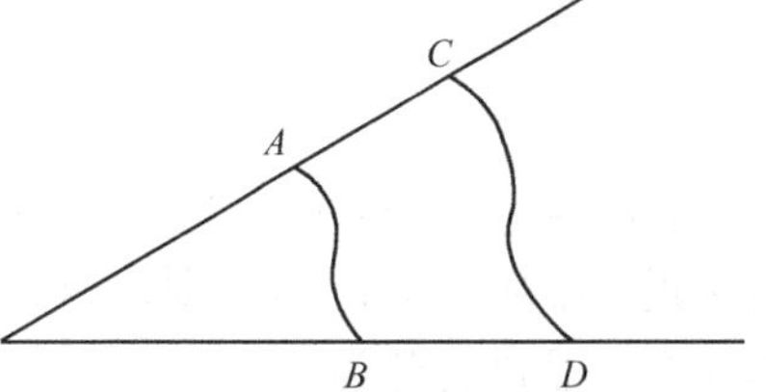

图 8-8 两个对象形状相似性示意图

当长度不是主要矛盾时，要定义一种相似系数，使 AB 和 CD 呈现出比较密切的关系，则夹角余弦就符合这个要求。它的定义是：

将任何两个样品 X_i 与 X_j 看成 p 维空间的两个向量，这两个向量的夹角余弦用 $\cos\theta_{ij}$ 表示。则

$$\cos\theta_{ij}=\frac{\sum_{a=1}^{p}x_{ia}x_{ja}}{\sqrt{\sum_{a=1}^{p}x_{ia}^{2}\cdot\sum_{a=1}^{p}x_{ja}^{2}}}\qquad(-1\leqslant\cos\theta_{ij}\leqslant1)\tag{8-9}$$

如果 $\cos\theta_{ij}=1$，说明两个样品 X_i 与 X_j 完全相似；$\cos\theta_{ij}$接近于 1，说明 X_i 与 X_j 密切相似；如果 $\cos\theta_{ij}=0$，说明 X_i 与 X_j 完全不一样；$\cos\theta_{ij}$接近 0，说明 X_i 与 X_j 差别大。把所有两两样品的相似系数都算出来，可排成相似系数矩阵

$$\boldsymbol{H}=\begin{bmatrix}\cos\theta_{11}&\cos\theta_{12}&\cdots&\cos\theta_{1n}\\\cos\theta_{21}&\cos\theta_{22}&\cdots&\cos\theta_{2n}\\\vdots&\vdots&\ddots&\vdots\\\cos\theta_{n1}&\cos\theta_{n2}&\cdots&\cos\theta_{nn}\end{bmatrix}$$

其中 $\cos\theta_{11}=\cos\theta_{22}=\cdots=\cos\theta_{nn}=1$。$\boldsymbol{H}$ 是一个实对称阵，所以只需计算上三角部分或下三角部分，根据 $\boldsymbol{H}$ 可对 n 个样品进行分类，把比较相似的样品归为一类，不怎么相似的样品归为不同的类。

B 相关系数

通常所说的相关系数，一般指变量间的相关系数，为了刻画样品间的相似关系，也可用相关系数给出类似的定义，第 i 个样品与第 j 个样品之间的相关系数定义为

$$r_{ij}=\frac{\sum_{a=1}^{p}(x_{ia}-\bar{x}_i)(x_{ja}-\bar{x}_j)}{\sqrt{\sum_{a=1}^{p}(x_{ia}-\bar{x}_i)^2\cdot\sum_{a=1}^{p}(x_{ja}-\bar{x}_j)^2}}\tag{8-10}$$

其中，p 为变量总数；$\bar{x}_i$，$\bar{x}_j$ 分别为 i，j 样品 p 个变量的平均值，即

$$\bar{x}_i = \frac{1}{p}\sum_{a=1}^{p} x_{ia}, \quad \bar{x}_j = \frac{1}{p}\sum_{a=1}^{p} x_{ja} \qquad (i,j = 1,2,\cdots,n)$$

这样，全部 n 个样品就构成了一个关于相关系数的对称矩阵

$$\boldsymbol{R} = (r_{ij}) = \begin{bmatrix} r_{11} & r_{12} & \cdots & r_{1n} \\ r_{21} & r_{22} & \cdots & r_{2n} \\ \vdots & \vdots & \ddots & \vdots \\ r_{n1} & r_{n2} & \cdots & r_{nn} \end{bmatrix}$$

其中，$r_{11}=r_{22}=\cdots=r_{nn}=1$，$r_{ij}$的变化范围为 -1 到 $+1$ 之间，r_{ij}愈接近于1，则这两个样品愈亲近；r_{ij}愈接近于 -1，则这两个样品愈疏远。因此可以将 r_{ij}作为样品分类的依据，对全部 n 个样品进行分类。

实际上，如果将原始数据进行标准化，则 $r_{ij}=\cos\theta_{ij}$，此时相关系数就是两个样品在 p 维变量空间中的夹角余弦。

C　离差平方和

当样品分类正确时，同一类样品相应变量观测值的离差平方和应当小，而类与类之间的离差平方和应当大。基于正确的分类结果所应该具有的这种特点，引出了利用离差平方和来对研究对象进行分类的思想，概要如下：

（1）先将 n 个样品看成 n 类，将每两个可能合并的类归并为一组时，组内离差平方和的总和增加最小的两个小类首先归为一组（即该两类最相似）。

（2）假设第 t 组有 n_t 个样品，每个样品有 p 个变量，这时组内离差平方和为

$$E_t = \sum_{j=1}^{p}\sum_{i=1}^{n_t}(x_{ijt} - \bar{x}_{jt})^2 = \sum_{j=1}^{p}\sum_{i=1}^{n_t} x_{ijt}^2 - n_t\sum_{j=1}^{p}\bar{x}_{jt}^2 \tag{8-11}$$

式中　E_t——该组中每一数据点对于平均值的组内离差的平方，当样品由少到多逐步聚类时，随样品数增加，其 E_t 也增大；

x_{ijt}——t 组 i 样品第 j 个变量的观测值；

$\bar{x}_{jt}$——t 组 j 变量的平均值。

（3）设有 l，k 两类样品，各自有组内离差平方和 E_l，E_k，现将 l，k 两类合并为一个更大的组 Q 时，合并后的离差平方和为 E_Q，则合并前后离差平方和的增量为

$$\Delta E_{lk} = E_Q - (E_l + E_k) \tag{8-12}$$

若 l，k 合并后的离差平方和增量 ΔE_{lk}与其他的两个类两两合并（例如 l 与 i，k 与 m，…）的增量相比为最小，则说明 l、k 两类最相似，应该优先合并为一类，因而可将 ΔE_{lk} 作为度量类间相似程度的统计量。

式（8-12）可简化为

$$\Delta E_{lk} = \frac{n_l n_k}{n_l + n_k}\sum_{j=1}^{p}(\bar{x}_{jl} - \bar{x}_{jk})^2 \tag{8-13}$$

式中　n_l，n_k——l，k 的样品数；

$\bar{x}_{jl}$，$\bar{x}_{jk}$——第 k，l 类第 j 个变量的平均值。

显然，一开始聚类时，若有 n 个样品，就有 n 个类，每一类只包括一个数据单位，即

$$x_{ijt} = \bar{x}_{jk}, \qquad E_t = 0$$

这说明每个样品与自身最相似。

8.4.2　*R* 型聚类分析的分类统计量

p 个指标（变量）之间相似性的定义与样品相似性的定义类似，但此时是在 n 维空间（样品空间）中来进行研究，也就是说，变量之间的相似性是通过对原始数据矩阵中 p 列间相似关系的研究来实现的。用于表达变量之间相似性的常用统计量有以下几种。

8.4.2.1　距离

设 n 为样品总数，p 为变量总数，d_{ij}为变量 $\boldsymbol{X}_i = (x_{1i},\cdots,x_{ni})'$与变量 $\boldsymbol{X}_j = (x_{1j},\cdots,x_{nj})'$之距离。

A　明氏距离

$$d_{ij}(q) = \left(\sum_{a=1}^{n} |x_{ai} - x_{aj}|^q\right)^{1/q}$$

B　马氏距离

设 $\boldsymbol{\Sigma}$ 表示样品的协差阵，即

$$\boldsymbol{\Sigma} = (\sigma_{ij})_{n\times n}$$

其中

$$\sigma_{ij} = \frac{1}{p-1}\sum_{a=1}^{p}(x_{ia} - \bar{x}_i)(x_{ja} - \bar{x}_j) \qquad (i,j = 1,\cdots,n)$$

$$\bar{x}_i = \frac{1}{p}\sum_{a=1}^{p} x_{ia}, \qquad \bar{x}_j = \frac{1}{p}\sum_{a=1}^{p} x_{ja}$$

如果 $\boldsymbol{\Sigma}^{-1}$存在，则马氏距离为

$$d_{ij}^2(M) = (\boldsymbol{X}_i - \boldsymbol{X}_j)'\boldsymbol{\Sigma}^{-1}(\boldsymbol{X}_i - \boldsymbol{X}_j)$$

C　兰氏距离

$$d_{ij}(\mathrm{L}) = \sum_{a=1}^{n} \frac{|x_{ai} - x_{aj}|}{x_{ai} + x_{aj}}$$

此处仅适用于一切 $x_{ij} \geqslant 0$ 的情况。

8.4.2.2　相似系数

A　夹角余弦

$$\cos\theta_{ij} = \frac{\sum_{a=1}^{n} x_{ai}x_{aj}}{\sqrt{\sum_{a=1}^{n} x_{ai}^2 \cdot \sum_{a=1}^{n} x_{aj}^2}} \qquad (-1 \leqslant \cos\theta_{ij} \leqslant 1)$$

把两两列间相似系数算出后，排成矩阵

$$
\boldsymbol{H} = \begin{bmatrix} \cos\theta_{11} & \cos\theta_{12} & \cdots & \cos\theta_{1p} \\ \cos\theta_{21} & \cos\theta_{22} & \cdots & \cos\theta_{2p} \\ \vdots & \vdots & \ddots & \vdots \\ \cos\theta_{p1} & \cos\theta_{p2} & \cdots & \cos\theta_{pp} \end{bmatrix}
$$

其中 $\cos\theta_{11} = \cos\theta_{22} = \cdots = \cos\theta_{pp} = 1$，根据 $\boldsymbol{H}$ 对 p 个变量进行分类。

B 相关系数

$$
r_{ij} = \frac{\sum_{a=1}^{n}(x_{ai} - \bar{x}_i)(x_{aj} - \bar{x}_j)}{\sqrt{\sum_{a=1}^{n}(x_{ai} - \bar{x}_i)^2 \cdot \sum_{a=1}^{n}(x_{aj} - \bar{x}_j)^2}} \qquad (-1 \leqslant r_{ij} \leqslant 1)
$$

把两两变量的相关系数都算出后，排成矩阵为

$$
\boldsymbol{R} = (r_{ij}) = \begin{bmatrix} r_{11} & r_{12} & \cdots & r_{1p} \\ r_{21} & r_{22} & \cdots & r_{2p} \\ \vdots & \vdots & \ddots & \vdots \\ r_{p1} & r_{p2} & \cdots & r_{pp} \end{bmatrix}
$$

其中，$r_{11} = r_{22} = \cdots = r_{pp} = 1$，可根据 $\boldsymbol{R}$ 对 p 个变量进行分类。

在实际问题中，对样品分类常用距离，对指标分类常用相似系数。由于样品分类和指标分类从方法上看基本上是一样的，所以两者就不严格分开说明了。

8.5 系统聚类方法

正如样品之间的距离可以有不同的定义方法一样，类与类之间的距离也有各种定义。例如可以定义类与类之间的距离为两类之间最近样品的距离，或者定义为两类之间最远样品的距离，也可以定义为两类重心之间的距离，等等。类与类之间用不同的方法定义距离，就产生了不同的系统聚类方法。本节介绍常用的因距离定义不同而产生的八种系统聚类方法，即最短距离法（single linkage method）、最长距离法（complete linkage method）、中间距离法（median method）、重心法（centriod method）、类平均法（average linkage method）、可变类平均法（flexible-beta method）、可变距离法（flexible median method）、离差平方和法（Ward's method）。

以下用 i，j 分别表示样品 x_i，x_j，以 d_{ij} 表示样品 i 与 j 之间的距离 $d(x_i, x_j)$，用 G_p 和 G_q 表示两个类，它们所包含的样品个数分别记为 n_p 和 n_q，类 G_p 与 G_q 之间的距离 $D(G_p, G_q)$ 用 D_{pq} 表示。

8.5.1 最短距离法

定义类 G_p 与 G_q 之间的距离为两类中所有样品之间距离最小者（如图 8-9 所示），即

$$
D_{pq} = \min_{x_i \in G_p, x_j \in G_q} d_{ij} = \min\{d_{ij} \mid x_i \in G_p, x_j \in G_q\} \tag{8-14}
$$

最短距离法就是以 D_{pq} 为准则进行聚类的方法。

设 G_r 为类 G_p 与 G_q 合并成的一个新类，则 G_r 与其他类 $G_k(k \neq p, q)$ 的最短距离可由式

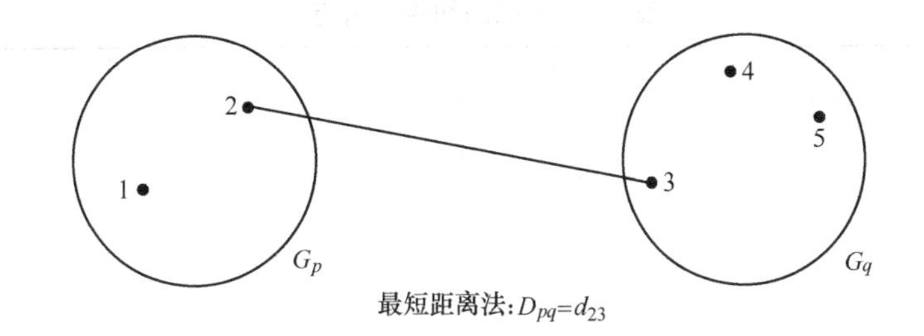

图 8-9　最短距离的定义

(8-15) 递推得到:

$$\begin{aligned} D(G_r,G_k) &= D_{rk} = \min\{d_{ij} \mid x_i \in G_r, x_j \in G_k\} \\ &= \min\{\min\{d_{ij} \mid x_i \in G_p, x_j \in G_k\}, \min\{d_{ij} \mid x_i \in G_q, x_j \in G_k\}\} \\ &= \min\{D(G_p,G_k), D(G_q,G_k)\} \end{aligned} \tag{8-15}$$

最短距离法确定类间距离的上述思想，可通过以下步骤实现：

(1) 定义样品之间的距离，计算样品的两两距离，得距离矩阵 $\boldsymbol{D}_{(0)}$，开始聚类时每个样品自成一类，显然这时 $D_{ij}=d_{ij}$。

$$\boldsymbol{D}_{(0)} = \begin{bmatrix} 0 & & & & \\ d_{21} & 0 & & & \\ d_{31} & d_{32} & 0 & & \\ \vdots & \vdots & \vdots & \ddots & \\ d_{n1} & d_{n2} & d_{n3} & \cdots & 0 \end{bmatrix}$$

(2) 找出 $\boldsymbol{D}_{(0)}$ 的非主对角线最小元素，设为 D_{pq}，则将 G_p 和 G_q 合并成一个新类，记为 G_r，即 $G_r=\{G_p,G_q\}$。

(3) 给出计算新类与其他类的距离公式

$$D_{kr} = \min\{D_{kp}, D_{kq}\} \tag{8-16}$$

将 $D_{(0)}$ 中第 p，q 行及 p，q 列用式 (8-16) 并成一个新行新列，新行新列对应 G_r，所得到的矩阵记为 $D_{(1)}$。

(4) 对 $D_{(1)}$ 重复上述对 $D_{(0)}$ 的 (2)、(3) 两步得 $D_{(2)}$；如此下去，直到所有的元素并成一类为止。

如果某一步 $D_{(k)}$ 中非主对角线最小的元素不止一个，则对应这些最小元素的类可以同时合并。

【例 8-2】 设随机抽取了 5 个金矿石样品，每个样品只分析了 Au 含量一个指标，分析结果分别为 1，2，3.5，7，9（单位 10^{-6}），试用最短距离法对这 5 个矿样进行分类。

(1) 定义样品间距离。采用绝对距离，计算样品的两两距离，得距离矩阵 $D_{(0)}$，见表 8-4。

表 8-4 样品的初始距离矩阵

$D_{(0)}$	$G_1=\{X_1\}$	$G_2=\{X_2\}$	$G_3=\{X_3\}$	$G_4=\{X_4\}$	$G_5=\{X_5\}$
$G_1=\{X_1\}$	0				
$G_2=\{X_2\}$	1	0			
$G_3=\{X_3\}$	2.5	1.5	0		
$G_4=\{X_4\}$	6	5	3.5	0	
$G_5=\{X_5\}$	8	7	5.5	2	0

（2）找出 $D_{(0)}$ 中非主对角线最小元素为 1，即 $D_{12}=d_{12}=1$，则将 G_1 与 G_2 并成一个新类，记为 $G_6=\{X_1,X_2\}$。

（3）计算新类 G_6 与其他类的距离，按公式

$$G_{i6}=\min(D_{i1},D_{i2})\qquad(i=3,4,5)$$

即将表 $D_{(0)}$ 的前两列按行进行两两比较，取其小者，得新类 G_6 与其他各类之间的距离，进而得表 $D_{(1)}$，见表 8-5。

表 8-5 一次聚类后的类间距离矩阵

$D_{(1)}$	G_6	G_3	G_4	G_5
$G_6=\{X_1,X_2\}$	0			
$G_3=\{X_3\}$	1.5	0		
$G_4=\{X_4\}$	5	3.5	0	
$G_5=\{X_5\}$	7	5.5	2	0

（4）找出 $D_{(1)}$ 中非主对角线最小元素为 1.5，其所对应的两个类为 G_3 和 G_6，将它们合并为 $G_7=\{X_1,\ X_2,\ X_3\}$，将 G_3，G_6 相应的两行两列归并为一行一列，新的行列由原来的两行（列）中较小的一个组成，计算结果得表 $D_{(2)}$，见表 8-6。

表 8-6 二次聚类后的类间距离矩阵

$D_{(2)}$	G_7	G_4	G_5
$G_7=\{X_1,X_2,X_3\}$	0		
$G_4=\{X_4\}$	3.5	0	
$G_5=\{X_5\}$	5.5	2	0

（5）找出 $D_{(2)}$ 中非主对角线最小元素为 2，则将与其对应的 G_4 与 G_5 合并成 $G_8=\{X_4,X_5\}$，将 G_4，G_5 相应的两行两列归并成一行一列，新的行列由原来的两行（列）中较小的一个组成，得表 $D_{(3)}$，见表 8-7。

表 8-7 三次聚类后的类间距离矩阵

$D_{(3)}$	G_7	G_8
$G_7=\{X_1,X_2,X_3\}$	0	
$G_8=\{X_4,X_5\}$	3.5	0

最后将 G_7 和 G_8 合并成 G_9，上述并类过程可用图 8-10 表达。横坐标的刻度是并类的距离。

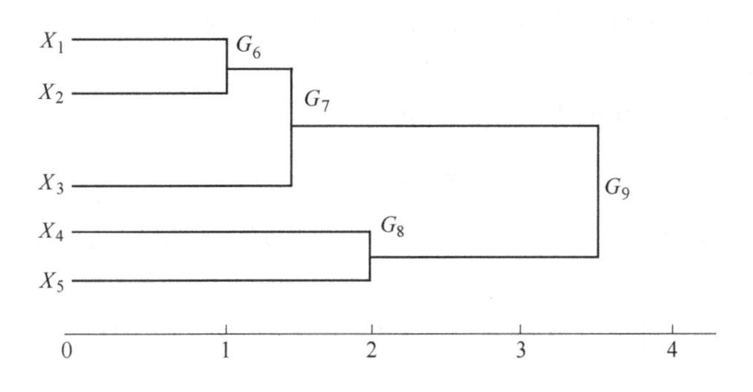

图 8-10　最短距离法聚类结果

由图 8-10 看到 5 个矿样分成两类 $\{X_1, X_2, X_3\}$ 及 $\{X_4, X_5\}$ 比较合适，在实际问题中有时给出一个阈值 T，要求类与类之间的距离小于 T，因此有些样品可能归不了类。

最短距离法也可用于指标（变量）分类，分类时可以用距离，也可以用相似系数。但用相似系数时应找最大的元素并类，也就是把公式 $D_{ik} = \min(D_{ip}, D_{iq})$ 中的 min 换成 max。

8.5.2　最长距离法

定义类 G_p 与 G_q 之间的距离为两类最远样本点之间的距离（如图 8-11 所示），即

$$D_{pq} = \max_{x_i \in G_p, x_j \in G_q} d_{ij} = \max\{d_{ij} \mid x_i \in G_p, x_j \in G_q\} \tag{8-17}$$

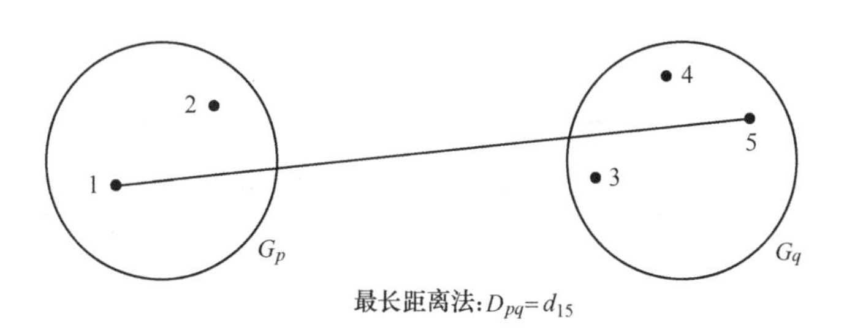

图 8-11　最长距离的定义

设某一步将类 G_p 与 G_q 合并为 G_r，则 G_r 与其他类 $G_k(k \neq p, q)$ 的距离可由式（8-18）递推得到

$$\begin{aligned} D(G_r, G_k) &= D_{rk} = \max\{d_{ij} \mid x_i \in G_r, x_j \in G_k\} \\ &= \max\{\max\{d_{ij} \mid x_i \in G_p, x_j \in G_k\}, \max\{d_{ij} \mid x_i \in G_q, x_j \in G_k\}\} \\ &= \max\{D(G_p, G_k), D(G_q, G_k)\} \end{aligned} \tag{8-18}$$

最长距离法聚类的步骤如下：

（1）定义样品之间的距离，计算样品的两两距离，得一距离矩阵，记为 $\boldsymbol{D}_{(0)}$，开始每个样品自成一类，显然这时 $D_{ij}=d_{ij}$。

（2）找出 $D_{(0)}$ 的非主对角线最小元素，设为 D_{pq}，则将 G_p 和 G_q 合并成一个新类，记为 G_r，即 $G_r=\{G_p,G_q\}$。

（3）给出计算新类与其他类的距离公式

$$D_{kr} = \max\{D_{kp},D_{kq}\} \tag{8-19}$$

将 $D_{(0)}$ 中第 p，q 行及 p，q 列用式（18-19）并成一个新行新列，新行新列对应 G_r，所得到的矩阵记为 $D_{(1)}$。

（4）对 $D_{(1)}$ 重复上述对 $D_{(0)}$ 的（2）、（3）两步得 $D_{(2)}$；如此下去，直到所有的元素并成一类为止。

可以看出，与最短距离法相比，最长距离的不同之处在于，类与类之间距离的定义方法不同，计算新类与其他类距离时所用的递推公式不同；相同之处在于聚类步骤完全相同，聚类仍然按照距离最小的并为一类。

【例 8-3】 仍以前述【例 8-2】的数据为例，用最长距离法对 5 个矿样进行聚类分析。

样品距离的定义与最短距离法相同，采用绝对距离公式，按此公式计算的初始距离矩阵，见表 8-4。

按上述最长距离法的聚类步骤(2)～(4)，得聚类过程及结果，分别见表 8-8～表 8-10 和图 8-12。

表 8-8　一次聚类后的类间距离矩阵

$D_{(1)}$	G_6	G_3	G_4	G_5
$G_6=\{X_1,X_2\}$	0			
$G_3=\{X_3\}$	2.5	0		
$G_4=\{X_4\}$	6	3.5	0	
$G_5=\{X_5\}$	8	5.5	2	0

表 8-9　二次聚类后的类间距离矩阵

$D_{(2)}$	G_6	G_3	G_7
$G_6=\{X_1,X_2\}$	0		
$G_3=\{X_3\}$	2.5	0	
$G_7=\{X_4,X_5\}$	8	5.5	0

表 8-10　三次聚类后的类间距离矩阵

$D_{(3)}$	G_8	G_7
$G_8=\{X_1,X_2,X_3\}$	0	
$G_7=\{X_4,X_5\}$	8	0

可以看出，最短距离法与最短距离法的分类结果一致，只是并类的距离不同。

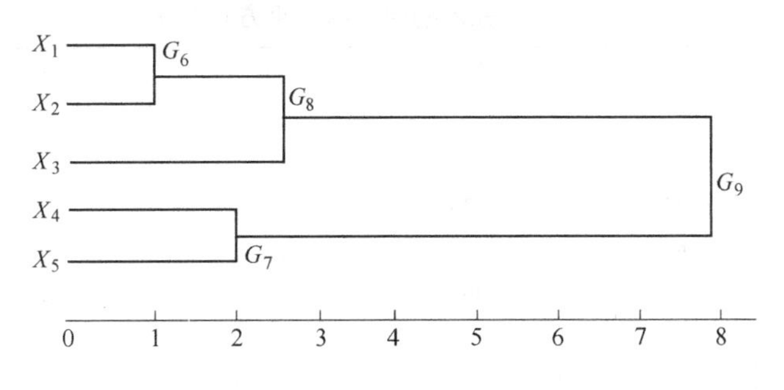

图 8-12 最长距离法聚类结果

8.5.3 中间距离法

类与类之间的距离既不采用两类之间最近的距离，也不采用两类之间最远的距离，而是采用介于两者之间的距离，故称为中间距离法。

如果在某一步将类 G_p 与类 G_q 合并为 G_r，任一类 $G_k(k \neq p,q)$ 和 G_r 的距离公式为

$$D_{kr}^2 = \frac{1}{2}D_{kp}^2 + \frac{1}{2}D_{kq}^2 + \beta D_{pq}^2 \qquad \left(-\frac{1}{4} \leqslant \beta \leqslant 0\right)\left(\text{一般取} -\frac{1}{4}\right) \tag{8-20}$$

当 $\beta = -\frac{1}{4}$时，由初等几何知 D_{kr}就是如图 8-13 所示三角形的中线。

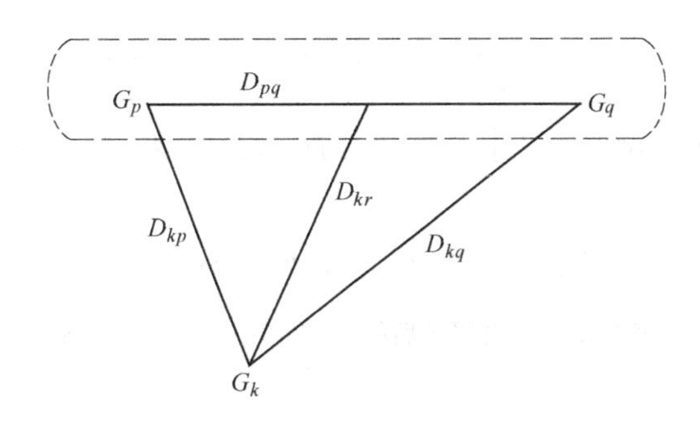

图 8-13 中间距离示意图

如果用最短距离法，则 $D_{kr} = D_{kp}$；如果用最长距离法，则 $D_{kr} = D_{kq}$；如果取夹在这两边的中线作为 D_{kr}，则 $D_{kr} = \sqrt{\frac{1}{2}D_{kp}^2 + \frac{1}{2}D_{kq}^2 - \frac{1}{4}D_{pq}^2}$。下面通过例子来介绍中间聚类法的具体聚类步骤。

【例 8-4】 采用中间距离法对【例 8-2】中的 5 个矿样进行聚类分析。

上述中间距离公式中取 $\beta = -\frac{1}{4}$。

由于距离公式中的量都是距离的平方，为了计算的方便，将表 $D_{(0)}$，$D_{(1)}$，$D_{(2)}$，…中的元素，都用相应元素的平方代替，得表 $D_{(0)}^2$，$D_{(1)}^2$，$D_{(2)}^2$，…。

（1）将每个样品看做自成一类，因此 $D_{ij} = d_{ij}$，得表 $D_{(0)}$，然后将 $D_{(0)}$ 中元素平方得表 $D_{(0)}^2$，见表 8-11。

表 8-11　样品的初始距离（平方）矩阵

$D^2_{(0)}$	G_1	G_2	G_3	G_4	G_5
$G_1=\{X_1\}$	0				
$G_2=\{X_2\}$	1	0			
$G_3=\{X_3\}$	6. 25	2. 25	0		
$G_4=\{X_4\}$	36	25	12. 25	0	
$G_5=\{X_5\}$	64	49	30. 25	4	0

（2）找出 $D^2_{(0)}$ 中非主对角线最小元素，结果为 1，将与其对应的 G_1，G_2 合并成一个新类 G_6。

（3）按中间距离公式计算新类 G_6 与其他类的平方距离得表 $D^2_{(1)}$，见表 8-12。

表 8-12　一次聚类后的类间距离（平方）矩阵

$D^2_{(1)}$	G_6	G_3	G_4	G_5
$G_6=\{X_1,X_2\}$	0			
$G_3=\{X_3\}$	4	0		
$G_4=\{X_4\}$	30. 25	12. 25	0	
$G_5=\{X_5\}$	56. 25	30. 25	4	0

例如：

$$D^2_{36}=\frac{1}{2}D^2_{31}+\frac{1}{2}D^2_{32}-\frac{1}{4}D^2_{12}=\frac{1}{2}\times 6.25+\frac{1}{2}\times 2.25-\frac{1}{4}\times 1=4$$

（4）找出 $D^2_{(1)}$ 中非主对角线最小元素，得 $D_{36}=D_{45}=4$，将 G_3 和 G_6 合并成 G_7，将 G_4 和 G_5 合并成 G_8。

（5）计算 G_7 和 G_8 的平方距离，得 $D^2_{(2)}$ 表，见表 8-13。

表 8-13　二次聚类后的类间距离（平方）矩阵

$D^2_{(2)}$	G_7	G_8
$G_7=\{X_1,X_2,X_3\}$	0	
$G_8=\{X_4,X_5\}$	30. 25	0

最后将 G_7 和 G_8 合并成 G_9，将上述并类过程画成谱系图，如图 8-14 所示。横坐标的刻度为并类距离的平方。

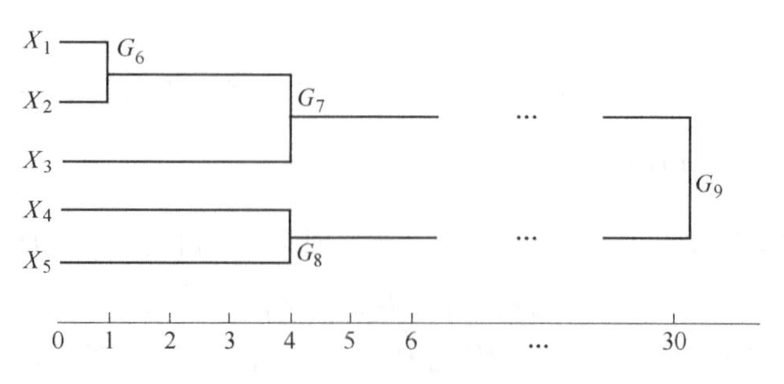

图 8-14　中间距离法聚类结果

不难看出，中间距离法聚类图的形状和前面两种聚类图一致，只是并类距离不同。而且可以发现中间距离法的并类距离大致处于它们的中间。

8.5.4 重心法

重心法的特点是在定义类与类之间距离时，考虑了每个类中所包含的样品个数。其具体体现为重心法将两类之间的距离定义为一个类的重心与另外一个类的重心之间的距离，其中每个类的重心就是该类所包含的所有样品的均值。

设 G_p 和 G_q 的重心分别是 $\overline{X}_p$ 和 $\overline{X}_q$（注意它们一般是 p 维向量），则 G_p 和 G_q 之间的距离是 $D_{pq}=d_{X_pX_q}$。

设聚类到某一步，G_p 和 G_q 分别有样品 n_p，n_q 个，将 G_p 和 G_q 合并为 G_r，则 G_r 内样品个数为 $n_r=n_p+n_q$，它的重心是 $\overline{X}_r=\frac{1}{n_r}(n_p\overline{X}_p+n_q\overline{X}_q)$，某一类 $G_k(k\neq p,q)$ 的重心是 $\overline{X}_k$，它与新类 G_r 的距离为

$$
\begin{aligned}
D_{kr}^2 = d_{X_kX_r}^2 &= \|\overline{X}_r-\overline{X}_k\| = \left\|\frac{1}{n_p+n_q}\sum_{x_i\in(G_p+G_q)}x_i-\frac{1}{n_k}\sum_{x_i\in G_k}x_i\right\| \\
&= \left\|\frac{1}{n_p+n_q}\sum_{x_i\in G_p}x_i+\frac{1}{n_p+n_q}\sum_{x_i\in G_q}x_i-\frac{1}{n_k}\sum_{x_i\in G_k}x_i\right\| \\
&= \left\|\frac{n_p}{n_rn_p}\sum_{x_i\in G_p}x_i+\frac{n_q}{n_rn_q}\sum_{x_i\in G_q}x_i-\frac{1}{n_k}\sum_{x_i\in G_k}x_i\right\| \\
&= \left\|\frac{n_p}{n_r}\overline{x}_p+\frac{n_q}{n_r}\overline{x}_q-\overline{x}_k\right\| \\
&= \left\|\frac{n_p}{n_r}\overline{x}_p+\frac{n_q}{n_r}\overline{x}_q-\frac{n_p}{n_r}\overline{x}_k-\frac{n_q}{n_r}\overline{x}_k\right\| \\
&= \left\|\frac{n_p}{n_r}\overline{x}_p-\frac{n_p}{n_r}\overline{x}_k+\frac{n_q}{n_r}\overline{x}_q-\frac{n_q}{n_r}\overline{x}_k\right\| \\
&= \frac{n_p}{n_r}D_{pk}^2+\frac{n_q}{n_r}D_{qk}^2-\frac{n_pn_q}{n_r^2}D_{pq}^2
\end{aligned}
\tag{8-21}
$$

显然，当 $n_p=n_q$ 时即为中间距离法的公式。

重心法的归类步骤与以上三种方法基本上一样，所不同的是每合并一次类，就要重新计算新类的重心及各类与新类的距离。

【例 8-5】 采用重心法对【例 8-2】中的 5 个矿样进行聚类分析。

重心法的初始距离矩阵 $D_{(0)}^2$ 与中间距离法相同（见表 8-11）。

首先，基于表 8-11，将距离最近的 G_1 与 G_2 并成新类 G_6，其重心为 $\overline{X}_6=(1+2)/2=1.5$，计算 G_6 与其他各类重心之间的平方距离，得 $D_{(1)}^2$ 阵，见表 8-14。

其中 $D_{k6}^2=\frac{n_1}{n_6}D_{k1}^2+\frac{n_2}{n_6}D_{k2}^2-\frac{n_1n_2}{n_6^2}D_{12}^2 \qquad (k=3,4,5)$

如 $D_{46}^2=\frac{1}{2}\times36+\frac{1}{2}\times25-\frac{1}{4}\times1=30.25$

表 8-14　一次聚类后的类间距离（平方）矩阵

$D^2_{(1)}$	G_6	G_3	G_4	G_5
$G_6=\{X_1,X_2\}$	0			
$G_3=\{X_3\}$	4	0		
$G_4=\{X_4\}$	30.25	12.25	0	
$G_5=\{X_5\}$	56.25	30.25	4	0

表 8-14 中，非主对角线最小元素为 4，可将 G_3 与 G_6 并成 G_7，G_4 与 G_5 并成 G_8，计算新类与其他重心间的平方距离，得 $D^2_{(2)}$，见表 8-15。

表 8-15　二次聚类后的类间距离（平方）矩阵

$D^2_{(2)}$	G_7	G_8
$G_7=\{X_1,X_2,X_3\}$	0	
$G_8=\{X_4,X_5\}$	34.03	0

最后将 G_7 与 G_8 合并成 G_9，其聚类图如图 8-15 所示。

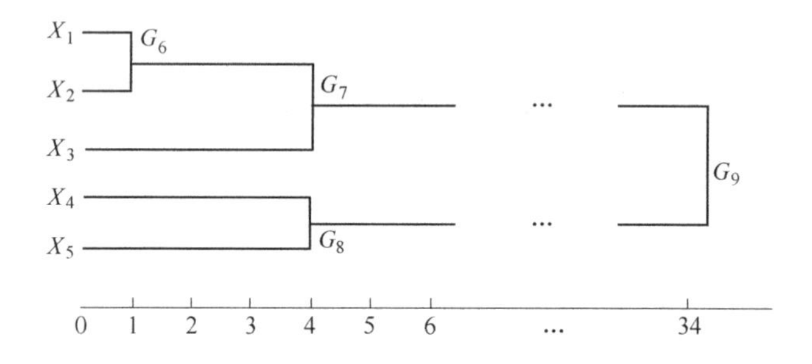

图 8-15　重心法聚类结果

8.5.5　类平均法

重心法虽有很好的代表性，但并未充分利用各样品的信息，因此给出类平均法，它定义两类之间的距离平方为这两类元素两两之间距离平方的平均，即

$$D^2_{pq}=\frac{1}{n_p n_q}\sum_{X_i\in G_p}\sum_{X_j\in G_q}d^2_{ij} \tag{8-22}$$

设聚类到某一步，将 G_p 和 G_q 合并为 G_r，则任一类 $G_k(k\neq p,q)$ 与 G_r 的距离为

$$\begin{aligned}D^2_{kr}&=\frac{1}{n_k n_r}\sum_{X_i\in G_k}\sum_{X_j\in G_r}d^2_{ij}\\&=\frac{1}{n_k n_r}\left(\sum_{X_i\in G_k}\sum_{X_j\in G_p}d^2_{ij}+\sum_{X_i\in G_k}\sum_{X_j\in G_q}d^2_{ij}\right)\\&=\frac{1}{n_k n_r}\left(\frac{n_p n_k}{n_p n_k}\sum_{X_i\in G_k}\sum_{X_j\in G_p}d^2_{ij}+\frac{n_q n_k}{n_q n_k}\sum_{X_i\in G_k}\sum_{X_j\in G_q}d^2_{ij}\right)\end{aligned}$$

$$= \frac{1}{n_k n_r}(n_p n_k D_{kp}^2 + n_q n_k D_{kq}^2)$$

$$= \frac{n_p}{n_r} D_{kp}^2 + \frac{n_q}{n_r} D_{kq}^2 \tag{8-23}$$

【例 8-6】 采用类平均法对【例 8-2】中的 5 个矿样进行聚类分析。

类平均法的初始距离矩阵 $\boldsymbol{D}_{(0)}^2$ 与中间距离法相同（见表 8-11）。

$D_{(0)}^2$ 中非主对角线最小元素是 1，将其对应的 G_1 与 G_2 合并为 G_6，按类平均法的距离公式计算 G_6 与其他类的距离得 $D_{(1)}^2$，见表 8-16。

表 8-16 一次聚类后的类间距离（平方）矩阵

$D_{(1)}^2$	G_6	G_3	G_4	G_5
$G_6 = \{X_1, X_2\}$	0			
$G_3 = \{X_3\}$	4.25	0		
$G_4 = \{X_4\}$	30.5	12.25	0	
$G_5 = \{X_5\}$	56.5	30.25	4	0

其中 $$D_{k6}^2 = \frac{1}{2} D_{k1}^2 + \frac{1}{2} D_{k2}^2 \qquad (k = 3,4,5)$$

如 $$D_{36}^2 = \frac{1}{2} \times 6.25 + \frac{1}{2} \times 2.25 = 4.25$$

$D_{(1)}^2$ 中非主对角线最小元素是 4，将其对应的 G_4 与 G_5 合并为 G_7，计算 G_7 与其他各类的距离得 $D_{(2)}^2$，见表 8-17。

表 8-17 二次聚类后的类间距离（平方）矩阵

$D_{(2)}^2$	G_6	G_3	G_7
$G_6 = \{X_1, X_2\}$	0		
$G_3 = \{X_3\}$	4.25	0	
$G_7 = \{X_4, X_5\}$	43.5	21.25	0

表 8-17 中，非主对角线最小元素为 4.25，将其对应的 G_3 与 G_6 并成 G_8，计算新类 G_8 与其他各类间的平方距离得 $D_{(3)}^2$，见表 8-18。

表 8-18 三次聚类后的类间距离（平方）矩阵

$D_{(3)}^2$	G_7	G_8
$G_7 = \{X_1, X_2, X_3\}$	0	
$G_8 = \{X_4, X_5\}$	36.08	0

最后将 G_7 与 G_8 合并成 G_9，其聚类图如图 8-16 所示。

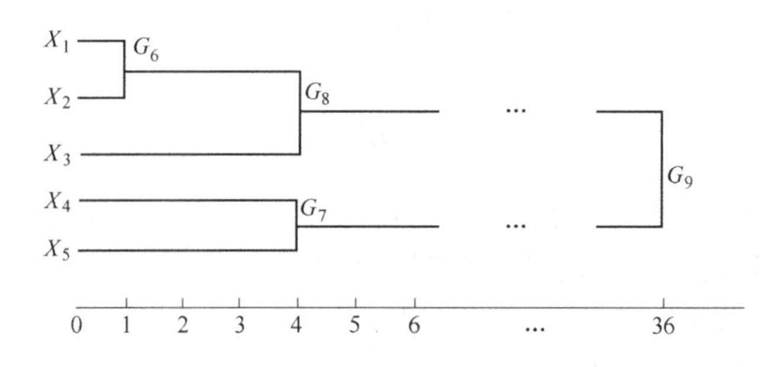

图 8-16　类平均法聚类结果

8.5.6　可变类平均法

类平均法公式中没有反映 G_p 与 G_q 之间距离 D_{pq} 的影响，进一步将其改进，加进 D_{pq}，即为可变类平均法。此法定义两类之间的距离同上，只是将任一类 $G_k(k \neq p,q)$ 与新类 G_r 的距离改为如下形式

$$D_{kr}^2 = \frac{n_p}{n_r}(1-\beta)D_{kp}^2 + \frac{n_q}{n_r}(1-\beta)D_{kq}^2 + \beta D_{pq}^2 \qquad (8\text{-}24)$$

其中 β 是可变的且 $\beta<1$。

【例 8-7】 采用可变类平均法对【例 8-2】中的 5 个矿样进行聚类分析。

可变类平均法的初始距离矩阵 $\boldsymbol{D}_{(0)}^2$ 与中间距离法相同（见表 8-11）。

$D_{(0)}^2$ 中非主对角线最小元素是 1，将其对应的 G_1 与 G_2 合并成 G_6，并按照上述公式计算 G_6 与其他各类的距离，取 $\beta = -\frac{1}{4}$，求得 $D_{(1)}^2$，见表 8-19。

表 8-19　一次聚类后的类间距离（平方）矩阵

$D_{(1)}^2$	G_6	G_3	G_4	G_5
$G_6=\{X_1,X_2\}$	0			
$G_3=\{X_3\}$	5.06	0		
$G_4=\{X_4\}$	37.88	12.25	0	
$G_5=\{X_5\}$	70.38	30.25	4	0

$D_{(1)}^2$ 中非主对角线最小元素是 4，将其对应的 G_4 与 G_5 合并为 G_7，计算 G_7 与其他各类的距离得 $D_{(2)}^2$，见表 8-20。

表 8-20　二次聚类后的类间距离（平方）矩阵

$D_{(2)}^2$	G_6	G_3	G_7
$G_6=\{X_1,X_2\}$	0		
$G_3=\{X_3\}$	5.06	0	
$G_7=\{X_4,X_5\}$	66.66	25.56	0

将 G_3 与 G_6 合并成 G_8，计算 G_8 与 G_7 的距离得 $D_{(3)}^2$，见表 8-21。

表 8-21　三次聚类后的类间距离（平方）矩阵

$D^2_{(3)}$	G_8	G_7
$G_8=\{X_1,X_2,X_3\}$	0	
$G_7=\{X_4,X_5\}$	64.94	0

最后将 G_7 与 G_8 合并成 G_9，其聚类图如图 8-17 所示。

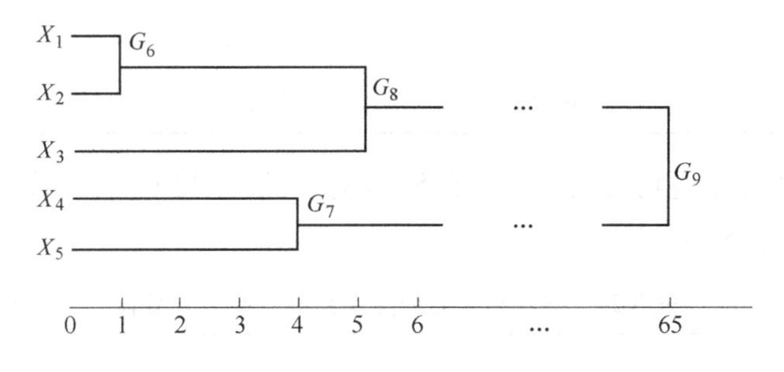

图 8-17　可变类平均法聚类结果

8.5.7　可变距离法

此法定义两类之间的距离仍同上，而新类 G_r 与任一类的 $G_k(k\neq p,q)$ 的距离公式为

$$D^2_{kr}=\frac{1-\beta}{2}(D^2_{kp}+D^2_{kq})+\beta D^2_{pq} \tag{8-25}$$

其中 β 是可变的，且 $\beta<1$。

显然在可变类平均法中取 $\frac{n_p}{n_r}=\frac{n_q}{n_r}=\frac{1}{2}$，即为式（8-25）。

可变类平均法与可变距离法的分类效果与 β 的选择关系极大，β 如果接近 1，一般分类效果不好，在实际应用中 β 常取负值。

下面以表 8-11 为基础，简单说明可变距离法的聚类过程。

【例 8-8】 采用可变距离法对【例 8-2】中的 5 个矿样进行聚类分析。

可变距离法的初始距离矩阵 $\boldsymbol{D}^2_{(0)}$ 与中间距离法相同（见表 8-11）。此处可变参数 β 取 $-\frac{1}{4}$。

将表 8-11 中非主对角线元素最小值 1 对应的 G_1 与 G_2 合并成 G_6，按上述公式计算 G_6 与任一类的距离得 $D^2_{(1)}$，见表 8-22。

表 8-22　一次聚类后的类间距离（平方）矩阵

$D^2_{(1)}$	G_6	G_3	G_4	G_5
$G_6=\{X_1,X_2\}$	0			
$G_3=\{X_3\}$	5.06	0		
$G_4=\{X_4\}$	37.88	12.25	0	
$G_5=\{X_5\}$	70.38	30.25	4	0

再将表8-22中非主对角线元素最小值4对应的 G_4 与 G_5 合并成 G_7，计算 G_7 与其他类距离得 $D^2_{(2)}$，见表8-23。

表8-23 二次聚类后的类间距离（平方）矩阵

$D^2_{(2)}$	G_6	G_3	G_7
$G_6=\{X_1,X_2\}$	0		
$G_3=\{X_3\}$	5.06	0	
$G_7=\{X_4,X_5\}$	66.66	25.56	0

再将表8-23中非主对角线元素最小值5.06对应的 G_3 与 G_6 合并成 G_8，计算 G_8 与 G_7 的距离得 $D^2_{(3)}$，见表8-24。

表8-24 三次聚类后的类间距离（平方）矩阵

$D^2_{(3)}$	G_7	G_8
$G_7=\{X_3,X_4\}$	0	
$G_8=\{X_1,X_2,X_3\}$	56.37	0

最后将 G_7 与 G_8 合并成 G_9，其聚类图如图8-18所示。

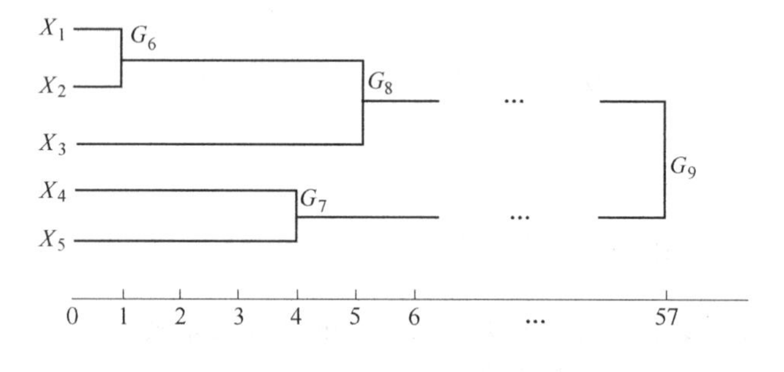

图8-18 可变法聚类结果

8.5.8 离差平方和法

这个方法是Ward提出来的，故又称为Ward法。

设将 n 个样品分成 k 类：G_1，G_2，…，G_t，…，$G_k(t=1，2，…，k)$，用 $\boldsymbol{X}_i^{(t)}$ 表示 G_t 中的第 i 个样品（注意 $\boldsymbol{X}_i^{(t)}$ 是 p 维向量），n_t 表示 G_t 中的样品个数，$\overline{\boldsymbol{X}}^{(t)}$ 是 G_t 的重心，则 G_t 中样品的离差平方和为

$$S_t=\sum_{i=1}^{n_t}(\boldsymbol{X}_i^{(t)}-\overline{\boldsymbol{X}}^{(t)})^2$$

k 个类的类内离差平方和为

$$S=\sum_{t=1}^{k}S_t=\sum_{t=1}^{k}\sum_{i=1}^{n_t}(\boldsymbol{X}_i^{(t)}-\overline{\boldsymbol{X}}^{(t)})'^2$$

Ward法的基本思想来自于方差分析，如果分类正确，同类样品的离差平方和应当较

小，类与类的离差平方和应当较大。具体做法是先将 n 个样品各自成一类，然后每次缩小一类，每缩小一类离差平方和就要增大，选择使 S 增加最小的两类合并（因为如果分类正确，同类样品的离差平方和应当较小），直到所有的样品归为一类为止。

粗看 Ward 法与前七种方法有较大的差异，但是如果将 G_p 与 G_q 的距离定义为

$$D_{pq}^2 = S_r - S_p - S_q$$

因为 $G_r = G_p \cup G_q$，就可使 Ward 法和前七种系统聚类方法统一起来，且可以证明 Ward 法合并类的距离公式为

$$D_{kr}^2 = \frac{n_k + n_p}{n_r + n_k} D_{kp}^2 + \frac{n_k + n_q}{n_r + n_k} D_{kq}^2 - \frac{n_k}{n_r + n_k} D_{pq}^2 \tag{8-26}$$

下面以表 8-11 为基础，说明离差平方和法的聚类过程。

【例 8-9】 采用离差平方和法对【例 8-2】中的 5 个矿样进行聚类分析。

（1）将五个样品各自分成一类，显然这时各类的类内离差平方和 $S=0$。

（2）所有各列（类）两两组合、合并，计算各组合所增加的离差平方和，取其中较小的 S 所对应的两列（类）作为合并的对象，例如将 $G_1 = \{X_1\}, G_2 = \{X_2\}$ 组合、合并，其重心（均值）为$(1+2)/2 = 1.5$，增加的离差平方和 $S = (1-1.5)^2 + (2-1.5)^2 = 0.5$；同理，如果将 $G_1 = \{X_1\}$，$G_3 = \{X_3\}$ 组合、合并，其离差平方和增量为 $S = (1-2.25)^2 + (3.5-2.25)^2 = 3.125$，将一切可能的两类合并的离差平方和都算出来列表，见表 8-25。

表 8-25 两两组合的离差平方和矩阵

$D_{(0)}^2$	G_1	G_2	G_3	G_4	G_5
$G_1 = \{X_1\}$	0				
$G_2 = \{X_2\}$	0.5	0			
$G_3 = \{X_3\}$	3.125	1.125	0		
$G_4 = \{X_4\}$	18	12.50	6.125	0	
$G_5 = \{X_5\}$	32	24.50	15.125	2	0

表 8-25 中，非主对角线最小元素是 0.5，说明将 G_1，G_2合并为 G_6增加的 S 最少，计算 G_6与其他类的距离得 $D_{(1)}^2$，见表 8-26。

表 8-26 一次聚类后的类间距离（平方）矩阵

$D_{(1)}^2$	G_6	G_3	G_4	G_5
$G_6 = \{X_1, X_2\}$	0			
$G_3 = \{X_3\}$	2.667	0		
$G_4 = \{X_4\}$	20.167	6.125	0	
$G_5 = \{X_5\}$	37.5	15.125	2	0

其中 $$D_{k6}^2 = \frac{n_k + n_1}{n_6 + n_k} D_{k1}^2 + \frac{n_k + n_2}{n_6 + n_k} D_{k2}^2 - \frac{n_k}{n_6 + n_k} D_{12}^2 \quad (k=3,4,5)$$

这里 $$n_1=n_2=n_3=n_4=n_5=1, n_6=2$$

表 8-26 中，非主对角线最小元素是 2，将其对应的 G_4，G_5 合并为 G_7，计算 G_7 与其他类的距离得 $D^2_{(2)}$，见表 8-27。

表 8-27 二次聚类后的类间距离（平方）矩阵

$D^2_{(2)}$	G_6	G_3	G_7
$G_6=\{X_1, X_2\}$	0		
$G_3=\{X_3\}$	2.667	0	
$G_7=\{X_4, X_5\}$	42.25	13.5	0

其中 $$D^2_{k7}=\frac{n_k+n_4}{n_7+n_k}D^2_{k4}+\frac{n_k+n_5}{n_7+n_k}D^2_{k5}-\frac{n_k}{n_7+n_k}D^2_{45} \qquad (k=3, 6)$$

这里 $$n_3=1, \ n_6=n_7=2$$

表 8-27 中，非主对角线最小元素是 2.667，将 G_3，G_6 合并为 G_8，计算 G_8 与 G_7 的距离得 $D^2_{(3)}$，见表 8-28。

表 8-28 三次聚类后的类间距离（平方）矩阵

$D^2_{(3)}$	G_7	G_8
$G_7=\{X_3, X_4\}$	0	
$G_8=\{X_1, X_2, X_3\}$	40.83	0

其中 $$D^2_{78}=\frac{n_7+n_3}{n_7+n_8}D^2_{73}+\frac{n_7+n_6}{n_7+n_8}D^2_{76}-\frac{n_7}{n_7+n_8}D^2_{36}$$

最后将 G_7，G_8 合并为 G_9，将全部分类过程列表，见表 8-29。

表 8-29 聚类过程列表

分类数目	类	并类最小的离差平方和
5	{1}，{2}，{3}，{4}，{5}	0
4	{1，2}，{3}，{4}，{5}	0.5
3	{1，2}，{3}，{4，5}	2
2	{1，2，3}，{4，5}	2.667
1	{1，2，3，4，5}	40.83

用增加最小的离差平方和代替合并的平方距离也可画出聚类图，如图 8-19 所示。

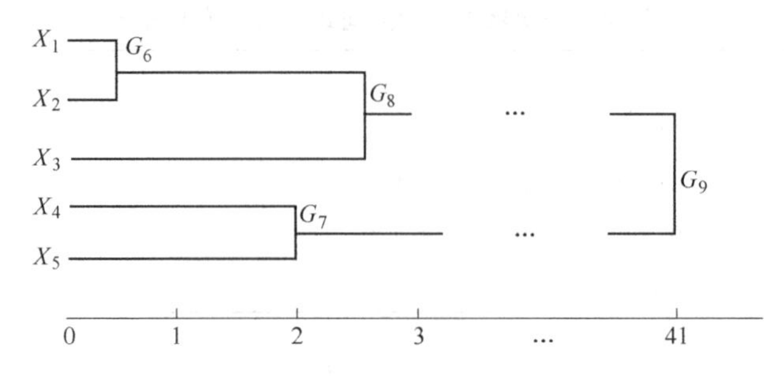

图 8-19 离差平方和法聚类结果

以上介绍了八种系统聚类方法，这些方法聚类的步骤是完全一样的，所不同的是类与类之间的距离有不同的定义法。从结果来看，用八种系统聚类法并类的结果都是一致的，只是并类的距离不同。然而在一般情况下，用不同的方法聚类的结果是不完全一致的。自然会问用哪一种方法好呢？这就需要提出一个标准作为衡量的依据，但至今还没有一个合适的标准。各种方法的比较目前仍是值得研究的一个课题，在实际应用中，一般采用以下两种处理方法：一种办法是根据分类问题本身的专业知识结合实际需要来选择分类方法，并确定分类个数；另一种办法是多用几种分类方法，把结果中的共性提取出来，如果用几种方法的某些结果都一样，则说明这样的聚类确实反映了事物的本质，而将有争议的样品暂放一边或用其他办法，如判别分析去归类。

8.6 逐步聚类法

该方法首先选择一些初始凝聚点，把这些凝聚点作为今后聚类的核心；接着把每个样品根据欧氏距离归入到与该样品最近的凝聚点所代表的类，以构成暂时的类；再用这些暂时的类的重心（平均值）代替初始凝聚点作为新的凝聚点，再一次把每个样品归入到与该样品最近的凝聚点所代表的类，构成新的暂时的类……这样一直进行下去，直至分成的类再没有什么变化为止。

假设有 n 个被聚类的对象，每个对象都由 x_1，x_2，…，x_p 个要素构成。逐步聚类法大致按照以下几个步骤：

（1）计算 n 个样品（或变量）的 $n(n-1)/2$ 个统计量（如相似系数），挑出相似性最大的样品（变量）对，如前述【例 8-1】中的 3，5 和 4，6；

（2）把挑出的成对样品观测值逐一加权平均，形成新的数据，如 35，46，并删去原有的两个样品数据，以存放新数据；

（3）利用剩余的原始数据的观测值和新的数据重新计算统计量；

（4）再从中挑出最相似的样品对（如 1，35），这样直到所有样品（变量）归并完。

（5）画谱系图。

【例 8-10】 某区有 7 个矽卡岩岩体，其中 56，83 号为含 Cu 岩体，58，79 号为 Cu 矿化矽卡岩体，98，102 号为 Cu、W、Mo 矽卡岩体，80 号未知。对每个岩体，观测和分析了 Cu、W、Mo 三个变量（见表 8-30），现用 Q 型聚类分析对其进行分类，并预测 80 号岩体为何种类型。

（1）对表 8-30 的原始数据进行正规化处理

$$x'_{ij} = \frac{x_{ij} - x_{i,\min}}{x_{i,\max} - x_{i,\min}}$$

表 8-30 原始数据表

数据	56	83	80	58	79	98	102
Cu	2.99	3.2	2.84	2.53	2.59	2.96	3.12
W	0.31	0.53	0.6	0.45	0.3	3.04	2.84
Mo	0.53	0.77	0.72	0.49	0.27	1.5	1.99

正规化的结果见表 8-31。

表 8-31 数据正规化结果表

数 据	56	83	80	58	79	98	102
Cu	0.68	1	0.46	0	0.09	0.64	0.87
W	0.01	0.08	0.11	0.06	0	1	0.43
Mo	0.15	0.29	0.26	0.13	0	0.72	1

（2）计算距离系数

$$d_{jk} = \sqrt{\frac{1}{p}\sum_{\alpha=1}^{p}(x_{\alpha j} - x_{\alpha k})^2}$$

例如：$d_{56,83} = \sqrt{\frac{1}{3}[(0.68-1.0)^2 + (0.01-0.08)^2 + (0.15-0.29)^2]} = 0.21$

全部距离系数构成的矩阵见表 8-32。

表 8-32 初始距离系数矩阵

数 据	56	83	80	58	**79** *	98	102
56	0	0.21	0.16	0.39	0.35	0.66	0.73
83		0	0.26	0.59	0.55	0.62	0.64
80			0	0.27	0.27	0.59	0.68
58 *				0	**0.09**	0.74	0.87
79					0	0.29	0.41
98						0	0.22
102							0

（3）挑出第一对需要归并的样品

从表 8-32 可以看出，距离最小的样品为 $d_{58,79} = 0.09$，因此，首先将它们归并，得第 1 个类，并将 58，79 的正规化数据进行算术平均，以代替 58 和 79 的数据，结果见表 8-33。

表 8-33 一次聚类结果

数 据	56	83	80	58，79	98	102
Cu	0.68	1	0.46	0.045	0.64	0.87
W	0.01	0.08	0.11	0.03	1	0.43
Mo	0.15	0.29	0.26	0.06	0.72	1

（4）根据表 8-33，重复进行（2）、（3）步的计算过程，得表 8-34。

（5）由表 8-34 可以看出，$d_{56,80} = 0.156$ 最小，将其归并，得第 2 个类，归并结果见表 8-35。

表 8-34 二次计算距离系数矩阵

数 据	56	83	**80***	58，79	98	102
56*	0	0.21	**0.156**	0.38	0.66	0.73
83		0	0.26	0.57	0.62	0.64
80			0	0.27	0.59	0.68
58，79				0	0.76	0.89
98					0	0.22
102						0

表 8-35 二次聚类结果

数 据	56，80	83	58，79	98	102
Cu	0.57	1	0.045	0.64	0.87
W	0.055	0.08	0.03	1	0.43
Mo	0.22	0.29	0.06	0.72	1

（6）根据表 8-35，重新计算距离系数（见表 8-36）。其中 $d_{98,102}=0.217$ 最小，合并之（见表 8-37）。

表 8-36 三次计算距离系数矩阵

数 据	56，80	83	58，79	98	**102***
56，80	0	0.25	0.32	0.62	0.7
83		0	0.57	0.62	0.6
58，79			0	0.76	0.89
98*				0	**0.217**
102					0

表 8-37 三次聚类结果

数 据	56，80	83	58，79	98，102
Cu	0.57	1	0.045	0.75
W	0.055	0.08	0.03	0.96
Mo	0.205	0.29	0.06	0.86

（7）重复以上的计算分析过程，直到所有样品归并为一个大类为止。

为避免计算错误起见，可将计算结果及时填入如下综合表 8-38。

表 8-38 逐步计算和聚类顺序表

联结顺序	联结的样品号		D_{ij}
1	58	79	0.0938
2	56	80	0.1558
3	98	102	0.2179
4	56，80	83	0.2535
5	(56，80)，83	58，79	0.3993
6	((56,80),83),(58,79)	98，102	0.7332

（8）根据每次归类时距离系数的大小，作谱系图，如图 8-20 所示。

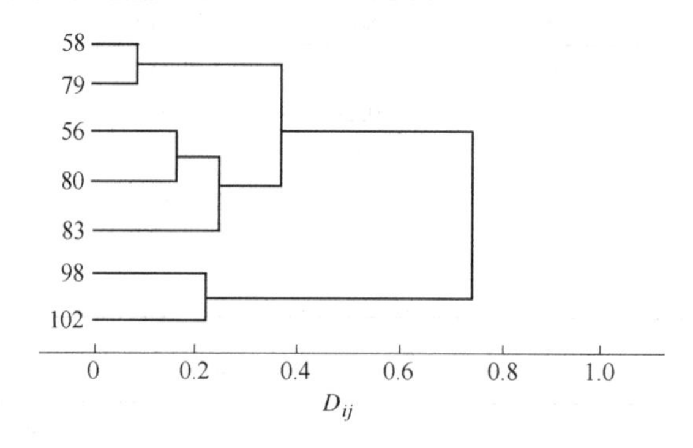

图 8-20　逐步聚类结果谱系图

（9）进行物理解释。

① $D=0.5$ 时，岩体分为两大类：多金属矽卡岩体和含 Cu 矽卡岩体；

② $D=0.3$ 时，则分成了三大类：含 Cu 矿化矽卡岩（58，79）、多金属矽卡岩（98，102）及含 Cu 矽卡岩（56，80，83）；

③ 80 号岩体应为含 Cu 矽卡岩体。

9 判别分析

9.1 概　述

对存在于自然界和人类社会中的各种现象进行科学合理的分类，有助于我们了解不同事物的基本属性，把握事物的内在规律，进而提出针对具体事物自身问题的解决方法和解决方案。从对事物进行分类的角度概括来讲，有两大类问题需要解决，即研究范围内研究对象有几类，以及在类型已知时，具体的某个研究对象属于哪一类。

前述聚类分析是在事先对总体分类情况没有先验信息的情况下，对事物总体基于其样本数据进行的分类，其回答或解决的是上述第一类问题。在日常生活和工作实践中，常常会遇到另外一类问题，即根据已有的划分类别的有关历史资料，确定一种判别方法，判定一个新的样本归属哪一类，此为上述第二类问题，属于判别分析需要解决和回答的问题。

判别分析（discriminant analysis）是判别样品所属类型的一种统计方法，是在已知研究对象分成若干类型（或组别）并已取得各种类型的一批已知样品的观测数据的基础上，根据某些准则建立判别式，然后对未知类型的样品进行判别分类的方法。这类问题用数学语言，可以叙述如下：

设有 n 个样本，对每个样本测得 x_1，x_2，…，x_p共 p 项指标（变量）的数据，已知每个样本属于 k 个类别（或总体）G_1，G_2，…，G_k中的某一类，对于每类别其分布函数分别为$f_1(y)$，$f_2(y)$，…，$f_k(y)$。我们希望利用这些数据，找出一种判别函数，使得这一函数具有某种最优性质，能把属于不同类别的样本点尽可能地区别开来，并对测得同样 p 项指标（变量）数据的一个新样本，能判定其归属于哪一类。

判别分析兼有判别与分类的两种性质，但以判别为主。其与聚类分析不同之点在于：判别分析以事先已知分几类为前提；聚类分析则不必事先确定类型，类型的形成是聚类分析的结果。正因为如此，判别分析和聚类分析往往联合起来使用，例如判别分析是要求先知道各类总体情况才能判断新样品的归类，当总体分类不清楚时，可先用聚类分析对原来的一批样品进行分类，然后再用判别分析建立判别式以对新样品进行判别。

在生产、科研和日常生活中经常需要根据观测到的数据资料，对所研究的对象进行分类，因此，判别分析的应用非常广泛。例如在经济学中，根据人均国民收入、人均工农业产值、人均消费水平等多种指标来判定一个国家的经济发展程度所属类型；在市场预测中，根据以往调查所得的各种指标，判别下季度产品是畅销、平销或滞销；在医疗诊断中，根据某人多种体检指标（如体温、血压、白细胞等）来判别此人是有病还是无病；在天气预报中，气象部门积累了大量关于某地区每天气象的记录资料（晴、阴、雨、气温、气压、湿度等），需要根据连续五天的气象资料来预报第六天是什么天气；在地质找矿工作中，不同类型的矿床有着不同的形成条件和外在表现特征，那么，基于现有的关于矿床成因的理论和认识，对某个具体的矿床根据其属性特征确定其矿床类型，或者根据某地特定的地质条件预测有无找到特定类型矿床的可能性等。

判别分析的内容很丰富，方法很多。根据不同的研究对象，判别分析方法有不同的分类：

（1）按判别的级数来区分，有两类判别分析和多类判别分析；

（2）按区分不同总体所用的数学模型来分，有线性判别分析和非线性判别分析；

（3）按判别时所处理的变量方法不同，有逐步判别和序贯判别等；

（4）按判别准则来分，有马氏距离最小准则、费歇判别准则、贝叶斯判别准则、最小平方准则、最大似然准则等及对应的判别方法。

本章主要介绍基于这些准则的距离判别法、费歇（Fisher）判别法、贝叶斯（Bayes）判别法和逐步判别法。

9.2 距离判别法

距离判别分析方法是判别样品所属类别的一种应用性很广的多因素决策方法，其基本思想是就近归类，即根据已知分类的数据（训练样本），分别计算各类的重心即分组（类）的均值，然后求出新样本离各个类别重心的距离，新样本和哪个总体的距离最近，就判它属于哪个总体。

距离判别的特点是直观、简单，适合于对自变量均为连续变量的情况进行分类，且它对变量的分布类型无严格要求，特别是并不严格要求总体协方差阵相等。

最常用的距离为马氏距离、欧氏距离。

9.2.1 两类总体的距离判别分析

设有两个总体 G_1 和 G_2，已知来自 G_i（$i=1,2$）的训练样本为

$$\boldsymbol{X}_t^i = (x_{t1}^{(i)}, x_{t2}^{(i)}, \cdots, x_{tm}^{(i)})' \qquad (i = 1,2; t = 1,2,\cdots,n_i)$$

其中 n_i 是取自总体 G_i 的样品个数，则 G_i 的均值向量 $\boldsymbol{\mu}^{(i)}$ 的估计量为

$$\overline{\boldsymbol{X}}^{(i)} = \left(\frac{1}{n_i}\sum_{t=1}^{n_i} x_{t1}^{(i)}, \cdots, \frac{1}{n_i}\sum_{t=1}^{n_i} x_{tm}^{(i)}\right)' = (\overline{x}_1^{(i)}, \overline{x}_2^{(i)}, \cdots, \overline{x}_m^{(i)})' \tag{9-1}$$

总体 G_i 的协方差阵 $\boldsymbol{\Sigma}_i$ 的估计 $\boldsymbol{S}_i$（称为组内协方差矩阵）为

$$\boldsymbol{S}_i = \frac{1}{n_i - 1}\boldsymbol{A}_i = (\boldsymbol{S}_{lj}^{(i)}, x_{t2}^{(i)})_{m\times m} \tag{9-2}$$

其中 $\boldsymbol{A}_i = \sum_{t=1}^{n_i}(\boldsymbol{X}_{(t)}^{(i)} - \overline{\boldsymbol{X}}^{(i)})(\boldsymbol{X}_{(t)}^{(i)} - \overline{\boldsymbol{X}}^{(i)})'$ 称为组内离差矩阵

$$S_{lj}^{(i)} = \frac{1}{n_i - 1}\sum_{t=1}^{n_i}(x_{tl}^{(i)} - \overline{x}_l^{(i)})(x_{tj}^{(i)} - \overline{x}_j^{(i)}) \qquad (l,j = 1,2,\cdots,m) \tag{9-3}$$

当假定 $\boldsymbol{\Sigma}_1 = \boldsymbol{\Sigma}_2 = \boldsymbol{\Sigma}$ 时，反映分散性的协方差矩阵 $\boldsymbol{\Sigma}$ 的估计为

$$\boldsymbol{S} = \frac{1}{n-k}\sum_{i=1}^{k}\boldsymbol{A}_i = (S_{lj})_{m\times m} \qquad (k = 2) \tag{9-4}$$

并称 $\boldsymbol{S}$ 为合并样本协方差矩阵，其中

$$S_{lj} = \frac{1}{n-k}\sum_{i=1}^{2}(x_{tl}^{(i)} - \bar{x}_l^{(i)})(x_{tj}^{(i)} - \bar{x}_j^{(i)}) \qquad (l,j = 1,2,\cdots,m) \tag{9-5}$$

所谓两类总体的判别分析，就是对任意给定的 m 维样品 $\boldsymbol{X} = (x_1, x_2, \cdots, x_m)$，需要判断其来自两类总体中的哪一类。下面就两类总体协方差阵 $\boldsymbol{\Sigma}_1$，$\boldsymbol{\Sigma}_2$ 相同与不同的两种情况分别予以讨论。

A　$\boldsymbol{\Sigma}_1 = \boldsymbol{\Sigma}_2$ 时的判别方法

一个直观的想法是，分别计算样品 X 到两个总体的距离 $d_1{}^2(X)$ 和 $d_2{}^2(X)$（或记为 $d^2(X,G_1)$ 和 $d^2(X,G_2)$），并按距离最近准则判别归类，判别准则为

$$\begin{cases} X \in G_1 & (若\ d^2(X,G_1) < d^2(X,G_2)) \\ X \in G_2 & (若\ d^2(X,G_1) \geqslant d^2(X,G_2)) \end{cases} \tag{9-6}$$

或

$$\begin{cases} X \in G_1 & (若\ d^2(X,G_1) < d^2(X,G_2)) \\ X \in G_2 & (若\ d^2(X,G_1) > d^2(X,G_2)) \\ 待定 & (若\ d^2(X,G_1) = d^2(X,G_2)) \end{cases} \tag{9-7}$$

这里的距离是指马氏距离，利用马氏距离的定义（见 8.4.1 节）及两总体协方差矩阵相等的假设，可以简化马氏距离的计算公式：

$$\begin{aligned} d^2(X,G_i) &= (\boldsymbol{X} - \overline{\boldsymbol{X}}^{(i)})'\boldsymbol{S}^{-1}(\boldsymbol{X} - \overline{\boldsymbol{X}}^{(i)}) \\ &= \boldsymbol{X}'\boldsymbol{S}^{-1}\boldsymbol{X} - 2\boldsymbol{X}'S^{-1}\overline{\boldsymbol{X}}^{(i)} + (\overline{\boldsymbol{X}}^{(i)})'\boldsymbol{S}^{-1}\overline{\boldsymbol{X}}^{(i)} \qquad (i = 1,2) \end{aligned} \tag{9-8}$$

为了判断样品 X 的归属，我们可以考察它到两个总体的马氏距离之差：

$$\begin{aligned} d_2^2(X) - d_1^2(X) &= [\boldsymbol{X}'\boldsymbol{S}^{-1}\boldsymbol{X} - 2\boldsymbol{X}'\boldsymbol{S}^{-1}\overline{\boldsymbol{X}}^{(2)} + (\overline{\boldsymbol{X}}^{(2)})'\boldsymbol{S}^{-1}\overline{\boldsymbol{X}}^{(2)}] - \\ &\quad [\boldsymbol{X}'\boldsymbol{S}^{-1}\boldsymbol{X} - 2\boldsymbol{X}'\boldsymbol{S}^{-1}\overline{\boldsymbol{X}}^{(1)} + (\overline{\boldsymbol{X}}^{(1)})'\boldsymbol{S}^{-1}\overline{\boldsymbol{X}}^{(1)}] \\ &= 2\boldsymbol{X}'\boldsymbol{S}^{-1}(\overline{\boldsymbol{X}}^{(1)} - \overline{\boldsymbol{X}}^{(2)}) + (\overline{\boldsymbol{X}}^{(2)})'S^{-1}\overline{\boldsymbol{X}}^{(2)} - (\overline{\boldsymbol{X}}^{(1)})'\boldsymbol{S}^{-1}\overline{\boldsymbol{X}}^{(1)} \\ &= 2\boldsymbol{X}'\boldsymbol{S}^{-1}(\overline{\boldsymbol{X}}^{(1)} - \overline{\boldsymbol{X}}^{(2)}) + (\overline{\boldsymbol{X}}^{(2)} + \overline{\boldsymbol{X}}^{(1)})'\boldsymbol{S}^{-1}(\overline{\boldsymbol{X}}^{(2)} - \overline{\boldsymbol{X}}^{(1)}) \\ &= 2\left[\boldsymbol{X} - \frac{1}{2}(\overline{\boldsymbol{X}}^{(1)} + \overline{\boldsymbol{X}}^{(2)})\right]' S^{-1}(\overline{\boldsymbol{X}}^{(1)} - \overline{\boldsymbol{X}}^{(2)}) \end{aligned} \tag{9-9}$$

令

$$W(X) = (\boldsymbol{X} - \boldsymbol{X}^*)'\boldsymbol{S}^{-1}(\overline{\boldsymbol{X}}^{(1)} - \overline{\boldsymbol{X}}^{(2)}) \tag{9-10}$$

$$\boldsymbol{a} = \boldsymbol{S}^{-1}(\overline{\boldsymbol{X}}^{(1)} - \overline{\boldsymbol{X}}^{(2)}), \boldsymbol{X}^* = \frac{1}{2}(\overline{\boldsymbol{X}}^{(1)} + \overline{\boldsymbol{X}}^{(2)})$$

则 $W(X)$ 是 X 的线性函数

$$W(X) = (\boldsymbol{X} - \boldsymbol{X}^*)'\boldsymbol{a} = \boldsymbol{a}'(\boldsymbol{X} - \boldsymbol{X}^*) \tag{9-11}$$

$W(X)$ 也称为线性判别函数，可利用它代替 $d_2^2(X) - d_1^2(X)$，来判断样品 X 的归属；a 为判别系数。

此时，判别准则可以写为：

$$\begin{cases} X \in G_1 & (\text{若 } W(X) > 0) \\ X \in G_2 & (\text{若 } W(X) \leqslant 0) \end{cases} \tag{9-12}$$

B $\boldsymbol{\Sigma}_1 \neq \boldsymbol{\Sigma}_2$时的判别方法

当两类总体协方差阵不等时，按距离判别准则计算 X 到两个总体的距离 $d^2(X,G_1)$ 和 $d^2(X,G_2)$，然后按距离最近准则判别归类，或者类似地计算判别函数 $W(X)$，并用于判别归类。令

$$W(X) = d^2(X,G_2) - d^2(X,G_1) = Z(X) - Z_0 \tag{9-13}$$

其中 $Z(X)$ 是 X 的二次函数（因 $\boldsymbol{\Sigma}_1 \neq \boldsymbol{\Sigma}_2$），$Z_0$是一个常数。判别准则仍可写为

$$\begin{cases} X \in G_1 & (\text{若 } W(X) > 0) \\ X \in G_2 & (\text{若 } W(X) \leqslant 0) \end{cases} \tag{9-14}$$

【例 9-1】 某地区经勘探证明，A 盆地是一个钾盐矿区，B 盆地是一个钠盐（不含钾）矿区，其他盐盆地是否含钾盐有待作出判别。今从 A 和 B 两个盆地各抽取 5 个盐泉样品，从其他盐地抽得 8 个盐泉样品，18 个盐泉的特征值见表 9-1，试对后 8 个待判盐泉进行含钾性判断。

表 9-1 盐泉的特征数值

盐泉类别	序号	$w(K) \times 10^3 / w(Cl)$	$w(Br) \times 10^3 / w(Cl)$	$w(K) \times 10^3 / w(\Sigma 盐)$	$w(K)/w(Br)$	类别号
		(X_1)	(X_2)	(X_3)	(X_4)	
含钾盐泉（A 盆地）	1	13.85	2.79	7.80	49.60	A
	2	22.31	4.67	12.31	47.80	A
	3	28.82	4.63	16.18	62.15	A
	4	15.29	3.54	7.50	43.20	A
	5	28.79	4.90	16.12	58.10	A
含钠盐泉（B 盆地）	6	2.18	1.06	1.22	20.60	B
	7	3.85	0.80	4.06	47.10	B
	8	11.40	0.00	3.50	0.00	B
	9	3.66	2.42	2.14	15.10	B
	10	12.10	0.00	5.68	0.00	B
待判盐泉	11	8.85	3.38	5.17	26.10	
	12	28.60	2.40	1.20	127.00	
	13	20.70	6.70	7.60	30.20	
	14	7.90	2.40	4.30	33.20	
	15	3.19	3.20	1.43	9.90	
	16	12.40	5.10	4.43	24.60	
	17	16.80	3.40	2.31	31.30	
	18	15.00	2.70	5.02	64.00	

解： 把 A 盆地和 B 盆地看做两个不同的总体，并假定两总体协方差阵相等。本例中变

量个数 $p=4$，两类总体各有 5 个训练样品（$n_1=n_2=5$），另有 8 个待判样品。

（1）首先进行假设检验。

假设 H_0：$\mu_1=\mu_2$，若经过检验，此假设被否定，则说明两总体可区分，所建立的判别准则有意义。检验统计量

$$F=\frac{(n_1+n_2-p-1)n_1n_2}{(n_1+n_2)(n_1+n_2-2)p}d^2(1,2)\sim F(p,n_1+n_2-p-1)$$

对于给定的检验水平 α，$\alpha=P[F>F_\alpha(p,n_1+n_2-p-1)]$，其否定域为 $[F>F_\alpha(p,n_1+n_2-p-1)]$。

$$\overline{\boldsymbol{X}}^{(1)}=(21.812\quad 4.106\quad 11.982\quad 52.170)'$$

$$\overline{\boldsymbol{X}}^{(2)}=(6.638\quad 0.856\quad 3.320\quad 16.560)'$$

$$\boldsymbol{S}^{(1)}=\begin{pmatrix}50.996 & 5.916 & 30.247 & 47.027\\ 5.916 & 0.819 & 3.428 & 3.983\\ 30.247 & 3.428 & 18.108 & 28.988\\ 47.027 & 3.983 & 28.988 & 60.232\end{pmatrix}$$

$$\boldsymbol{S}^{(2)}=\begin{pmatrix}22.256 & -3.541 & 6.140 & -67.029\\ -3.541 & 0.989 & -1.122 & 6.295\\ 6.140 & -1.122 & 2.988 & -6.556\\ -67.029 & 6.295 & -6.556 & 374.903\end{pmatrix}$$

$\boldsymbol{\Sigma}$ 的联合估计为

$$\boldsymbol{S}=\frac{(n_1-1)\boldsymbol{S}^{(1)}+(n_2-1)\boldsymbol{S}^{(2)}}{n_1+n_2-2}=\begin{pmatrix}36.626 & 1.188 & 18.193 & -10.001\\ 1.188 & 0.904 & 1.153 & 5.139\\ 18.193 & 1.153 & 10.548 & 11.216\\ -10.001 & 5.139 & 11.216 & 217.568\end{pmatrix}$$

两组间的平方距离（马氏距离）

$$d^2(1,2)=(\overline{\boldsymbol{X}}^{(1)}-\overline{\boldsymbol{X}}^{(2)})'\boldsymbol{S}^{-1}(\overline{\boldsymbol{X}}^{(1)}-\overline{\boldsymbol{X}}^{(2)})=30.02876$$

由此算得 $F=14.46436$，对于给定的显著性水平 $\alpha=0.01$，查表得临界值 $F_{0.01}(4,5)=11.4$，由于 $F>F_{0.01}$，故拒绝 H_0，说明 A 盆地和 B 盆地的盐泉特征有显著性的差异，因此进行判别分析是有意义的。

（2）进行判别分析。

由式（9-11）建立两类总体的线性判别函数，得

$$W(X)=-37.0846+4.7430x_1+4.1918x_2-8.5892x_3+0.7255x_4$$

将表 9-1 中 18 个样品的 4 项指标值代入此判别函数，由判别准则式（9-12），如果函数值 $W(X)>0$，则该样品属于 A 类，否则为 B 类。表 9-2 为回代的结果，可以看出，10 个已知样品全部判对了；8 个未知样品中，12、13、16、17、18 号样应属含钾盐泉，而 11、14、15 号样应属含钠盐泉。

表 9-2 样品验证及预测结果

盐泉类别	序号	$w(K)\times10^3/w(Cl)$ (X_1)	$w(Br)\times10^3/w(Cl)$ (X_2)	$w(K)\times10^3/w(\Sigma盐)$ (X_3)	$w(K)/w(Br)$ (X_4)	$W(X)$	类别号
含钾盐泉（A 盆地）	1	13.85	2.79	7.80	49.60	9.29	A
	2	22.31	4.67	12.31	47.80	17.25	A
	3	28.82	4.63	16.18	62.15	25.13	A
	4	15.29	3.54	7.50	43.20	17.20	A
	5	28.79	4.90	16.12	58.10	23.70	A
含钠盐泉（B 盆地）	6	2.18	1.06	1.22	20.60	-17.84	B
	7	3.85	0.80	4.06	47.10	-16.17	B
	8	11.40	0.00	3.50	0.00	-13.08	B
	9	3.66	2.42	2.14	15.10	-17.01	B
	10	12.10	0.00	5.68	0.00	-28.48	B
待判盐泉	11	8.85	3.38	5.17	26.10	-6.41	B
	12	28.60	2.40	1.20	127.00	190.46	A
	13	20.70	6.70	7.60	30.20	45.81	A
	14	7.90	2.40	4.30	33.20	-2.40	B
	15	3.19	3.20	1.43	9.90	-13.64	B
	16	12.40	5.10	4.43	24.60	22.90	A
	17	16.80	3.40	2.31	31.30	59.72	A
	18	15.00	2.70	5.02	64.00	48.69	A

9.2.2 多类总体的距离判别分析

设有 k 个 m 元总体：G_1，G_2，…，$G_k(k>2)$，它们的均值向量和协方差矩阵分别为 $\boldsymbol{\mu}^{(i)}$，$\boldsymbol{\Sigma}_i(i=1,2,\cdots,k)$。对任意给定的 m 元样品 $\boldsymbol{X}=(x_1,x_2,\cdots,x_m)'$，要判断它来自哪个总体，此为多类总体的判别分析问题。

多类总体的情况，按距离最近的准则对研究对象 $\boldsymbol{X}$ 进行判别归类时，首先需要分别计算样品 X 到 k 个总体的马氏距离 $d_i^{\,2}(\boldsymbol{X})(i=1,2,\cdots,k)$，然后进行比较，把 X 判归距离最小的那个总体。假定 $i=l$ 时，有

$$d_l^2(X) = \min_{1\leqslant i\leqslant k}\{d_i^2(X)\} \tag{9-15}$$

则 $X\in G_l$。

计算马氏距离 $d_i^{\,2}(X)(i=1,2,\cdots,k)$ 时，类似地可考虑 $\boldsymbol{\Sigma}_1=\boldsymbol{\Sigma}_2=\cdots=\boldsymbol{\Sigma}_k$ 或 $\boldsymbol{\Sigma}_i$ 不全相等的两种情况，并用样本统计量作为 $\boldsymbol{\mu}^{(i)}$ 和 $\boldsymbol{\Sigma}_i$ 的估计进行计算。

A 协方差阵相同

设有 k 个总体：G_1，G_2，…，$G_k(k>2)$，它们的均值向量为 $\boldsymbol{\mu}^{(i)}$，协方差矩阵均为 $\boldsymbol{\Sigma}$。类似于两类总体的讨论，首先计算新样品 X 到每一个总体的距离，即

$$d^2(X,G_i) = (\boldsymbol{X}-\overline{\boldsymbol{X}}^{(i)})'\boldsymbol{S}^{-1}(\boldsymbol{X}-\overline{\boldsymbol{X}}^{(i)}) \qquad (i=1,2,\cdots,k)$$

$$=X'S^{-1}X-2X'S^{-1}\overline{X}^{(i)}+(\overline{X}^{(i)})'S^{-1}\overline{X}^{(i)}$$

$$=X'S^{-1}X-2\left(X'S^{-1}\overline{X}^{(i)}-\frac{1}{2}(\overline{X}^{(i)})'S^{-1}\overline{X}^{(i)}\right) \tag{9-16}$$

式（9-16）中的第一项与具体的某个总体 G_i 无关，对比较新样品点 X 到不同 G_i 的距离远近无影响，因此令

$$W_i(X)=X'S^{-1}\overline{X}^{(i)}-\frac{1}{2}(\overline{X}^{(i)})'S^{-1}\overline{X}^{(i)}$$

这样，在各总体的协方差都比较接近的情形下，点 X 到 G_i 的马氏距离的大小就取决于函数 $W_i(X)$ 的大小。即在所有的 $W_i(X)(i=1,2,\cdots,k)$ 中，哪个 $W_i(X)$ 的值大，就表明点 X 到相应的 G_i 的马氏距离的平方小，就判断 X 属于相应的 G_i。

根据上述的判别思路和过程，可建立基于判别函数 $W_i(X)$ 的如下判别规则：

假定 $i=l$ 时，有

$$W_l(X)=\max_{1\leqslant i\leqslant k}\{W_i(X)\} \tag{9-17}$$

则 $X\in G_l$。

设从 G_i 总体中抽取 n_i 个样品，每个样品有 m 个变量，样品观测值记为 $X^{it}=(x_1^{(it)}, x_2^{(it)}, \cdots, x_m^{(it)})'$（$i=1, 2, \cdots, k$；$t=1, 2, \cdots, n_i$）。当总体的均值 $\mu^{(i)}$（$i=1, 2, \cdots, k$）和协方差阵 $\boldsymbol{\Sigma}$ 未知时，则可由样本数据求得其估计值

$$\overline{X}^{(i)}=\begin{bmatrix}\bar{x}_1^{(i)}\\ \bar{x}_1^{(i)}\\ \vdots\\ \bar{x}_m^{(i)}\end{bmatrix}(i=1,2,\cdots,k),\ S=\begin{bmatrix}s_{11}&s_{12}&\cdots&s_{1m}\\ s_{21}&s_{22}&\cdots&s_{2m}\\ \vdots&\vdots&\ddots&\vdots\\ s_{m1}&s_{m2}&\cdots&s_{mm}\end{bmatrix}$$

式中

$$\bar{x}_j^{(i)}=\frac{1}{n_i}\sum_{t=1}^{n_i}x_j^{(it)}(j=1,2,\cdots,m) \tag{9-18}$$

$$s_{lj}=\frac{1}{n-k}\sum_{i=1}^{k}\sum_{t=1}^{n_i}(x_l^{(it)}-\bar{x}_l^{(i)})(x_j^{(it)}-\bar{x}_j^{(i)})(l,j=1,\cdots,m;n=n_1+n_2+\cdots+n_k) \tag{9-19}$$

B　协方差阵不全相同

协方差阵不全相同时，计算 X 到各总体的马氏距离，即

$$d^2(X,G_i)=(X-\overline{X}^{(i)})'S^{-1}(X-\overline{X}^{(i)})\quad(i=1,2,\cdots,k) \tag{9-20}$$

相应的判别准则为

$$X\in G_l\quad(\text{如果 } d^2(X,G_l)=\min_{1\leqslant i\leqslant k}d^2(X,G_i)) \tag{9-21}$$

当 $\mu^{(i)}$ 和 Σ_i（$i=1, 2, \cdots, k$）未知时，设从 G_i 总体中抽取 n_i 个样品，每个样品有 m

个变量，样品观测值记为 $X^{it}=(x_1^{(it)}, x_2^{(it)}, \cdots, x_m^{(it)})'$（$i=1, 2, \cdots, k$；$t=1, 2, \cdots, n_i$）。则它们的估计为

$$\overline{\boldsymbol{X}}^{(i)}=\begin{bmatrix}\overline{x}_1^{(i)}\\ \overline{x}_1^{(i)}\\ \vdots\\ \overline{x}_m^{(i)}\end{bmatrix}, \boldsymbol{S}_{(i)}=\begin{bmatrix}s_{11} & s_{12} & \cdots & s_{1m}\\ s_{21} & s_{22} & \cdots & s_{2m}\\ \vdots & \vdots & \ddots & \vdots\\ s_{m1} & s_{m2} & \cdots & s_{mm}\end{bmatrix}(i=1,2,\cdots,k)$$

式中

$$\overline{x}_j^{(i)}=\frac{1}{n_i}\sum_{t=1}^{n_i}x_j^{(it)}(j=1,2,\cdots,m) \tag{9-22}$$

$$s_{lj}=\frac{1}{n_i-1}\sum_{t=1}^{n_i}(x_l^{(it)}-\overline{x}_l^{(i)})(x_j^{(it)}-\overline{x}_j^{(i)})\ (l, j=1,\cdots,m;i=1,\cdots,k) \tag{9-23}$$

9.2.3 判别分析的实质

通过上述介绍可以看出，判别分析就是希望利用已经测得的变量数据，找出一种判别函数，使得这一函数具有某种最优性质，能把属于不同类别的样本点尽可能地区分开来。为了更清楚地认识判别分析的实质，以便能灵活应用判别分析方法解决实际问题，有必要了解“划分”的概念。

设 R_1，R_2，…，R_k是 p 维空间 R^p的 k 个子集，如果它们互不相交，且它们的合集为 R^p，则 R_1，R_2，…，R_k为 R^p的一个划分。

在两个总体的距离判别问题中，利用 $W(X)=a'(X-X^*)$可以得到空间 R^p的一个划分

$$\begin{cases}R_1=\{X:W(X)\geqslant 0\}\\ R_2=\{X:W(X)<0\}\end{cases}$$

新的样品 X 落入 R_1推断 $X\in G_1$；落入 R_2推断 $X\in G_2$。

这样我们将会发现，判别分析问题实质上就是在某种意义上，以最优的性质对 p 维空间 R^p构造一个“划分”，这个“划分”就构成了一个判别规则。

9.3 费歇（Fisher）判别法

9.3.1 Fisher 判别法的基本思想

设有 k 个总体 G_1，G_2，…，G_k，从这些总体中抽取具有 p 个指标的样品观测数据 x_1，x_2，…，x_p，借助方差分析的思想构造一个线性函数（称为典型判别函数或 Fisher 判别函数）：

$$y(x)=c_1x_1+c_2x_2+\cdots+c_px_p=\boldsymbol{c}'\boldsymbol{x} \tag{9-24}$$

其中，y 为 k 个总体关于 p 个变量的线性判别函数。

系数 $\boldsymbol{c}=(c_1,c_2,\cdots,c_p)'$为待定的判别系数矩阵，其确定的原则是使得各总体之间的区别最大，而使每个总体内部的离差最小，具体确定方法如下：

假设 k 个总体 G_1，G_2，…，G_k的均值和协方差矩阵分别为$\boldsymbol{\mu}^{(i)}$和$\boldsymbol{\Sigma}^{(i)}$（$>0$）（$i=1$，2，…，$k$）。对线性判别函数$\boldsymbol{c}'x$，在$x\in G_i$的条件下，有

$$\mathrm{E}(\boldsymbol{c}'\boldsymbol{x}\,|\,G_i)=\boldsymbol{c}'\mathrm{E}(x\,|\,G_i)=\boldsymbol{c}'\boldsymbol{c}^{(i)}\qquad(i=1,2,\cdots,k)$$

$$\mathrm{D}(\boldsymbol{c}'\boldsymbol{x}\,|\,G_i)=\boldsymbol{c}'\mathrm{D}(x\,|\,G_i)c=\boldsymbol{c}'\boldsymbol{\Sigma}^{(i)}\boldsymbol{c}\qquad(i=1,2,\cdots,k)$$

令

$$b=\sum_{i=1}^{k}(\boldsymbol{c}'\boldsymbol{\mu}^{(i)}-\boldsymbol{c}'\overline{\boldsymbol{\mu}})^2$$

$$e=\sum_{i=1}^{k}\boldsymbol{c}'\boldsymbol{\Sigma}^{(i)}\boldsymbol{c}=\boldsymbol{c}'(\sum_{i=1}^{k}\boldsymbol{\Sigma}^{(i)})\boldsymbol{c}=\boldsymbol{c}'\mathrm{E}\boldsymbol{c}$$

其中，$\overline{\boldsymbol{\mu}}=\frac{1}{k}\sum_{i=1}^{k}\boldsymbol{\mu}^{(i)}$；$b$ 相当于一元方差分析中的组间方差，e 相当于组内方差，应用方差分析的思想，选择 $\boldsymbol{c}$ 使得目标函数

$$\varphi(\boldsymbol{c})=\frac{b}{e}\tag{9-25}$$

达到极大，就得到了一个 Fisher 线性判别函数。

当只有一个 Fisher 判别函数时，对于一个新的样品 x，将它的 p 个指标值代入上面的线性判别函数式（9-24）中求出 $\boldsymbol{c}'x$ 值，然后根据一定的判别规则，就可以判别新的样品属于哪个总体。常用的判别规则是待判样品的典型判别函数值与各类中心典型判别函数值的差别大小，如果待判样品的典型判别函数值 $\boldsymbol{c}'x$ 与第 g 类中心的典型判别函数值 $\boldsymbol{c}'\boldsymbol{\mu}^{(i)}$ 的绝对离差 $|\boldsymbol{c}'\boldsymbol{x}-\boldsymbol{c}'\boldsymbol{\mu}^{(i)}|$ 最小，则可以将该样品判入第 g 类。

可以证明，若有 k 个总体，总体中各个观测的指标个数为 p ，则最多可以构造 min（$m-1$，p）个典型判别函数。

实际上，典型判别函数是各样品在各个典型变量维度上的坐标，这样，只要计算出各样品在典型变量维度上的具体坐标值后，再比较它们分别离各类中心的距离，就可以得知它们的分类了。

9.3.2 判别函数概念的进一步讨论

先看一个标志（一维空间）的情况。

设有两组个体 W_1，W_2，且均值$\mu_{w1}=2$，$\mu_{w2}=5$，组内方差 $\sigma^2_{w1,w2}=0.5$。另有两组个体 W_3，W_4，且均值$\mu_{w3}=2$，$\mu_{w4}=5$，组内方差 $\sigma^2_{w3,w4}=6$，如图 9-1 所示。

按 Fisher 准则，对于 W_1，W_2组，有 $\varphi(c)=\frac{b}{e}=\frac{5-2}{0.5}=6$

而对于 W_3，W_4组，有 $\varphi(c)=\frac{b}{e}=\frac{5-2}{6}=0.5$

由图 9-1 可以看出，当采用一个标志区分两组个体时，（W_1，W_2）和（W_3，W_4）尽管它们各自的组间均值差相同，但由于其组内方差不同，两者在空间上的交叉和重叠部分

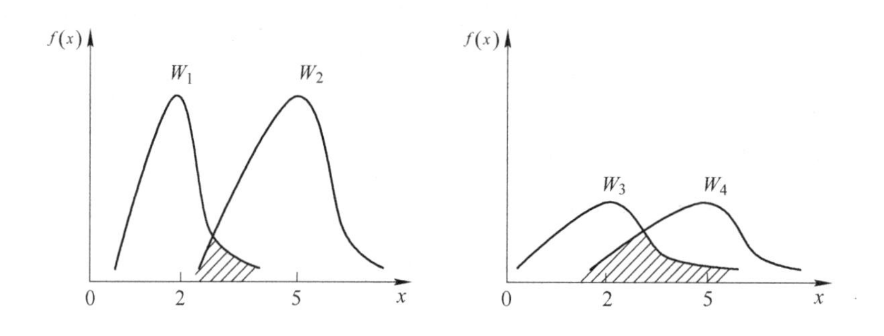

图 9-1 一个标志对两组个体的区分情况比较

差别很大，其结果将是以用此标志建立的判别函数进行判别时，处于阴影部分的样品被误判的可能性后者比前者要大得多。

再看图 9-2 所示的两个标志的情况，其中椭圆 A、B 表示用变量 x_1，x_2表示的 A、B 两类个体等密度点的轨迹。可以看出：

（1）如果单独用一个变量来区分 A、B 两类个体，无论是 x_1还是 x_2，A、B 在其上的投影都有相当大的重叠部分，效果不好。

（2）如果我们用 A、B 椭圆外圈的交点确定一条直线Ⅱ，垂直于Ⅱ做一条直线Ⅰ，并将 A、B 接到（投影）Ⅰ上，A、B 在Ⅰ上的重叠部分将大大减小。

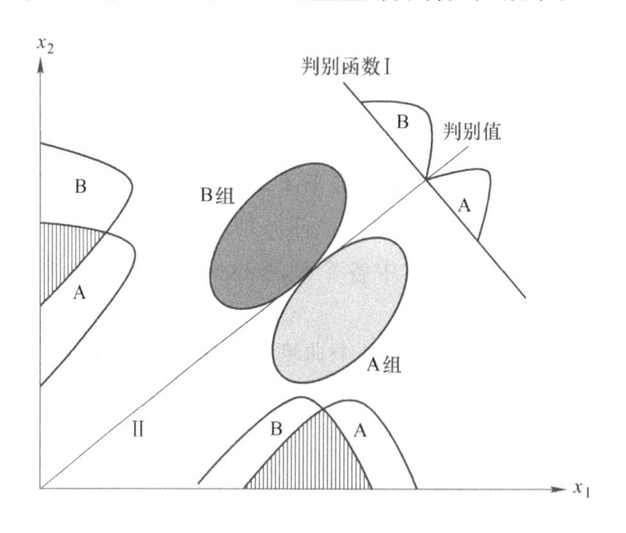

图 9-2 两个标志对两组个体的区分情况比较

图 9-1 及图 9-2 说明，尽管我们习惯于借助两类事物很不相同的属性对其进行直观的分类，但当两类事物的属性很多，而这些属性之间的差别很小时就难以对其进行研究，例如，阳起石、透闪石同属变质矿物，其物理、光学等方面的性质具有很多相似之处，即重叠性，如果仅靠某种属性（如比重、颜色等）很难将两者区分开来。针对诸如此类的分类问题，就需要在测定两个或多个母体的若干种特征的基础上，找出这些特征的一种或几种的线性（非线性）组合，从而使其重叠程度大大减小，进而达到更好地将两个或多个母体分开的目的。这个线性组合（非线性组合），即是所谓的判别函数。

9.3.3 Fisher 准则下的两类判别

最为简单的判别分析问题是两类判别问题，如在含矿和不含矿的样品类属间判别、在砂体存在和不存在的样品类属间判别，以及在含油气和不含油气圈闭间的判别等。基于费歇准则的两类判别分析一般包括求判别函数、求判别值、求判别计量和检验等几个步骤。

A 求判别函数

假设有 A，B 两类总体，每类总体都有 x_1，x_2，…，x_p 共 p 个可观测指标。一般地，包含 p 个变量的线性判别函数的形式为

$$y = \sum_{i=1}^{p} c_i x_i \tag{9-26}$$

式中 c_1，c_2，…，c_p——待定判别系数。

求判别函数实质上就是求 c_i。按 Fisher 准则，求 c_i 的原则为所求的目标判别函数能使 A、B 两类间的区别最大，每一类的离散性最小，即

$$\varphi(c) = \frac{b}{e} \to \max \tag{9-27}$$

式中，b，e 的含义见前述式（9-25）。

（1）设 A，B 两类总体的样品数分别为 n_A，n_B，其观测值矩阵分别为

$$\begin{bmatrix} x_{A11} & x_{A12} & \cdots & x_{A1p} \\ x_{A21} & x_{A22} & \cdots & x_{A2p} \\ \vdots & \vdots & x_{Aki} & \vdots \\ x_{An_A1} & x_{An_A2} & \cdots & x_{An_Ap} \end{bmatrix}, \quad \begin{bmatrix} x_{B11} & x_{B12} & \cdots & x_{B1p} \\ x_{B21} & x_{B22} & \cdots & x_{B2p} \\ \vdots & \vdots & x_{Bki} & \vdots \\ x_{Bn_B1} & x_{Bn_B2} & \cdots & x_{Bn_Bp} \end{bmatrix}$$

式中 $k=1$，2，…，$n_A(n_B)$——样品数；

$j=1$，2，…，p——变量数；

x_{Aki}——A 类第 k 个样品第 i 变量的观测值；

x_{Bki}——B 类第 k 个样品第 i 变量的观测值。

（2）为了讨论方便起见，假设判别函数的判别系数 c_i 已求得。现将属于不同总体的样品观测值代入判别式中，则得 A 类第 i 个样品（共 n_A 个样品）的判别函数值，以及 B 类第 i 个样品（共 n_B 个样品）的判别函数式（值）

$$y_{Ai} = c_1 x_{Ai1} + c_2 x_{Ai2} + \cdots + c_p x_{Aip} \quad (i = 1,2,\cdots,n_A) \tag{9-28}$$

$$y_{Bi} = c_1 x_{Bi1} + c_2 x_{Bi2} + \cdots + c_p x_{Bip} \quad (i = 1,2,\cdots,n_B) \tag{9-29}$$

将 A，B 两类按式（9-28）、式（9-29）各自相加，再除以各自的样品总数，则有

$$\bar{y}_A = \sum_{i=1}^{p} c_i \bar{x}_{Ai} \quad \text{（第一组样品的“重心”）} \tag{9-30}$$

$$\bar{y}_B = \sum_{i=1}^{p} c_i \bar{x}_{Bi} \quad \text{（第二组样品的“重心”）} \tag{9-31}$$

根据前述 Fisher 准则的基本思想，求得的判别函数应该具有以下的判别效果：

①来自不同总体的两个平均值 $\bar{y}_A$，$\bar{y}_B$ 相差越大越好；

②对于来自 A 总体的 y_{Ai}（$i=1, 2, \cdots, n_A$），要求它们的离差平方和 $\sum_{i=1}^{n_A}(y_{Ai}-\bar{y}_A)^2$ 越小越好；对 B 总体，同样也要求 $\sum_{i=1}^{n_B}(y_{Bi}-\bar{y}_B)^2$ 越小越好。

以上两点，实质上就是要求

$$I = \frac{(\bar{y}_A - \bar{y}_B)^2}{\sum_{i=1}^{n_A}(y_{Ai}-\bar{y}_A)^2 + \sum_{i=1}^{n_B}(y_{Bi}-\bar{y}_B)^2} \rightarrow \max$$

记 $Q=Q(c_1,c_2,\cdots,c_p)$ 为两组间离差；

$F = F(c_1,c_2,\cdots,c_p) = \sum_{i=1}^{n_A}(y_{Ai}-\bar{y}_A)^2 + \sum_{i=1}^{n_B}(y_{Bi}-\bar{y}_B)^2$ 为两组内的离差，

则
$$I = \frac{Q}{F} \tag{9-32}$$

利用微积分求极值的必要条件，可求出使 I 达到最大值的 c_1，c_2，$\cdots$，c_p。为此，将式（9-32）两边取对数，分别求 I 对 c_1，c_2，$\cdots$，c_p的一阶偏导数，且令其为0，

$$\frac{\partial \ln I}{\partial c_k} = \frac{\partial \ln Q}{\partial c_k} - \frac{\partial \ln F}{\partial c_k} = 0 \qquad (k = 1,2,\cdots,p)$$

则
$$\frac{1}{Q}\cdot\frac{\partial Q}{\partial c_k} = \frac{1}{F}\cdot\frac{\partial F}{\partial c_k}$$

即
$$\frac{1}{I}\cdot\frac{\partial Q}{\partial c_k} = \frac{\partial F}{\partial c_k}$$

而
$$Q = (\bar{y}_A - \bar{y}_B)^2 = \left(\sum_{k=1}^{p} c_k\bar{x}_{Ak} - \sum_{k=1}^{p} c_k\bar{x}_{Bk}\right)^2$$
$$= \left[\sum_{k=1}^{p} c_k(\bar{x}_{Ak} - \bar{x}_{Bk})\right]^2$$
$$\triangleq \left(\sum_{k=1}^{p} c_k d_k\right)^2 \tag{9-33}$$

其中
$$d_k = \bar{x}_{Ak} - \bar{x}_{Bk}$$

因此
$$\frac{\partial Q}{\partial c_k} = 2\left(\sum_{t=1}^{p} c_t d_t\right)d_k$$

而
$$F = \sum_{i=1}^{n_A}(y_{Ai}-\bar{y}_A)^2 + \sum_{i=1}^{n_B}(y_{Bi}-\bar{y}_B)^2$$
$$= \sum_{i=1}^{n_A}\left[\sum_{k=1}^{p} c_k(x_{Aik} - \bar{x}_{Ak})\right]^2 + \sum_{i=1}^{n_B}\left[\sum_{k=1}^{p} c_k(x_{Bik} - \bar{x}_{Bk})\right]^2$$

$$= \sum_{i=1}^{n_A}\left(\sum_{k=1}^{p} c_k(x_{Aik} - \bar{x}_{Ak})\sum_{t=1}^{p} c_t(x_{Ait} - \bar{x}_{At})\right) + \sum_{i=1}^{n_B}\left(\sum_{k=1}^{p} c_k(x_{Bik} - \bar{x}_{Bk})\sum_{t=1}^{p} c_t(x_{Bit} - \bar{x}_{Bt})\right)$$

$$= \sum_{k=1}^{p}\sum_{t=1}^{p} c_k c_t\left[\sum_{i=1}^{n_A}(x_{Aik} - \bar{x}_{Ak})(x_{Ait} - \bar{x}_{At}) + \sum_{i=1}^{n_B}(x_{Bik} - \bar{x}_{Bk})(x_{Bit} - \bar{x}_{Bt})\right]$$

$$= \sum_{k=1}^{p}\sum_{t=1}^{p} c_k c_t s_{kt} \tag{9-34}$$

其中
$$s_{kt} = \sum_{i=1}^{n_A}(x_{Aik} - \bar{x}_{Ak})(x_{Ait} - \bar{x}_{At}) + \sum_{i=1}^{n_B}(x_{Bik} - \bar{x}_{Bk})(x_{Bit} - \bar{x}_{Bt})$$

$$= \left(\sum_{i=1}^{n_A} x_{Aik}x_{Ait} + \sum_{i=1}^{n_B} x_{Bik}x_{Bit}\right) - \left[\frac{\sum_{i=1}^{n_A} x_{Aik}\sum_{i=1}^{n_A} x_{Ait}}{n_A} + \frac{\sum_{i=1}^{n_B} x_{Bik}\sum_{i=1}^{n_B} x_{Bit}}{n_B}\right]$$

所以
$$\frac{\partial F}{\partial c_k} = 2\sum_{t=1}^{p} c_t s_{kt}$$

从而
$$\frac{2}{I}\left(\sum_{t=1}^{p} c_t d_t\right)d_k = 2\sum_{t=1}^{p} c_t s_{kt}$$

即
$$\frac{1}{I}\left(\sum_{t=1}^{p} c_t d_t\right)d_k = \sum_{t=1}^{p} c_t s_{kt} \quad (k = 1,2,\cdots,p)$$

令
$$\beta = \frac{1}{I}\sum_{t=1}^{p} c_t d_t$$

β 为常数因子，不依赖于 k，它对方程组的解只起到共同扩大 β 倍的作用，不影响它的解 c_1，c_2，…，c_p之间的相对比例关系，对判别结果来说也没有影响，所以取 $\beta=1$，于是得方程组

$$\sum_{t=1}^{p} c_t s_{kt} = d_k \quad (k = 1,2,\cdots,p) \tag{9-35}$$

即
$$\begin{cases} s_{11}c_1 + s_{12}c_2 + \cdots + s_{1P}c_p = d_1 \\ s_{21}c_1 + s_{22}c_2 + \cdots + s_{2P}c_p = d_2 \\ \vdots \\ s_{p1}c_1 + s_{p2}c_2 + \cdots + s_{pp}c_p = d_p \end{cases}$$

其矩阵形式为

$$\begin{bmatrix} s_{11} & s_{12} & \cdots & s_{1p} \\ s_{21} & s_{22} & \cdots & s_{2p} \\ \vdots & \vdots & \ddots & \vdots \\ s_{p1} & s_{p2} & \cdots & s_{pp} \end{bmatrix}\begin{bmatrix} c_1 \\ c_2 \\ \vdots \\ c_p \end{bmatrix} = \begin{bmatrix} d_1 \\ d_2 \\ \vdots \\ d_p \end{bmatrix} \tag{9-36}$$

所以
$$\begin{bmatrix} c_1 \\ c_2 \\ \vdots \\ c_p \end{bmatrix} = \begin{bmatrix} s_{11} & s_{12} & \cdots & s_{1p} \\ s_{21} & s_{22} & \cdots & s_{2p} \\ \vdots & \vdots & \ddots & \vdots \\ s_{p1} & s_{p2} & \cdots & s_{pp} \end{bmatrix}^{-1} \begin{bmatrix} d_1 \\ d_2 \\ \vdots \\ d_p \end{bmatrix} \tag{9-37}$$

解此方程组即可得到 c_i，将其代入原线性判别函数式，即可得关于 A，B 两类总体的线性判别函数。

B 求判别临界值（分界点）

（1）利用已求得的判别函数 $y = \sum_{i=1}^{p} c_i x_i$，求 A，B 类各自的判别计量平均值

$$\bar{y}_A = \sum_{i=1}^{p} c_i \bar{x}_{Ai}, \qquad \bar{y}_B = \sum_{i=1}^{p} c_i \bar{x}_{Bi} \tag{9-38}$$

（2）求判别值 y_C 有两种方法：

① 用两类样品数加权

$$y_C = \frac{n_A \bar{y}_A + n_B \bar{y}_B}{n_A + n_B} \tag{9-39}$$

② A，B 两类样品 $\bar{y}_A$，$\bar{y}_B$ 离散度可以不同，假定 $\bar{y}_A < \bar{y}_B$，则

$$y_C = \bar{y}_A + (\bar{y}_B - \bar{y}_A) \frac{\sum_{k=1}^{n_A} (y_{Ak} - \bar{y}_A)^2}{\sum_{k=1}^{n_A} (y_{Ak} - \bar{y}_A)^2 + \sum_{k=1}^{n_B} (y_{Bk} - \bar{y}_B)^2} \tag{9-40}$$

显然，若式（9-40）中后边的三部分均为 1（即离散度相等），则此值为 1/2，所以

$$y_C = (\bar{y}^{(A)} + \bar{y}^{(B)})/2$$

即 y_C 取 $\bar{y}_A$，$\bar{y}_B$ 的中间值。

C 未知样品的判别

假定有未知样，其观测值为 $X = (x_1, x_2, \cdots, x_p)'$，将此观测值代入求得的判别函数，得到样品的判别得分

$$y = \sum_{i=1}^{p} c_i x_i$$

假定 $\bar{y}^{(A)} < \bar{y}^{(B)}$，如果该样品的判别得分 $y < y_C$，则可以判定该样品属于 A 类，否则属于 B 类。

D 判别效果的检验

判别分析是假设两类样品取自不同的总体，若两类中 p 个变量的平均值在统计上差异不显著，则判别无意义。总体的这种差异显著性通常采用以下两种方法进行检验。

（1）以 Mahalanobis 距离（综合距离系数）为基础，构成统计量

$$F = \frac{n_A n_B}{(n_A + n_B)(n_A + n_B - 2)} \times \frac{n_A + n_B - p - 1}{p} \times D^2 \tag{9-41}$$

式中 D^2——Mahalanobis 距离，其计算式为 $D^2 = (n_A + n_B - 2)\sum_{i=1}^{p} C_i d_i$；

p——变量数；

d_i——A，B 两类样品第 i 变量的均值差 $d_i = \bar{x}_{Ai} - \bar{x}_{Bi}$；

F——服从自由度为 p 和 $n_A + n_B - p - 1$ 的 F 分布 $F(p,\ n_A + n_B - p - 1)$。

在给定的显著性水平 α 下，查 F 分布表，若 $F > F_\alpha$，则说明在 α 水平上 A，B 两类样品差异显著，判别有效；若 $F \leqslant F_\alpha$，则说明 A，B 两类样品在 α 水平上差异不显著，所建立的判别函数无实用价值。

（2）用回判法验证判别效果。

顺便说明，在前述第 5 章我们系统地介绍了地质变量的选择方法，基于 Fisher 准则也可以达到筛选变量的目的。其基本原则为选择那些使 I 值极大的变量，具体方法如下。

①计算综合距离

$$D^2 = \sum_{i=1}^{p} |c_i d_i|, \qquad d_i = \bar{x}_{Ai} - \bar{x}_{Bi}$$

②计算每个变量的相对贡献

$$D_i = c_i d / D^2$$

③将 D_i 按由大到小排序，从而选取变量。

【例 9-2】 设有 A，B 两类矿泉水，每一类 5 个样，每一个样分析了 6 个指标（变量）x_1，x_2，…，x_6，请依表 9-3 中的数据建立这两类矿泉水的判别模型。

表 9-3 两类总体原始数据

类　别	样　号	x_1	x_2	x_3	x_4	x_5	x_6
A	105	2.77	0.02	0.06	0.89	0.75	107.9
	150	1.02	0.04	0.19	0.27	0.057	75.6
	107	9.28	0.24	9.03	1.26	1.03	733.5
	151	1.23	0.55	2.73	1.92	0.156	155.7
	94	3	0.32	0.77	1.41	0.354	221
	Σx_{Ai}	17.3	1.17	12.78	5.75	2.35	1293.7
	$\bar{x}_{Ai}$	3.46	0.234	2.56	1.15	0.47	258.74
	Σx_{Ai}^2	105.34	0.46	89.62	8.13	1.77	628464
B	107	0.32	0	0.02	0.25	0.09	20.2
	151	0.4	0.01	0.03	0.09	0.084	19.2
	151	0.03	0.01	0.02	0.02	0.001	1
	151	0.83	0.02	0.06	0.1	0.116	42
	94	3.92	0.08	0.27	6.57	0.21	256.5
	$\bar{x}_{Bi}$	1.1	0.03	0.08	1.41	0.09	67.78
	Σx_{Bi}^2	16.32	0.01	0.07	43.24	0.06	68333
	Σx_{Bi}	5.5	0.12	0.4	7.03	0.44	338

(1) 计算矩阵方程中各元素的值，分别为

$$s_{11}=\sum_{k=1}^{n_A}x_{A1}^2+\sum_{k=1}^{n_B}x_{B1}^2-\frac{\left(\sum_{k=1}^{n_A}x_{A1}\right)^2}{n_A}-\frac{\left(\sum_{k=1}^{n_B}x_{B1}\right)^2}{n_B}$$

$$=105.34+16.32-17.3^2/5-5.5^2/5=55.75$$

$$s_{12}=\left(\sum_{k=1}^{n_A}x_{A1}x_{A2}+\sum_{k=1}^{n_B}x_{B1}x_{B2}\right)-\left(\frac{\sum_{k=1}^{n_A}x_{A1}\sum_{k=1}^{n_A}x_{A2}}{n_A}+\frac{\sum_{k=1}^{n_B}x_{B1}\sum_{k=1}^{n_B}x_{B2}}{n_B}\right)$$

$$=3.97+0.33-17.3\times1.17/5-5.5\times0.12/5=0.12$$

$$d_1=\bar{x}_{A1}-\bar{x}_{B1}=3.46-1.1=2.36$$

$$d_2=\bar{x}_{A2}-\bar{x}_{B2}=0.23-0.03=0.20$$

同理，可求出矩阵中其他元素的值 s_{ij}及 d_i。

(2) 求判别函数，将计算出的 s_{ij}及 d_i代入矩阵方程 (9-37)，得

$$\begin{bmatrix}c_1\\c_2\\c_3\\c_4\\c_5\\c_6\end{bmatrix}=\begin{bmatrix}55.75&0.12&46.30&19.35&5.29&4242.9\\0.12&0.19&0.95&0.386&0.08&48.28\\46.30&0.95&56.99&4.34&4.08&3978.5\\19.35&0.386&4.34&34.87&0.88&1383.1\\5.29&0.08&4.08&0.88&0.70&366.1\\4242.9&48.28&3978.5&1383.1&366.1&339094.9\end{bmatrix}^{-1}\begin{bmatrix}2.360\\0.210\\2.476\\-0.256\\0.369\\190.96\end{bmatrix}\Rightarrow$$

$$\begin{bmatrix}c_1\\c_2\\c_3\\c_4\\c_5\\c_6\end{bmatrix}=\begin{bmatrix}-0.20795\\0.66448\\-0.12707\\-0.06121\\0.74517\\0.00401\end{bmatrix}$$

由此得判别函数为

$$y=-0.20795x_1+0.66448x_2-0.12707x_3-0.06121x_4+0.74517x_5+0.00401x_6$$

(3) 计算 A，B 两类的判别临界值

$$\bar{y}_A=\sum_{i=1}^{6}c_i\bar{x}_{Ai}=-0.20795\times3.46+0.66448\times0.234+\cdots=0.427$$

$$\bar{y}_B=\sum_{i=1}^{6}c_i\bar{x}_{Bi}=-0.20795\times1.1+0.66448\times0.03+\cdots=0.037$$

$$y_C=(n_A\bar{y}_A+n_B\bar{y}_B)/(n_A+n_B)=(5\times0.427+5\times0.037)/(5+5)=0.232$$

（4）判别效果检验

对原样回判，例如，对 A 类的第一个样

$$y_{A1} = -0.20795 \times 2.77 + 0.66448 \times 0.02 - 0.12707 \times 0.06 - 0.06121 \times 0.89 + 0.74517 \times 0.748 + 0.00401 \times 107.9 = 0.366$$

显然，$y_{A1} > y_C$，该样应属于 A 类，其他样品可依此方法逐一进行判断，判断结果见表 9-4。

表 9-4　两类样品的回判结果表

原　类	样　号	判别计量	判别临界值	原类别	回判类别
A	105	0.366	0.232	A	A
	150	0.119		A	B
	107	0.711		A	A
	151	0.385		A	A
	94	0.554		A	A
B	107	0.064		B	B
	151	0.054		B	B
	151	0.001		B	B
	151	0.082		B	B
	94	−0.014		B	B

从表 9-4 可知，10 个样品中，只有 1 个样品（150 号样）被判错了类型，说明利用已有的判别函数可以较好地将 A、B 两类样品区分开来。

9.3.4 Fisher 准则下的多类判别

Fisher 判别法实际上是致力于寻找一个能反映组和组之间差异的投影方向，即寻找线性判别函数。设有 k 个总体 G_1，G_2，…，G_k，分别有均值向量 $\bar{\boldsymbol{\mu}}_1$，$\bar{\boldsymbol{\mu}}_2$，…，$\bar{\boldsymbol{\mu}}_k$ 和协方差矩阵 $\boldsymbol{\Sigma}_1$，$\boldsymbol{\Sigma}_2$，…，$\boldsymbol{\Sigma}_k$，分别从各总体中得到样品

$$\begin{array}{cccc} X_1^{(1)}, & X_2^{(1)}, & \cdots, & X_{n_1}^{(1)} \\ X_1^{(2)}, & X_2^{(2)}, & \cdots, & X_{n_2}^{(2)} \\ \vdots & \vdots & \ddots & \vdots \\ X_1^{(k)}, & X_2^{(k)}, & \cdots, & X_{n_k}^{(k)} \end{array}$$

$$n_1 + n_2 + \cdots + n_k = n$$

假定所建立的判别函数为

$$Y(x) = c_1x_1 + c_2x_2 + \cdots + c_px_p \triangleq \boldsymbol{C}'\boldsymbol{X}$$

其中 $\boldsymbol{C}' = (c_1, c_2, \cdots, c_p)'$，$\boldsymbol{X} = (x_1, x_2, \cdots, x_p)'$

第 i 个总体的样本均值向量 $\overline{\boldsymbol{X}}_i = \dfrac{1}{n_i}\sum_{j=1}^{n_i}\boldsymbol{X}_j^{(i)}$

综合的样本均值向量 $\overline{X}_i = \frac{1}{n}\sum_{i=1}^{k} n_i \overline{X}_i$

第 i 个总体的样本组内离差平方和 $S_i = \sum_{j=1}^{n_i} (\boldsymbol{X}_j^{(i)} - \overline{\boldsymbol{X}}_i)(\boldsymbol{X}_j^{(i)} - \overline{\boldsymbol{X}}_i)'$

综合的组内离差平方和 $E = S_1 + S_2 + \cdots + S_k = \sum_{i=1}^{k}\sum_{j=1}^{n_i} (\boldsymbol{X}_j^{(i)} - \overline{\boldsymbol{X}}_i)(\boldsymbol{X}_j^{(i)} - \overline{\boldsymbol{X}}_i)'$

组间离差平方和 $B = \sum_{i=1}^{k} n_i(\overline{\boldsymbol{X}}_i - \overline{\boldsymbol{X}})(\overline{\boldsymbol{X}}_i - \overline{\boldsymbol{X}})'$

在多个总体的情况下，如果判别分析是有效的，则所有样品的线性组合 $Y(x) = c_1x_1 + c_2x_2 + \cdots + c_px_p$ 满足组内离差平方和小，而组间离差平方和大的 Fisher 准则，即

$$\lambda = \frac{\sum_{i=1}^{k} n_i(\overline{\boldsymbol{Y}}_i - \overline{\boldsymbol{Y}})^2}{\sum_{i=1}^{k}\sum_{t=1}^{n_i} (\boldsymbol{Y}_t^{(i)} - \overline{\boldsymbol{Y}}_i)^2} = \frac{\sum_{i=1}^{n_i} n_i(\overline{\boldsymbol{Y}}_i - \overline{\boldsymbol{Y}})(\overline{\boldsymbol{Y}}_i - \overline{\boldsymbol{Y}})'}{\sum_{i=1}^{k}\sum_{t=1}^{n_i} (\boldsymbol{Y}_t^{(i)} - \overline{\boldsymbol{Y}}_i)(\boldsymbol{Y}_t^{(i)} - \overline{\boldsymbol{Y}}_i)'} = \frac{\boldsymbol{C}'\boldsymbol{B}\boldsymbol{C}}{\boldsymbol{C}'\boldsymbol{E}\boldsymbol{C}} = \max$$

为求 λ 的最大值，根据极值存在的必要条件，令 $\frac{\partial\lambda}{\partial \boldsymbol{C}}=0$，利用对向量求导的公式：

$$\begin{aligned}
\frac{\partial\lambda}{\partial \boldsymbol{C}} &= \frac{2\boldsymbol{BC}}{(\boldsymbol{C}'\boldsymbol{EC})^2}\cdot(\boldsymbol{C}'\boldsymbol{EC}) - \frac{2\boldsymbol{EC}}{(\boldsymbol{C}'\boldsymbol{EC})^2}\cdot(\boldsymbol{C}'\boldsymbol{BC}) \\
&= \frac{2\boldsymbol{BC}}{\boldsymbol{C}'\boldsymbol{EC}} - \frac{2\boldsymbol{EC}}{\boldsymbol{C}'\boldsymbol{EC}}\cdot\frac{\boldsymbol{C}'\boldsymbol{BC}}{\boldsymbol{C}'\boldsymbol{EC}} \\
&= \frac{2\boldsymbol{BC}}{\boldsymbol{C}'\boldsymbol{EC}} - \frac{2\boldsymbol{EC}}{\boldsymbol{C}'\boldsymbol{EC}}\cdot\lambda
\end{aligned}$$

$$\frac{\partial\lambda}{\partial \boldsymbol{C}} = 0 \Rightarrow \frac{2\boldsymbol{BC}}{\boldsymbol{C}'\boldsymbol{EC}} - \frac{2\boldsymbol{EC}}{\boldsymbol{C}'\boldsymbol{EC}}\cdot\lambda = 0 \Rightarrow \boldsymbol{BC} = \lambda\boldsymbol{EC} \tag{9-42}$$

这说明 λ 及 $\boldsymbol{C}$ 恰好是 B，E 矩阵的广义特征根及其对应的特征向量。由于一般都要求离差矩阵 $\boldsymbol{E}$ 是正定的，因此由代数知识可知，式（9-42）非零特征根个数 m 不超过 min（$k-1$，p），又因为 $\boldsymbol{B}$ 为非负定的，所以非零特征根必为正根，记为 $\lambda_1 \geqslant \lambda_2 \geqslant \cdots \geqslant \lambda_m > 0$，于是可构造 m 个判别函数

$$Y_l(x) = c_1^{(l)}x_1 + c_2^{(l)}x_2 + \cdots + c_p^{(l)}x_p \qquad (l = 1,2,\cdots,m)$$

对于每一个判别函数，必须给出一个用以衡量判别能力的指标 p_l，其定义为

$$p_l = \frac{\lambda_l}{\sum_{i=1}^{m}\lambda_i} \qquad (l = 1,2,\cdots,m) \tag{9-43}$$

前 m_0 个判别函数 Y_1，Y_2，…，Y_{m0} 的判别能力定义为

$$s_{p_{m_0}} = \sum_{l=1}^{m_0} p_l = \frac{\sum_{l=1}^{m_0}\lambda_l}{\sum_{i=1}^{m}\lambda_i} \tag{9-44}$$

如果 m_0 达到某个给定的标准（比如 85%），则可认为 m_0 个判别函数就足够了。

有了判别函数之后，如何对待判的样品进行分类？Fisher 判别法本身并未给出最合适的分类法，在实际工作中可以选用下列分类法之一去做分类。

（1）当只取一个判别函数（$m_0=1$）时，此时有两种可供选用的方法。

①不加权法：

若 $$|Y(x)-\bar{Y}^{(i)}|=\min_{1\leqslant j\leqslant k}|Y(x)-\bar{Y}^{(j)}|$$

则判 $$x\in G_i$$

②加权法：

将各总体的均值 $\bar{Y}^{(i)}$（$i=1,2,\cdots,k$）按大小次序排序，排序结果记为 $\bar{Y}_{(1)}\leqslant\bar{Y}_{(2)}\leqslant\cdots\leqslant\bar{Y}_{(k)}$，与其对应的判别函数的标准差为 $\sigma_{(i)}=\sqrt{\boldsymbol{C}'\boldsymbol{S}_{(i)}\boldsymbol{C}}$，令

$$d_{i,i+1}=\frac{\sigma_{(i+1)}\bar{Y}_{(i)}+\sigma_{(i)}\bar{Y}_{(i+1)}}{\sigma_{(i)}+\sigma_{(i+1)}}\qquad(i=1,2,\cdots,k-1)\tag{9-45}$$

则 $d_{i,i+1}$ 可作为 G_i 与 G_{i+1} 之间的分界点。如果待判样品 x 使得 $d_{i-1,i}\leqslant Y(x)\leqslant d_{i,i+1}$，则可判定 $x\in G_i$。

（2）当 $m_0>1$ 时，也有类似的两种可供选用的方法。

①不加权法：

记 $\bar{Y}_l^{(i)}=(\boldsymbol{C}^{(l)})'\bar{x}^{(i)}$（$l=1,2,\cdots,m_0$；$i=1,2,\cdots,k$），对待判样品 x，计算

$$Y_l(x)=(\boldsymbol{C}^{(l)})'x$$

$$D_i^2=\sum_{l=1}^{m_0}[Y_l(x)-\bar{Y}_l^{(i)}]^2\qquad(i=1,2,\cdots,k)\tag{9-46}$$

若 $D_r^2=\min\limits_{1\leqslant i\leqslant k}D_i^2$，则判 $x\in G_r$。

②加权法：

考虑到每个判别函数的判别能力不同，记

$$D_i^2=\sum_{l=1}^{m_0}[Y_l(x)-\bar{Y}_l^{(i)}]^2\lambda_l\tag{9-47}$$

其中 λ 是由 $\boldsymbol{BC}=\lambda\boldsymbol{EC}$ 求出的特征根。

若 $D_r^2=\min\limits_{1\leqslant i\leqslant k}D_i^2$，则判 $x\in G_r$。

9.4　贝叶斯（Bayes）判别法

9.4.1　Bayes 判别法的基本思想

Fisher 判别法随着总体数目 k 和指标个数 p 的增加，可以构造的典型判别函数的数目也随之增加，这就加大了判别的难度。Bayes 判别法克服了这个缺点，它首先计算待判样品属于各个总体的条件概率 $P(l|x)(l=1,2\cdots,k)$，然后比较这 k 个概率值的大小，将待判样品归入条件概率最大的总体，这种方法即 Bayes 判别法。

Bayes 判别法的基本思想是假定对所研究的对象已有一定的认识，可用先验概率来描

述这种认识。

设有 k 个总体 G_1，G_2，…，G_k，它们各自的分布密度函数为 $f_1(x)$，$f_2(x)$，…，$f_k(x)$（在离散情形下是概率函数），k 个总体各自出现的概率分别为 q_1，q_2，…，q_k（先验概率，可由经验给出也可估出），$q_i \geqslant 0$，$\sum_{i=1}^{k} q_i = 1$。这样，在观测到一个样品 x 的情况下，利用 Bayes 公式，可以计算它来自第 g 个总体的后验概率

$$P(g/x) = \frac{q_g f_g(x)}{\sum_{i=1}^{k} q_i f_i(x)} \qquad (g = 1,2,\cdots,k) \tag{9-48}$$

这样，当 $P(h/x) = \max P(g/x)$ 时，则可以将 x 判入第 h 类。

有时也可使用错判损失最小的概念作判别函数。这时把 x 错判归第 h 总体的平均损失定义为

$$E(h/x) = \sum_{g \neq k} \frac{q_g f_g(x)}{\sum_{i=1}^{k} q_i f_i(x)} \cdot L(h/g) \tag{9-49}$$

其中 $L(h/g)$ 称为损失函数。它表示本来是第 g 类总体的样品被错判为第 h 类总体的损失。显然式（9-49）是对损失函数依概率加权平均或称错判的平均损失。当 $h = g$ 时，有 $L(h/g) = 0$；当 $h \neq g$ 时，有 $L(h/g) > 0$。依次进行判别的准则为：

如果

$$E(h/x) = \min_{1 \leqslant g \leqslant k} E(g/x) \tag{9-50}$$

则判定 x 来自第 h 总体。

原则上说，考虑损失函数更为合理，但是在实际应用中 $L(h/g)$ 不容易确定，因此常常在数学模型中就假设各种错判的损失皆相等，即

$$L(h/g) = \begin{cases} 0 (h = g) \\ 1 (h \neq g) \end{cases} \tag{9-51}$$

这样一来，寻找 h 使后验概率最大和使错判的平均损失最小是等价的，即

$$P(h/x) \xrightarrow{h} \max \Leftrightarrow E(h/x) \xrightarrow{h} \min$$

9.4.2 多元正态总体的 Bayes 判别法

A 判别函数的导出

如前所述，Bayes 判别法需要知道各总体的分布密度函数，实际应用中常常假设总体服从多元正态分布，并进一步假设 k 个总体的协方差矩阵相同（如果协方差矩阵不同，则有非线性判别函数）。下面给出多元正态总体的 Bayes 判别法。

由前面的叙述可知，使用 Bayes 判别法作判别分析，首先需要知道总体的先验概率 q_g 和密度函数 $f_g(x)$（如果是离散情形则是概率函数）。对于先验概率，如果没有更好的办法确定，可以采取以下两种处理方式：一种是用样品频率代替，即令 $q_g = \frac{n_g}{n}$，其中 n_g 为用于建立判别函数的已知分类数据中来自第 g 总体的样品的数目，且 $n_1 + n_2 + \cdots + n_k = n$；另

一种就是干脆令各总体的先验概率相等，即 $q_g = \frac{1}{k}$，这时可以认为先验概率不起作用。

在以上的假设和前提下，第 g 个总体的 p 元正态分布的概率密度函数为

$$f_g(x) = (2\pi)^{-\frac{p}{2}} |\Sigma_{(g)}|^{-\frac{1}{2}} \exp\left[-\frac{1}{2}(\boldsymbol{x} - \boldsymbol{\mu}_{(g)})' \boldsymbol{\Sigma}_{(g)}^{-1} (\boldsymbol{x} - \boldsymbol{\mu}_{(g)}) \right] \tag{9-52}$$

式中 $\boldsymbol{\mu}_{(g)}$——第 g 个总体的均值向量（p 维）；

$\Sigma_{(g)}$——第 g 个总体的协方差阵（p 阶）。

把式（9-52）代入式（9-48）的 $P(g/x)$ 表达式中，由于我们只关心寻找使 $P(g/x)$ 最大化的 g，而 $P(g/x)$ 的分母不论 g 为何值都是常数，故而可以改为求使其分子 $q_g f_g(x)$ 最大化的 g：

$$q_g f_g \xrightarrow{g} \max \tag{9-53}$$

对 $q_g f_g(x)$ 取对数，并进一步去掉与 g 无关的项，记为

$$\begin{aligned} Z(g/x) &= \ln q_g - \frac{1}{2}|\Sigma_{(g)}| - \frac{1}{2}(\boldsymbol{x} - \boldsymbol{\mu}_{(g)})' \boldsymbol{\Sigma}_{(g)}^{-1} (\boldsymbol{x} - \boldsymbol{\mu}_{(g)}) \\ &= \ln q_g - \frac{1}{2}|\boldsymbol{\Sigma}_{(g)}| - \frac{1}{2}\boldsymbol{x}' \boldsymbol{\Sigma}_{(g)}^{-1} x - \frac{1}{2}\boldsymbol{\mu}'_{(g)} \boldsymbol{\Sigma}_{(g)}^{-1} \boldsymbol{\mu}_{(g)} + \boldsymbol{x}' \boldsymbol{\Sigma}_{(g)}^{-1} \boldsymbol{\mu}_{(g)} \end{aligned} \tag{9-54}$$

则所求问题转化为

$$Z(g/x) \xrightarrow{g} \max$$

B　假设协方差矩阵相等

$Z(g/x)$ 中含有 k 个总体的协方差矩阵（逆矩阵及行列式值），而且 x 还是二次函数，实际计算时工作量很大。如果进一步假定 k 个总体的协方差矩阵相同，即 $\boldsymbol{\Sigma}_{(1)} = \boldsymbol{\Sigma}_{(2)} = \cdots = \boldsymbol{\Sigma}_{(k)} = \boldsymbol{\Sigma}$，这时 $Z(g/x)$ 中 $\frac{1}{2}|\boldsymbol{\Sigma}_{(g)}|$ 和 $\frac{1}{2}\boldsymbol{x}'\boldsymbol{\Sigma}_{(g)}^{-1}\boldsymbol{x}$ 两项与 g 无关，求最大时可以去掉，最终得到如式（9-55）的判别函数与判别准则（如果协方差矩阵不等，则有非线性判别函数）

$$\begin{cases} y(g/x) = \ln q_g - \frac{1}{2}\boldsymbol{\mu}'_{(g)} \boldsymbol{\Sigma}^{-1} \boldsymbol{\mu}_{(g)} + \boldsymbol{x}' \boldsymbol{\Sigma}^{-1} \mu_{(g)} \\ y(g/x) \xrightarrow{g} \max \end{cases} \tag{9-55}$$

式（9-55）判别函数也可以写成多项式形式：

$$y(g/x) = \ln q_g + C_0^{(g)} + \sum_{i=1}^{p} C_i^{(g)} x_i \tag{9-56}$$

其中

$$C_i^{(g)} = \sum_{j=1}^{p} v_{ij} \mu_j^{(g)} \quad (i = 1, 2, \cdots, p)$$

$$C_0^{(g)} = -\frac{1}{2}\boldsymbol{\mu}'_{(g)} \Sigma^{-1} \boldsymbol{\mu}_{(g)}$$

$$= -\frac{1}{2}\sum_{i=1}^{p}\sum_{j=1}^{p} v_{ij}\mu_i^{(g)}\mu_j^{(g)}$$

$$= -\frac{1}{2}\sum_{i=1}^{p} C_i^{(g)}\mu_i^{(g)}$$

$$\boldsymbol{x} = (x_1, x_2, \cdots, x_p)'$$

$$\boldsymbol{\mu}^{(g)} = (\mu_1^{(g)}, \mu_2^{(g)}, \cdots, \mu_p^{(g)})'$$

$$\boldsymbol{\Sigma} = (v_{ij})_{p\times p}$$

C 计算后验概率

作分类计算时，主要是根据判别式 $y(g/x)$ 的大小，而它不是后验概率 $P(g/x)$，但是有了 $y(g/x)$ 之后，就可以根据式（9-57）算出 $P(g/x)$：

$$P(g/x) = \frac{\exp[y(g/x)]}{\sum_{i=1}^{k}\exp[y(i/x)]} \tag{9-57}$$

因为 $y(g/x) = \ln(q_g f_g(x)) - \Delta(x)$，其中 $\Delta(x)$ 是 $\ln(q_g f_g(x))$ 中与 g 无关的部分，所以，式（9-57）可由以下过程导出

$$P(g/x) = \frac{q_g f_g(x)}{\sum_{i=1}^{k} q_i f_i(x)}$$

$$= \frac{\exp[y(g/x) + \Delta(x)]}{\sum_{i=1}^{k}\exp[y(i/x) + \Delta(x)]}$$

$$= \frac{\exp[y(g/x)]\exp[\Delta(x)]}{\sum_{i=1}^{k}\exp[y(i/x)]\exp[\Delta(x)]}$$

$$= \frac{\exp[y(g/x)]}{\sum_{i=1}^{k}\exp[y(i/x)]}$$

由式（9-57）可知，使 y 为最大值的 h 其 $P(h/x)$ 必为最大，因此只需把样品 x 代入判别式中，分别计算 $y(g/x)(g=1,2,\cdots,k)$。若

$$y(h/x) = \max_{1\leqslant g\leqslant k}[y(g/x)]$$

则把样品 x 归入第 h 总体。

【例9-3】 基于某油田13个油层、11个水层、7个油水层的测井资料，得到各层的岩性系数（x_1），孔隙度（x_2），浸入系数（x_3），含油饱和度（x_4），统计结果见表9-5。试建立其Bayes判别模型，并判断 $x_1 = 0.359$，$x_2 = 0.26$，$x_3 = 1.96$，$x_4 = 0.783$ 的岩层的含油性质。

表 9-5 岩层测井数据及性质

层 序	x_1	x_2	x_3	x_4	备 注
1	0.276	0.18	0.446	0.683	油层
2	0.378	0.2	0.746	0.673	
3	0.325	0.2	0.8	0.633	
4	0.138	0.21	0.75	0.728	
5	0.29	0.241	0.87	0.649	
6	0.27	0.19	1.73	0.613	
7	0.45	0.23	2.66	0.544	
8	0.302	0.23	1.78	0.59	
9	0.344	0.24	3.4	0.618	
10	0.358	0.21	1.37	0.619	
11	0.076	0.26	0.85	0.733	
12	0.346	0.27	1.32	0.621	
13	0.186	0.3	0.56	0.796	
1	0.62	0.24	6.22	0.544	水层
2	0.61	0.25	1.42	0.494	
3	0.62	0.27	1.46	0.51	
4	0.56	0.13	1.3	0.372	
5	0.432	0.215	0.9	0.214	
6	0.47	0.2	2.9	0.22	
7	0.56	0.2	3.0	0.221	
8	0.29	0.25	4.66	0.395	
9	0.302	0.22	3.18	0.25	
10	0.347	0.19	17.9	0.23	
11	0.269	0.25	8.7	0.145	
1	0.36	0.19	3.8	0.56	油水层
2	0.42	0.14	0.84	0.54	
3	0.357	0.29	4.2	0.5	
4	0.35	0.17	3.18	0.61	
5	0.324	0.3	5.2	0.615	
6	0.52	0.27	3.0	0.58	
7	0.608	0.18	1.2	0.59	

（1）计算每类各变量的均值

油　层：$\bar{x}_{11}=0.2876$，　$\bar{x}_{12}=0.2278$，　$\bar{x}_{13}=1.3294$，　$\bar{x}_{14}=0.6538$

水　层：$\bar{x}_{21}=0.4618$，　$\bar{x}_{22}=0.2195$，　$\bar{x}_{23}=4.6954$，　$\bar{x}_{24}=0.3268$

油水层：$\bar{x}_{31}=0.4199$，　$\bar{x}_{32}=0.2200$，　$\bar{x}_{33}=3.0600$，　$\bar{x}_{34}=0.5757$

（2）计算协方差矩阵 $\boldsymbol{\Sigma}$，并求出其逆矩阵 $\boldsymbol{\Sigma}^{-1}$

$$\boldsymbol{\Sigma}=\begin{pmatrix}0.01394 & -0.000843 & -0.11948 & 0.002425\\ -0.000843 & 0.001960 & 0.01353 & 0.000997\\ -0.11948 & 0.01353 & 9.7241 & -0.08906\\ 0.002425 & 0.000997 & -0.08906 & -0.009432\end{pmatrix}$$

$$\boldsymbol{\Sigma}^{-1}=\begin{pmatrix}84.288 & 39.890 & 0.8134 & -18.210\\ 39.890 & 575.855 & -1.0536 & -81.053\\ 0.8134 & -1.0536 & 0.1241 & -1.0743\\ -18.210 & -81.053 & 1.0773 & 129.416\end{pmatrix}$$

（3）求油层、水层、油水层各自的判别函数

以计算油层（第1类）的判别函数为例，其先验概率用样品频率来表示：

$$q_1=\frac{n_1}{n}=\frac{13}{31}\left(\text{同理 } q_2=\frac{11}{31},q_3=\frac{7}{31}\right)$$

$$y_1=\ln q_1-\frac{1}{2}\boldsymbol{\mu}'_{(1)}\boldsymbol{\Sigma}^{-1}\boldsymbol{\mu}_{(1)}+\boldsymbol{x}'\boldsymbol{\Sigma}^{-1}\boldsymbol{\mu}_{(1)}$$

$$=\ln\frac{13}{31}-\frac{1}{2}\begin{pmatrix}0.2876\\0.2278\\1.3294\\0.6538\end{pmatrix}'\begin{pmatrix}84.288 & 39.890 & 0.8134 & -18.210\\ 39.890 & 575.855 & -1.0536 & -81.053\\ 0.8134 & -1.0536 & 0.1241 & -1.0743\\ -18.210 & -81.053 & 1.0773 & 129.416\end{pmatrix}\begin{bmatrix}0.2876\\0.2278\\1.3294\\0.6538\end{bmatrix}+$$

$$(x_1,x_2,x_3,x_4)\begin{pmatrix}84.288 & 39.890 & 0.8134 & -18.210\\ 39.890 & 575.855 & -1.0536 & -81.053\\ 0.8134 & -1.0536 & 0.1241 & -1.0743\\ -18.210 & -81.053 & 1.0773 & 129.416\end{pmatrix}\begin{bmatrix}0.2876\\0.2278\\1.3294\\0.6538\end{bmatrix}$$

于是得油层（第1类）的判别函数为

$$y_1=-0.8690+22.5x_1+88.24x_2+0.8614x_3+62.35x_4-33.372$$
$$=22.5x_1+88.24x_2+0.8614x_3+62.35x_4-34.241$$

同样，可求出水层（第2类）、油水层（第3类）的判别函数

$$y_2=45.55x_1+113.41x_2+1.078x_3+21.13x_4-28.952$$
$$y_3=36.261x_1+93.954x_2+1.103x_3+51.67x_4-34.379$$

（4）计算判对率

将31个原样品指标代入各判别函数，把每个样品归于判别函数值最大的那一类，进而计算判对率。以第一个样品为例

$$y_{1,1}=22.5\times0.276+88.24\times0.18+0.8614\times0.446+62.35\times0.683-34.241$$
$$=29.95$$

同样可得：$y_{2,1}=17.92$，　　$y_{3,1}=26.83$

$$y_{1,1}>y_{3,1}>y_{2,1}$$

显然，第一个样品应该归于第1类（油层）。

还可进一步算出第一个样品归于各类的后验概率：

$$P_i = \frac{\exp[y(g/x)]}{\sum_{i=1}^{k}\exp[y(i/x)]}$$

对第一个样品：$P_1 = \dfrac{\exp(29.95)}{\exp(29.95)+\exp(17.91)+\exp(26.83)} = 0.9577$

$P_2 = 5.65\times 10^{-6}$

$P_3 \approx 0.0423$

可见，第一个样品归于第一类的概率最大，为0.9577。

将31个样品按上述做法进行回判，其结果如下：

油层中的第7层错判为油水层，其余12层均判对。

水层中的第1层错判为油水层，其余10层均判对。

油水层中的第4层错判为油层，其余6层均判对。

总体而言，31层判对28层，判对率为90%，判别效果良好。

对待判样品

$$y_1 = 22.5\times 0.359 + 88.24\times 0.26 + 0.8614\times 1.96 + 62.35\times 0.783 - 34.241$$
$$= 47.29$$

$y_2 = 35.55$，　$y_3 = 45.69$

也就是说，待判样品应该属于油层。

9.5 逐步判别法

前面介绍的几种判别分析方法，都是将已有的变量一次性引入各类总体的判别函数中。事实上，这些变量在判别式中所起的作用一般来说是不同的，也就是说，各变量在判别式中的判别能力是不同的，有的可能起重要作用，有的可能作用微弱，如果将判别能力微弱的变量保留在判别式中，不仅会增加计算工作量，而且会由于变量之间的相关性而干扰判别效果，如果将其中主要的变量忽略了，这时做出的判别效果也一定不好。经验表明，变量个数的增加并不一定能提高判别效果。因此，一个很重要的问题是，如何从多个变量中挑选出若干个对于区分所有总体最有效的变量，这就是逐步判别分析所要解决的问题。

逐步判别分析与逐步回归的基本思想类似，都是采用“有进有出”的动态调节算法，即每一步都通过检验把判别能力最强的所谓“最重要”的一个变量引入判别函数中，同时也考虑到较早引入判别式的某些变量，如果其判别能力随新变量的引入而变得不显著（例如其作用被后引入的某几个变量的组合所代替），应及时从判别式中将其剔除，最终在判别式中只保留数量不太多而判别能力又较强的变量。逐步判别分析挑选变量与逐步回归所不同的是，逐步回归剔除或引入变量的标准是变量对回归方程的方差贡献大小，大的引入，小的剔除，而逐步判别分析用的是参加判别式的各变量的组合统计量——Wilks 值来度量哪些变量可以引入判别方程，哪些变量需要从判别方程中剔除。

9.5.1 逐步判别分析的基础理论

设有 m 个总体 G_1，G_2，…，G_m，分别从这些总体中抽取 n_1，n_2，…，n_m（$n_1+n_2+\cdots+n_m=n$）个样品，每个样品观测 p 个指标的观测数据如下。

第 1 个总体的观测数据为

$$
\begin{matrix}
x_{11}^{(1)} & x_{12}^{(1)} & \cdots & x_{1p}^{(1)} \\
x_{21}^{(1)} & x_{22}^{(1)} & \cdots & x_{2p}^{(1)} \\
\vdots & \vdots & \ddots & \vdots \\
x_{n_1 1}^{(1)} & x_{n_1 2}^{(1)} & \cdots & x_{n_1 p}^{(1)}
\end{matrix}
$$

第 2 个总体的观测数据为

$$
\begin{matrix}
x_{11}^{(2)} & x_{12}^{(2)} & \cdots & x_{1p}^{(2)} \\
x_{21}^{(2)} & x_{22}^{(2)} & \cdots & x_{2p}^{(2)} \\
\vdots & \vdots & \ddots & \vdots \\
x_{n_2 1}^{(2)} & x_{n_2 2}^{(2)} & \cdots & x_{n_2 p}^{(2)}
\end{matrix}
$$

第 m 个总体的观测数据为

$$
\begin{matrix}
x_{11}^{(m)} & x_{12}^{(m)} & \cdots & x_{1p}^{(m)} \\
x_{21}^{(m)} & x_{22}^{(m)} & \cdots & x_{2p}^{(m)} \\
\vdots & \vdots & \ddots & \vdots \\
x_{n_m 1}^{(m)} & x_{n_m 2}^{(m)} & \cdots & x_{n_m p}^{(m)}
\end{matrix}
$$

假定各组的样品都是相互独立的正态随机向量，各组的协方差矩阵相同，即

$$(x_{k1}^{(g)}, x_{k2}^{(g)}, \cdots, x_{kp}^{(g)}) \sim N(\boldsymbol{\mu}_g, \boldsymbol{\Sigma}) \quad (g=1,2,\cdots,m; k=1,2,\cdots,n)$$

式中 $x_{kj}^{(g)}$——g 组第 k 个样品的第 j 个变量（$j=1, 2, \cdots, p$）；

$\boldsymbol{\mu}_g$——g 组的均值向量；

$\boldsymbol{\Sigma}$——协方差矩阵。

令全部样品的总均值向量为

$$\overline{\boldsymbol{X}} = (\bar{x}_1, \bar{x}_2, \cdots, \bar{x}_p)$$

各个总体的样品的均值向量为

$$\overline{\boldsymbol{X}}(g) = (\bar{x}_1^{(g)}, \bar{x}_2^{(g)}, \cdots, \bar{x}_p^{(g)}) \qquad (g=1,2,\cdots,m)$$

定义样品的组内离差矩阵为 $\boldsymbol{W}$、样品的组间离差矩阵为 $\boldsymbol{B}$、样品的总离差矩阵为 $\boldsymbol{T}$。记

$$\boldsymbol{W} = (w_{ij})_{p\times p}, \qquad \boldsymbol{B} = (b_{ij})_{p\times p}, \qquad \boldsymbol{T} = (t_{ij})_{p\times p}$$

其中

$$w_{ij} = \sum_{g=1}^{m} \sum_{k=1}^{n_g} (x_{gk}^{(i)} - \bar{x}_g^{(i)})(x_{gk}^{(j)} - \bar{x}_g^{(j)})$$

$$b_{ij} = \sum_{g=1}^{m} n_g (\bar{x}_g^{(i)} - \bar{x}^{(i)})(\bar{x}_g^{(j)} - \bar{x}^{(j)})$$

$$t_{ij} = \sum_{g=1}^{m} \sum_{k=1}^{n_g} (x_{gk}^{(i)} - \bar{x}^{(i)})(x_{gk}^{(j)} - \bar{x}^{(j)})$$

$$\bar{x}_g^{(i)} = \frac{1}{n_g} \sum_{k=1}^{n_g} x_{gk}^{(i)} \qquad (g = 1,2,\cdots,m)$$

可以证明：$\boldsymbol{T} = \boldsymbol{W} + \boldsymbol{B}$

为了对这 m 个总体建立判别函数，需要检验

$$H_0: \mu_{(1)} = \mu_{(2)} = \cdots = \mu_{(m)}$$

当 H_0 被接受时，说明区分这 m 个总体是没有意义的，在此基础上建立的判别函数效果不好；当 H_0 被否定时，说明 m 个总体可以区分，建立的判别函数有意义。

但是，为了达到区分这 m 个总体的目的，是否可以减少原来选的 p 个指标并达到同样的判别效果呢？这就需要考虑去掉一些对区分 m 个总体不带附加信息的变量的问题。

对于上述问题的检验，引入维尔克斯（Wilks）统计量

$$U = \frac{|W|}{|T|} \tag{9-58}$$

作为检验 p 个变量综合区分能力的指标。U 小意味着组内离差小而组间离差大，m 个总体的平均值差异显著。而 $-\left[n - \frac{1}{2}(p-m) - 1\right]\ln\lambda$ 的极限分布服从于大样本的 $\chi^2[p(m-1)]$。

如果通过某种步骤已经选中了 p 个变量，我们要检验增加第 $p+1$ 个变量后对区分总体是否提供了附加信息，即增加了第 $p+1$ 个变量后，对于区分、鉴别这 m 个总体的能力是否有所增长。为此，我们将全部 $p+1$ 个变量分为两组：第一组是前 p 个变量 x_1，x_2，…，x_p，第二组只包括一个变量 x_{p+1}。并用 $\boldsymbol{W}$，$\boldsymbol{T}$（$p+1$ 阶）分别记这 $p+1$ 个变量的组内离差矩阵和总离差矩阵

$$\boldsymbol{W} = \begin{matrix} & P & 1 \\ P & \boldsymbol{W}_{11} & \boldsymbol{W}_{12} \\ 1 & \boldsymbol{W}_{21} & \boldsymbol{W}_{22} \end{matrix} \tag{9-59}$$

$$\boldsymbol{W}_{12} = \boldsymbol{W}'_{21} = [w_{1(p+1)}, w_{2(p+1)}, \cdots, w_{p(p+1)}]'$$

$$\boldsymbol{T} = \begin{matrix} & P & 1 \\ P & \boldsymbol{T}_{11} & \boldsymbol{T}_{12} \\ 1 & \boldsymbol{T}_{21} & \boldsymbol{T}_{22} \end{matrix} \tag{9-60}$$

$$\boldsymbol{T}_{12} = \boldsymbol{T}'_{21} = [t_{1(p+1)}, t_{2(p+1)}, \cdots, t_{p(p+1)}]'$$

于是，前 p 个变量的 Wilks 统计量为

$$U_p = \frac{|W_{11}|}{|T_{11}|}$$

当增加第 $p+1$ 个变量后，$p+1$ 个变量的 Wilks 统计量为

$$U_{p+1} = \frac{|W|}{|T|} = \frac{\begin{vmatrix} W_{11} & W_{12} \\ W_{21} & W_{22} \end{vmatrix}}{\begin{vmatrix} T_{11} & T_{12} \\ T_{21} & T_{22} \end{vmatrix}} = \frac{|W_{11}| \cdot |W_{22} - W_{21}W_{11}{}^{-1}W_{12}|}{|T_{11}| \cdot |T_{22} - T_{21}T_{11}{}^{-1}T_{12}|}$$

$$= U_p \cdot \frac{|W_{22} - W_{21}W_{11}{}^{-1}W_{12}|}{|T_{22} - T_{21}T_{11}{}^{-1}T_{12}|} \tag{9-61}$$

所以有 $$\frac{U_p}{U_{p+1}} = \frac{|T_{22} - T_{21}T_{11}{}^{-1}T_{12}|}{|W_{22} - W_{21}W_{11}{}^{-1}W_{12}|}$$

即 $$\frac{U_p}{U_{p+1}} - 1 = \frac{|T_{22} - T_{21}T_{11}{}^{-1}T_{12}| - |W_{22} - W_{21}W_{11}{}^{-1}W_{12}|}{|W_{22} - W_{21}W_{11}{}^{-1}W_{12}|}$$

统计量 $F = \left(\frac{U_p}{U_{p+1}} - 1\right)\frac{n-p-m}{m-1}$ 的极限分布为 $F(m-1, n-p-m)$，用它来检验给定前 p 个指标的条件下，增加第 $p+1$ 个指标的条件均值是否相等，即是否对区分母体提供附加信息。

【例 9-4】 表 9-6、表 9-7 为 3 个总体（G_1，G_2，G_3）、两个变量（x_1，x_2），每个总体各取 5 个样的两批样本数据，试说明这两种情况下 x_1，x_2 对 3 个总体的区分能力。

表 9-6 三个总体两个变量样本数据（一）

样品 \ 总体	G_1		G_2		G_3	
	x_1	x_2	x_1	x_2	x_1	x_2
1	1.0	2.5	1.1	4.0	1.1	5.0
2	1.1	2.6	1.0	4.2	1.0	5.2
3	1.3	2.4	1.3	4.1	1.4	5.1
4	1.2	2.3	1.2	4.3	1.2	5.3
5	1.1	2.7	1.0	4.2	1.3	5.2

表 9-7 三个总体两个变量样本数据（二）

样品 \ 总体	G_1		G_2		G_3	
	x_1	x_2	x_1	x_2	x_1	x_2
1	1.0	2.5	1.1	2.1	1.1	2.1
2	1.1	2.6	1.0	2.3	1.0	2.3
3	1.3	2.4	1.3	2.7	1.4	2.1
4	1.2	2.3	1.2	2.5	1.2	2.7
5	1.1	2.7	1.0	2.4	1.3	2.6

解：直观地看，样本数据（二）中的变量 x_2 在 3 个总体间的差异极不明显，因此第二

种情况下的变量区分能力应该弱于第一种情况。下面通过 Wilks 统计量来说明这种情形。

对第一种情况，其组内离差矩阵和总离差矩阵分别为

$$\boldsymbol{W}_1 = \begin{bmatrix} 0.2200 & -0.0460 \\ -0.0460 & 0.2040 \end{bmatrix}, \quad \boldsymbol{T}_1 = \begin{bmatrix} 0.2373 & 0.2980 \\ 0.2980 & 18.2560 \end{bmatrix}$$

因此 Wilks 统计量

$$\mathrm{U}_1 = \frac{|\boldsymbol{W}_1|}{|\boldsymbol{T}_1|} = 0.0101$$

对第二种情况，其组内离差矩阵和总离差矩阵分别为

$$\boldsymbol{W}_2 = \begin{bmatrix} 0.2200 & -0.0700 \\ -0.0700 & 0.6120 \end{bmatrix}, \quad \boldsymbol{T}_2 = \begin{bmatrix} 0.2373 & -0.0353 \\ -0.0353 & 0.6299 \end{bmatrix}$$

Wilks 统计量

$$U_2 = \frac{|\boldsymbol{W}_2|}{|\boldsymbol{T}_2|} = 0.8752$$

显然，从 Wilks 统计量可以看出，$U_1 \ll U_2$，说明前者比后者具有更好的变量区分能力。

9.5.2 引入和剔除变量的检验统计量

在上述理论基础上，给出判别分析中引入变量和剔除变量的依据和检验方法。

A 引入变量

假定已经计算了 l 步，并且已经引入了 l 个变量 x_1，x_2，…，x_l（包括 $l=0$ 的情形），现在要对在第 $l+1$ 步添加一个新变量 x_r的“判别能力”进行检验。为此，将变量分为两组，第一组是前 l 个已经引入的变量，第二组仅有一个变量 x_r，将这 $l+1$ 个变量的组内离差矩阵和总离差矩阵仍分别记为 $\boldsymbol{W}$ 和 $\boldsymbol{T}$。

$$\boldsymbol{W} = \begin{bmatrix} \boldsymbol{W}_{11} & \boldsymbol{W}_{12} \\ \boldsymbol{W}_{21} & w_{rr} \end{bmatrix}$$

其中 $\boldsymbol{W}_{11}$为前 l 个变量的组内离差矩阵

$$\boldsymbol{W}_{11} = \begin{bmatrix} w_{11} & w_{12} & \cdots & w_{1l} \\ w_{21} & w_{22} & \cdots & w_{2l} \\ \vdots & \vdots & \ddots & \vdots \\ w_{l1} & w_{l2} & \cdots & w_{ll} \end{bmatrix}$$

$$\boldsymbol{W}_{12} = \boldsymbol{W}'_{21} = [w_{1r}, w_{2r}, \cdots, w_{rr}]'$$

可以证明

$$|\boldsymbol{W}| = |\boldsymbol{W}_{11}| \cdot w_{rr}^{(l)} \tag{9-62}$$

其中

$$w_{rr}^{(l)} = w_{rr} - \boldsymbol{W}_{21}\boldsymbol{W}_{11}^{-1}\boldsymbol{W}_{12}$$

同理

$$|\boldsymbol{T}| = |\boldsymbol{T}_{11}| \cdot t_{rr}^{(l)} \tag{9-63}$$

因而

$$\frac{|\boldsymbol{W}|}{|\boldsymbol{T}|}=\frac{|\boldsymbol{W}_{11}|}{|\boldsymbol{T}_{11}|}\cdot\frac{w_{rr}^{(l)}}{t_{rr}^{(l)}} \tag{9-64}$$

表示已有前 l 个变量 x_1，x_2，…，x_l条件下的 Wilks 准则。

式（9-64）亦可记为

$$U_{12\cdots lr}=U_{12\cdots l}U_{r|12\cdots l}$$

其中

$$U_{r|12\cdots l}=\frac{w_{rr}^{(l)}}{t_{rr}^{(l)}} \tag{9-65}$$

可以证明：$U_{12\cdots l}U_{r|12\cdots l}$也是一个 Wilks 统计量。它可以检验假设 H_0：$\boldsymbol{\mu}_{1|12\cdots l}=\boldsymbol{\mu}_{2|12\cdots l}=\cdots=\boldsymbol{\mu}_{m|12\cdots l}$，其中$\boldsymbol{\mu}_{g|12\cdots l}$（$g=1$，2，…，$m$）是在给定 x_1，x_2，…，x_l的条件下第 g 个总体（$l+1$ 元）的条件分布的期望向量。换句话说，$U_{r|12\cdots l}$可以检验在给定 x_1，x_2，…，x_l的条件下“变量 x_r的判别能力”。

至此，我们可以构造与 $U_{r|12\cdots l}$等价的 F 检验式

$$F_{1r}=\frac{1-U_{Ur|12\cdots l}}{U_{Ur|12\cdots l}}\cdot\frac{n-l-m}{m-1}=\frac{t_{rr}^{(l)}-w_{rr}^{(l)}}{w_{rr}^{(l)}}\cdot\frac{n-l-m}{m-1} \tag{9-66}$$

来检验变量 x_r的判别能力的显著性。当 F_{1r}的计算值大于 $F_\alpha(m-l,n-l-m)$时，认为 x_r的判别能力显著，进而将 x_r作为引入变量 x_{l+1}。

对已入选的 l 个变量，要考虑较早选入的变量中其重要性有没有发生较大变化，应及时将不能提供附加信息的变量剔除，剔除的原则与引进变量相同。

B　剔除变量

假设已经计算了 L 步，并引入了包括 x_r在内的 l 个变量。现在要确立在第 $L+1$ 步剔除变量 x_r的标准。

为了讨论方便起见，我们假设 x_r是在第 L 步引入的，也就是说前 $L-1$ 步引进了不包括 x_r在内的 $l-1$ 个变量。这样，问题就变为在给定其他 $l-1$ 个变量的条件下检验第 L 步引入的 x_r的判别能力。由式（9-65），有

$$U_{r|(l-1)}=\frac{w_{rr}^{(L-1)}}{t_{rr}^{(L-1)}} \tag{9-67}$$

利用“求解求逆紧凑变化法”，第 $L+1$ 步消去 r 列的变量变换公式（见 9.5.3 节），式（9-67）可改写为

$$U_{r|(l-1)}=\frac{1/w_{rr}^{(L)}}{1/t_{rr}^{(L)}}=\frac{t_{rr}^{(L)}}{w_{rr}^{(L)}} \tag{9-68}$$

而与 $U_{r\ (l-1)}$等价的 F 检验则为

$$F_{2r}=\frac{1-U_{r|(l-1)}}{U_{r|(l-1)}}\cdot\frac{n-(l-1)-m}{m-1}=\frac{w_{rr}^{(l)}-t_{rr}^{(l)}}{t_{rr}^{(l)}}\cdot\frac{n-(l-1)-m}{m-1} \tag{9-69}$$

显然，我们应该从已引入判别函数的所有变量的各个 $U_{r|(l-1)}$中找出具有最大 $U_{r|(l-1)}$的一个变量 x_r进行 F 检验。若 $F_{2r}\leqslant F_\alpha[m-1,n-(l-1)-m]$，则认为变量 x_r的判别能力不显著，应该将其从判别函数中予以剔除。

逐步判别过程，就是不断地引入和剔除变量的过程，可以证明，前三步都只引入，而不必考虑剔除，在以后的各步中则应首先考虑剔除，如果不能剔除，则再考虑引入。当既不能剔除又不能引入时，逐步计算的过程即告终止，然后用已选中的变量建立判别函数。

9.5.3 变量的变换

逐步判别分析建立判别函数的过程与逐步回归相似，不同之处是逐步判别分析采用“求解求逆紧凑变化法”对 $\boldsymbol{W}$，$\boldsymbol{T}$ 两个矩阵进行变换，将变量逐步引入或剔除，每引入或剔除一个变量称为逐步判别的一步。它的第 $L+1$ 步不论是引入还是剔除变量 x_r，都需对 $\boldsymbol{W}$ 和 $\boldsymbol{T}$ 矩阵进行一次变换。

设初始的组内离差矩阵为（$w_{ij}^{(0)}$），初始的总的离差矩阵为（$t_{ij}^{(0)}$），从它们开始，每步实施一次变换，假设已经进行了 L 步，引入了 l 个变量，则第 $L+1$ 步无论是引入还是剔除变量 x_r，都要进行如下的变换

$$w_{ij}^{(l+1)} = \begin{cases} 1/w_{rr}^{(l)} & (i = r, j = r) \\ w_{ij}^{(l)}/w_{rr}^{(l)} & (i = r, j \neq r) \\ -w_{ir}^{(l)}/w_{rr}^{(l)} & (i \neq r, j = r) \\ w_{ij}^{(l)} - w_{ir}^{(l)} \cdot w_{rj}^{(l)}/w_{rr}^{(l)} & (i \neq r, j \neq r) \end{cases} \tag{9-70}$$

$$t_{ij}^{(l+1)} = \begin{cases} 1/t_{rr}^{(l)} & (i = r, j = r) \\ t_{ij}^{(l)}/t_{rr}^{(l)} & (i = r, j \neq r) \\ -t_{ir}^{(l)}/t_{rr}^{(l)} & (i \neq r, j = r) \\ t_{ij}^{(l)} - t_{ir}^{(l)} \cdot t_{rj}^{(l)}/t_{rr}^{(l)} & (i \neq r, j \neq r) \end{cases} \tag{9-71}$$

9.5.4 建立判别式进行判别

假设经过逐步判别最终引入了 l 个变量，并得到最终变换矩阵（$w_{ij}^{(l)}$），那么可按式（9-72）计算第 k 组的判别函数的系数

$$\begin{cases} c_j^{(k)} = (n-m)\sum_i w_{ij}^{(l)} \bar{x}_i^{(k)} \\ c_0^{(k)} = -\dfrac{1}{2}\sum_i c_i^{(k)} \bar{x}_i^{(k)} \end{cases} \quad (i,j \in \text{已入选变量}, k = 1,2,\cdots,m) \tag{9-72}$$

式中　$\bar{x}_i^{(k)}$——第 k 组第 i 个变量的均值。

进而得第 k 组的判别函数

$$f_k = \ln q_k + C_0^{(k)} + \sum_{j=1} C_j^{(k)} x_j \qquad (k = 1,2,\cdots,m;\ j \in \text{已入选变量}) \tag{9-73}$$

式中　q_k——第 k 组的先验概率，一般采用样品频率代替。

将每个样品 $\boldsymbol{X} = (x_1, x_2, \cdots, x_p)'$（新样品或原有样品）分别代入 m 个判别式中，得到 m 个判别函数值 $f_k(\boldsymbol{X})$，若 $f_h(\boldsymbol{X}) = \max\limits_{1 \leqslant k \leqslant m}\{f_k(\boldsymbol{X})\}$，则 X 属于第 h 个总体。并且，$X \in$

h 的条件（后验）概率为

$$P(h/X) = \frac{\exp\{F_k(X)\}}{\sum_{i=1}^{m} \exp\{F_i(X)\}} \tag{9-74}$$

另外，为了对已经引入的 l 个变量对于区分 m 个组的能力进行综合检验，可采用 Bartlett 给出的分布近似统计量

$$\chi^2(L(m-1)) \approx -(n-1-(L+m)/2)\ln V \tag{9-75}$$

其中 V 为 Wilks 统计量

$$V = \frac{w_{r_0}^{(0)}}{t_{r_0}^{(0)}} \cdot \frac{w_{r_1}^{(1)}}{t_{r_1}^{(1)}} \cdot \cdots \frac{w_{r_{(l-1)}}^{(l-1)}}{t_{r_{(l-1)}}^{(l-1)}}$$

r_0，r_1，…，$r_{(l-1)}$ 为逐次引入或剔除的变量序号。

【例 9-5】 以例【9-3】中表 9-3 的指标及数据为背景，用 Bayes 逐步线性判别法建立油层、水层、油水层的三组判别模型。

（1）计算各个指标的组内均值和总体均值

油　层：$\bar{x}_1^{(1)} = 0.2876$，　$\bar{x}_1^{(2)} = 0.2278$，　$\bar{x}_1^{(3)} = 1.3294$，　$\bar{x}_1^{(4)} = 0.6538$

水　层：$\bar{x}_2^{(1)} = 0.4618$，　$\bar{x}_2^{(2)} = 0.2195$，　$\bar{x}_2^{(3)} = 4.6954$，　$\bar{x}_2^{(4)} = 0.3268$

油水层：$\bar{x}_3^{(1)} = 0.4199$，　$\bar{x}_3^{(2)} = 0.2200$，　$\bar{x}_3^{(3)} = 3.0600$，　$\bar{x}_3^{(4)} = 0.5757$

总　体：$\bar{x}^{(1)} = 0.3793$，　$\bar{x}^{(2)} = 0.2231$，　$\bar{x}^{(3)} = 2.9143$，　$\bar{x}^{(4)} = 0.5019$

（2）计算组内离差矩阵 **W** 和总离差矩阵 **T**

$$\boldsymbol{W}^{(0)} = \begin{bmatrix} 0.3903 & -0.0236 & -3.346 & 0.0679 \\ -0.0236 & 0.0549 & 0.3789 & 0.0279 \\ -3.346 & 0.3789 & 272.27 & -2.4936 \\ 0.0679 & 0.0279 & -2.4936 & 0.2641 \end{bmatrix}$$

$$\boldsymbol{T}^{(0)} = \begin{bmatrix} 0.5860 & -0.0333 & 0.2008 & -0.2526 \\ -0.0333 & 0.0554 & 0.2099 & 0.0425 \\ 0.2008 & 0.2099 & 339.94 & -8.9826 \\ -0.2526 & 0.0425 & -8.9826 & 0.9255 \end{bmatrix}$$

（3）筛选变量

将 4 个变量 x_1，x_2，x_3，x_4 按照 Wilks 统计量所反映的判别能力的大小依次引入，同时考虑将因其他变量的引入而发生判别能力退化的已引入变量剔除。

①引入第一个变量

首先，分别计算 4 个变量的 Wikls 统计量

$$U_r = \frac{w_{rr}^{(p)}}{t_{rr}^{(p)}}$$

$$U_1 = w_{11}^{(0)}/t_{11}^{(0)} = 0.3903/0.5860 = 0.66604$$

$$U_2 = w_{22}^{(0)}/t_{22}^{(0)} = 0.0549/0.0554 = 0.99097$$

$$U_3 = w_{33}^{(0)}/t_{33}^{(0)} = 272.27/339.94 = 0.80094$$

$$U_4 = w_{44}^{(0)}/t_{44}^{(0)} = 0.2641/0.9255 = 0.28536$$

U_4最小，优先考虑将x_4引入（$r=4$），并检验其判别能力的显著性

$$F_{1r} = \frac{1-U_r}{U_r}\cdot\frac{n-l-m}{m-1} = \frac{1-U_4}{U_4}\cdot\frac{n-l-m}{m-1}$$

$$= \frac{1-0.28536}{0.28536}\cdot\frac{31-0-3}{3-1} = 35.06$$

因 $F_{1r} > F_{0.05}(2,28) = 3.34$，所以$x_4$的判别能力显著。

按式（9-70）、式（9-71）进行矩阵变换，将$\boldsymbol{W}^{(0)}$，$\boldsymbol{T}^{(0)}$转换为$\boldsymbol{W}^{(1)}$，$\boldsymbol{T}^{(1)}$（$r=4$）：

$$\boldsymbol{W}^{(1)} = \begin{bmatrix} 0.3729 & -0.0308 & -2.7043 & -0.2571 \\ -0.0308 & 0.0519 & 0.6424 & -0.1056 \\ -2.7043 & 0.6424 & 248.73 & 9.4423 \\ 0.2571 & 0.1056 & -9.4423 & 3.7866 \end{bmatrix}$$

$$\boldsymbol{T}^{(1)} = \begin{bmatrix} 0.5171 & -0.0271 & -2.2507 & 0.2729 \\ -0.0271 & 0.0534 & 0.6222 & -0.0459 \\ -2.2507 & 0.6222 & 252.75 & 9.7061 \\ -0.2729 & 0.0459 & -9.7061 & 1.0805 \end{bmatrix}$$

②以$\boldsymbol{W}^{(1)}$，$\boldsymbol{T}^{(1)}$为基础，考虑剔除和引入新变量

x_4刚引入，不可能立即剔除，因此继续考虑引入新变量。

根据$\boldsymbol{W}^{(1)}$，$\boldsymbol{T}^{(1)}$计算准备入选变量（x_1，x_2，x_3）的U_i

$$U_1 = w_{11}^{(1)}/t_{11}^{(1)} = 0.3729/0.5171 = 0.7211$$

$$U_2 = w_{22}^{(1)}/t_{22}^{(1)} = 0.0519/0.0534 = 0.9719$$

$$U_3 = w_{33}^{(1)}/t_{33}^{(1)} = 248.73/252.75 = 0.9841$$

U_1最小，优先考虑将x_1引入（$r=1$），并检验其判别能力的显著性

$$F_{1r} = \frac{1-U_1}{U_1}\cdot\frac{n-l-m}{m-1} = \frac{(1-0.7211)/2}{0.7211/27} = 5.22$$

因 $F_{1r} > F_{0.05}$（2，27）$=3.35$，所以x_1的判别能力显著。

继续进行矩阵变换，将$\boldsymbol{W}^{(1)}$，$\boldsymbol{T}^{(1)}$转换为$\boldsymbol{W}^{(2)}$，$\boldsymbol{T}^{(2)}$（$r=2$）：

$$\boldsymbol{W}^{(2)} = \begin{bmatrix} 2.6820 & -0.0825 & -7.2530 & -0.6897 \\ 0.0825 & 0.0494 & 0.4192 & -0.1269 \\ 7.2530 & 0.4192 & 229.11 & 7.5771 \\ -0.6897 & 0.1269 & -7.5771 & 3.9641 \end{bmatrix}$$

$$\boldsymbol{T}^{(2)} = \begin{bmatrix} 1.9339 & -0.0419 & -4.3527 & 0.5278 \\ 0.0419 & 0.0525 & 0.5279 & -0.0345 \\ 4.3527 & 0.5279 & 242.96 & 10.894 \\ 0.5278 & 0.0345 & 10.894 & 1.2246 \end{bmatrix}$$

③以 $\boldsymbol{W}^{(2)}$，$\boldsymbol{T}^{(2)}$ 为基础，考虑已引入变量（x_1，x_4）是否需要剔除，按式（9-68）

$$U_1 = t_{11}^{(2)}/w_{11}^{(2)} = 1.9339/2.6820 = 0.7211$$

$$U_4 = t_{44}^{(2)}/w_{44}^{(2)} = 1.2246/3.9640 = 0.3089$$

U_1较大，考虑将 x_1从入选变量中剔除（$r=1$），并检验显著性：

$$F_{2r} = \frac{1 - U_{r|(l-1)}}{U_{r|(l-1)}} \cdot \frac{n-(l-1)-m}{m-1} = \frac{(1-0.7211)/2}{0.7211/27} = 5.22$$

因 $F_{2r} > F_{0.05}(2, 27) = 3.35$，所以 x_1的判别能力显著，不能剔除。

④以 $W^{(2)}$，$T^{(2)}$ 为基础，考虑引入新变量

目前剩余变量 x_2，x_3未入选，计算其 Wilks 统计量 U_i

$$U_2 = w_{22}^{(2)}/t_{22}^{(2)} = 0.0494/0.0525 = 0.940$$

$$U_3 = w_{33}^{(2)}/t_{33}^{(2)} = 229.11/242.96 = 0.943$$

U_2较小，考虑将 x_2引入（$r=2$），并检验其判别能力的显著性

$$F_{1r} = \frac{1-U_2}{U_2} \cdot \frac{n-l-m}{m-1} = \frac{(1-0.940)/2}{0.940/26} = 0.83$$

因 $F_{1r} < F_{0.05}(2, 26) = 3.37$，所以 x_2判别能力不显著，不宜将其引入判别函数之中。

至此，判别函数外面已无变量可引入。

（4）计算判别函数和分组判别

基于 $\boldsymbol{W}^{(2)}$，利用式（9-76）建立判别函数

$$f_k = \ln q_k + c_0^{(k)} + \sum_{j=1} c_j^{(k)} x_j \tag{9-76}$$

$$\begin{cases} c_j^{(k)} = (n-m)\sum_i w_{ij}^{(l)} \bar{x}_i^{(k)} \\ c_0^{(k)} = -\dfrac{1}{2}\sum_i c_i^{(k)} \bar{x}_i^{(k)} & (i,j = 1,4;\ k = 1,2,3;\ l = 2) \\ q_k = n_k/n & (n = 31;\ m = 3) \end{cases}$$

由此得三种岩层各自的判别函数

油　层：$f_1 = -24.07 + 8.972x_1 + 67.017x_4$

水　层：$f_2 = -12.60 + 28.370x_1 + 27.356x_4$

油水层：$f_3 = -21.55 + 20.509x_1 + 55.236x_4$

（5）回判：

将 31 组原始数据代入上述判别函数进行回判，结果油层、水层各有 1 例判错，油水层有 2 例判错，总体判对率为 87.1%，效果良好。表明选 2 个变量（x_1，x_4）与用 4 个变量建立的判别函数，效果几乎是一样的。

9.6 判别分析在边坡稳定性判别研究中的应用

边坡稳定性问题一直是岩土边坡工程的一项重要研究内容。它涉及矿山、水电、铁路、公路等诸多工程领域，尤其是近年来，随着我国道路工程的飞速发展，在地形困难路段修建的公路越来越多。受各种条件的限制，大填、大挖方路段频繁出现，相伴而来出现了较多的路堤边坡失稳，边坡及路堑边坡坍塌等地质灾害现象，给道路建设、运营带来巨大的经济损失。因此，边坡的稳定性评价直接关系到工程建设的资金投入、人民的生命财产安全以及相应防治措施的采取。

如何根据具体的边坡工程地质条件和分析目的，合理有效地选用与之相适应的边坡稳定性分析方法，是一项很重要的工作。下面通过分析影响边坡稳定性的主要工程地质因素，运用判别分析方法对边坡的稳定性进行判别。

A 判别因子的选择

判别因子即用于确定边坡稳定性的主要影响因素，理论研究和工程实践表明，影响边坡稳定性的因素大致可以分为两类，即内在因素和外在因素。其中内在因素包括岩土性质、岩体结构等，如岩土的黏聚力、内摩擦角、边坡的坡角、坡高等；外在因素包括各种作用在边坡上的促使内部条件发生变化的因子，如地下水、风化作用、爆破和机械振动、临时荷载和人类活动等。参考有关研究结果，经综合分析后，确定以在边坡稳定性分析中广泛采用的边坡重度（x_1）、内聚力（x_2）、摩擦角（x_3）、边坡角（x_4）、边坡高度（x_5）、孔隙压力比（x_6）等6项指标作为进行边坡稳定性分析的判别因子。

B 样本的选择及判别模型的建立

以文献［12］介绍的38个典型边坡工程实例为研究背景，随机抽取其中的27个作为建模样本，另取3个作为验证样本（见表9-8），进行关于边坡状态为稳定和非稳定状态的两类总体的判别分析研究。

表9-8 边坡稳定性评价典型工程实例样本

序号	重度/kN·m^{-3}	内聚力/kPa	摩擦角/(°)	边坡角/(°)	边坡高度/m	孔隙压力比	边坡状态
1	22.4	10.0	35.0	45.0	10.0	0.40	0
2	20.0	0.0	36.0	45.0	50.0	0.50	0
3	22.0	0.0	40.0	33.0	8.0	0.35	1
4	24.0	0.0	40.0	33.0	8.0	0.30	1
5	20.0	0.0	24.5	20.0	8.0	0.35	1
6	20.0	0.0	36.0	45.0	50.0	0.25	0
7	18.0	0.0	30.0	20.0	8.0	0.30	1
8	27.0	50.0	40.0	42.0	407.0	0.25	1
9	20.0	20.0	36.0	45.0	50.0	0.50	0
10	27.0	35.0	35.0	42.0	359.0	0.25	1
11	27.0	38.0	35.0	37.8	320.0	0.25	1
12	27.0	32.0	33.0	42.2	289.0	0.25	1

续表 9-8

序号	重度/kN·m⁻³	内聚力/kPa	摩擦角/(°)	边坡角/(°)	边坡高度/m	孔隙压力比	边坡状态
13	18.5	25.0	0.0	30.0	6.0	0.25	0
14	27.3	14.0	31.0	41.0	110.0	0.25	1
15	27.3	32.0	29.7	41.0	135.0	0.25	1
16	27.3	17.0	28.0	50.0	91.0	0.25	1
17	27.3	10.0	39.0	41.0	511.0	0.25	1
18	27.3	10.0	39.0	40.0	470.0	0.25	1
19	25.0	46.0	35.0	47.0	443.0	0.25	1
20	25.0	46.0	35.0	44.0	435.0	0.25	1
21	25.0	46.0	35.0	46.0	432.0	0.25	1
22	26.0	150.0	45.0	30.0	200.0	0.25	0
23	18.5	12.0	0.0	30.0	6.0	0.25	0
24	22.4	10.0	35.0	30.0	10.0	0.25	1
25	21.4	10.0	30.3	30.0	20.0	0.25	1
26	22.0	10.0	36.0	45.0	50.0	0.25	0
27	22.0	20.0	36.0	45.0	50.0	0.25	0
28*	12.0	0.0	30.0	45.0	8.0	0.25	0
29*	20.0	20.0	36.0	45.0	50.0	0.25	0
30*	27.3	10.0	39.0	40.0	480.0	0.25	1

注：边坡状态为0表示该边坡为破坏边坡，为1表示为稳定边坡；带*者为验证样本。

由表9-8可知，在全部27个建模样本中，有9个为破坏边坡（假定其总体为A），有18个为稳定边坡（假定其总体为B）。以前述分析确立的6项指标的实际测量值作为判别因子，建立判别分析模型。

基于表9-6所示的建模样本数据和前述Fisher准则，即可求出判别系数c_i（$i=1, 2, \cdots, 6$），从而得到可用于计算样本得分的线性判别函数（判别超平面）

$$y = 5.6201 - 0.5110x_1 + 0.0396x_2 - 0.0239x_3 + 0.1689x_4 - 0.0040x_5 + 1.5337x_6 \tag{9-77}$$

C 判别模型的检验

在已知判别系数的条件下，利用式（9-77），可以求得A，B两类边坡岩体判别因子的均值中心分别为破坏边坡$\bar{y}_A=2.301$，稳定边坡$\bar{y}_B=-1.151$。

首先，采用将已知样本数据进行回代的方法来验证所建模型判别效果的显著性。将每个样本判别因子的实际测量值代入式（9-77），即可得其判别函数值y（得分），如表9-9所示。依据前述的样本判别准则，将每个样本的y与$\bar{y}_A$，$\bar{y}_B$进行比较，即可得其类别归属，归类结果见表9-9。从表9-9可以看出，无论是建模样本，还是验证样本，各边坡的预测结果与实际稳定性情况达到了高度的吻合。

表 9-9 典型边坡工程样本的稳定性判别分析结果

序号	y	$\lvert \bar{y}_A - y \rvert$	$\lvert y - \bar{y}_B \rvert$	预测结果	实际状态	序号	y	$\lvert \bar{y}_A - y \rvert$	$\lvert y - \bar{y}_B \rvert$	预测结果	实际状态
1	1.91	0.39	3.06	0	0	16	0.13	2.17	1.28	1	1
2	2.71	0.41	3.86	0	0	17	-3.63	5.93	2.48	1	1
3	-0.50	2.80	0.65	1	1	18	-3.63	5.93	2.48	1	1
4	-1.60	3.90	0.45	1	1	19	0.36	1.94	1.51	1	1
5	-1.30	3.60	0.15	1	1	20	-0.12	2.42	1.03	1	1
6	2.33	0.02	3.48	0	0	21	0.23	2.07	1.38	1	1
7	-0.49	2.79	0.66	1	1	22	1.84	0.46	2.99	0	0
8	-1.32	3.63	0.17	1	1	23	2.07	0.23	3.22	0	0
9	3.50	1.20	4.65	0	0	24	-0.86	3.16	0.29	1	1
10	-1.61	3.91	0.45	1	1	25	-0.27	2.58	0.88	1	1
11	-2.06	4.36	0.91	1	1	26	1.70	0.61	2.85	0	0
12	-1.36	3.66	0.21	1	1	27	2.09	0.21	3.24	0	0
13	2.58	0.28	3.73	0	0	28	6.72	4.42	7.87	0	0
14	-1.65	3.96	0.50	1	1	29	3.11	0.81	4.26	0	0
15	-1.03	3.33	0.12	1	1	30	-3.67	5.97	2.52	1	1

其次，采用 F-检验，判断两类中 6 个变量的平均值在统计上差异的显著性。F-检验统计量为 $F = 86.30$，而其临界值为 $F_{0.05} = 2.59$，$F > F_{0.05}$，亦说明在 0.05 显著性水平上 A，B 两类样品的差异显著，判别有效。

综合两种检验方法的检验结果，说明上述所建立的边坡稳定性预测模型是合理、可信的，可用于边坡稳定性的预报工作。

10 因子分析

在日常生活或科学研究中，常常需要判断某一事物在同类事物中的好坏、优劣程度及其发展规律等问题。而影响事物的特征及其发展规律的因素（指标）往往是多方面的，因此，在对该事物进行研究时，为了能更全面、准确地反映出它的特征及其发展规律，就不应仅从单个指标或单方面去评价它，而应考虑到与其有关的多个方面的因素，即研究中需要引入更多的与该事物有关系的变量来对其进行综合分析和评价。

多变量大样本资料无疑能给研究人员或决策者提供很多有价值的信息，但在分析处理多变量问题时，由于众多变量之间往往存在一定的相关性，使得观测数据所反映的信息存在重叠现象。为了尽量避免信息重叠和减轻工作量，人们希望能够找出少数几个互不相关的综合变量来尽可能地反映原来数据所包含的绝大部分信息，进而利用这些综合变量来找寻隐藏在事物表象后面的规律，这实际上是一种“降维”的思想。因子分析(factor analysis)方法正是为解决此类问题而产生的一种降维、简化数据的多元统计分析方法。

因子分析方法于1904年由德国心理学家C. 斯卑尔曼（Spearman）提出。1957年，美国的沉积学家W. C. Krumbein将其引入地质学，用以进行沉积学研究。1962年由J. 爱布尔（Imbrie）和G. E. 珀迪（Purdy）加以完善和发展，成为数学地质学科中一种非常重要的统计分析方法。

10.1 因子分析的基本思想和分类

地质工作的基本问题之一是对大量地质观测资料进行解释，从而建立一个有机的成因系统，用来作为找矿勘探工作的理论依据。过去，这种解释工作和成因探讨完全是由人的思考来进行的。但是，由于每个地质人员的专长、经验和思维方式不同，往往造成地质解释和成因观点有很大出入和争论。产生这种矛盾的重要原因，是人的思考无法掌握大量数据间错综复杂的关系。每个人会从不同的角度对这些数据加以删减和利用，进而得出相应的统计分析结果和成因解释，这就给成因分析带来不同程度的片面性。

因子分析作为一种统计分析方法，它将许多彼此间具有错综复杂关系的地质现象归结为数量较少的几个因子，每个因子可能是地质变量间的一种基本结合关系，它往往指示出某种地质上的成因联系。对这些因子进行地质解释，就构成了因子分析的主要内容。在多数情况下，由于地质变量之间存在着相关关系，这些彼此相关的变量之间必然存在着起支配作用的共同因素。因此，从数学意义来讲，因子分析就是从原始变量的相关矩阵出发，通过研究相关矩阵的内部结构，找出若干个对这些变量起支配作用的独立的综合变量（即公共因子）来表达所有原始观测数据所反映的地质特征或信息。所以，因子分析的主要目的，是从一定数量的变量中，找出数目较少的彼此独立的综合变量，并把原来的变量用这些综合变量表示出来，从而简化观测系统，抓住影响地质特征的主要因素。

例如，在研究沉积碳酸盐岩分类时，可直接用组成岩石的元素 C、O、Mg、Ca、Si 等的含量进行分类。但没有人这样做，因为它割断了这些元素间的内在联系。经过实际研究表明，用元素的组合如化合物 $CaCO_3$、$MgCO_3$、SiO_2的含量进行分类能清楚地反映碳酸盐岩的特征，表达碳酸盐岩的各种复杂成分。如图 10-1 所示，把 $CaCO_3$、$MgCO_3$和 SiO_2含量作为端元组分，每种碳酸盐岩都可以根据其$CaCO_3$、$MgCO_3$、SiO_2的质量百分含量找到它的位置。若把碳酸盐岩的 C、O、Mg、Ca、Si 等元素组成视为原始变量，而$CaCO_3$、$MgCO_3$、SiO_2即为找到的综合变量（因子），它们是原始变量组合而成的新变量

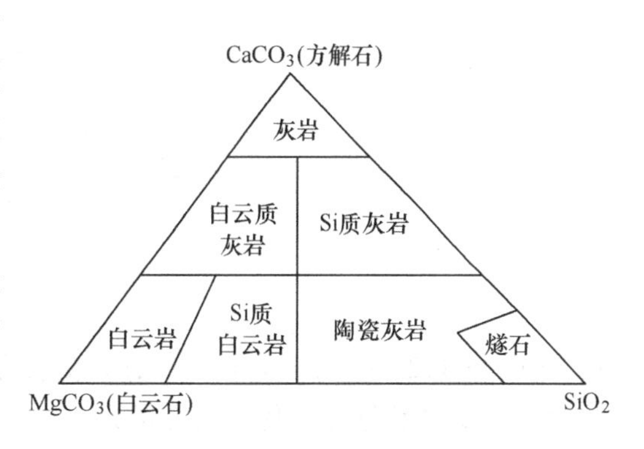

图 10-1　碳酸盐岩分类三角图

$$F_j = \beta_{j1}x_1 + \beta_{j2}x_2 + \cdots + \beta_{jp}x_p \quad \rightarrow$$

$$F_1(CaCO_3) = \beta_{11}w(Ca) + \beta_{12}w(C) + \beta_{13}w(O) + \beta_{14}w(Mg) + \beta_{15}w(Si)$$

$$F_2(MgCO_3) = \beta_{21}w(Ca) + \beta_{22}w(C) + \beta_{23}w(O) + \beta_{24}w(Mg) + \beta_{25}w(Si)$$

$$F_3(SiO_2) = \beta_{31}w(Ca) + \beta_{32}w(C) + \beta_{33}w(O) + \beta_{34}w(Mg) + \beta_{35}w(Si)$$

显然，经过这种组合，不仅新变量较原始变量数目减少了，使原来复杂的关系相对简单化了，而且这种组合更能反映事物内在的联系关系，有助于了解自然现象的规律，在变量多、数据量大时更具优点。

因子分析有两种主要的分析方法：

（1）*R* 型因子分析：研究变量之间的相互关系，通过对变量间的相关系数矩阵的内部结构的研究，找出控制所有变量的几个主成分，所以又称为主成分分析。

（2）*Q* 型因子分析：研究样品间的相关关系，通过对样品间的相似系数矩阵的内部结构的研究，找出控制所有样品的几个主要因素，所以又称为主因素分析。

这两种因子分析的运算过程是一样的，只是出发点不同。*R* 型因子分析是从相关系数矩阵出发，而 *Q* 型因子分析是从相似系数矩阵出发。对于同一组观测数据，可根据研究对象不同进行 *R* 型因子分析，或 *Q* 型因子分析。

10.2　*R* 型因子分析

10.2.1　*R* 型因子分析的数学模型

用因子分析方法研究某种地质对象，实质上就是研究表征该对象的若干随机变量之间

的关系。由于我们不可能完全掌握这些随机变量，因此只能通过样本值进行分析研究。假设有 n 个样品，每个样品有 p 个变量，则这些样本的观测值构成如下的原始数据矩阵

$$\boldsymbol{Z} = \begin{pmatrix} z_{11} & z_{12} & \cdots & z_{1p} \\ z_{21} & z_{22} & \cdots & z_{2p} \\ \vdots & \vdots & \ddots & \vdots \\ z_{n1} & z_{n2} & \cdots & z_{np} \end{pmatrix}$$

其中，$z_{ij}(i = 1,2,\cdots,n;\ j = 1,2,\cdots,p)$ 表示第 i 个样品 j 变量的观测值。

设变量 z_j 经数据标准化后的变量为 x_j，把相应的观测值记为矩阵

$$\boldsymbol{X} = \begin{pmatrix} x_{11} & x_{12} & \cdots & x_{1p} \\ x_{21} & x_{22} & \cdots & x_{2p} \\ \vdots & \vdots & \ddots & \vdots \\ x_{n1} & x_{n2} & \cdots & x_{np} \end{pmatrix}$$

在因子分析的后续讨论中，如无特殊说明，均约定变量已经过标准化。

对于任意的两个标准化变量 $\boldsymbol{x}_k = (x_{1k},\ x_{2k},\ \cdots,\ x_{nk})$ 和 $\boldsymbol{x}_l = (x_{1l},\ x_{2l},\ \cdots,\ x_{nl})$，它们的相关系数为

$$r_{kl} = \frac{1}{n-1}\sum_{i=1}^{n} x_{ik} \cdot x_{il} \qquad (k,l = 1,2,\cdots p)$$

p 个变量的相关系数构成一个 $p \times p$ 的矩阵

$$\boldsymbol{R} = \begin{pmatrix} r_{11} & r_{12} & \cdots & r_{1p} \\ r_{21} & r_{22} & \cdots & r_{2p} \\ \vdots & \vdots & \ddots & \vdots \\ r_{p1} & r_{p2} & \cdots & r_{pp} \end{pmatrix}$$

且 $r_{ij} = r_{ji}$，$r_{11} = r_{22} = \cdots = r_{pp} = 1$，并称 $\boldsymbol{R}$ 为变量的相关矩阵。

所谓 R 型因子分析就是从研究相关矩阵 $\boldsymbol{R}$ 的内部结构出发，从中找出 m 个对所有变量 x_i（$i = 1,\ 2,\ \cdots,\ p$）起控制作用的综合变量 F_k（$k = 1,\ 2,\ \cdots,\ m;\ m < p$），并把 x_i 表示成综合变量 F_k 的线性组合，即

$$\begin{cases} x_1 = a_{11}F_1 + a_{12}F_2 + \cdots + a_{1m}F_m + c_1U_1 \\ x_2 = a_{21}F_1 + a_{22}F_2 + \cdots + a_{2m}F_m + c_2U_2 \\ \qquad\qquad \vdots \\ x_p = a_{p1}F_1 + a_{p2}F_2 + \cdots + a_{pm}F_m + c_pU_p \end{cases} \tag{10-1}$$

式中　$x_i(i = 1,2,\cdots,p)$ ——p 个原始变量，是均值为 0、标准差为 1 的标准化

变量；

$F_k(k=1,2,\cdots,m)$——公因子，它们与各变量都有关，并且是互相独立的，可以将其理解为高维空间中 m 个相互垂直的坐标轴；

$U_i(i=1,2,\cdots,p)$——特殊因子或唯一因子，服从均值为 0、方差为 σ_i^2 的正态分布，是某一变量中仅有的因子，表示该变量原有信息中不能被 m 个公因子解释的部分，相当于多元回归分析中的残差部分；

$a_{ik}(i=1,2,\cdots,p;k=1,2,\cdots,m)$——第 i 个变量 x_i 在第 k 个公因子 F_k 上的因子载荷，它反映了变量 x_i 与公因子 F_k 之间的相关关系，如果把变量 x_i 看成 m 维空间中的一个点，则 a_{ik} 表示它在坐标轴 F_k 上的投影；

$c_i(i=1,2,\cdots,p)$——特殊因子系数，它仅仅是每个原始变量的方差达到 1 的补充值。

可以看出，因子模型必须满足以下几个假设前提：

（1）$m\leqslant p$。即挑选出的综合变量（公共因子）数目应少于原始变量的数目。

（2）$\mathrm{Cov}(F_k,U_i)=0$。即特殊因子与所有公因子间都是互相独立的。

（3）$\boldsymbol{D}(F)=\begin{pmatrix}1 & & & 0\\ & 1 & & \\ & & \ddots & \\ 0 & & & 1\end{pmatrix}=\boldsymbol{I}_m$，即各公因子不相关且方差为 1。

（4）$\boldsymbol{D}(U)=\begin{pmatrix}\sigma_1^2 & & & 0\\ & \sigma_2^2 & & \\ & & \ddots & \\ 0 & & & \sigma_p^2\end{pmatrix}$，即各特殊因子不相关，方差不要求相同。

若记：

$$\boldsymbol{X}=(x_1,x_2,\cdots,x_p)^{\mathrm{T}}$$

$$\boldsymbol{A}=\begin{bmatrix}a_{11} & a_{12} & \cdots & a_{1m}\\ a_{21} & a_{22} & \cdots & a_{2m}\\ \vdots & \vdots & \ddots & \vdots\\ a_{p1} & a_{p2} & \cdots & a_{pm}\end{bmatrix}$$

$$\boldsymbol{F}=(F_1,F_2,\cdots,F_m)^{\mathrm{T}}$$

$$\boldsymbol{C}=\begin{bmatrix}c_1 & & & \\ & c_2 & & \\ & & \ddots & \\ & & & c_p\end{bmatrix}$$

$$\boldsymbol{U}=(U_1,U_2,\cdots,U_p)^{\mathrm{T}}$$

则式（10-1）可写成如下矩阵形式

$$\boldsymbol{X}=\boldsymbol{A}\cdot\boldsymbol{F}+\boldsymbol{C}\cdot\boldsymbol{U} \tag{10-2}$$

式（10-2）称为因子模型。因子分析要解决的第一个问题就是在前述所有假定之下，根据观测数据的相关矩阵 $\boldsymbol{R}$，确定矩阵 $\boldsymbol{A}$ 的元素，即确定各原始变量在各公因子上的载荷。

10.2.2 因子模型中各参数的统计意义

假定因子模型中，各个变量、公共因子都已标准化（均值为0，方差为1），为进一步理解因子分析方法，下面给出因子载荷矩阵中有关因子载荷、变量共同度、公共因子方差贡献的统计意义。

A 因子载荷的统计意义

已知因子模型

$$x_i=a_{i1}F_1+a_{i2}F_2+\cdots+a_{im}F_m+c_iU_i \qquad (i=1,2,\cdots,p)$$

两边右乘 $F_j(j=1,2,\cdots,m)$，有

$$x_iF_j=a_{i1}F_1F_j+a_{i2}F_2F_j+\cdots+a_{im}F_mF_j+c_iU_iF_j$$

于是

$$\mathrm{E}(x_iF_j)=a_{i1}\mathrm{E}(F_1F_j)+a_{i2}\mathrm{E}(F_2F_j)+\cdots+a_{im}\mathrm{E}(F_mF_j)+c_i\mathrm{E}(U_iF_j)$$

在标准化的情况下，由于均值 $\mathrm{E}(F)=0$，$\mathrm{E}(U)=0$，方差 $\mathrm{Var}(x_i)=1$

所以有

$$\mathrm{E}(x_iF_j)=r_{x_iF_j},\quad \mathrm{E}(F_iF_j)=r_{F_iF_j},\quad \mathrm{E}(U_iF_j)=r_{U_iF_j}$$

从而

$$r_{x_iF_j}=a_{i1}r_{F_1F_j}+a_{i2}r_{F_2F_j}+\cdots+a_{im}r_{F_mF_j}+c_ir_{U_iF_j}=a_{ij} \tag{10-3}$$

或者，x_i 与 F_j 的协方差

$$\begin{aligned}\mathrm{Cov}(x_i,F_j)&=\mathrm{Cov}(\sum_{j=1}^{m}a_{ij}F_j+U_i,F_j)\\&=\mathrm{Cov}(\sum_{j=1}^{m}a_{ij}F_j,F_j)+\mathrm{Cov}(U_i,F_j)\\&=a_{ij}\end{aligned} \tag{10-4}$$

即 a_{ij}是 x_i 与 F_j 的协方差，又因 x_i 与 F_j 的相关系数为

$$r_{x_iF_j}=\frac{\mathrm{Cov}(x_i,F_j)}{\sqrt{\mathrm{Var}(x_i)}\sqrt{\mathrm{Var}(F_j)}}=\mathrm{Cov}(x_i,F_j)=a_{ij}$$

即 a_{ij} 也是 x_i 与 F_j 的相关系数，它表示 x_i 依赖 F_j 的程度，反映第 i 个变量对第 j 个公共因子 F_j 的相对重要性，也就是表示变量 x_i 与公共因子 F_j 间的密切程度，也可将 a_{ij}看做是第 i 个变量在第 j 个公共因子上的权。

B 变量共同度 h_i^2 的统计意义

所谓变量共同度是指因子载荷矩阵 **A** 中第 i 行元素的平方和，即诸公共因子对变量 x_i 的方差贡献

$$h_i^2 = \sum_{j=1}^{m} a_{ij}^2 \qquad (i = 1,2,\cdots,p) \tag{10-5}$$

为了说明变量共同度的统计意义，对因子模型式（10-1）中的变量 x_i 两边求方差，有

$$\begin{aligned}\mathrm{Var}(x_i) &= a_{i1}^2\mathrm{Var}(F_1) + a_{i2}^2\mathrm{Var}(F_2) + \cdots + a_{im}^2\mathrm{Var}(F_m) + c_i\mathrm{Var}(U_i) \\ &= a_{i1}^2 + a_{i2}^2 + \cdots + a_{im}^2 + \sigma_i^2 \\ &= h_i^2 + \sigma_i^2\end{aligned}$$

由于 x_i 已经标准化，所以有

$$\mathrm{Var}(x_i) = h_i^2 + \sigma_i^2 = 1 \tag{10-6}$$

式（10-6）说明，原始变量 x_i 的方差由两部分组成：第一部分为共同度 h_i^2，它描述了全部公共因子对变量 x_i 的总方差所做的贡献，反映了变量 x_i 的方差中能够被全体因子解释的部分，共同度越接近 1，说明该变量的全部原始信息被所选取的公共因子说明得越完整；第二部分为特殊因子的方差，为特殊因子 U_i 对变量 x_i 的方差的贡献，也就是变量 x_i 的方差中没有被全部公共因子解释的部分，它仅与 x_i 本身的变化有关，是使 x_i 的方差为 1 的补充值。变量共同度越高，说明该因子分析模型的解释能力越强。

C 公共因子 F_j 的方差贡献的统计意义

所谓公共因子 F_j 的方差贡献是指因子载荷矩阵中第 j 列元素的平方和。即

$$S_j = \sum_{i=1}^{p} a_{ij}^2 \qquad (j = 1,2,\cdots,m)$$

S_j 表示同一公共因子 F_j 对各个变量 x_i 所提供的方差贡献的总和。它是衡量公共因子 F_j 相对重要性的一项指标。

D 因子载荷矩阵中两行的对应元素乘积之和的统计意义

由式（10-1）可推得 $x_i x_j = \left(\sum_{k=1}^{m} a_{ik}F_k + c_iU_i\right)\left(\sum_{k=1}^{m} a_{jk}F_k + c_jU_j\right)$，对此式的两边求数学期望后得

$$\begin{aligned}r_{x_ix_j} &= a_{i1}a_{j1} + a_{i2}a_{j2} + \cdots + a_{im}a_{jm} + c_ic_j \\ &= \sum_{k=1}^{m} a_{ik}a_{jk} + c_ic_j \\ &= \begin{cases}\sum_{k=1}^{m} a_{ik}a_{jk} & (i \neq j) \\ h_i^2 + c_i^2 & (i = j)\end{cases}\end{aligned}$$

根据式（10-6），则有

$$r_{x_i x_j} = \begin{cases} \sum_{k=1}^{m} a_{ik} a_{jk} & (i \neq j) \\ 1 & (i = j) \end{cases} \tag{10-7}$$

即 x_i 与 x_j 的相关系数就等于因子载荷阵 $\boldsymbol{A}$ 的第 i 行与第 j 行对应元素乘积之和。

E 因子载荷的几何意义

在 R 型因子模型的假设条件下，可把 m 个公共因子看做互不相关、方差为 1 的 m 维空间中相互垂直的单位向量，以它们为坐标轴就构成一个 m 维空间的直角坐标系，并把该坐标系称为因子空间，将相应的坐标轴称为因子轴。这样，每个变量 x_i 就是因子空间中的一个向量，它在公因子上的载荷 a_{ik} 则是向量 x_i 在因子轴 F_k 上的投影，即

$$a_{ik} = |x_i| \cos(x_i, x_k) \qquad (i = 1, 2, \cdots, p; k = 1, 2, \cdots, m)$$

图 10-2 给出了 $m = 2$ 时的示例。x_i 在 F_1 上的载荷为 a_{i1}，在 F_2 上的载荷为 a_{i2}；x_j 在 F_1 上的载荷为 a_{j1}，在 F_2 上的载荷为 a_{j2}。图中 x_i 在 F_1 上的载荷较大，说明 x_i 与 F_1 的相关性较密切，此时向量 x_i 与 F_1 的夹角很小，方向趋于一致。

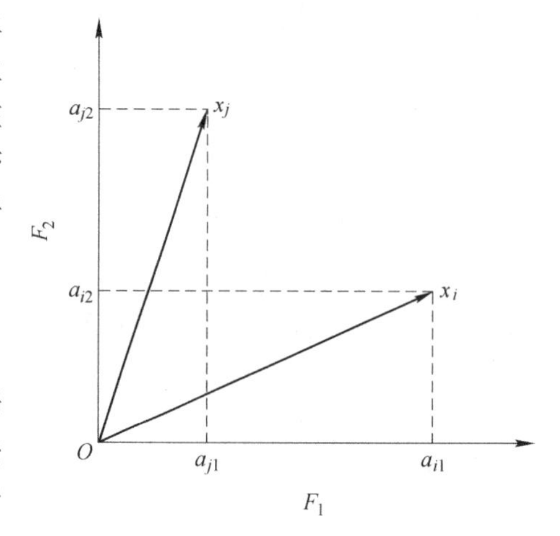

图 10-2 简化因子载荷的几何意义

10.2.3 因子载荷矩阵的求解

要建立实际问题的因子模型，关键是要根据样本数据估计因子载荷矩阵 $\boldsymbol{A}$，对 $\boldsymbol{A}$ 的估计方法很多，如基于主成分模型的主成分分析法和基于因子分析模型的主因子法、极大似然法、最小二乘法等。这里仅介绍霍特林（H. Hotelling）创立的，目前使用较为普遍的主因子法。

设对变量 x_i 通过测试得到容量为 n 的观测值：x_{i1}，x_{i2}，…，x_{in}（$i = 1, 2, \cdots, p$）

记 $r_{ij} = \dfrac{l_{ij}}{\sqrt{l_{ii} l_{jj}}}$

其中，

$$l_{ij} = \sum_{k=1}^{n} x_{ik} x_{jk} - \frac{1}{n}\left(\sum_{k=1}^{n} x_{ik} \sum_{k=1}^{n} x_{jk}\right)$$

$$l_{ii} = \sum_{k=1}^{n} x_{ik}^2 - \frac{1}{n}\left(\sum_{k=1}^{n} x_{ik}\right)^2$$

$$l_{jj} = \sum_{k=1}^{n} x_{jk}^2 - \frac{1}{n}\left(\sum_{k=1}^{n} x_{jk}\right)^2$$

称 r_{ij} 为变量 x_i，x_j 的样本相关系数。记

$$\boldsymbol{R} = (r_{ij}) = \begin{pmatrix} 1 & r_{12} & \cdots & r_{1p} \\ r_{21} & 1 & \cdots & r_{2p} \\ \vdots & \vdots & \ddots & \vdots \\ r_{p1} & r_{p2} & \cdots & 1 \end{pmatrix}_{p \times p} \tag{10-8}$$

$\boldsymbol{R}$ 为 X 的样本相关矩阵，是一个 p 阶对称阵，再记对角阵 $\boldsymbol{C} = \begin{pmatrix} c_1 & & 0 \\ & \ddots & \\ 0 & & c_p \end{pmatrix}$

可以证明 $\boldsymbol{R}$ 与因子载荷矩阵 $\boldsymbol{A}$ 及 $\boldsymbol{C}$ 之间满足如下形式

$$\boldsymbol{R} = \boldsymbol{AA}' + \boldsymbol{C}^2 \tag{10-9}$$

记 $\boldsymbol{R}^* = \boldsymbol{AA}'$，则有

$$\boldsymbol{R}^* = \boldsymbol{R} - \boldsymbol{C}^2 = \begin{pmatrix} 1-c_1^2 & r_{12} & \cdots & r_{1p} \\ r_{21} & 1-c_2^2 & \cdots & r_{2p} \\ \vdots & \vdots & \ddots & \vdots \\ r_{p1} & r_{p2} & \cdots & 1-c_p^2 \end{pmatrix} \tag{10-10}$$

称 $\boldsymbol{R}^*$ 为剩余相关矩阵，$\boldsymbol{R}^*$ 与 $\boldsymbol{R}$ 相比，仅主对角线上的元素不同，后者主对角线全是1，前者为 $1-c_i^2=h_i^2$。

由于严格估计 h_i^2 存在困难，实际计算中有时忽略特殊因子的作用，即取 $c_i=0$（$i=1, 2, \cdots, p$），也就是令

$$\boldsymbol{R} = \boldsymbol{AA}' = (r_{ij})_{p \times p} \tag{10-11}$$

在数据标准化的情况下，$r_{ij} = \sum_{k=1}^{n} z_{ki} z_{kj} / n$，此处 z_{ki} 为样品 k 的第 i 个变量经标准化变换后的数据，z_{kj} 为样品 k 的第 j 个变量经标准化变换后的数据。

式（10-11）就是求 $\boldsymbol{A}$ 阵的出发点，这种方法相当于预置 $h_i^2=1$，在此情况下提取主因子的方法称为主分量分析，如预置的 $h_i^2<1$，则提取主因子的方法称为主因子分析。

得到测试变量 $\boldsymbol{Z}$ 的样本相关矩阵 $\boldsymbol{R}$ 之后，求主因子解可按以下几个步骤进行。

A　求 $\boldsymbol{R}$ 的特征值

对 p 阶相关矩阵 $\boldsymbol{R}$，如果存在数 λ 和 p 维非零向量 $\boldsymbol{X}$ 使得关系式

$$(\boldsymbol{R} - \lambda \boldsymbol{E})\boldsymbol{X} = 0 \tag{10-12}$$

成立，那么这样的数 λ 称为方阵 $\boldsymbol{R}$ 的特征值，非零向量 $\boldsymbol{X}$ 称为 R 的对应于特征值 λ 的特征向量。

式（10-12）是 p 个未知量 p 个方程的齐次线性方程组，它有非零解的充分必要条件是系数行列式

$$|\boldsymbol{R} - \lambda \boldsymbol{E}| = 0 \tag{10-13}$$

因此，解以下方程组即可得到 $\boldsymbol{R}$ 的 p 个特征值

$$|\boldsymbol{R}-\lambda\boldsymbol{E}|=\begin{vmatrix}1-\lambda & r_{12} & \cdots & r_{1p}\\ r_{21} & 1-\lambda & \cdots & r_{2p}\\ \vdots & \vdots & \ddots & \vdots\\ r_{p1} & r_{p2} & \cdots & 1-\lambda\end{vmatrix}=0$$

由于 $\boldsymbol{R}$ 是非负定矩阵，解出的特征值都是非负的，可将其非零特征值按从大到小排序并重新编码，$\lambda_1\geqslant\lambda_2\geqslant\cdots\geqslant\lambda_p\geqslant 0$。

B 选取特征值，确定公因子数

从上述讨论可知，相关矩阵 $\boldsymbol{R}$ 的 p 个特征值，就是相应的公因子的方差贡献，从而使我们能由各特征值的大小方便地看出各公因子方差贡献的大小，亦即各公因子的重要程度，进而舍去方差贡献小的因子，保留方差贡献大的因子，达到简化变量的目的。

由线性代数知，相关矩阵 $\boldsymbol{R}$ 的主对角元素之和 m 等于它的全部特征值之和，即

$$\lambda_1+\lambda_2+\cdots+\lambda_p=m \tag{10-14}$$

它表明各因子方差贡献之和等于原始变量方差（标准化数据下各变量方差为 1）的总和。

一般地，$\boldsymbol{R}$ 的 p 个特征值之间相差较大，即各因子的方差贡献相差悬殊，究竟应该选取多少个公因子，根据经验总结有以下几种方法：

（1）根据最大的若干个特征值在特征值总和中所占的比例确定。比值越大，说明变化性越多，一般取不小于 0.85，即使 $\sum_{i=1}^{m}\lambda_i\Big/\sum_{i=1}^{p}\lambda_i\geqslant 0.85$ 的 m 即为所取的公因子数。

当然，累计百分比也可取 80%，90% 等，并无定论。

（2）选取方差贡献即特征值 $\lambda_i>1$ 的因子。若在全部 p 个特征值中，前 m 个特征值大于 1，则取公因子数为 m。

此外还可用 p 个特征值大小变化的突变情况确定公因子数 m。总之在应用中可用不同方法试验比较，以求满意的结果。

C 求单位特征向量

方程 $(\boldsymbol{R}-\lambda_j\boldsymbol{E})\boldsymbol{X}=0$ 的每一个非零解向量都是相应于特征值 λ_j 的特征向量，因此，对选定的前 m 个特征值 $\lambda_1\geqslant\lambda_2\geqslant\cdots\geqslant\lambda_m>0$，分别求出 $(\boldsymbol{R}-\lambda_j\boldsymbol{E})\boldsymbol{X}$ 的一个基础解系 $\boldsymbol{u}_1$，$\boldsymbol{u}_2$，…，$\boldsymbol{u}_p$，即为 λ_j 对应的单位特征向量。为此，解以下方程组

$$(\boldsymbol{R}-\lambda_j\boldsymbol{E})\begin{pmatrix}x_1\\ \vdots\\ x_p\end{pmatrix}=0 \tag{10-15}$$

亦即解

$$\begin{cases}(1-\lambda_j)x_1+r_{12}x_2+\cdots+r_{1p}x_p=0\\ r_{21}x_1+(1-\lambda_j)x_2+\cdots+r_{2p}x_p=0\\ \qquad\qquad\vdots\\ r_{p1}x_1+r_{p2}x_2+\cdots+(1-\lambda_j)x_p=0\end{cases}$$

便可得对应于 λ_j 的单位特征向量 $\boldsymbol{u}_j=(u_{1j}, u_{2j}, \cdots, u_{pj})'$。

D 写出因子载荷矩阵

$$\boldsymbol{A}=\begin{pmatrix} u_{11}\sqrt{\lambda_1} & u_{12}\sqrt{\lambda_2} & \cdots & u_{1p}\sqrt{\lambda_p} \\ u_{21}\sqrt{\lambda_1} & u_{22}\sqrt{\lambda_2} & \cdots & u_{2p}\sqrt{\lambda_p} \\ \vdots & \vdots & \ddots & \vdots \\ u_{p1}\sqrt{\lambda_1} & u_{p2}\sqrt{\lambda_2} & \cdots & u_{pp}\sqrt{\lambda_p} \end{pmatrix} \tag{10-16}$$

【例 10-1】 表 10-1 为某岩体中 3 种元素含量的观测结果（表中的原始数据列），试建立其 R 型因子模型。

表 10-1 样品观测数据及标准化数据

样号 i	原始数据			标准化数据		
	x_{i1}	x_{i2}	x_{i3}	z_{i1}	z_{i2}	z_{i3}
1	13.85	2.79	7.80	-1.59	-1.85	-1.46
2	28.82	4.63	16.18	0.54	-0.08	0.44
3	29.12	5.01	18.78	0.58	0.29	1.03
4	31.22	5.63	17.99	0.88	0.88	0.85
5	15.89	3.66	8.12	-1.30	-1.01	-1.39
6	29.58	5.22	16.56	0.64	0.49	0.53
7	30.32	5.29	17.86	0.75	0.56	0.82
8	15.29	3.54	7.58	-1.38	-1.13	-1.51
9	22.31	4.67	12.31	-0.39	-0.04	-0.44
10	28.29	4.90	16.12	0.46	0.18	0.43
11	32.55	6.05	18.65	1.06	1.29	1.00
12	33.68	6.33	18.77	1.22	1.56	1.03
13	16.54	3.35	9.23	-1.21	-1.31	-1.13
14	23.12	4.91	13.38	-0.27	0.19	-0.19
平均值 $\bar{x}_j$	25.04	4.71	14.24	0.00	0.00	0.00
标准差 σ_j	7.053	1.039	4.414	1.000	1.000	1.000

(1) 计算相关矩阵 $\boldsymbol{R}$

首先，对原始数据进行标准化处理

$$z_{ij}=\frac{x_{ij}-\bar{x}_j}{\sigma_j}$$

变换结果见表 10-1 中后 3 列。

其次，计算各变量的相关系数

$$r_{jk} = \sum_{i=1}^{n} z_{ij} z_{ik} / n$$

得到相关矩阵为

$$\boldsymbol{R} = \begin{bmatrix} 1 & 0.881 & 0.917 \\ 0.881 & 1 & 0.854 \\ 0.917 & 0.854 & 1 \end{bmatrix}$$

（2）求 $\boldsymbol{R}$ 的特征值及特征向量

① $\boldsymbol{R}$ 的特征方程为 $|\boldsymbol{R} - \lambda \boldsymbol{E}| = 0$，即

$$\begin{vmatrix} 1-\lambda & 0.881 & 0.917 \\ 0.881 & 1-\lambda & 0.854 \\ 0.917 & 0.854 & 1-\lambda \end{vmatrix} = 0$$

$$(1-\lambda)^3 - 2.3464(1-\lambda) + 1.3799 = 0$$

解此方程得：$\lambda_1 = 2.7683$，$\lambda_2 = 0.1522$，$\lambda_3 = 0.0795$

说明：$\lambda_1 + \lambda_2 + \lambda_3 = 3$，等于变量个数。

② 计算特征向量

求解矩阵方程 $\boldsymbol{RX} - \lambda \boldsymbol{X} = 0$，$\boldsymbol{X}$ 即为对应于 λ 的特征向量

$$\begin{cases} (1-\lambda)x_1 + 0.881x_2 + 0.917x_3 = 0 \\ 0.881x_1 + (1-\lambda)x_2 + 0.854x_3 = 0 \\ 0.917x_1 + 0.854x_2 + (1-\lambda)x_3 = 0 \end{cases}$$

将 $\lambda_1 = 2.7683$ 代入，解得：$x_{1\lambda1} = 0.573$，$x_{2\lambda1} = 0.581$，$x_{3\lambda1} = 0.578$

同样求得 $\lambda_2 = 0.1522$ 时，$x_{1\lambda2} = 0.311$，$x_{2\lambda2} = 0.215$，$x_{3\lambda2} = -0.553$

由于 $\lambda_3 = 0.0795$ 太小，从略。

③ 按一定的标准选取特征值

在本例中，$\dfrac{\lambda_1 + \lambda_2}{\sum_{i=1}^{3} \lambda_i} = \dfrac{2.7683 + 0.1522}{3} = 97.3\%$，故选前两个公共因子即可。

④ 计算因子载荷

第 i 个变量的第 j 个公因子的因子载荷 a_{ij} 为

$$\alpha_{ij} = \alpha_{ij} \sqrt{\lambda_j}$$

式中 α_{ij}——第 j 个特征值对应的第 i 个特征向量值。

对应于 $\lambda_1 = 2.7683$ 的因子载荷为

$$\begin{cases} a_{11} = 0.573\sqrt{2.7683} = 0.953 \\ a_{12} = 0.581\sqrt{2.7683} = 0.967 \\ a_{13} = 0.578\sqrt{2.7683} = 0.961 \end{cases}$$

对应 $\lambda_2=0.1522$ 的因子载荷为

$$\begin{cases} a_{21} = 0.311\sqrt{0.1522} = 0.121 \\ a_{22} = 0.215\sqrt{0.1522} = 0.084 \\ a_{23} = -0.553\sqrt{0.1522} = -0.216 \end{cases}$$

于是，得初始因子载荷矩阵

$$\boldsymbol{A} = (a_{ij})_{3\times2} = \begin{pmatrix} 0.953 & 0.121 \\ 0.967 & 0.084 \\ 0.961 & -0.216 \end{pmatrix}$$

⑤ 变量共同度（公因子方差）$h_j^2 = \sum_{i=1}^{m} a_{ji}^2$

$$h_1^2 = a_{11}^2 + a_{12}^2 = 0.953^2 + 0.121^2 = 0.923$$

$$h_2^2 = a_{21}^2 + a_{22}^2 = 0.967^2 + 0.084^2 = 0.942$$

$$h_3^2 = a_{31}^2 + a_{32}^2 = 0.961^2 + (-0.216)^2 = 0.970$$

⑥ 公因子 F_i 的方差贡献 $S_i = \sum_{j=1}^{p} a_{ji}^2$

$$S_1^2 = 0.953^2 + 0.967^2 + 0.961^2 \approx 2.768 = \lambda_1$$

$$S_2^2 = 0.121^2 + 0.084^2 + (-0.216)^2 \approx 0.152 = \lambda_2$$

⑦ 给出因子载荷矩阵及因子模型见表 10-2。

表 10-2 因子模型

测试变量	因子载荷		公共度（h_j^2）
	F_1	F_2	
x_1	0.953	0.121	0.923
x_2	0.967	0.084	0.942
x_3	0.961	-0.216	0.970
平方和	$S_1^2=2.768$	$S_2^2=0.152$	2.92
百分比	$p_1=92.3\%$	$p_2=5.1\%$	$p=97.4\%$

10.3 Q 型因子分析

由前面的论述可知，R 型因子分析是在样品的基础上研究变量之间的相互关系，而 Q 型因子分析则是在变量的基础上研究样品之间的相互关系。变量之间的相互关系表现在原始数据矩阵 $\boldsymbol{X}$ 的行之间，而样品之间的相互关系则表现在同一矩阵的列之间。

衡量样品之间相似性的度量指标之一是相似系数，即 m 维空间中任意两个样品点向量

$\boldsymbol{x}_i=(x_{1i}, x_{2i}, \cdots, x_{mi})'$和$\boldsymbol{x}_j=(x_{1j}, x_{2j}, \cdots, x_{mj})'$之间夹角$\theta_{ij}$的余弦，记为$q_{ij}$：

$$q_{ij}=\frac{\sum_{k=1}^{m}x_{ki}\cdot x_{kj}}{\sqrt{\sum_{k=1}^{m}x_{ki}^2\cdot\sum_{k=1}^{m}x_{kj}^2}}\qquad(i,j=1,2,\cdots,n)\tag{10-17}$$

n个样品之间的相似系数构成一个$n\times n$的矩阵：

$$\boldsymbol{Q}=\begin{pmatrix}q_{11} & q_{12} & \cdots & q_{1n}\\ q_{21} & q_{22} & \cdots & q_{2n}\\ \vdots & \vdots & \ddots & \vdots\\ q_{n1} & q_{n2} & \cdots & q_{nn}\end{pmatrix}\tag{10-18}$$

且$q_{ij}=q_{ji}$，$q_{11}=q_{22}=\cdots=q_{nn}=1$，称$\boldsymbol{Q}$为样品的相似矩阵。

在Q型因子分析中，常对样品进行模标准化，即用每一样品向量的长度去除$\boldsymbol{X}$的相应列。这样做并不改变样品中各个变量之间的比例关系，因此，样品之间的相似系数仍保持不变，也就是说不会影响分析的结果。对变换后的数据来说，由于每一列的平方和为1，因此，在变量空间中样品向量都具有单位长度，向量的端点都在单位超球面上。

当变量的量纲不同，导致样品观测值的数量级存在明显差别时，需先对原始数据矩阵进行极差标准化，然后再对极差标准化后的数据矩阵进行模标准化。

Q型因子分析是从样品的相似矩阵$\boldsymbol{Q}$出发，通过对其内部结构的研究，寻找制约样品相似性的p个综合变量F_i（$i=1, 2, \cdots, p$），探索样品产生相似性的主要原因，并把样品x_j表示成综合变量F_k的线性组合，即

$$x_j=a_{j1}F_1+a_{j2}F_2+\cdots+a_{jm}F_m+a_jU_j\qquad(j=1,2,\cdots,n)\tag{10-19}$$

其中，a_{ji}（$i=1, 2, \cdots, p$；$p\leqslant m$）是第j个样品在因子F_i上的载荷，称式（10-19）为Q型因子分析的数学模型。

Q型因子分析与R型因子分析有相似的主因子解

$$a_{ij}=\alpha_{ij}\sqrt{\lambda_j}\qquad(i=1,2,\cdots,n;\ j=1,2,\cdots,p)$$

式中　α_{ij}——与相似矩阵的特征值λ_j对应的特征向量值。

10.4 因子旋转

因子分析的目的不仅仅是要找出公共因子以及对变量分组，更重要的是要知道每个公共因子的意义，以便进行进一步的分析，如果每个公共因子的含义不清，则不便于进行实际背景的解释。每个公共因子的含义是由靠近它的变量的意义决定的，公共因子是否易于解释，很大程度上取决于因子载荷矩阵$\boldsymbol{A}$的元素的结构。

假设$\boldsymbol{A}$是从相关矩阵$\boldsymbol{R}$出发求得，则$\sum_{j=1}^{m}a_{ij}^2=h_j^2\leqslant1$，故有$|a_{ij}|\leqslant1$，即$\boldsymbol{A}$中的所有元

素均在 -1 和 +1 之间。如果所有元素都接近于 0 或 ±1，则模型的公共因子就易于解释；反之，如果因子载荷矩阵 $\boldsymbol{A}$ 的元素多数居中，不大不小，则模型的公共因子就难于解释。此时就需要对初始因子模型进行进一步的简化，使其满足 Thurstone 简单结构准则，即所提取的每一公因子仅有少数研究对象（变量、样品）在它上面有高值（或集中分布）。实现这一目的的变换方法称为因子轴的旋转。经过这种旋转，每个变量仅在少数公共因子上有较大的载荷，而在其余的公共因子上的载荷比较小，至多达到中等大小。这时对于每个公共因子而言（即载荷矩阵的每一列），它在部分变量上的载荷较大，在其他变量上的载荷较小，同一列上的载荷尽可能地向靠近 1 和靠近 0 两极分离。经过这种变换，突出了每个公共因子和其载荷较大的那些变量的联系，该公共因子的含义也就能通过这些载荷较大的变量做出合理的说明，同时，也达到了因子系数阵的结构简单化的目的。如图 10-3 所示，F_1，F_2 为初始因子轴，F_{I}，F_{II} 为经过变换后的因子轴，变量 x_1，x_2 在初始因子轴 F_1，F_2 上都有较大的载荷，而经过因子轴旋转后，x_1 仅在 F_{I} 上有较大的载荷，x_2 仅在 F_{II} 上有较大的载荷，公因子 F_{I} 的含义可通过变量 x_1 来单独解释，而 F_{II} 的含义由变量 x_2 来解释。

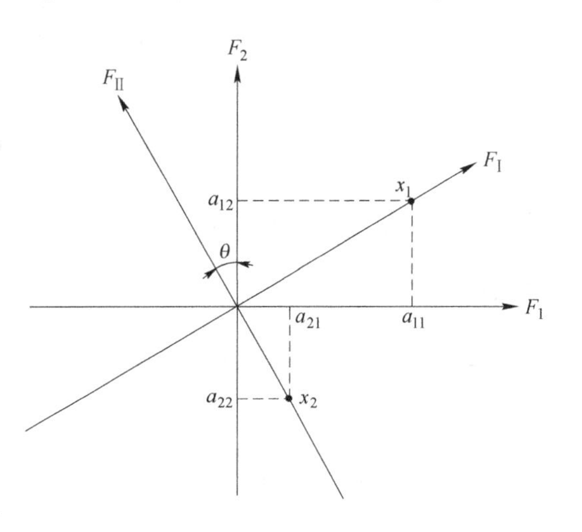

图 10-3 因子旋转示意图

因子旋转方法有正交旋转（orthogonal rotation）和斜交旋转（oblique rotation）两大类，实践中常用的具体方法有 Varimax 法（方差最大正交旋转法）和 Promax 法（斜交旋转法）。

10.4.1 因子载荷矩阵的方差最大正交旋转

方差最大正交旋转法（varimax orthogonal rotation）以使因子载荷矩阵中各因子载荷值的总方差达到最大为因子载荷矩阵结构简单化的准则。该方法要求其中总方差最大，而不是某个因子的方差极大，即如果第 i 个变量在第 j 个公共因子上的载荷经过“方差极大”旋转后，其值增大或减小，意味着这个变量在另外一些公共因子上的载荷要减小或增大。所以“方差极大”旋转是使载荷值向 0，1 两极分化，同时也包含着按行向两极分化。具体原理如下。

设因子载荷矩阵为

$$\boldsymbol{A}=\begin{bmatrix} a_{11} & a_{12} & \cdots & a_{1m} \\ a_{21} & a_{22} & \cdots & a_{2m} \\ \vdots & \vdots & \ddots & \vdots \\ a_{p1} & a_{p2} & \cdots & a_{pm} \end{bmatrix}$$

经过方差极大旋转后的因子载荷矩阵为

$$\boldsymbol{B}=\begin{bmatrix} b_{11} & b_{12} & \cdots & b_{1m} \\ b_{21} & b_{22} & \cdots & b_{2m} \\ \vdots & \vdots & \ddots & \vdots \\ b_{p1} & b_{p2} & \cdots & b_{pm} \end{bmatrix}$$

某因子 $\boldsymbol{F}_j$ 的简化程度可由因子载荷平方的方差来表示

$$V_j=\frac{1}{p}\sum_{i=1}^{p}(b_{ij}^2)^2-\left(\frac{1}{p}\sum_{i=1}^{p}(b_{ij}^2)\right)^2$$

$$=\left\{p\sum_{i=1}^{p}(b_{ij}^2)^2-\left[\sum_{i=1}^{p}(b_{ij}^2)\right]^2\right\}/p^2$$

如果 V_j 为极大值，则此 F_j 因子具有简化性，它的载荷值或是趋于1或是趋于0，为了使所有的因子 V_j 都达到极大，则必须使 $V=\sum_{j=1}^{m}V_j$ 达到极大。

考虑各个变量 $x_i(i=1,2,\cdots,p)$ 的共同度之间的差异所造成的不平衡，以 b_{ij}^2/h_i^2 代替 b_{ij}^2，则有

$$V=\sum_{j=1}^{m}V_j=\sum_{j=1}^{m}\left\{p\sum_{i=1}^{p}(b_{ij}^2/h_i^2)^2-\left[\sum_{i=1}^{p}(b_{ij}^2/h_i^2)\right]^2\right\}/p^2 \tag{10-20}$$

所以，方差最大旋转的根本任务在于求一个正交变换矩阵 $\boldsymbol{C}$，使得 $\boldsymbol{B}=\boldsymbol{AC}$，且 $\boldsymbol{B}$ 中各元素 b_{ij}能保证 V 达到最大化。

为此，选择如下的正交矩阵进行变换：

$$\boldsymbol{T}_{gq}=\begin{pmatrix} 1 & & & & & & & & \\ & \ddots & & & & & & & \\ & & 1 & & & & & & \\ & & & \cos\varphi & & & & -\sin\varphi & \\ & & & & 1 & & & & \\ & & & & & \ddots & & & \\ & & & & & & 1 & & \\ & & & \sin\varphi & & & & \cos\varphi & \\ & & & & & & & & 1 \end{pmatrix}\begin{matrix} \\ \\ \\ g \\ \\ \\ \\ q \\ \\ \end{matrix}$$

（其中 $\cos\varphi$、$\sin\varphi$ 位于第 g 列，$-\sin\varphi$、$\cos\varphi$ 位于第 q 列）

$\boldsymbol{T}_{gq}$为 $m\times m$ 阶矩阵，其中没有标明的元素的值均为0。

$\boldsymbol{A}$ 经过 $\boldsymbol{T}_{gq}$变换后，相当于将由 F_g 与 F_q 所确定的因子平面 F_g-F_q 旋转一个角度 φ。即

$$\tilde{\boldsymbol{B}}=\boldsymbol{AT}_{gq}=(\tilde{b}_{ij})_{p\times m}\qquad(i=1,2,\cdots,p;\ g,q,j=1,2,\cdots,m) \tag{10-21}$$

其中

$$\tilde{b}_{ig} = a_{ig}\cos\varphi + a_{iq}\sin\varphi$$

$$\tilde{b}_{iq} = -a_{ig}\sin\varphi + a_{iq}\cos\varphi$$

$$\tilde{b}_{il} = a_{il} \qquad (l \neq g, q)$$

对 m 个主因子，必须对 $\boldsymbol{A}$ 中所有 m 列全部配对旋转，旋转次数为 $C_m^2 = \frac{m(m-1)}{2}$，全部旋转完毕后为一次循环，此时经过一次循环后的因子载荷矩阵为

$$\boldsymbol{B}_{(1)} = \boldsymbol{A}\boldsymbol{T}_{12}\boldsymbol{T}_{13}\cdots\boldsymbol{T}_{1m}\cdots T_{(m-1)m} = \boldsymbol{A}\prod_{g=1}^{m-1}\prod_{q=g+1}^{m}\boldsymbol{T}_{gq} = \boldsymbol{A}\boldsymbol{C}_1$$

针对 $\boldsymbol{B}_{(1)}$ 按式（10-20）计算方差 $V_{(1)}$。在第一次旋转的基础上，从 $\boldsymbol{B}_{(1)}$ 出发进行第二轮循环，得到 $\boldsymbol{B}_{(2)}$：

$$\boldsymbol{B}_{(2)} = \boldsymbol{B}_{(1)}\prod_{g=1}^{m-1}\prod_{q=g+1}^{m}\boldsymbol{T}_{gq} = \boldsymbol{B}_{(1)}\boldsymbol{C}_2 = \boldsymbol{A}\boldsymbol{C}_1\boldsymbol{C}_2$$

并且从 $\boldsymbol{B}_{(2)}$ 中计算出 $V_{(2)}$。

不断地重复这种旋转，就可以得到一个非降序列：$V_{(1)} \leqslant V_{(2)} \leqslant \cdots V_{(K)} \cdots \leqslant \cdots$

由于因子载荷值的绝对值不大于1，所以这个序列有上界，它必收敛于某一极限值 $\tilde{V}$，$\tilde{V}$ 即为 V 的最大值。

在实际应用过程中，当 K 充分大，而 $|V_K - V_{K+1}| < \varepsilon$（$\varepsilon$ 为要求的精度）时，所得的 $\boldsymbol{B}_{K+1} = \boldsymbol{A}\prod_{i=1}^{K+1}\boldsymbol{C}_i = \boldsymbol{A}\boldsymbol{C}$ 即为旋转后的因子载荷矩阵。

在旋转过程中，旋转角 φ 可按如下方法确定：

将 $$\begin{cases} \tilde{b}_{ig} = a_{ig}\cos\varphi + a_{iq}\sin\varphi \\ \tilde{b}_{iq} = -a_{ig}\sin\varphi + a_{iq}\cos\varphi \\ \tilde{b}_{il} = a_{il} \quad (l \neq g, q) \end{cases} \qquad (i = 1, 2, \cdots, p; g, q = 1, 2, \cdots, m)$$

代入 $V = \sum_{j=1}^{m} V_j = \sum_{j=1}^{m}\left\{\left(p\sum_{i=1}^{p}(b_{ij}^2/h_i^2)^2 - \left(\sum_{i=1}^{p}(b_{ij}^2/h_i^2)\right)^2\right)/p^2\right\}$

求 V 的极大值，即求 V 关于 φ 的一阶导数，并令其为0，可解得

$$\tan 4\varphi = \frac{D - 2AB/p}{C - (A^2 - B^2)/p} = \frac{v}{\delta} \tag{10-22}$$

其中，p 为变量个数；

$$A = \sum_{j=1}^{p}\mu_j, \quad B = \sum_{j=1}^{p}v_j, \quad C = \sum_{j=1}^{p}(\mu_j^2 - v_j^2), \quad D = 2\sum_{j=1}^{p}\mu_j v_j$$

$$\mu_j = (a_{jg}/h_j)^2 - (a_{jq}/h_j)^2$$

$$v_j = 2(a_{jg}/h_j)(a_{jq}/h_j)$$

将 V 展开，将包含 φ 的项合并简化，得到包含 $\sin 4\varphi$ 和 $\sin^2 2\varphi$ 的项，即 V 是关于 φ 并以 $\frac{\pi}{2}$ 为周期的函数。因此，式（10-22）中的 4φ 只要在 $\frac{\pi}{2}$ 的范围内考虑就行，通常是在 $-\frac{\pi}{4}$ 与 $\frac{\pi}{4}$ 之间考虑。同时，由式（10-20）对 φ 的二阶导数应小于零，可得 $\frac{1}{v}\sin 4\varphi > 0$。所以，$\varphi$ 的符号可根据 v 的符号确定，它应与 v 同号。故可按分子 v 及分母 δ 的正负号来确定旋转角应在哪一象限里

$$
\begin{cases}
-\pi \leqslant 4\varphi \leqslant \frac{\pi}{2} & (v \leqslant 0, \delta < 0) \\
\frac{\pi}{2} \leqslant 4\varphi \leqslant 0 & (v \leqslant 0, \delta > 0) \\
0 \leqslant 4\varphi \leqslant \frac{\pi}{2} & (v \geqslant 0, \delta > 0) \\
\frac{\pi}{2} \leqslant 4\varphi \leqslant \pi & (v \geqslant 0, \delta < 0)
\end{cases}
$$

【例 10-2】 煤炭中除常量元素外，还含有多种潜在毒害元素，如 Hg、Se、Pb、Cd、As、Zn、Sb 和 Tl 等。煤炭在燃烧过程中，这些元素呈气态或吸附在烟气中的细小颗粒物中呈气溶胶态，并能通过各种烟气污染控制设施释放到大气环境中，成为大气环境的主要污染源。为了了解和有效地控制煤炭使用过程引起的这些潜在毒害元素的环境污染程度，不仅要弄清煤中这些元素的分布规律，更重要的是要弄清这些元素在煤中的赋存状态。（本例引自文献［10］，冯新斌等，1993）

为了弄清这些元素在煤中的赋存状态，提取出有实际意义的综合性指标，经取样化验及因子分析，得到了表 10-3 所示的初始因子矩阵。从该矩阵可以看出，只有 As、Fe 两种元素在个别因子上有高值，难以对各因子做出合理的解释，分析效果不理想。为此，对其进行了正交旋转变化，表 10-4 为变换后的结果。

表 10-3 初始因子矩阵

元 素	主因子矩阵				
	F_1	F_2	F_3	F_4	F_5
As	0.855	-0.144	-0.055	-0.101	0.083
Se	0.311	0.774	0.008	-0.448	0.092
Pb	0.126	0.545	0.387	0.676	0.150
Cd	0.429	0.309	0.627	-0.335	-0.254
Hg	0.529	-0.196	-0.652	0.131	0.208
Zn	0.035	0.771	-0.441	-0.170	0.255
Sb	0.766	0.415	0.017	0.233	0.053
Tl	-0.037	-0.425	0.496	-0.177	0.731
S	0.671	-0.554	-0.065	-0.172	-0.084
Fe	0.850	-0.240	0.160	0.179	-0.100

表 10-4 正交旋转后的因子矩阵

元素	主因子矩阵				
	F_1	F_2	F_3	F_4	F_5
As	0.862	0.136	0.072	-0.014	0.073
Se	0.079	0.856	0.397	0.067	-0.065
Pb	-0.062	0.083	0.109	0.959	-0.011
Cd	0.252	0.158	0.865	0.114	0.023
Hg	0.632	0.180	-0.594	-0.089	-0.101
Zn	-0.132	0.892	-0.171	0.116	-0.169
Sb	0.619	0.373	0.125	0.508	-0.147
Tl	0.033	-0.169	0.043	-0.034	0.981
S	0.798	-0.234	0.029	-0.318	0.071
Fe	0.862	-0.186	0.169	0.203	-0.015

可以看出，进行因子旋转之后，F_1 上 As、Hg、Sb、Fe、S 等有高的因子载荷；F_2 与 Se 和 Zn 有较大的相关性；F_3 上 Cd 有较高的因子载荷；F_4 上只有 Pb 有较高的因子载荷；F_5 只与 Tl 相关。

从第一主因子中的元素组合可以看出：该煤层 As、Sb 和 Hg 与黄铁矿存在密切的相关关系，它们可能是同成因的，因此这些元素主要存在于煤中黄铁矿中。从元素地球化学性质来看，As、Hg、Sb 属于一套低温热液成矿的亲硫元素组合，煤中这些元素很可能就是在成岩期后受热液蚀变作用随黄铁矿的沉淀而寄宿于其中的。对这些煤样的显微镜研究发现，煤中黄铁矿明显地分为两期，早期黄铁矿呈莓球状均匀分布于煤中有机相中，单晶粒度小（$<5\mu m$）且含量相对较低，是原生成因的；晚期黄铁矿沿煤中裂隙分布，单晶粒度大（$>10\mu m$）且含量相对较高，为次生成因的。原生黄铁矿是在成煤过程中在缺氧的环境下由含铁碎屑矿物提供 Fe^{2+}，硫酸盐还原作用提供 S^{2-} 而形成的，由于 As、Hg、Sb 等元素在常温水溶液中的溶解度很低，因此早期黄铁矿中很难捕集这几种元素；次生黄铁矿是在成煤期后循环在地层中的低温热液中 Fe 和 S 元素遇到地球化学障后发生沉淀作用而产生的，由于这种低温热液的长期活动，从围岩中浸取了大量低温成矿元素如 As、Hg、Sb 等，随着黄铁矿的沉淀，这些元素也被捕集到黄铁矿中，因此煤中这些元素应主要在次生黄铁矿中富集。

第二主因子中两个元素 Zn 和 Se 均为亲硫元素，Zn 与 S 结合形成闪锌矿，而 Se 则以类质同象形式替代闪锌矿中的 S，从这一元素组合可以推断出：煤中 Zn 和 Se 主要存在于煤中微量闪锌矿中。由于煤中闪锌矿与黄铁矿可能不是同生的，可见煤中锌与其他赋存于黄铁矿中的亲硫元素的关系并不密切。

第三主因子中只有 Cd 一个元素，Finkelman 的研究表明，煤中 Cd 主要赋存在闪锌矿中，从因子分析结果来看，Cd 与 Zn 之间相关性很差，从分析数据来看，研究区煤中 Cd 的含量很低，由此可见，可能是 Cd 的分析误差掩盖了它与 Zn 之间的相关性。

第四主因子中只有 Pb 有很高的因子载荷，由于它与其他元素间的相关关系较差，并且在煤中含量相对较高，表明它在煤中很可能是以微量独立矿物形式存在的。从元素地球化学性质来看，Pb 是亲硫元素，在富硫还原的成煤环境中，它可能主要以方铅矿形式存在。

第五主因子只有 Tl 一个元素，由于 Tl 是分散元素，并且在煤中的含量较低，在煤中不可能形成独立矿物，因此，Tl 在煤中的赋存状态可能较为复杂。

这样，结合元素地球化学和矿物学的知识，基本上就可以提取出 5 个具有实际物理意义的公共因子。其中 F_1可以理解为次生黄铁矿因子，因为煤层中 As、Hg、Sb、Fe 主要赋存于次生黄铁矿中，F_2可以理解为闪锌矿因子，Zn 和 Se 主要赋存于闪锌矿中，F_3为与 Cd 相关的公因子，F_4为方铅矿因子，因为 Pb 主要以方铅矿形式存在于煤中，而 F_5为与 Ti 有关的公因子。

根据以上研究结果，在进行煤的分选和处理过程中，就需要针对煤的不同用途和次生黄铁矿、方铅矿、闪锌矿等矿物的性质，进行选择性处理，从而达到去除这些元素、减轻其危害的目的。

10.4.2 因子载荷矩阵的 Promax 斜旋转

在方差极大正交旋转过程中，因子轴互相正交，始终保持初始解中因子间不相关的特点，然而在包括地质学在内的许多科学领域内，斜交因子是普遍现象，即相互影响的各种因素是不大可能彼此无关的，各种事物变化的各种内在因素之间始终存在着错综复杂的联系，因此在高维空间中，作为坐标轴的各个主因子之间是斜交的，需要进行斜交旋转，从而使因子载荷矩阵达到简化的目的。

Promax 斜旋转是一种从方差最大正交因子解出发进行的斜旋转，经旋转后得到斜交因子解。

10.4.2.1 斜交因子模型与斜交因子解

设有 p 个相关变量 x_1，x_2，…，x_p，它们可用 m 个相关的斜交公因子 T_1，T_2，…，T_m 来表示，若不考虑特殊因子，其斜交因子模型可以写成：

$$\begin{cases} x_1 = b_{11}T_1 + b_{12}T_2 + \cdots + b_{1m}T_m \\ x_2 = b_{21}T_1 + b_{22}T_2 + \cdots + b_{2m}T_m \\ \quad\vdots \\ x_p = b_{p1}T_1 + b_{p2}T_2 + \cdots + b_{pm}T_m \end{cases} \tag{10-23}$$

式中 T_j——斜交公因子；

b_{ij}——斜交因子载荷，它表示变量 x_i 的向量 p_i 在斜因子轴 T_j 上的坐标。

在正交条件下，因子模型就是因子解，因子模型和因子结构是一致的，两者无须区分。但在斜交条件下，坐标和投影，即模型和结构之间是有差别的。如图 10-4 所示，变量 x_i的向量 p_i，其坐标和投影即模型和结构是有差别的，坐标可正可负，并且绝对值可以大于 1；投影也可正可负，但其绝对值永远不能超过 1。因此，在讨论斜交因子解时，

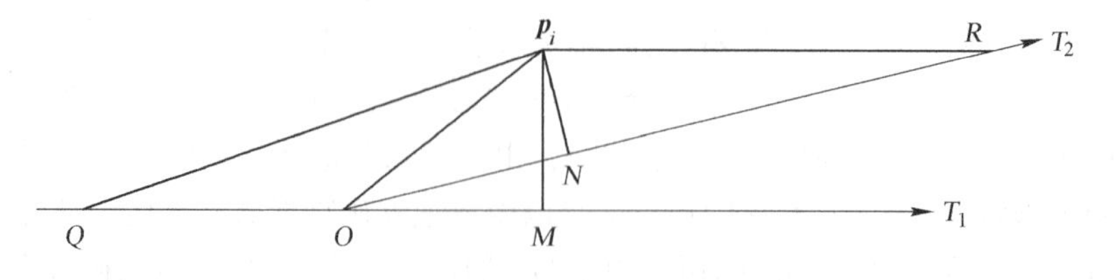

图 10-4 斜交因子空间中的因子模型（OQ,OR）和因子结构（OM,ON）

必须同时考虑因子模型和因子结构，以及斜因子的相关矩阵。

A 因子变换矩阵

所谓因子变换矩阵，就是从正交因子 F 出发，将其变换（旋转）为斜因子阵 $\boldsymbol{T}$ 的变换矩阵。

设 $\boldsymbol{T}_1$，$\boldsymbol{T}_2$，…，$\boldsymbol{T}_m$ 为斜交坐标轴系中的单位向量，$\boldsymbol{T}_j$ 在 m 个正交因子轴 F_1，F_2，…，F_m方向上的投影为 t_{1j}，t_{2j}，…，t_{mj}，该投影就是斜坐标轴 T_j相对于正交坐标因子轴 F_1，F_2，…，F_m的夹角余弦，其平方和等于1，即

$$t_{ij} = |T_j|\cos(T_j, F_i) \qquad (i = 1,2,\cdots,m)$$

$$\boldsymbol{T}_j = (t_{1j}t_{2j}\cdots t_{mj})'$$

$$\sum_{i=1}^{m} t_{ij}^2 = 1 \qquad (j = 1,2,\cdots,m)$$

斜因子阵为

$$\boldsymbol{T} = \begin{bmatrix} t_{11} & t_{12} & \cdots & t_{1m} \\ t_{21} & t_{22} & \cdots & t_{2m} \\ \vdots & \vdots & \ddots & \vdots \\ t_{m1} & t_{m2} & \cdots & t_{mm} \end{bmatrix} = (\boldsymbol{T}_1\ \boldsymbol{T}_2\ \cdots\ \boldsymbol{T}_m)$$

B 斜因子相关矩阵

斜因子相关矩阵是 m 个斜交因子轴之间的相关系数矩阵，即

$$L = \begin{bmatrix} l_{11} & l_{12} & \cdots & l_{1m} \\ l_{21} & l_{22} & \cdots & l_{2m} \\ \vdots & \vdots & \ddots & \vdots \\ l_{m1} & l_{m2} & \cdots & l_{mm} \end{bmatrix}$$

式中 l_{ij}——斜因子轴 T_i 与 T_j 的相关系数。

由于两个单位向量的夹角余弦等于两个向量的相关系数，所以有

$$l_{ij} = T'_i T_j = t_{1i}t_{1j} + t_{2i}t_{2j} + \cdots + t_{mi}t_{mj} \qquad (i,j = 1,2,\cdots,m)$$

即
$$\boldsymbol{L} = \boldsymbol{T}'\boldsymbol{T}$$

C 因子结构矩阵

设因子结构矩阵为 $\boldsymbol{S} = (s_{ij})$，其中元素 s_{ij}表示第 i 个变量 x_i的向量 $\boldsymbol{p}_i$ 在斜因子轴 T_j 上的投影。以二维情况为例，图 10-5 中的 OM 即为 $\boldsymbol{p}_i$ 在 T_1上的投影，ON 是 $\boldsymbol{p}_i$ 在 T_2上的投影。在数学上，它们是向量 $\boldsymbol{p}_i$ 和斜因子轴的夹角余弦，即因子结构是投影变量与斜因子间的相关系数。

因子结构矩阵 $\boldsymbol{S}$ 可以通过正交因子载荷矩阵 $\boldsymbol{A}$ 和对应的因子变换矩阵 $\boldsymbol{T}$ 的乘积得到，它们三者之间的关系如图 10-5 所示，在斜因子轴 T_1 和 T_2 上的投影分别为

$$OM = |\boldsymbol{p}_i|\cos(\beta - \alpha)$$

$$ON = |\boldsymbol{p}_i|\cos(\theta - \beta)$$

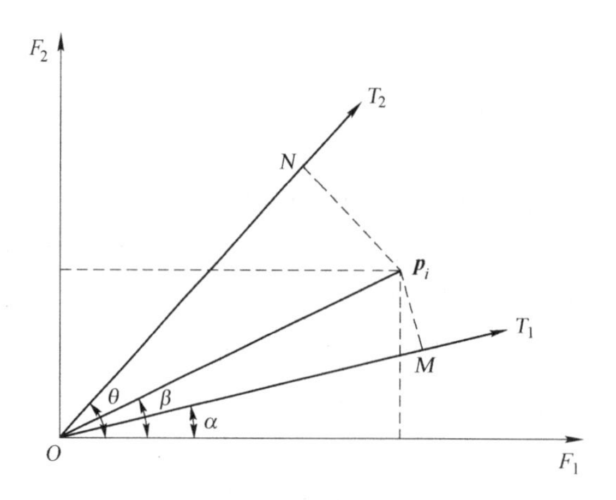

图 10-5 斜交因子坐标轴上的因子结构

式中，OM 和 ON 分别是变量 x_i 与斜因子轴 T_1 和 T_2 的相关系数；向量长度 $|p_i|$ 是变量 x_i 的共同度 h_i^2 的平方根 h_i，于是有

$$\begin{aligned} r_{iT1} &= h_i(\cos\beta\cos\alpha + \sin\beta\sin\alpha) \\ &= (h_i\cos\beta)\cos\alpha + (h_i\sin\beta)\sin\alpha \\ &= a_{i1}\cos\alpha + a_{i2}\sin\alpha \\ r_{iT2} &= h_i(\cos\theta\cos\beta + \sin\theta\sin\beta) \\ &= (h_i\cos\beta)\cos\theta + (h_i\sin\beta)\sin\theta \\ &= a_{i1}\cos\theta + a_{i2}\sin\theta \end{aligned}$$

用矩阵形式表示为

$$\begin{aligned} (r_{iT_1}\ r_{iT_2}) &= (a_{i1}\ a_{i2})\begin{pmatrix} \cos\alpha & \cos\theta \\ \sin\alpha & \sin\theta \end{pmatrix} \\ &= (a_{i1}\ a_{i2})\begin{pmatrix} t_{11} & t_{12} \\ t_{21} & t_{22} \end{pmatrix} \qquad (i = 1,2,\cdots,p) \end{aligned}$$

一般地，对于 m 个因子的情况有

$$\begin{pmatrix} r_{1T_1} & r_{1T_2} & \cdots & r_{1T_m} \\ r_{2T_1} & r_{2T_2} & \cdots & r_{2T_m} \\ \vdots & \vdots & \ddots & \vdots \\ r_{pT_1} & r_{pT_2} & \cdots & r_{pT_m} \end{pmatrix} = \begin{pmatrix} a_{11} & a_{12} & \cdots & a_{1m} \\ a_{21} & a_{22} & \cdots & a_{2m} \\ \vdots & \vdots & \ddots & \vdots \\ a_{p1} & a_{p2} & \cdots & a_{pm} \end{pmatrix}\begin{pmatrix} t_{11} & t_{12} & \cdots & t_{1m} \\ t_{21} & t_{22} & \cdots & t_{2m} \\ \vdots & \vdots & \ddots & \vdots \\ t_{m1} & t_{m2} & \cdots & t_{mm} \end{pmatrix}$$

即

$$S_{p\times m} = A_{p\times m} \cdot T_{m\times m} \tag{10-24}$$

D 因子模型矩阵

因子模型是变量 x_i 在斜因子轴上的坐标，表征变量与斜因子轴的协方差，该模型为

$$x_t = b_{t1}T_1 + b_{t2}T_2 + \cdots + b_{tm}T_m \qquad (i = 1,2,\cdots,p) \tag{10-25}$$

等式（10-25）两边同乘以 T_j 并取其期望值，有

$$\begin{aligned} r_{iT_j} &= \mathrm{E}(x_i T_j) \\ &= b_{t1}r_{T_1T_j} + b_{t2}r_{T_2T_j} + \cdots + b_{ij}r_{T_iT_j} + \cdots + b_{tm}r_{T_mT_j} \qquad (i = 1,2,\cdots,p; j = 1,2,\cdots,m) \end{aligned}$$

式中 r_{iT_j}——因子结构矩阵元素；

$r_{T_iT_j}$——斜因子相关矩阵 L 的元素。

所以有

$$\begin{pmatrix} r_{1T_1} & r_{1T_2} & \cdots & r_{1T_m} \\ r_{2T_1} & r_{2T_2} & \cdots & r_{2T_m} \\ \vdots & \vdots & \ddots & \vdots \\ r_{pT_1} & r_{pT_2} & \cdots & r_{pT_m} \end{pmatrix} = \begin{pmatrix} b_{11} & b_{12} & \cdots & b_{1m} \\ b_{21} & b_{22} & \cdots & b_{2m} \\ \vdots & \vdots & \ddots & \vdots \\ b_{p1} & b_{p2} & \cdots & b_{pm} \end{pmatrix} \begin{pmatrix} l_{11} & l_{12} & \cdots & l_{1m} \\ l_{21} & l_{22} & \cdots & l_{2m} \\ \vdots & \vdots & \ddots & \vdots \\ l_{m1} & l_{m2} & \cdots & l_{mm} \end{pmatrix}$$

即

$$\boldsymbol{S} = \boldsymbol{B} \cdot \boldsymbol{L} \tag{10-26}$$

式中 $\boldsymbol{S}$——因子结构阵；

$\boldsymbol{B}$——斜交因子模型阵（斜交因子载荷阵）；

$\boldsymbol{L}$——斜因子相关矩阵。

因

$$\boldsymbol{S} = \boldsymbol{AT}, \qquad \boldsymbol{L} = \boldsymbol{T'T}$$

所以有

$$\boldsymbol{B} = \boldsymbol{SL}^{-1} = \boldsymbol{AT}(\boldsymbol{T'T})^{-1}$$

即

$$\boldsymbol{B} = \boldsymbol{A}(\boldsymbol{T'})^{-1} \tag{10-27}$$

10.4.2.2 Promax 斜交旋转的步骤

（1）设正交因子矩阵为 $\boldsymbol{A} = (a_{ij})_{p\times m}$，将 $\boldsymbol{A}$ 按行规格化处理（长度为 1），得矩阵 $\boldsymbol{A}^*$；

（2）将 $\boldsymbol{A}^*$ 的各元素绝对值取 k 次幂（k 为一个大于或等于 2 的正数），并保留其原来的符号，得矩阵 $\boldsymbol{H}$；

（3）进行 $\boldsymbol{A}^*$ 对 $\boldsymbol{H}$ 的最小二乘拟合，即令

$$\boldsymbol{S}_{p\times m} = \boldsymbol{A}_{p\times m} \cdot \boldsymbol{T}_{m\times m} \tag{10-28}$$

将 $(\boldsymbol{A}^*)'$左乘式（10-28）两边，然后再用 $((\boldsymbol{A}^*)'\boldsymbol{A}^*)^{-1}$ 左乘所得方程的两边，得

$$\boldsymbol{C} = ((\boldsymbol{A}^*)'\boldsymbol{A}^*)^{-1}(\boldsymbol{A}^*)'\boldsymbol{H}$$

（4）将 $\boldsymbol{C}$ 按列规格化，得斜交参考矩阵 $\boldsymbol{A}$；

（5）将 $\boldsymbol{A}^{-1}$按行规格化，得斜因子变换矩阵 $\boldsymbol{T}'$；

（6）分别计算出斜因子解的相关矩阵 $\boldsymbol{L}$，结构矩阵 $\boldsymbol{S}$ 和模型矩阵 $\boldsymbol{B}$，即

$$\boldsymbol{L} = \boldsymbol{T}'\boldsymbol{T}$$

$$\boldsymbol{S} = \boldsymbol{A}\boldsymbol{T}$$

$$\boldsymbol{B} = \boldsymbol{A}(\boldsymbol{T}')^{-1}$$

在进行 Promax 斜交旋转时，为使所得的解最简化，可按 $k=2, 3, 4, \cdots$依次进行，然后通过比较结果来确定 k 的取值，当因子相关矩阵趋于稳定时，其结果是最理想的。

【例 10-3】 应用因子分析研究某含铂超基性岩中铂族元素的赋存状态。

对 90 个样品的 Au、Pd、Pt、Ir、Rh、Os、Ru、Cr_2O_3、Ni、Co 等化学组分的分析数据进行 R 型因子分析，表 10-5 列出了其相关系数矩阵。在此基础上，解出因子载荷矩阵（见表 10-6），方差最大旋转后的因子载荷矩阵（见表 10-7）。然后经 Promax 斜旋转后得到斜因子结构矩阵（见表 10-8）、斜因子模型矩阵（见表 10-9）以及斜因子相关矩阵（见表 10-10）。

表 10-5 超基性岩化学组分相关系数矩阵

组分	Au	Pd	Pt	Ir	Rh	Os	Ru	Cr_2O_3	Ni	Co
Au	1	0.5842	0.5629	0.2906	0.4735	0.2153	0.2002	0.0633	0.5001	0.2892
Pd		1	0.9825	0.5806	0.8813	0.4243	0.3959	0.0498	0.7139	0.3445
Pt			1	0.6789	0.9251	0.4943	0.4618	0.0279	0.7846	0.4053
Ir				1	0.8197	0.7954	0.7604	0.6214	0.6432	0.4690
Rh					1	0.7233	0.6946	0.2554	0.7479	0.3959
Os						1	0.9927	0.6581	0.4073	0.4216
Ru							1	0.6282	0.3840	0.3823
Cr_2O_3								1	0.0007	0.3678
Ni									1	0.3079
Co										1

表 10-6 因子载荷矩阵

变量	公因子					
	F_1	F_2	F_3	F_4	F_5	共同度
Au	0.5305	−0.4774	0.3375	0.6075	0.0801	0.9988
Pd	0.8183	−0.4899	−0.0636	−0.0813	−0.1748	0.9507
Pt	0.8785	−0.4203	−0.0560	−0.1308	−0.0874	0.9763
Ir	0.8933	0.2611	−0.0733	−0.1011	0.2473	0.9430
Rh	0.9535	−0.1407	−0.1685	−0.0643	−0.0851	0.9687
Os	0.8161	0.4943	−0.1348	0.1324	−0.1661	0.9737
Ru	0.7866	0.4983	−0.1665	0.1593	−0.1950	0.9582

续表 10-6

变量	公因子					
	F_1	F_2	F_3	F_4	F_5	共同度
Cr_2O_3	0.4158	0.8136	0.1161	0.0757	0.2279	0.9060
Ni	0.7613	-0.3890	-0.0970	-0.1303	0.3839	0.9046
Co	0.5494	0.1576	0.7551	-0.2819	-0.1103	0.9886
方差贡献	3.7687	2.0635	0.7938	0.5220	0.3901	
方差贡献累计/%	57.69	78.32	87.26	91.78	95.68	

表 10-7 方差最大旋转后的因子载荷矩阵

变量	公因子					
	F_1	F_2	F_3	F_4	F_5	共同度
Au	0.3697	0.0251	0.1123	0.9210	0.0265	0.9988
Pd	0.9198	0.1054	0.1342	0.2486	-0.1242	0.9507
Pt	0.9336	0.1753	0.1719	0.2096	-0.0214	0.9763
Ir	0.5538	0.6915	0.1923	0.0326	0.3464	0.9430
Rh	0.8485	0.4660	0.1021	0.1452	-0.0157	0.9687
Os	0.3418	0.9121	0.1142	0.0639	-0.0882	0.9737
Ru	0.3201	0.9115	0.0734	0.0632	-0.1244	0.9582
Cr_2O_3	-0.1988	0.8422	0.2464	-0.0520	0.3062	0.9060
Ni	0.8136	0.1122	0.0492	0.2040	0.4314	0.9046
Co	0.2082	0.2448	0.9339	0.1109	0.0291	0.9886
方差贡献	3.8433	3.1824	1.0613	1.0407	0.4407	
方差贡献累计/%	38.43	70.26	80.87	91.28	95.68	

表 10-8 斜因子结构矩阵

变量	结构				
	F_1	F_2	F_3	F_4	F_5
Au	0.0379	0.0343	0.0021	0.8080	0.0288
Pd	0.7511	-0.0573	0.0629	0.0303	0.0007
Pt	0.7531	-0.0379	0.0797	-0.0056	0.0985
Ir	0.3188	0.3820	0.0157	-0.0570	0.3777
Rh	0.6329	0.2469	-0.0208	-0.0319	0.0918
Os	0.1028	0.7643	-0.0293	0.0123	-0.0865
Ru	0.0867	0.7866	-0.0635	0.0176	-0.1213
Cr_2O_3	-0.3765	0.6630	0.0981	0.0237	0.2044
Ni	0.6234	-0.1676	-0.0813	0.0448	0.5373
Co	0.0861	-0.0123	0.8534	0.0020	-0.0503

表 10-9 斜因子模型矩阵

变量	模型				
	F_1	F_2	F_3	F_4	F_5
Au	0.0486	0.0437	0.0024	0.9654	0.0327
Pd	0.9646	-0.0731	0.0728	0.0362	0.0008
Pt	0.9671	-0.0483	0.0924	-0.0067	0.1120
Ir	0.4094	0.4875	0.0182	-0.0681	0.4293
Rh	0.8127	0.3151	-0.0241	-0.0381	0.1044
Os	0.1320	0.9753	-0.0340	0.0146	-0.0984
Ru	0.1113	1.0000	-0.0735	0.0210	-0.1379
Cr_2O_3	-0.4835	0.8461	0.1136	0.0283	0.2323
Ni	0.9006	-0.2139	-0.0942	0.0536	0.6107
Co	0.1105	-0.0157	0.9887	0.0024	-0.0571

表 10-10 斜因子相关系数矩阵

斜因子	T_1	T_2	T_3	T_4	T_5
T_1	1	0.3956	0.2310	0.5087	0.0971
T_2		1	0.4338	0.0766	0.4206
T_3			1	0.1997	0.3634
T_4				1	0.0447
T_5					1

方差最大化旋转和 Promax 斜旋转后的因子分析结果表明，主因子 F_1 显示为一个多硫的环境，以镍矿化为特征，Pd、Pt、Rh 的绝大部分相对富集，也富集一部分 Ir，它们可能呈硫化物或碲铋化合物形式沉淀，特别是 Pd、Pt 可能主要以硫钯铂矿形式富集。

主因子 F_2 可能代表一个贫硫富铁的环境，形成铬铁矿，铂族元素 Os、Ru 的绝大多数与之伴生，也富集一定的铱。Os、Ru 主要以锇钌矿形式存在。

斜因子 F_5 表征 Ni、Ir 组合，说明 Ir 除了与其他铂族元素共生外，还同 Ni 有独特关系，可能形成含铱、镍的矿物。

Au 和 Co 分别富集于斜主因子 F_4 和 F_3 之中，表明其富集具有一定的独特性。主因子 F_1，F_4 之间相关系数高达 0.5087 表明，Au 主要在含硫充足的环境中富集。主因子 F_2，F_3 之间也具有相关性，表明 Co 更倾向于富集在贫硫多铁的环境之中。

10.5 因子得分

因子分析的数学模型是将变量（或样品）表示为公共因子的线性组合

$$x_i = a_{i1}F_1 + a_{i2}F_2 + \cdots + a_{im}F_m + \alpha_i U_i \qquad (i = 1,2,\cdots,p)$$

由于公共因子能够反映原始变量的相关关系，因此用公共因子代表原始变量，有时更有利于描述研究对象的特征。为此，常常需要反过来将公共因子表示为变量或样品的线性组合，即

$$F_j = \beta_{j1}X_1 + \beta_{j2}X_2 + \cdots + \beta_{jp}X_p \qquad (j = 1,2,\cdots,m) \tag{10-29}$$

称式（10-29）为因子得分（factor scores）函数，并用它来计算每个样品的公共因子得分。因子得分函数是从所有变量中将某一特定因子的有关原始信息集中起来，并看成是一个样品中 p 个变量的综合指标（利用该指标可进行其他研究及统计，如趋势分析、判别分析、聚类分析等）。

由于因子得分函数中的方程个数少于变量个数，因此不能精确计算出因子得分，只能对因子得分进行估计。估计因子得分函数的方法有很多，如加权最小二乘法、回归法等，这里介绍回归方法。回归法又称汤姆森回归法，因 Thomson 于 1939 年提出而得名。

汤姆森回归法假设公共因子可以对 p 个变量做回归，回归方程为

$$\hat{F}_j = b_{j0} + b_{j1}X_1 + b_{j2}X_2 + \cdots + b_{jp}X_p \qquad (j = 1,2,\cdots,m)$$

根据因子分析的假设，变量和公共因子都已进行了标准化，所以常数项 $b_{0j}=0$，相应地回归方程为

$$\hat{F}_j = b_{j1}X_1 + b_{j2}X_2 + \cdots + b_{jp}X_p \qquad (j = 1,2,\cdots,m)$$

为此，需要先求出各回归系数 b_{ji}（$i=1$，2，…，p），然后给出因子得分的计算公式。

由于因子得分 F_j 的值事先是不知道的，是待估计的，所以无法像常规回归分析那样利用最小二乘法直接进行参数估计，但是我们已知基于样本资料计算得到的因子载荷矩阵，利用该矩阵，可对各回归系数进行估计。

根据因子载荷矩阵的统计意义，有

$$\begin{aligned}
a_{ij} = r_{X_iF_j} &= \mathrm{E}(X_iF_j) \\
&= \mathrm{E}[X_i(b_{j1}X_1 + b_{j2}X_2 + \cdots + b_{jp}X_p)] \\
&= b_{j1}\mathrm{E}(X_iX_1) + b_{j2}\mathrm{E}(X_iX_2) + \cdots + b_{jp}\mathrm{E}(X_iX_p) \\
&= b_{j1}r_{i1} + b_{j2}r_{i2} + \cdots + b_{jp}r_{ip} \\
&= (r_{i1} \quad r_{i2} \quad \cdots \quad r_{ip})\begin{pmatrix} b_{j1} \\ b_{j2} \\ \vdots \\ b_{jp} \end{pmatrix}
\end{aligned}$$

于是有方程组

$$\begin{pmatrix} r_{11} & r_{12} & \cdots & r_{1p} \\ r_{21} & r_{22} & \cdots & r_{2p} \\ \vdots & \vdots & \ddots & \vdots \\ r_{p1} & r_{p2} & \cdots & r_{pp} \end{pmatrix} \begin{pmatrix} b_{j1} \\ b_{j2} \\ \vdots \\ b_{jp} \end{pmatrix} = \begin{pmatrix} a_{1j} \\ a_{2j} \\ \vdots \\ a_{pj} \end{pmatrix} \quad (j = 1,2,\cdots,m)$$

式中 $\boldsymbol{R} = \begin{pmatrix} r_{11} & r_{12} & \cdots & r_{1p} \\ r_{21} & r_{22} & \cdots & r_{2p} \\ \vdots & \vdots & \ddots & \vdots \\ r_{p1} & r_{p2} & \cdots & r_{pp} \end{pmatrix}$ 为原始变量的相关系数矩阵；

$a_j = (a_{1j} \quad a_{2j} \quad \cdots \quad a_{pj})'$ 为因子载荷矩阵 $\boldsymbol{A}$ 的第 j 列；

$b_j = (b_{j1} \quad b_{j2} \quad \cdots \quad b_{jp})'$ 为待求的第 j 个因子得分函数的系数。

若记

$$\boldsymbol{B} = \begin{pmatrix} b_{11} & b_{12} & \cdots & b_{1p} \\ b_{21} & b_{22} & \cdots & b_{2p} \\ \vdots & \vdots & \ddots & \vdots \\ b_{m1} & b_{m2} & \cdots & b_{mp} \end{pmatrix}$$

则有

$$\boldsymbol{B} = \begin{pmatrix} b'_1 \\ b'_2 \\ \vdots \\ b'_m \end{pmatrix} = \begin{pmatrix} (\boldsymbol{R}^{-1}a_1)' \\ (\boldsymbol{R}^{-1}a_2)' \\ \vdots \\ (\boldsymbol{R}^{-1}a_m)' \end{pmatrix} = \begin{pmatrix} a'_1 \\ a'_2 \\ \vdots \\ a'_m \end{pmatrix} \boldsymbol{R}^{-1} = \boldsymbol{A}'\boldsymbol{R}^{-1} \tag{10-30}$$

利用式（10-30）即可得到因子得分函数的各项回归系数，于是有

$$\hat{F} = \begin{pmatrix} \hat{F}_1 \\ \vdots \\ \hat{F}_m \end{pmatrix} = \boldsymbol{BX} = \boldsymbol{A}'\boldsymbol{R}^{-1}\boldsymbol{X} \tag{10-31}$$

其中 $\boldsymbol{X} = (\boldsymbol{X}_1, \boldsymbol{X}_2, \cdots, \boldsymbol{X}_p)'$。

式（10-31）就是因子得分函数，据其即可计算每个公因子的因子得分。

【例 10-4】 利用前述【例 10-1】中建立的因子模型，计算各个公共因子的因子得分。

由前述例子的分析结果可知，最后提取了两个公共因子，其因子载荷矩阵及因子模型分别为

$$\boldsymbol{A} = \underset{F_1 \qquad\qquad F_2}{\begin{pmatrix} 0.953 & 0.121 \\ 0.967 & 0.084 \\ 0.961 & -0.216 \end{pmatrix}} \begin{matrix} x_1 \\ x_2 \\ x_3 \end{matrix} \Rightarrow \begin{cases} Z_1 = 0.953F_1 + 0.121F_2 \\ Z_2 = 0.967F_1 + 0.084F_2 \\ Z_2 = 0.961F_1 - 0.216F_2 \end{cases}$$

其相关系数矩阵为 $$\boldsymbol{R}=\begin{bmatrix}1 & 0.881 & 0.917\\0.881 & 1 & 0.854\\0.917 & 0.854 & 1\end{bmatrix}$$

因子得分函数 $$\hat{F}_j=a'_{ij}\boldsymbol{R}^{-1}\boldsymbol{Z}\qquad(j=1,2)$$

对公共因子 F_1

$$\hat{F}_1=\boldsymbol{a}'_{i1}\boldsymbol{R}^{-1}\boldsymbol{Z}=(0.953\quad 0.967\quad 0.961)\begin{pmatrix}1 & 0.881 & 0.917\\0.881 & 1 & 0.854\\0.917 & 0.854 & 1\end{pmatrix}^{-1}\begin{pmatrix}Z_1\\Z_2\\Z_3\end{pmatrix}$$

$$=0.1524Z_1+0.4854Z_2+0.4067Z_3$$

对公共因子 F_2

$$\hat{F}_2=\boldsymbol{a}'_{i2}\boldsymbol{R}^{-1}\boldsymbol{Z}=(0.121\quad 0.084\quad -0.216)\begin{pmatrix}1 & 0.881 & 0.917\\0.881 & 1 & 0.854\\0.917 & 0.854 & 1\end{pmatrix}^{-1}\begin{pmatrix}Z_1\\Z_2\\Z_3\end{pmatrix}$$

$$=1.7944Z_1+0.3429Z_2-2.1543Z_3$$

将表10-1中各样品的标准化数据依次代入 $\hat{F}_1$,$\hat{F}_2$,可得各样品的因子得分,见表10-11。

表10-11 各样品的因子得分表

样品	因子	
	$\hat{F}_1$	$\hat{F}_2$
1	-1.7330	-0.3397
2	0.2219	-0.0139
3	0.6454	-1.0812
4	0.9076	0.0433
5	-1.2532	0.3102
6	0.5489	0.1887
7	0.7174	-0.2344
8	-1.3719	0.3815
9	-0.2567	0.2318
10	0.3310	-0.0304
11	1.1933	0.1981
12	1.3595	0.5194
13	-1.2816	-0.1685
14	-0.0285	-0.0051

至此,在进一步明确 F_1,F_2 两个公共因子的物理意义的基础上,我们就可以用表10-11中14个样品的因子得分数据,代替原来的 x_1,x_2,x_3 三个变量的观测值,来进行其他的分析研究,如趋势分析、判别分析、聚类分析等。

10.6 对应分析

10.6.1 概述

在建立成矿模式时,需要查明与成矿有关的地质作用、地质作用过程,以及地质作用用产物，为此，必须探寻地质变量之间、地质抽样（样品）之间、变量和样品之间的关系。前两种关系可以通过因子分析来解决，至于第三种关系，虽然可以在 R 型和 Q 型因子分析的基础上，通过因子得分的计算建立变量和样品之间的某些联系，但由于 R 型和 Q 型因子分析是单独进行的，在分析过程中已经漏掉了许多有用的信息，另外，在 R 型因子分析中对数据进行了标准化变换，而在 Q 型因子分析中就无法进行标准化变换，这样，在数据的处理上，二者是不对等的。因此，用因子得分建立起来的变量和样品间的联系去解释地质问题是很困难的。此外，由于样品数量往往很大，进行 Q 型因子分析的计算工作量也是很大的。

对应分析就是为了克服因子分析的上述缺点，于 1970 年由法国的本杰西（Benzenci）教授提出的一种多元统计分析方法，也称相应分析、R-Q 分析。他指出，由于变量空间（R^p）的 n 个样品点的主因子，与样品空间（R^n）的 p 个变量点的主因子，在各自的总方差中的贡献是相同的，因此可以用同样的因子轴同时表示变量和样品，并可由 R 型因子分析结果很容易地获得 Q 型因子分析的结果。

基本思想：由于 R 型因子分析和 Q 型因子分析都是反映一个整体的不同侧面，因此它们之间一定存在内在的联系。对应分析就是通过一个过渡矩阵 $\boldsymbol{Z}$ 将二者有机地结合起来。具体地说，该方法首先给出变量点的协方差阵 $\boldsymbol{A}=\boldsymbol{Z}'\boldsymbol{Z}$ 和样品点的协差阵 $\boldsymbol{B}=\boldsymbol{Z}\boldsymbol{Z}'$，由于 $\boldsymbol{Z}'\boldsymbol{Z}$ 和 $\boldsymbol{Z}\boldsymbol{Z}'$ 有相同的非零特征根，记为 $\lambda_1 \geqslant \lambda_2 \geqslant \cdots \geqslant \lambda_m$，$0<m\leqslant \min(p, n)$，如果 $\boldsymbol{A}$ 的特征根 λ_i 对应的特征向量为 $\boldsymbol{U}_i$，则 $\boldsymbol{B}$ 的特征根 λ_i 对应的特征向量就是 $\boldsymbol{Z}\boldsymbol{U}_i \triangleq \boldsymbol{V}_i$，根据这个结论就可以很方便地借助 R 型因子分析得到 Q 型因子分析的结果。因为求出 $\boldsymbol{A}$ 的特征根和特征向量后就可以很容易地写出变量点协差矩阵对应的因子载荷矩阵，记为 F。则

$$\boldsymbol{F}=\begin{pmatrix} u_{11}\sqrt{\lambda_1} & u_{12}\sqrt{\lambda_2} & \cdots & u_{1m}\sqrt{\lambda_m} \\ u_{21}\sqrt{\lambda_1} & u_{22}\sqrt{\lambda_2} & \cdots & u_{2m}\sqrt{\lambda_m} \\ \vdots & \vdots & \ddots & \vdots \\ u_{p1}\sqrt{\lambda_1} & u_{p2}\sqrt{\lambda_2} & \cdots & u_{pm}\sqrt{\lambda_m} \end{pmatrix}$$

若将样品点协方差矩阵 $\boldsymbol{B}$ 对应的因子载荷矩阵记为 $\boldsymbol{G}$，则

$$\boldsymbol{G}=\begin{pmatrix} v_{11}\sqrt{\lambda_1} & v_{12}\sqrt{\lambda_2} & \cdots & v_{1m}\sqrt{\lambda_m} \\ v_{21}\sqrt{\lambda_1} & v_{22}\sqrt{\lambda_2} & \cdots & v_{2m}\sqrt{\lambda_m} \\ \vdots & \vdots & \ddots & \vdots \\ v_{n1}\sqrt{\lambda_1} & v_{n2}\sqrt{\lambda_2} & \cdots & v_{nm}\sqrt{\lambda_m} \end{pmatrix}$$

由于 $\boldsymbol{A}$ 和 $\boldsymbol{B}$ 具有相同的非零特征根，而这些特征根又正是各个公共因子的方差，因此可以用相同的因子轴同时表示变量点和样品点，即把变量点和样品点同时反映在具有相同坐标轴的因子平面上，以便对变量点和样品点一起考虑进行分类。

对应分析的优点：

（1）统一性。它把变量和样品结合起来分析，其结果反映在一张图上，直观清晰，便于解释推断。

（2）对等性。通过变换将原始数据 x_{ij} 变成中间变量 z_{ij}，这种变换对于样品和变量是对等的，便于 R 型和 Q 型因子分析的结合。

（3）互推性。在对应分析的实际运算中，只进行 R 型因子分析，经简单换算便可得

到两种因子分析的结果，从而节省了 Q 型因子分析的时间，克服了由于样品量大给 Q 型因子分析带来的计算上的困难。

通过对应分析的结果，可获得下列信息：

（1）变量间的关系，相邻变量点表示它们紧密相关，揭示出这些变量的成因联系，指示某一特定的地质作用。

（2）样品间的关系，相邻出现的样品点具有相似的性质，属同一类型，为相同地质作用的产物。

（3）变量和样品间的关系，同一类型的样品点为邻近的变量所表征，即同一类型的样品是其邻近变量所指示的地质作用的产物。

10.6.2 对应分析的原理

在处理实际问题时，如果指标（变量）的量纲不同以及数量级相差很大时，通常先将指标作标准化处理，然而这种标准化处理对样品就不好进行了。换句话，标准化处理对于指标和样品是非对等的，为了使之有对等性，以便为 R 型与 Q 型建立起联系，就需设法将原始数据矩阵 $\boldsymbol{X}=(x_{ij})$ 变换成矩阵 $\boldsymbol{Z}=(z_{ij})$，即将 x_{ij} 变换成 z_{ij} 之后，使 z_{ij} 对指标和样品具有对等性。

设有 n 个样品，每个样品由 p 个变量来表征，它们构成原始数据矩阵 $\boldsymbol{X}$。

$$\boldsymbol{X}=\begin{bmatrix} x_{11} & x_{12} & \cdots & x_{1p} \\ x_{21} & x_{22} & \cdots & x_{2p} \\ \vdots & \vdots & \ddots & \vdots \\ x_{n1} & x_{n2} & \cdots & x_{np} \end{bmatrix}_{n\times p}$$

对原始数据矩阵 $\boldsymbol{X}$，分别求行和、列和、总和，记为 $x_{i.}$，$x_{.j}$，$x_{..}$。

x_{11}	x_{12}	$\cdots$	x_{1p}	$x_{1.}$
x_{21}	x_{22}	$\cdots$	x_{2p}	$x_{2.}$
$\vdots$	$\vdots$	$\ddots$	$\vdots$	$\vdots$
x_{n1}	x_{n2}	$\vdots$	x_{np}	$x_{n.}$
$x_{.1}$	$x_{.2}$	$\cdots$	$x_{.p}$	$x_{..}$

其中 $x_{i.}=\sum\limits_{j=1}^{p}x_{ij}$，$x_{.j}=\sum\limits_{i=1}^{n}x_{ij}$，$x_{..}=\sum\limits_{i=1}^{n}\sum\limits_{j=1}^{p}x_{ij}$。

为了书写方便，将 $x_{..}$ 记为 T。用它去除矩阵 $\boldsymbol{X}$ 中的每一个元素，这相当于改变了测度尺度，使变量与样品具有相同比例大小，即 $p_{ij}=\dfrac{x_{ij}}{x_{..}}=\dfrac{x_{ij}}{T}$，显然 $0<p_{ij}<1$，且 $\sum\limits_{i}\sum\limits_{j}p_{ij}=1$，因而 p_{ij} 可解释为“概率”，这样得到一个规格化的“概率”矩阵 $\boldsymbol{P}=(p_{ij})_{n\times p}$。类似地可写出 $\boldsymbol{P}$ 阵的行和、列和，分别记为 $p_{i.}$ 和 $p_{.j}$：

p_{11}	p_{12}	$\cdots$	p_{1p}	$p_{1.}$
p_{21}	p_{22}	$\cdots$	p_{2p}	$p_{2.}$
$\vdots$	$\vdots$	$\ddots$	$\vdots$	$\vdots$
p_{n1}	p_{n2}	$\cdots$	p_{np}	$p_{n.}$
$p_{.1}$	$p_{.2}$	$\cdots$	$p_{.p}$	1

其中 $p_{i.} = \sum_{j=1}^{p} p_{ij}$， $p_{.j} = \sum_{i=1}^{n} p_{ij}$。

如果将 n 个样品看成 p 维空间中的点，则其 n 个点的坐标用 $\left(\frac{p_{i1}}{p_{i.}}, \frac{p_{i2}}{p_{i.}}, \cdots, \frac{p_{ip}}{p_{i.}}\right)$ 表示（$i = 1,2,\cdots,n$），称为 n 个样品点。这是用各变量在该样品中的相对比例来表示的一种常见方法，这样对 n 个样品的研究就可转化为对 n 个样品点的相对关系的研究，如果要对样品分类，就可用样品点的距离远近来刻画了。若引入欧氏距离，则任意两个样品点 K 与 L 之间的欧氏距离为

$$D^2(K,L) = \sum_{j=1}^{p}\left(\frac{p_{kj}}{p_{k.}} - \frac{p_{Lj}}{p_{L.}}\right)^2 \tag{10-32}$$

为消除各变量的数量级不同，如第 k 个变量有较大的数量级，在计算距离时就会抬高这个变量的尺度差异的影响，所以再用系数 $1/p_{.j}$ 去乘距离公式就得到一个加权的距离公式（因为在实际问题中我们所关心的是每一个变量的相对作用，因此采用加权距离公式更合理），见式（10-33）。

$$\begin{aligned} D_*^2(K,L) &= \sum_{j=1}^{p}\left(\frac{p_{kj}}{p_{k.}} - \frac{p_{Lj}}{p_{L.}}\right)^2 / p_{.j} \\ &= \sum_{j=1}^{p}\left(\frac{p_{kj}}{\sqrt{p_{.j}}p_{k.}} - \frac{p_{Lj}}{\sqrt{p_{.j}}p_{L.}}\right)^2 \end{aligned} \tag{10-33}$$

也可以说式（10-33）是坐标为 $\left(\frac{p_{i1}}{\sqrt{p_{.1}}p_{i.}}, \frac{p_{i2}}{\sqrt{p_{.2}}p_{i.}}, \frac{p_{ip}}{\sqrt{p_{.p}}p_{i.}}\right)$ 的 n 个样品点群（$i = 1,2,\cdots,n$）中两个样品点 K 与 L 之间的距离。

类似地，可将 p 个变量看成 n 维空间中的点，用 $\left(\frac{p_{1j}}{p_{.j}}, \frac{p_{2j}}{p_{.j}}, \cdots, \frac{p_{nj}}{p_{.j}}\right)$ （$j = 1,2,\cdots,p$）表示 p 个变量的坐标，称为 p 个变量点，这时两个变量 i 与 j 之间的加权距离为

$$D_*^2(i,j) = \sum_{k=1}^{n}\left(\frac{p_{ki}}{\sqrt{p_{k.}p_{.i}}} - \frac{p_{kj}}{\sqrt{p_{k.}p_{.j}}}\right)^2 \tag{10-34}$$

通过计算两两样品点或两两变量点之间的距离，可对样品点或变量点进行分类，但这样做还不能用图表示出来。为了更直观地表示变量点与样品点之间的关系，需给出变量点协方差矩阵和样品点协方差矩阵的定义。

为此先给出样品点中第 j 个变量的均值为

$$\sum_{i=1}^{n}\frac{p_{ij}}{\sqrt{p_{.j}}p_{i.}}p_{i.} = \frac{1}{\sqrt{p_{.j}}}\sum_{i=1}^{n}p_{ij} = \frac{p_{.j}}{\sqrt{p_{.j}}} = \sqrt{p_{.j}} \qquad (j = 1,2,\cdots,p) \tag{10-35}$$

这里不是求算术平均，而是按概率 $p_{i.}$ 进行加权，可以验证，式（10-35）的结果不仅是诸样品平均点坐标，恰好也是各变量的平均值。因此，可写出样品空间中变量点的协差阵，即第 i 个变量与第 j 个变量的协差阵为

$$\boldsymbol{A} = (a_{ij})$$

其中

$$a_{ij}=\sum_{a=1}^{n}\left[\frac{p_{ai}}{\sqrt{p_{.i}p_{a.}}}-\sqrt{p_{.i}}\right]\left[\frac{p_{aj}}{\sqrt{p_{.j}p_{a.}}}-\sqrt{p_{.j}}\right]p_{a.}$$

$$=\sum_{a=1}^{n}\left[\frac{p_{ai}}{\sqrt{p_{.i}}\sqrt{p_{a.}}}-\sqrt{p_{.i}}\sqrt{p_{a.}}\right]\left[\frac{p_{aj}}{\sqrt{p_{.j}}\sqrt{p_{a.}}}-\sqrt{p_{.j}}\sqrt{p_{a.}}\right]$$

$$=\sum_{a=1}^{n}\left[\frac{p_{ai}-p_{.i}p_{a.}}{\sqrt{p_{.i}p_{a.}}}\right]\left[\frac{p_{aj}-p_{.i}p_{a.}}{\sqrt{p_{.i}p_{a.}}}\right]$$

$$\triangleq\sum_{a=1}^{n}z_{ai}z_{aj}\qquad(i,j=1,2,\cdots,p)\tag{10-36}$$

其中

$$z_{ai}=\frac{p_{ai}-p_{.i}p_{a.}}{\sqrt{p_{.i}p_{a.}}}=\frac{\frac{x_{ai}}{x_{..}}-\frac{x_{.i}}{x_{..}}\cdot\frac{x_{a.}}{x_{..}}}{\sqrt{\frac{x_{.i}}{x_{..}}\cdot\frac{x_{a.}}{x_{..}}}}=\frac{x_{ai}-\frac{x_{.i}x_{a.}}{x_{..}}}{\sqrt{x_{.i}x_{a.}}}\qquad(z_{ai}\text{ 对 }a,i\text{ 是对等的})$$

令 $\boldsymbol{Z}=(z_{ij})$，则有

$$\boldsymbol{A}=\boldsymbol{Z}'\boldsymbol{Z}\tag{10-37}$$

即变量点的协方差矩阵可以表示成 $\boldsymbol{Z}'\boldsymbol{Z}$ 的形式。

类似上面的方法，可求出样品点的协方差矩阵 $\boldsymbol{B}=(b_{KL})$

其中

$$b_{KL}=\sum_{i=1}^{p}\left[\frac{p_{Ki}}{\sqrt{p_{K.}p_{.i}}}-\sqrt{p_{K.}}\right]\left[\frac{p_{Li}}{\sqrt{p_{L.}p_{.i}}}-\sqrt{p_{L.}}\right]p_{.i}$$

$$=\sum_{i=1}^{p}\left[\frac{p_{Ki}}{\sqrt{p_{K.}}\sqrt{p_{.i}}}-\sqrt{p_{K.}}\sqrt{p_{.i}}\right]\left[\frac{p_{Li}}{\sqrt{p_{L.}}\sqrt{p_{.i}}}-\sqrt{p_{L.}}\sqrt{p_{.i}}\right]$$

$$=\sum_{i=1}^{p}\left[\frac{p_{Ki}-p_{.i}p_{K.}}{\sqrt{p_{K.}p_{.i}}}\right]\left[\frac{p_{Li}-p_{.i}p_{L.}}{\sqrt{p_{L.}p_{.i}}}\right]$$

$$\triangleq\sum_{i=1}^{n}z_{Ki}z_{Li}\qquad(i,j=1,2,\cdots,p)\tag{10-38}$$

其中

$$z_{Ki}=\frac{p_{Ki}-p_{.i}p_{K.}}{\sqrt{p_{K.}p_{.i}}}=\frac{\frac{x_{Ki}}{x_{..}}-\frac{x_{.i}}{x_{..}}\cdot\frac{x_{K.}}{x_{..}}}{\sqrt{\frac{x_{.i}}{x_{..}}\cdot\frac{x_{K.}}{x_{..}}}}=\frac{x_{K.}-\frac{x_{.i}x_{K.}}{x_{..}}}{\sqrt{x_{.i}x_{K.}}}\tag{10-39}$$

$$z_{Li} = \frac{p_{Li} - p_{.i}p_{L.}}{\sqrt{p_{L.}p_{.i}}} = \frac{\frac{x_{Li}}{x_{..}} - \frac{x_{.i}}{x_{..}} \cdot \frac{x_{L.}}{x_{..}}}{\sqrt{\frac{x_{.i}}{x_{..}} \cdot \frac{x_{L.}}{x_{..}}}} = \frac{x_{L.} - \frac{x_{.i}x_{L.}}{x_{..}}}{\sqrt{x_{.i}x_{L.}}} \tag{10-40}$$

从而

$$\boldsymbol{B} = \boldsymbol{ZZ'} \tag{10-41}$$

综上所述，若将原始数据矩阵 $\boldsymbol{X}$ 变换成 $\boldsymbol{Z}$ 时，则变量点和样品点的协方差矩阵分别为 $\boldsymbol{A}=\boldsymbol{Z'Z}$ 和 $\boldsymbol{B}=\boldsymbol{ZZ'}$。$\boldsymbol{A}$ 与 $\boldsymbol{B}$ 两矩阵明显存在着简单的对应关系，而且将原始数据 x_{ij} 变换成 z_{ij} 后，z_{ij} 对于 i，j 是对等的，即 z_{ij} 对变量和样品具有对等性。

为了进一步研究 R 型与 Q 型因子分析的对应关系，我们可以借助下面线性代数中的定理。

定理 $\boldsymbol{A}$ 与 $\boldsymbol{B}$ 的非零特征根相同。

推论 如果 $\boldsymbol{U}$ 是 $\boldsymbol{ZZ'}$ 的特征向量，则 $\boldsymbol{ZU}$ 是 $\boldsymbol{ZZ'}$ 的特征向量。如果 $\boldsymbol{V}$ 是 $\boldsymbol{ZZ'}$ 的特征向量，则 $\boldsymbol{Z'V}$ 是 $\boldsymbol{Z'Z}$ 的特征向量。

证明：设 $\boldsymbol{U}$ 是 $\boldsymbol{Z'Z}$ 的特征向量，则有

$$\boldsymbol{Z'ZU} = \lambda \boldsymbol{U}$$

两边左乘 $\boldsymbol{Z}$ 得

$$\boldsymbol{ZZ'}(\boldsymbol{ZU}) = \lambda(\boldsymbol{ZU})$$

即 $\boldsymbol{ZU}$ 是 $\boldsymbol{ZZ'}$ 的特征向量。

这个定理为我们明确了因子分析中 R 型与 Q 型的关系。因此借助这个定理，我们可以从 R 型因子分析出发直接获得 Q 型因子分析的结果。

值得注意的是：由于 $\boldsymbol{A}$ 与 $\boldsymbol{B}$ 有相同的特征根，而这些特征根又表示各个公共因子所提供的方差，因此变量空间 $\boldsymbol{R}^p$ 中的第一公共因子、第二公共因子……直到第 m 个公共因子与样品空间 $\boldsymbol{R}^n$ 中对应的各个因子在总方差中所占的百分比相同，从几何意义来看即 $\boldsymbol{R}^p$ 中诸样品点与 $\boldsymbol{R}^p$ 中各因子轴的距离和 $\boldsymbol{R}^n$ 中诸变量点与 $\boldsymbol{R}^n$ 中相对应的各因子轴距离完全相同，因此可以把变量点和样品点同时反映在同一个因子轴所确定的平面上（即取同一个坐标系），然后根据接近的程度，将变量点和样品点一起考虑进行分类。

10.6.3 计算步骤及实例

设有 n 个样品，每个样品由 p 个变量来表征，其原始数据矩阵为：

$$\boldsymbol{X} = \begin{bmatrix} x_{11} & x_{12} & \cdots & x_{1p} \\ x_{21} & x_{22} & \cdots & x_{2p} \\ \vdots & \vdots & \ddots & \vdots \\ x_{n1} & x_{n2} & \cdots & x_{np} \end{bmatrix}_{n\times p}$$

(1) 对原始数据矩阵 $\boldsymbol{X}$，分别求行和、列和、总和

$$x_{i.} = \sum_{j=1}^{p} x_{ij} \qquad (i = 1,2,\cdots,n)$$

$$x_{.j} = \sum_{i=1}^{n} x_{ij} \qquad (j = 1,2,\cdots,p)$$

$$x_{..} = \sum_{i=1}^{n}\sum_{j=1}^{p} x_{ij}$$

(2) 计算规格化的概率矩阵

$$\boldsymbol{P} = (p_{ij}) = (x_{ij}/x_{..})$$

(3) 计算过渡矩阵 $\boldsymbol{Z} = (z_{ij})$

其中 $z_{ij} = \dfrac{x_{ij} - x_{i.}x_{.j}/x_{..}}{\sqrt{x_{i.}x_{.j}}}$

(4) 进行 R 型因子分析。

①计算协方差阵 $\boldsymbol{A} = \boldsymbol{Z'Z}$ 的特征根 $\lambda_1 \geqslant \lambda_2 \geqslant \cdots \lambda_p$，按其累计百分比 $\sum_{k=1}^{m}\lambda_k / \sum_{k=1}^{p}\lambda_k \geqslant 85\%$ 的标准，取前 m 个特征根 λ_1，λ_2，…，λ_m，并计算相应的单位特征向量，记为 u_1，u_2，…，u_m，从而得到因子载荷矩阵

$$\boldsymbol{F} = \begin{pmatrix} u_{11}\sqrt{\lambda_1} & u_{12}\sqrt{\lambda_2} & \cdots & u_{1m}\sqrt{\lambda_m} \\ u_{21}\sqrt{\lambda_1} & u_{22}\sqrt{\lambda_2} & \cdots & u_{2m}\sqrt{\lambda_m} \\ \vdots & \vdots & \ddots & \vdots \\ u_{p1}\sqrt{\lambda_1} & u_{p2}\sqrt{\lambda_2} & \cdots & u_{pm}\sqrt{\lambda_m} \end{pmatrix} \tag{10-42}$$

② 在两两因子轴平面上作变量点图。

(5) 进行 Q 型因子分析。

① 对上述 R 型因子分析所求得的 m 个特征值 λ_1，λ_2，…，λ_m，计算其对应于矩阵 $\boldsymbol{B} = \boldsymbol{ZZ'}$ 的单位特征向量 $\boldsymbol{Z}u_1 \triangleq \boldsymbol{V}_1$，$\boldsymbol{Z}u_2 \triangleq \boldsymbol{V}_2$，…，$\boldsymbol{Z}um \triangleq \boldsymbol{V}_m$，从而得到 Q 型因子载荷矩阵

$$\boldsymbol{G} = \begin{pmatrix} V_{11}\sqrt{\lambda_1} & V_{12}\sqrt{\lambda_2} & \cdots & V_{1m}\sqrt{\lambda_m} \\ V_{21}\sqrt{\lambda_1} & V_{22}\sqrt{\lambda_2} & \cdots & V_{2m}\sqrt{\lambda_m} \\ \vdots & \vdots & \ddots & \vdots \\ V_{n1}\sqrt{\lambda_1} & V_{n2}\sqrt{\lambda_2} & \cdots & V_{nm}\sqrt{\lambda_m} \end{pmatrix} \tag{10-43}$$

② 在与 R 型相应的因子平面上作样品点图。

【例 10-5】 对某地钾盐矿床盐泉水化学做对应分析，以了解样品和变量之间的关系，做出合理的分类，查明各盐泉的成因联系。

选取 3 种不同类型的盐泉水化学样共 20 个，每个样包含了 7 种水化学特征标志。原始数据见表 10-12。

表 10-12 盐泉水化学成分数据

样 号	Σ 盐($g \cdot L^{-1}$)	$Br \cdot 10^3/Cl$	$K \cdot 10^3/Σ$ 盐	$K \cdot 10^3/Cl$	Na/K	$Mg \cdot 10^2/Cl$	эNa/эCl
	x_1	x_2	x_3	x_4	x_5	x_6	x_7
1	11.835	0.480	14.360	25.210	25.210	0.810	0.980
2	45.596	0.526	13.850	24.040	26.010	0.910	0.960
3	3.525	0.086	24.400	49.300	11.300	6.820	0.850
4	3.681	0.370	13.570	25.120	26.000	0.820	1.010
5	48.287	0.386	14.500	25.900	23.320	2.180	0.930
6	17.956	0.280	9.750	17.050	37.200	0.464	0.980
7	7.370	0.506	18.600	34.280	10.690	8.800	0.560
8	4.233	0.340	3.800	7.100	88.200	1.110	0.970
9	6.442	0.190	4.700	9.100	73.200	0.740	1.030
10	16.234	0.390	3.100	5.400	121.500	0.420	1.000
11	10.585	0.420	2.400	4.700	135.600	0.870	0.980
12	23.535	0.230	2.600	4.600	141.800	0.310	1.020
13	5.389	0.120	2.800	6.200	111.200	1.140	1.070
14	283.149	0.148	1.763	2.968	215.860	0.014	0.980
15	316.604	0.317	1.453	2.432	263.410	0.249	0.980
16	307.310	0.173	1.627	2.729	235.700	0.214	0.990
17	322.515	0.312	1.382	2.320	282.210	0.024	1.000
18	254.580	0.297	0.899	1.476	410.300	0.239	0.930
19	304.092	0.283	0.789	1.357	438.360	0.193	1.010
20	202.446	0.042	0.741	1.266	309.770	0.290	0.990

(1) 按 $z_{ij} = \dfrac{x_{ij} - x_{i.}x_{.j}/x_{..}}{\sqrt{x_{i.}x_{.j}}}$ 计算过渡矩阵 $\mathbf{Z} = (z_{ij})_{n \times p}$ $(n = 20,\ p = 7)$

矩阵 **Z** 中各元素的计算结果见表 10-13。

表 10-13 过渡矩阵各元素计算结果

样号 i	z_{i1}	z_{i2}	z_{i3}	z_{i4}	z_{i5}	z_{i6}	z_{i7}
1	-0.0456	0.0184	0.1196	0.1535	-0.0344	0.0095	0.0182
2	0.0039	0.0159	0.0898	0.1131	-0.0578	0.0070	0.0125
3	-0.0741	-0.0006	0.1920	0.2884	-0.0743	0.1257	0.0121
4	-0.0606	0.0145	0.1205	0.1644	-0.0250	0.0112	0.0209
5	0.0063	0.0102	0.0929	0.1213	-0.0647	0.0295	0.0114

续表 10-13

样号 i	z_{i1}	z_{i2}	z_{i3}	z_{i4}	z_{i5}	z_{i6}	z_{i7}
6	-0.0343	0.0087	0.0720	0.0914	-0.0145	0.0014	0.0173
7	-0.0574	0.0193	0.1580	0.2146	-0.0656	0.1815	0.0072
8	-0.0769	0.0092	0.0101	0.0144	0.0570	0.0115	0.0135
9	-0.0673	0.0038	0.0208	0.0310	0.0422	0.0057	0.0164
10	-0.0729	0.0079	-0.0036	-0.0065	0.0645	-0.0045	0.0093
11	-0.0858	0.0085	-0.0095	-0.0115	0.0777	0.0021	0.0082
12	-0.0719	0.0015	-0.0106	-0.0153	0.0684	-0.0076	0.0073
13	-0.0841	-0.0005	-0.0024	0.0025	0.0700	0.0092	0.0128
14	0.0817	-0.0070	-0.0401	-0.0552	-0.0426	-0.0205	-0.0076
15	0.0777	-0.0051	-0.0452	-0.0621	-0.0359	-0.0202	-0.0096
16	0.0848	-0.0071	-0.0428	-0.0589	-0.0435	-0.0197	-0.0086
17	0.0730	-0.0055	-0.0466	-0.0639	-0.0309	-0.0225	-0.0100
18	-0.0053	-0.0064	-0.0509	-0.0695	0.0390	-0.0219	-0.0120
19	0.0100	-0.0075	-0.0544	-0.0741	0.0282	-0.0237	-0.0129
20	0.0011	-0.0090	-0.0445	-0.0607	0.0290	-0.0184	-0.0078

（2）按 $\boldsymbol{A}=\boldsymbol{Z}'\boldsymbol{Z}$ 计算变量点协方差矩阵，计算结果如下

$$\boldsymbol{A}=\begin{pmatrix} 0.0765 & -0.0073 & -0.0519 & -0.0728 & -0.0293 & -0.0287 & -0.0119 \\ -0.0073 & 0.0019 & 0.0121 & 0.0161 & -0.0018 & 0.0053 & 0.0020 \\ -0.0519 & 0.0121 & 0.1284 & 0.1773 & -0.0426 & 0.0659 & 0.0151 \\ -0.0728 & 0.0161 & 0.1773 & 0.2457 & -0.0581 & 0.0929 & 0.0205 \\ -0.0293 & -0.0018 & -0.0426 & -0.0581 & 0.0533 & -0.0222 & 0.0002 \\ -0.0287 & 0.0053 & 0.0659 & 0.0929 & -0.0222 & 0.0533 & 0.0054 \\ -0.0119 & 0.0020 & 0.0151 & 0.0205 & 0.0002 & 0.0054 & 0.0031 \end{pmatrix}$$

（3）进行 R 型因子分析

计算矩阵 $\boldsymbol{A}$ 的特征值及特征向量，表 10-14 列出了特征值及其累计百分比。

表 10-14 特征值及其累计百分比

序 号	特 征 值	累 计 值	累计百分比/%
1	0.4432	0.4432	79.14
2	0.0947	0.5379	96.05
3	0.02096	0.55886	99.79
4	0.00091	0.55977	99.95
5	0.00022	0.55999	99.998
6	6.7×10^{-5}	0.56006	100
7	7.5×10^{-11}	0.56006	100

可以看出，前两个特征值 λ_1，λ_2 所代表的方差已占总方差的96.05%，因此选用前两个主因子来代表整个数据的变化。即取前两个特征值 $\lambda_1=0.4432$，$\lambda_2=0.0947$，以及与之对应的特征向量

$$\boldsymbol{U}_1=(-0.2311\quad 0.0500\quad 0.5162\quad 0.7495\quad -0.1632\quad 0.2921\quad 0.0652)'$$

$$\boldsymbol{U}_2=(0.7444\quad -0.0310\quad 0.0418\quad 0.0583\quad -0.6583\quad 0.01998\quad -0.0774)'$$

按式（10-42）计算因子载荷，得

$$\boldsymbol{F}=\begin{pmatrix}-0.1539 & 0.0333 & 0.3437 & 0.4989 & -0.1087 & 0.1944 & 0.0421\\ 0.2291 & -0.0095 & 0.0129 & 0.0179 & -0.2025 & 0.0061 & -0.0238\end{pmatrix}'$$

（4）进行 Q 型因子分析

进一步计算两个 Q 型主因子的因子载荷，结果见表10-15。

表10-15　Q 型因子载荷矩阵

序　号	盐泉类别	G_1	G_2	序　号	盐泉类别	G_1	G_2
1	钾盐泉	0.1993	0.0001	12	钠钾过渡泉	-0.0128	-0.1006
2	钾盐泉	0.1446	0.0501	13	钠钾过渡泉	0.0125	-0.1095
3	钾盐泉	0.3841	0.0203	14	钠盐泉	-0.0790	0.0844
4	钾盐泉	0.2103	-0.0157	15	钠盐泉	-0.0882	0.0765
5	钾盐泉	0.1591	0.0578	16	钠盐泉	-0.0849	0.0871
6	钾盐泉	0.1190	-0.0092	17	钠盐泉	-0.0907	0.0695
7	钾盐泉	0.3070	0.0208	18	钠盐泉	-0.0904	-0.0351
8	钠钾过渡泉	0.0297	-0.0946	19	钠盐泉	-0.0981	-0.0169
9	钠钾过渡泉	0.0461	-0.0764	20	钠盐泉	-0.0792	-0.0231
10	钠钾过渡泉	-0.0002	-0.0982	方差贡献		0.4432	0.0947
11	钠钾过渡泉	-0.0045	-0.1169	累计方差贡献/%		79.14	96.05

（5）作图分析

作各样品及变量在因子平面 G_1-G_2，F_1-F_2 的投影图（如图10-6所示）。图中 F_1，F_2 为 R 型主因子；G_1，G_2 为 Q 型主因子。

由图10-6可见，第一主因子（F_1 或 G_1）由K/Cl、K/Σ盐、Mg/Cl等化学标志表征。它们是钾盐结晶阶段的标志，亦即 F_1 轴是钾盐结晶阶段的标志轴，并且该轴自左向右是一个不断浓缩的正向结晶过程，因此，钾盐泉都在该轴（G_1）附近分布。从第一因子轴的方差贡献已占79.14%可知，该区反映的是一个以钾盐沉积为主的地质环境。第二因子轴的特征标志为矿化度和Na/K，它们是石盐沉积阶段的特征标志，矿化度高，表示溶液的浓缩程度高，有利于石盐的结晶沉淀；Na/K高表示溶液浓缩程度低，不利于石盐结晶。因此，沿 F_2（G_2）轴分布着钠盐泉，并且沿因子轴自下而上盐泉浓度逐渐增高。此外，在图10-6中按变量和样品的自然聚合趋势，将全部变量和样品自左向右划分成Ⅰ、Ⅱ、Ⅲ三个区。第Ⅰ区位于最左端，包括矿化度和Na/K两个标志和7个钠盐泉样品点，属于石盐结晶阶段沉积环境；第Ⅱ区位于中部第二个因子轴下方，包括6个钠钾过度泉样品点，属于石盐接近阶段向钾盐结晶阶段过渡的盐泉；第Ⅲ区位于右端，包括钾盐结晶阶段

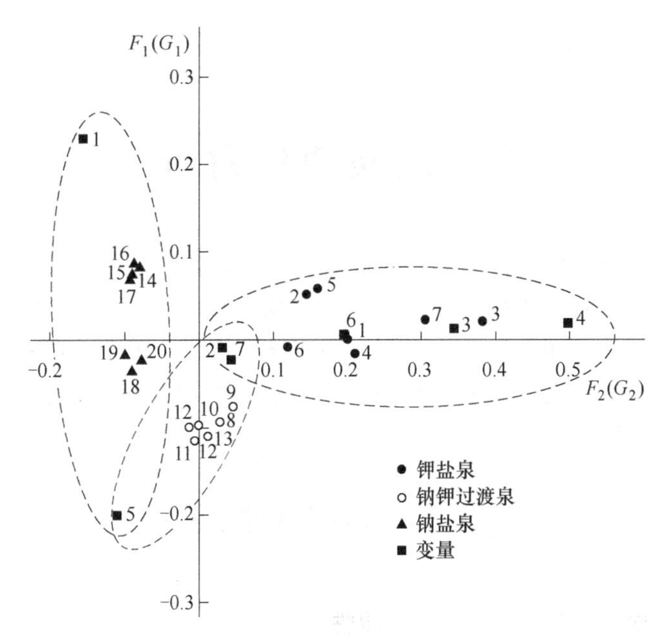

图 10-6 盐泉水化学对应分析因子载荷 $F_1(G_1)$ 和 F_2 或(G_2)平面聚点图

的全部特征标志和 7 个钾盐泉，反映钾盐结晶阶段沉积环境。因此，从左向右，亦即从第Ⅰ区，经第Ⅱ区到第Ⅲ区，反映了沉积盆地中卤水不断浓缩，从石盐结晶阶段向钾盐结晶阶段演化的过程。

11 地质统计分析

在矿业工作（包括地质勘探及矿山地质等）中经常要研究的问题有：查明成矿的控矿因素；了解矿化的空间分布规律；制定合理的勘探或取样网度；建立矿体中有用（或有害）组分（或矿体厚度）的空间分布模型，即变异性模式；确定矿床总体储量的估计量、局部块段储量的估计量以及估计误差等，所有这些问题均可借助于地质统计学（geostatistics）的理论及方法进行研究。

11.1 统计分析概论

11.1.1 经典统计学方法应用于矿业的局限性

地质学家及采矿工程师早已在地质科研、找矿勘探及矿山地质工作中应用经典统计学的一些基本理论及方法解决某些问题，例如，他们用一些数理统计方法来研究矿体中有用金属组分品位的变化性、勘探网度和储量估计误差三者之间的关系，但由于地质问题的复杂性以及地质变量并不是纯随机变量而产生困难。为了解决诸如此类的问题，许多统计学家做了大量的工作，取得了一定的成果，例如南非统计学家西舍尔（H. S. Sichel）把统计学中的偏畸误差研究结果成功地应用于兰德金矿矿坑内手工采样的研究之中。他在1947年提出了该矿山金品位的对数正态分布模型，给出了计算公式及有关表格，较精确地估计了待估块段金的平均品位及其置信区间。后来，南非的另一个统计学家、矿山工程师克立格（D. G. Krige）在西舍尔研究的基础上提出了金品位的三参数对数正态分布模型，使估计精度又有所提高。尽管如此，经典统计学的理论及方法简单地用来解决地质及矿山工作中的问题仍然存在着以下几个根本性及普遍性的问题：

（1）经典的概率论及统计学要求每次抽样必须独立地进行，即要求样本（x_1，x_2，…，x_n）中各个x_i（$i=1$，2，…，n）相互独立，但是，矿床中两个相邻样品的品位值在空间上往往具有一定的相关性（或称连续性），即我们所研究的地质变量不一定独立。

（2）经典概率论及统计学所研究的变量一般可无限次重复试验或进行大量观测，这在矿业工作中很难实现，例如一个样品的品位值是唯一确定的数值，一旦某处被取样后，就不可能在同一位置再次取到该样品。

（3）经典统计学及概率论要求研究的对象必须是服从某已知分布模型的纯随机变量，但在矿业工作中所研究的地质变量一般并不是纯随机变量，而是既有随机性又具有结构性（即在空间分布上有某种程度的相关性）的变量。

（4）频率直方图是经典统计学研究中经常用到的，但在用统计样品品位的频率作直方图时，却不考虑样品的空间位置，而样品的空间位置在矿业工作中又十分重要，因此，简单地应用频率直方图就无法知道对于矿业工作者很重要的矿化强度的空间变异性。

如图 11-1 所示，如果按经典统计学的方法进行分析，图 11-1(a)、图 11-1(b)、图 11-1(c)、图 11-1(d)四种情况所反映的平均品位、方差均是相同的，而事实上，它们各自所反映的矿化强度特征具有很大差异性。

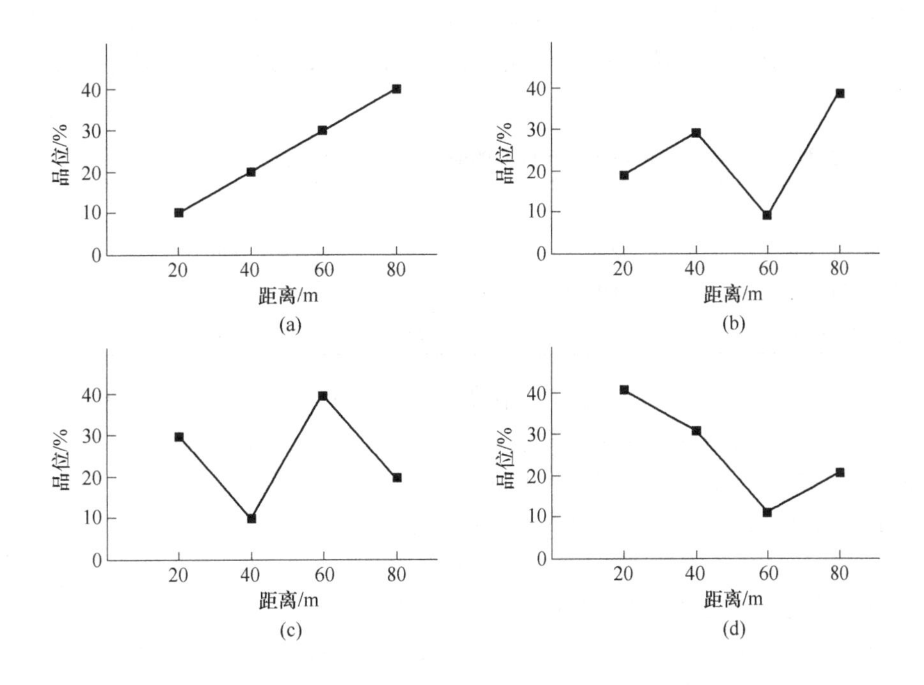

图 11-1 矿化强度空间变异性对比

11.1.2 传统储量计算方法的局限性

地质勘探及矿山地质工作中最重要的工作之一就是平均品位的估计及储量计算，一个矿床是否可采，取决于矿石的平均品位及储量，或者说，矿床的可采块段是用它的平均品位及储量来表示的，而其他特征，如品位变化范围、实际矿块的可靠程度也是用平均品位及储量来描述的，一个矿床的平均品位及矿石储量的估计只有充分考虑和参照采矿及冶炼方法和市场价格之后才有意义。

为了计算储量，重要的是要求得有用组分的平均品位、矿石体重及矿块的体积，传统的储量计算方法可归纳为以下四步：(1) 先计算单个工程的平均品位，再计算剖面的平均品位，最后计算块段的平均品位 $\overline{C}$；(2) 测定和计算矿石的体重 d；(3) 计算平均品位大于某品位阈值块段的体积（例如在剖面法中先计算剖面面积，再计算剖面之间的体积）V；(4) 计算矿石量 Q 和金属量 P

$$Q = V \cdot d \tag{11-1}$$

$$P = Q \cdot \overline{C} \tag{11-2}$$

这种储量计算方法，无论是块段法、多边形法，还是剖面法，都存在以下几个方面的不足之处：

（1）把部分钻孔的品位当做整个块段的品位，或者把部分钻孔的品位延伸到某一块段，即使是距离平方反比法也是把若干样品简单地延伸到一个较大的体积上去，这对于复杂矿床而言，由于矿石品位变化大，一个样品的品位不可能正好是它影响范围的品位，如果计算方法又未很好地考虑品位空间变异性的话，就必然导致系统偏差。表 11-1 表示某矿床应用多边形法计算的品位与开采后的品位的对比情况，显然，高品位估计偏高，低品位估计偏低。

表 11-1 某金矿床用传统方法计算的品位与开采品位对比（据 D. G. Krige）

块段矿石等级	矿量/t	计算品位	开采品位	误 差
低级 91 ~149	110000	124	150	-17%
中级 150 ~266	400000	201	199	+1%
高级 267 ~348	160000	296	236	+25%

（2）未充分考虑品位的空间变异性。例如图 11-2 所示的情况，若品位在 u 方向上的变异性小于 v 方向上的变异性。这时尽管信息样品 z_1，z_2，z_3，z_4 与待估块段 V 的距离相等，但在估计 V 的品位时，这 4 个信息样品的贡献应该不同，这种极为重要的变异性（即矿化的空间结构特征）在传统储量计算方法中未予充分考虑。

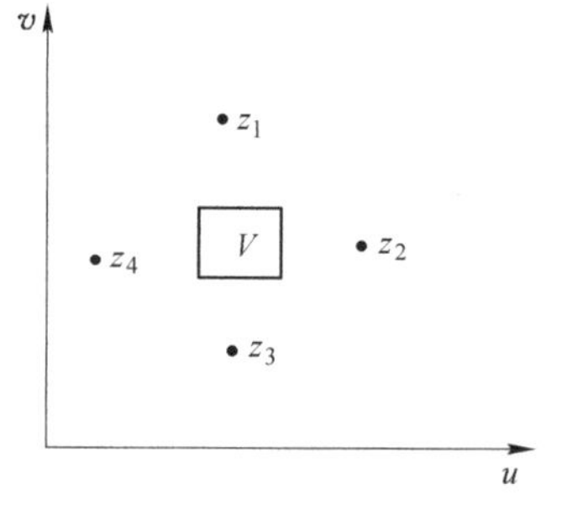

图 11-2 品位空间变异性的影响

（3）未能考虑矿化强度在空间的分布特征。如图 11-3 所示，尽管图 11-3(a)与图 11-3(b)的平均品位及方差相同，但品位沿 x 方向的变化却大不一样，传统的储量计算方法只能给出块段的平均品位，却不能给出对于矿山设计十分重要的矿化强度的分布特征。

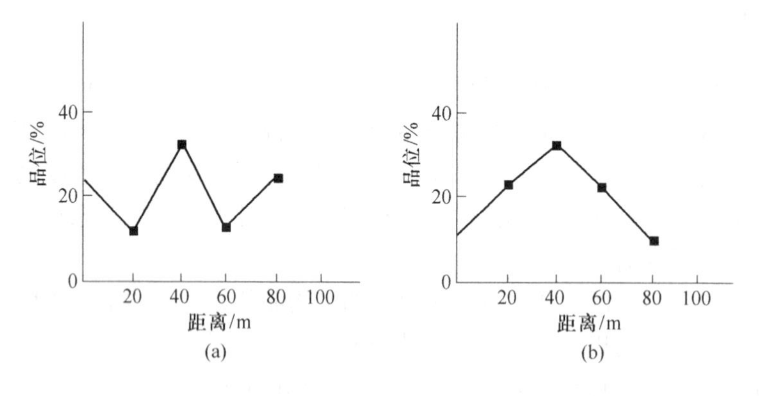

图 11-3 矿化强度的空间分布特征

（a）分布较均匀；（b）分布有一定趋势

（4）传统储量计算方法检验计算精度时，通常是选用一个矿块，对其储量用同一方法计算多次，视其相对误差的大小来估计，或用两种方法计算同一块段储量，视其相对误差的大小来估计，而方法本身无衡量精度的方法及标准。

（5）传统储量计算方法所计算的矿石储量、金属量以及相应的开采境界，对于由于经济条件及采矿方法变化所引起的边界品位的变化的适应能力很差。

11.1.3 地质统计学的产生

为了对既具有随机性又有结构性的地质变量进行统计研究，20 世纪 40 年代末期出现了变异函数（variogram）的基本概念。随后，南非的矿山地质工程师克立格及西舍尔从南非金矿储量计算的具体情况出发，提出了根据样品空间位置和相关程度来计算块段品位及储量，从而使其估计误差最小的储量计算方法。50 年代末法国概率统计学家马特隆（G. Matheron）在克立格及西舍尔研究的基础上对几十个不同类型的矿床继续开展深入研究，1962 年马特隆首先提出了区域化变量（regionalized variable）的概念。为了更好地研究具有随机性及结构性的自然现象，他提出了地质统计学（geostatistics）一词，发表了《应用地质统计学》，为地质统计学奠定了理论基础。

1962 年，马特隆定义地质统计学为“随机函数的形式体系在勘测与估计自然现象上的应用”。1970 年，他又进一步明确指出，“地质统计学是区域化变量理论在评价矿床上的应用”。

就矿产储量计算而言，地质统计学是以矿石品位及储量的精确估计为主要目的，以矿化的空间结构为基础，以区域化变量为核心，以变异函数为基本工具的数学地质方法。它要求在估计方差极小的条件下，通过对待估块段影响范围之内所有样品品位值进行加权来估计待估块段的平均品位。

随着地质统计学的不断发展，它的基础理论逐步完善，应用范围不断扩大。从广义上来说，地质统计学可以定义如下：地质统计学是以区域化变量理论为基础，以变异函数为主要工具，研究那些在空间分布上既有随机性又有结构性，或具有空间相关和依赖性的自然现象的科学。凡是与空间数据的结构性和随机性，或空间相关性和依赖性，或空间格局与变异有关的研究，以及对这些数据进行最优无偏内插估计，或模拟这些数据的离散性、波动性的研究，皆可应用地质统计学的理论与方法来进行研究。

地质统计学与经典统计学的共同之处在于：它们都是在大量采样的基础上，通过对样本属性值的频率分布或均值、方差关系及其相应分布特征的分析，确定其空间分布格局与相关关系。地质统计学区别于经典统计学的最大特点是：地质统计学既考虑样本值的大小，又重视样本空间位置及样本间的距离，弥补了经典统计学忽略空间方位的缺陷。

地质统计学经过半个多世纪的发展，已成为能表征和估计各种自然资源的工程学科，并由法国、南非及一些法语国家推广到几乎全世界。地质统计学作为一门年轻的交叉学科正处于蓬勃发展的阶段，目前已在地球物理、地质、石油、水文、生态、土壤等领域广泛应用。

目前，地质统计学研究可分为两派：以法国概率统计学家马特隆为代表的“枫丹白露地质统计学派”，主要研究参数地质统计学；以及以美国儒耐尔教授（A. G. Journel）为代表的“斯坦福地质统计学派”，主要研究非参数地质统计学。前者继续开展以正态假设为基础的析取克立格法及条件模拟的研究，同时把主成分分析和协同克立格法结合起来，提出多元地质统计学的基本思想，形成了简单克立格（Simple Kriging）、普通克立格（Ordinary Kriging）、泛克立格（Universal Kriging）以及析取克立格（Disjunctive Kriging）等一套理论和方法。这些方法的所有计算均依赖于实际样品数据，并求得区域化变量理论模型的若干参数，故称为“参数地质统计学”（parametric geostatistics）；后者发展了无须对数据分布做任何假设的指示克立格（indicator Kriging）、概率克立格（probabilitric Kriging）以及指示条件模拟（indicator condition simulation）等一套理论和方法，同时考虑如何使用软数据的问题。

地质统计学的理论基础包括前提假设、区域化变量、变异分析和空间估值。协方差函数和变异函数是以区域化变量理论为基础建立起来的两个最基本的函数。克立格法是地质统计分析的主要方法之一，地质统计学分析的应用分类见表 11-2。

表 11-2 地质统计学方法体系

<table>
<tr><td rowspan="19">地质统计学</td><td rowspan="9">线性地质统计学</td><td rowspan="6">线性平稳地质统计学</td><td>简单克立格法</td></tr>
<tr><td>普通克立格法</td></tr>
<tr><td>点克立格法</td></tr>
<tr><td>块段克立格法</td></tr>
<tr><td>随机克立格法</td></tr>
<tr><td>……</td></tr>
<tr><td rowspan="3">线性非平稳地质统计学</td><td>泛克立格法</td></tr>
<tr><td>内蕴函数法</td></tr>
<tr><td>……</td></tr>
<tr><td colspan="2" rowspan="4">非线性地质统计学法</td><td>析取克立格法</td></tr>
<tr><td>多元高斯分布法</td></tr>
<tr><td>条件模拟</td></tr>
<tr><td>……</td></tr>
<tr><td colspan="2" rowspan="3">非参数地质统计学</td><td>指示克立格法</td></tr>
<tr><td>概率克立格法</td></tr>
<tr><td>……</td></tr>
<tr><td colspan="2" rowspan="3">多元地质统计学</td><td>因子克立格法</td></tr>
<tr><td>协同克立格法</td></tr>
<tr><td>……</td></tr>
</table>

11.2 区域化变量理论

与经典统计学相同的是，地质统计学也是在大量样本的基础上，探索其分布规律，并进行预测。在经典的统计学中，由于不考虑样品的空间分布，因此所有的统计结果是基于某一随机变量所反映的单一总体在研究区服从一定的已知概率分布的假设。事实上，包括地质现象在内的许多自然和社会现象的发生既具有随机性的特点，又具有空间上相关或依赖的结构性特征，也就是说，地质变量并不是纯粹的随机变量。因此，直接用简单的统计方法解决复杂的地质问题有一定的局限性。为此，地质学家、统计学家通过大量的观察和研究，提出了以区域化变量理论为基础的地质统计学分析方法。

应用经典统计学（“经典”二字是相对于地质统计学而言的）可以对矿床的取样数据进行各种分析，并估计矿床的平均品位及其置信区间。然而，经典统计学的分析计算均基于一个假设，即样品是从一个未知的样品空间随机选取的，而且是相互独立的。根据这一假设，样品在矿床中的空间位置是无关紧要的，从相隔上千米的矿床两端获取的两个样品与从相隔数米的两点获取的两个样品从理论上讲是没有区别的，它们都是一个样本空间的两个随机取样而已。

事实上，在地质上完全的相互独立性几乎是不存在的，钻孔的位置（即样品的选取）在绝大多数情况下也不是随机的。当两个样品在空间的距离很小时，样品间会存在较强的相似性，而当距离很大时，相似性就会减弱或不存在。也就是说，反映许多地质现象（也包括其他自然和社会现象）的地质变量并不是纯粹的随机变量，其既具有随机性的特点，又具有空间上相关或依赖的结构性特征。因此，直接用简单的统计方法解决复杂的地质问题有一定的局限性，这样就引出了“区域化变量”的概念。

11.2.1 区域化变量的概念及性质

A 区域化变量的概念

当一个变量呈现某种程度的空间分布特征时，称其为区域化变量。基于这种特征，马特隆将区域化变量定义为：一种在空间上具有数值的实函数，它在空间的每一个点取一个确定的数值，当由一个点移到下一个点时，函数值是变化的。亦即区域化变量是以空间点 x 的 3 个直角坐标（x_u,x_v,x_w）为自变量的随机场 $Z(x)$，当对它进行了一次观测后，就得到了它的一个现实 $Z(x)$，它是一个普通的三元实值函数或空间点函数。显然，区域化变量具有两重性特征，表现为观测前把它看成是随机场（依赖于坐标（x_u,x_v,x_w）)，观测后把它看成一个空间点函数（即在具体的坐标上有一个具体值）。

区域化变量与一般的随机变量不同之处在于，一般的随机变量取值符合一定的概率分布，而区域化变量根据区域内位置的不同而取不同的值。而当区域化变量在区域内确定位置取值时，表现为一般的随机变量，也就是说，它是与位置有关的随机变量，所以也常将区域化变量称为区域化随机变量。

显然，矿床的品位是一个区域化变量，而控制其变化规律的是地质构造和矿化作用。在地质、采矿领域中，许多变量都可以被看成区域化变量。如矿床品位、矿体厚度、地下水位、矿岩的各种物化参数等都和观测点的坐标位置有关，因而都是区域化变量。

B 区域化变量的性质

从对区域化变量的定义可以看出，随机性和结构性是区域化变量的两个最为显著的特征。

首先，区域化变量是一个随机变量，它具有局部的、随机的、异常的特征。

其次，区域化变量具有一定的结构特点，即变量在点 x 与偏离空间距离为 h 的点 $x+h$ 处的值 $Z(x)$ 和 $Z(x+h)$ 具有某种程度的相似性，即自相关性，这种自相关性的程度依赖于两点间的距离 h 及变量特征（如图 11-4 所示）。

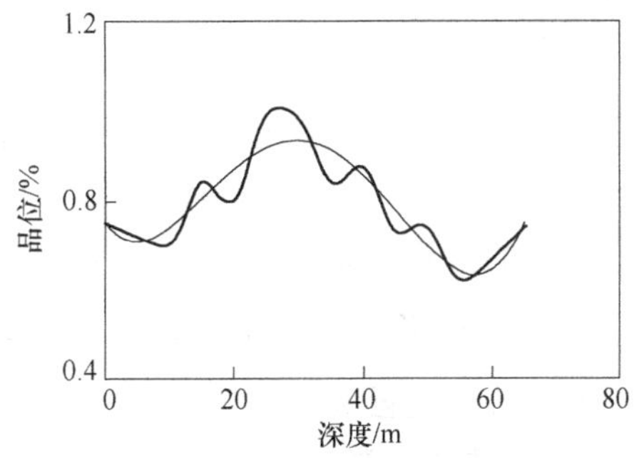

图 11-4 某钻孔中镍品位的结构性和随机性

从地质及矿业角度来看，区域化变量具有如下几种属性：

（1）空间局限性。区域化变量被限制在一定的空间（例如矿体或矿层范围内），该空间称为区域化变量的几何域。在此几何域内，该变量的属性最为明显，而在其外，则表现得不明显，因此，区域化变量通常是按几何支撑定义的，支撑变了就会得到不同的区域化变量。

（2）不同程度的连续性。不同的区域化变量具有不同程度的连续性，表现为有些变量在空间的变化具有良好的连续性（例如煤层的厚度），有些变量只具有平均意义上的连续性（例如矿石的品位、土壤中某种元素的含量等），而在一些特殊情况下，连这种平均意义上的连续性也不存在，例如森林土壤中有效氮的含量，即使在两个非常靠近的样点上，也可能有很大的差异，表现出不连续，这种现象称为块金效应（nugget effect）。

（3）异向性。是指区域化变量在各个方向上的变异不同。当区域化变量在各个方向上具有相同性质时称为各向同性，否则称为各向异性。分析各向同性或者各向异性，主要是考虑区域化变量在一定范围内样品点之间的自相关性。

（4）相关性（可迁性）。区域化变量在一定范围内呈现一定程度的空间相关性，当超出这一范围之后，相关性变弱以至消失，这一性质用一般的统计方法很难识别，但对于地质及采矿工作却十分有用。

（5）结构性与随机性。对于任一区域化变量而言，特殊的变异性可以叠加在一般的规律之上。

11.2.2 区域化变量的数字特征

从概率论的基本知识可知，要完整地描述一个随机变量的特征，必须给出它的分布函数或分布密度，对于区域化变量而言也不例外。对于区域化变量，最为重要的是它的平均值、方差和相关函数。它们都是由随机变量的数字特征引申出来的，二者很类似，只不过随机变量的数字特征是数值，而区域化随机变量的数字特征一般都是函数，其中最为重要的是协方差函数和变异函数。

A 平均值函数

设 $Z(x)$ 为一区域化变量，当 x 固定（$x = x_0$）时，$Z(x_0)$ 就是一个随机变量，它的平均值为 $\mathrm{E}[Z(x_0)]$。当 x 被看成变量时，$\mathrm{E}[Z(x)]$ 就是 x 的一个函数。这个函数就是区域化变量 $Z(x)$ 的平均值。通常把区域化变量 $Z(x)$ 与其平均值 $\mathrm{E}[Z(x)]$ 的差，称为中心化的区域化变量，记为 $Z_0(x)$，即 $Z_0(x) = Z(x) - \mathrm{E}[Z(x)]$，中心化的区域化变量的平均值恒为零。

B 方差函数

设 $Z(x)$ 为一区域化变量，当 x 固定（$x = x_0$）时，$Z(x_0)$ 就是一个随机变量，它的方差为 $\mathrm{D}^2[Z(x_0)]$。当 x 被看成变量时，$\mathrm{D}^2[Z(x)]$ 就是 x 的一个函数。该函数称为区域化变量 $Z(x)$ 的方差。即

$$\mathrm{D}^2[Z(x)] = \mathrm{E}\{Z(x) - \mathrm{E}[Z(x)]\}^2 = \mathrm{E}\{[Z(x)]^2\} - \{\mathrm{E}[Z(x)]\}^2 \tag{11-3}$$

C 协方差函数

a 协方差函数的定义

协方差函数是随机过程的数字特征。当随机函数中只有一个自变量 x 时称为随机过

程，随机过程 $Z(x)$ 在时间 t_1 和 t_2 的两个随机变量 $Z(t_1)$ 和 $Z(t_2)$ 的二阶混合中心矩定义为协方差

$$\begin{aligned}\mathrm{Cov}[Z(t_1),Z(t_2)] &= \mathrm{E}\{[Z(t_1)-\mathrm{E}(Z(t_1))][Z(t_2)-\mathrm{E}(Z(t_2))]\}\\ &= \mathrm{E}[Z(t_1)Z(t_2)]-\mathrm{E}[Z(t_1)]\mathrm{E}[Z(t_2)]\end{aligned} \tag{11-4}$$

当随机函数依赖于多个自变量时，$Z(x)=Z(x_u,x_v,x_w)$，称为随机场。当 $Z(x)$ 是区域化变量时，在空间两点 x 和 $x+h$ 处的两个随机变量 $Z(x)$ 和 $Z(x+h)$ 的二阶混合中心矩定义为随机场的协方差函数

$$\mathrm{Cov}[Z(x),Z(x+h)] = \mathrm{E}[Z(x)Z(x+h)]-\mathrm{E}[Z(x)]\mathrm{E}[Z(x+h)] \tag{11-5}$$

也就是说，协方差函数依赖于空间点的位置 x 及向量 h，特殊地，当 $h=0$ 时，协方差函数等于先验方差函数，即

$$\mathrm{Cov}(x,x+h) = \mathrm{Cov}(x,x) = \mathrm{E}[Z(x)]^2-\{\mathrm{E}[Z(x)]\}^2 = \mathrm{D}^2[Z(x)] = \mathrm{Var}[Z(x)] \tag{11-6}$$

b　协方差函数的计算

设 $Z(x)$ 为区域化变量，并满足二阶平稳假设（见11.3节），则协方差函数（简记为 $C(h)$）

$$C(h) = \frac{1}{N(h)}\sum_{i=1}^{N(h)}[Z(x_i)-\overline{Z}(x_i)][Z(x_i+h)-\overline{Z}(x_i+h)] \tag{11-7}$$

式中　h——两样本点空间分隔距离或距离滞后；

$Z(x_i)$——$Z(x)$ 在空间位置 x_i 处的实测值；

$Z(x_i+h)$——$Z(x)$ 在空间位置 x_i 处距离偏离 h 的实测值；

$N(h)$——分隔距离为 h 时的样本点对总数；

$\overline{Z}(x_i)$，$\overline{Z}(x_i+h)$——分别为 $Z(x_i)$ 和 $Z(x_i+h)$ 的样本平均数。

若 $\overline{Z}(x_i)=\overline{Z}(x_i+h)=m$（常数），则式（11-7）可以改写为

$$C(h) = \frac{1}{N(h)}\sum_{i=1}^{N(h)}[Z(x_i)Z(x_i+h)]-m^2 \tag{11-8}$$

式中　m——样本平均数，可由一般算术平均数公式求得，即

$$m = \frac{1}{n}\sum_{i=1}^{n}Z(x_i)$$

D　变异函数

经典统计学通常采用平均值、方差等参数来表征研究对象某个属性（例如矿床中某种金属的品位）的变化特征，但这些统计量只能概括地质体某一特征的全貌，却无法反映其局部及特定方向的变化特征，而这些特征对地质研究往往极为重要，为此，在地质统计学中引入了一个全新的工具——变异函数，它能够反映地质变量的空间变化特征——相关性和随机性，从而弥补了经典统计学的不足，特别是它能透过随机性反映区域化变量的结构性，因此也称结构函数。

变异函数，又称变差函数，在一维条件下定义为：当空间点 Z 在一维 x 轴上变化时，区域化变量 $Z(x)$ 在点 x 和 $x+h$ 处的值 $Z(x)$ 与 $Z(x+h)$ 差的方差的一半，记为 $\gamma(x,h)$，即

$$\gamma(x,h) = \frac{1}{2}\mathrm{Var}[Z(x) - Z(x+h)]$$

$$= \frac{1}{2}\mathrm{E}[Z(x) - Z(x+h)]^2 - \frac{1}{2}\{\mathrm{E}[Z(x)] - \mathrm{E}[Z(x+h)]\}^2 \quad (11\text{-}9)$$

由于在二阶平稳假设条件下（见11.3节），$\mathrm{E}[Z(x+h)] = \mathrm{E}[Z(x)](\forall h)$，于是，上述变异函数可改写为

$$\gamma(x,h) = \frac{1}{2}\mathrm{E}[Z(x) - Z(x+h)]^2 \quad (11\text{-}10)$$

由式（11-10）可知，变异函数依赖于两个自变量 x 和 h，当变异函数 $\gamma(x,h)$ 仅仅依赖于距离 h 而与位置 x 无关时，$\gamma(x,h)$ 可改写为 $\gamma(h)$，即

$$\gamma(h) = \frac{1}{2}\mathrm{E}[Z(x) - Z(x+h)]^2 \quad (11\text{-}11)$$

应当说明的是，由于 $\gamma(x,h)$ 是区域化变量 $Z(x)$ 在点 x 和 $x+h$ 处的值 $Z(x)$ 与 $Z(x+h)$ 差的方差的一半，所以有时将 $\gamma(x,h)$ 称为半变异函数。而把 $\gamma(x,h)$ 直接定义为变异函数，决不会影响它的性质。为了方便，通常称 $\gamma(x,h)$ 为变异函数。

11.3 平稳假设及内蕴假设

统计学认为，从大量重复的观察中可以进行预测和估计，并可以了解估计的变化性和不确定性。变异函数 $\gamma(x,h)$ 表征了矿化范围内区域化变量 $Z(x)$ 的空间结构性，利用式（11-9）计算 $\gamma(x,h)$ 时，需要有区域化变量的若干现实：$Z(x)$ 与 $Z(x+h)$，但是在实际地质和采矿工作中，只有一对这样的取值，即在 x，$x+h$ 点只能测得一对数据（因为不可能恰在同一样点上取得第二个样品），也就是说，区域化变量的取值是唯一的，不能重复的。为了克服这个困难，提出了如下的平稳假设及内蕴假设。

11.3.1 平稳假设（stationary assumption）

设 $Z(x)$ 为一区域化变量，若其任意 n 维分布函数不因空间点 x 发生位移 h 而改变，即对任一向量 $\boldsymbol{h}$，式（11-12）成立：

$$G(z_1, z_2, \cdots, x_1, x_2, \cdots) = G(z_1, z_2, \cdots, x_1 + \boldsymbol{h}, x_2 + \boldsymbol{h}, \cdots) \quad (11\text{-}12)$$

则称区域化变量 $Z(x)$ 为平稳的。

确切地说，无论位移向量 $\boldsymbol{h}$ 有多大，两个 k 维向量的随机变量 $\{Z(x_1), Z(x_2), \cdots, Z(x_k)\}$ 和 $\{Z(x_1+\boldsymbol{h}), Z(x_2+\boldsymbol{h}), \cdots, Z(x_k+\boldsymbol{h})\}$ 有相同的分布律。通俗地说，在一个均匀的矿化带内，$Z(x)$ 与 $Z(x+\boldsymbol{h})$ 之间的相关性不依赖于它们在矿化带内的特定位置。

这种平稳假设至少要求 $Z(x)$ 的各阶矩均存在且平稳，在实际工作中很难满足。在线性地质统计学研究中，一般只需假设其一、二阶矩存在且平稳就够了，因而提出二阶平稳或弱平稳假设。当区域化变量满足下列两个条件时，称该区域化变量满足二阶平稳：

① 在整个研究区内，区域化变量 $Z(x)$ 的期望存在且等于常数

$$\mathrm{E}[Z(x)] = m(\text{常数}) \quad (\forall x) \quad (11\text{-}13)$$

② 在整个研究区内，区域化变量的空间协方差函数存在且平稳

$$\mathrm{Cov}[Z(x),Z(x+h)] = \mathrm{E}[Z(x)Z(x+h)] - m^2 = C(h) \quad (\forall x, \forall h) \tag{11-14}$$

当 $h=0$ 时，式（11-14）变成

$$\mathrm{Var}[Z(x)] = C(0) \quad (\forall x) \tag{11-15}$$

即它有有限先验方差。

协方差平稳意味着方差及变异函数平稳，从而有关系式

$$C(h) = C(0) - \gamma(h) \tag{11-16}$$

11.3.2 内蕴假设（intrinsic assumption）

在实际工作中，有时协方差函数不存在，因而没有有限先验方差，即不能满足上述的二阶平稳假设，例如一些自然现象和随机函数，它们具有无限离散性，即无协方差及先验方差，但却有变异函数，这时可以放宽条件，如只考虑品位的增量而不考虑品位本身，这就是内蕴假设的基本思想。具体而言，当区域化变量 $Z(x)$ 的增量 $Z(x)-Z(x+h)$ 满足下列两个条件时，称该区域化变量满足内蕴假设：

① 在整个研究区域内，随机函数 $Z(x)$ 的增量 $Z(x)-Z(x+h)$ 的数学期望为0

$$\mathrm{E}[Z(x)-Z(x+h)] = 0 \quad (\forall x, \forall h) \tag{11-17}$$

② 在整个研究区域内，对于所有增量 $Z(x)-Z(x+h)$ 的方差函数存在且平稳，即

$$\mathrm{Var}[Z(x)-Z(x+h)] = \mathrm{E}[Z(x)-Z(x+h)]^2 = 2\gamma(x,h) = 2\gamma(h) \quad (\forall x, \forall h) \tag{11-18}$$

即要求 $Z(x)$ 的变异函数 $\gamma(h)$ 存在且平稳。

内蕴假设可以理解为：随机函数 $Z(x)$ 的增量 $Z(x)-Z(x+\boldsymbol{h})$ 只依赖于分隔它们的向量 $\boldsymbol{h}$，而不依赖于具体位置 x，这样，被向量 $\boldsymbol{h}$ 分隔的每一对数据 $[Z(x),Z(x+\boldsymbol{h})]$ 可以看成是一对随机变量 $\{Z(x_1),Z(x_2)\}$ 的一个不同现实，而变异函数的估计量 $\gamma^*(\boldsymbol{h})$ 是

$$\gamma^*(x) = \frac{1}{2N(\boldsymbol{h})}\sum_{i=1}^{N(\boldsymbol{h})}[Z(x_i) - Z(x_i+\boldsymbol{h})]^2 \tag{11-19}$$

式中　$N(\boldsymbol{h})$——被向量 $\boldsymbol{h}$ 分隔的试验数据对的数目。

11.3.3 两种假设的比较

从上面的讨论可以看出，二阶平稳假设是讨论区域化变量 $Z(x)$ 本身的性质，而内蕴假设是研究区域化变量增量的性质。因此，总的来说二阶平稳假设要求较强，而内蕴假设要求较弱，也就是说一个区域化变量如果满足平稳假设，那么它一定满足内蕴假设，反之则不一定成立。

（1）若满足平稳假设条件①，即 $\mathrm{E}[Z(x)]=m$，很显然 $\mathrm{E}[Z(x)-Z(x+h)]=0$；反之不成立。例如，假定 $Z(x)$ 为一服从柯西分布的随机变量，其分布密度为

$\rho(y) = \dfrac{1}{\pi(1+y^2)}$，则

$$\begin{aligned} E[Z(x)] &= E[Z(x+h)] \\ &= \int_{-\infty}^{+\infty} \frac{y}{\pi(1+y^2)} dy \\ &= \frac{1}{2\pi}\int_{-\infty}^{+\infty} \frac{d(1+y^2)}{1+y^2} \\ &= \frac{1}{2\pi}[\ln|1+y^2|]_{-\infty}^{+\infty} \end{aligned}$$

不存在，但 $E[Z(x)-Z(x+h)] = E[(y-y)] = 0$。

（2）由平稳假设条件②可以推出内蕴假设条件②

在二阶平稳假设条件下，有

$$\begin{aligned} 2\gamma(h) &= E[Z(x)-Z(x+h)]^2 \\ &= E[Z(x)]^2 + E[Z(x+h)]^2 - 2E[Z(x)Z(x+h)] \end{aligned}$$

因为 $$C(0) = E[Z(x)]^2 - m^2$$

所以 $$E[Z(x)]^2 = C(0) + m^2$$

由于 x 是任意点，以 $x+h$ 代替 x，有

$$E[Z(x+h)]^2 = C(0) + m^2$$

因为 $$E[Z(x)Z(x+h)] = C(h) + m^2$$

所以 $$\gamma(h) = C(0) - C(h) \tag{11-20}$$

由此可以看出，只要 $C(0), C(h)$ 存在，则 $\gamma(h)$ 一定存在。即平稳假设比内蕴假设强，反之不然。

11.3.4 准平稳和准内蕴假设

在实际工作中，区域化变量 $Z(x)$ 往往在整个研究区域内并不满足二阶平稳（或内蕴）假设。如多个砂体迭加成一个大砂体，这时在整个大砂体内并不满足假设条件，但在每个小砂体内部却能满足假设条件，即随机函数只在有限大小的范围（邻域）内是平稳的（或内蕴的）。如果区域化变量 $Z(x)$ 在有限大小的邻域内满足二阶平稳（或内蕴）假设，则称该区域化变量是准二阶平稳（或准内蕴）的。

准平稳或准内蕴假设是一种折中方案，它既考虑到某现象相似性的尺度（scale），也顾及到有效数据的多少。实际工作中，可以通过缩小准平稳带的范围 b 而得到平稳性，而结构函数（协方差或变异函数）只能用于一个限定的距离 $|h| \leqslant b$，例如界限 b 为估计邻域的直径，也可以是一个均匀带的范围，当 $|h| > b$ 时，区域化变量 $Z(x)$ 和 $Z(x+h)$ 就不能认为同属于一个均匀带，这时，结构函数 $C(h)$ 或 $\gamma(h)$ 只是局部平稳的，所以，我们把只限于 $|h| \leqslant b$ 范围内的二阶平稳称为准平稳，把只限于 $|h| \leqslant b$ 范围内的内蕴称为准内蕴。在该邻域内，随机函数的数学期望和协方差（或变异函数）是平稳的，而且在该邻域内的有效数据足以进行统计推断。这种思想在克立格估计中可以用来确定适当大小的移动邻域。

11.4　变异函数的理论模型

与普通随机变量的概率分布特征值一样，变异函数对任一给定的研究对象（例如矿床）而言是未知的，需要在利用取样值对其进行估计、构建实验变异函数的基础上，通过对变异曲线的观察和分析，借助于特定的方法，构建针对具体研究对象的理论模型。

11.4.1　实验变异函数及变异曲线

在实践中，样品的可得数目总是有限的，把有限实测样品值构建的变异函数称为实验变异函数（experimental variogram），记为 $\gamma^*(h)$，它是理论变异函数值 $\gamma(h)$ 的估计值。

设 $Z(x_i)$ 和 $Z(x_i+h)$ 分别是区域化变量 $Z(x)$ 在空间位置 x_i 和 x_i+h 处的实测值（$i=1,2,\cdots,N$），$N(h)$ 为分隔距离为 h 时的样本点对总数，则实验变异函数 $\gamma^*(h)$ 的离散计算公式为

$$\gamma^*(x) = \frac{1}{2N(h)}\sum_{i=1}^{N(h)}[Z(x_i) - Z(x_i+h)]^2 \tag{11-21}$$

对不同的空间分隔距离 h，可计算出相应的 $\gamma^*(h)$ 值。分别以 h 为横坐标，$\gamma^*(h)$ 为纵坐标，即可画出变异函数曲线图，图 11-5 是一个理想化的变异曲线图，该图直接展示了区域化变量 $Z(x)$ 的空间变异特点。可以看出，变异值的变化随着距离 h 的加大而增加，这主要是由于变异函数是事物空间相关系数的表现，当两事物彼此距离较小时，它们是相似的，因此变异值较小；反之则较大。

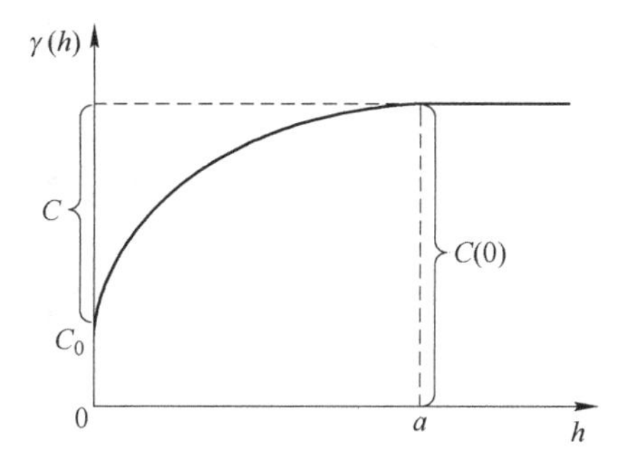

图 11-5　典型变异曲线示意图

在变异曲线图中有两个非常重要的点：间隔为 0 时的点和半变异函数趋近平稳时的拐点，由这两个点产生 4 个相应的参数：块金值（nugget）、变程（range）、基台值（sill）、偏基台值或跃迁值（partial sill），它们的含义如下：

块金值（C_0）：理论上，当采样点间的距离为 0 时，变异函数值应为 0，但由于存在测量误差和空间变异，使得两采样点非常接近时，它们的变异函数值不为 0，即存在块金值。测量误差是仪器内在误差引起的，空间变异是自然现象在一定空间范围内的变化。它们任意一个或两者共同作用产生了块金值。

基台值（$C(0)$）：当采样点间的距离 h 增大时，变异函数 $\gamma(h)$ 从初始的块金值达到一个相对稳定的常数时，该常数值称为基台值，它代表系统或系统属性中最大的变异。

偏基台值（C）：基台值与块金值的差值，即 $C=C(0)-C_0$。

变程（a）：当半变异函数的取值由初始的块金值达到基台值时，采样点的间隔距离称为变程。变程表示了在某种观测尺度下，空间相关性的作用范围，其大小受观测尺度的限定。在变程范围内，样点间的距离越小，其相似性，即空间相关性越大。当 $h>a$ 时，区域化变量 $Z(x)$ 的空间相关性不存在，即当某点与已知点的距离大于变程时，该点数据不能用于内插或外推。

上述几个参数可从变异函数曲线图直接得到，或通过对估计曲线的回归分析得到。

当限定的样本点间隔过小时，可能出现曲线图上所有 $\gamma(h) \approx \text{nugget}$，即曲线为一近似平行于横坐标的直线，此时半变异函数表现为纯块金效应。这是由于所限定的样本间隔内，点与点的变化很大，即各个样点是随机的，不具备空间相关性，区域内样点的平均值即是最佳估计值。此时只有增大样本间隔，才能反映出样本间的空间相关性。

空间相关性的强弱可由 $C/C(0)$ 来反映，该值越大，空间相关性越强，相应地，$C_0/C(0)$ 称为基底效应，表示样本间的变异特征，该值越大，表示样本间的变异更多是由随机因素引起的。

下面举例说明实验变异函数的具体计算过程。

【例 11-1】 在某方向上等间隔取样，得到 10 个样品，其取样位置（线下数字）及结果（线上数字）如图 11-6 所示，试计算其实验变异函数。

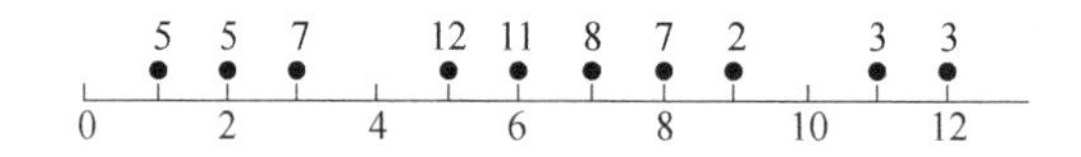

图 11-6　样品分布位置及分析结果

解： 首先，确定该方向上被向量 $\boldsymbol{h}$ 分隔的实验（观测）数据对的数目 $N(\boldsymbol{h})$。由图 11-6可以看出，0，4，10 取样点上存在观测数据缺失的情况，为此，可采用“跳过”缺失点位置的方法根据 $\boldsymbol{h}$ 的大小构造数据对，如图 11-7 所示。

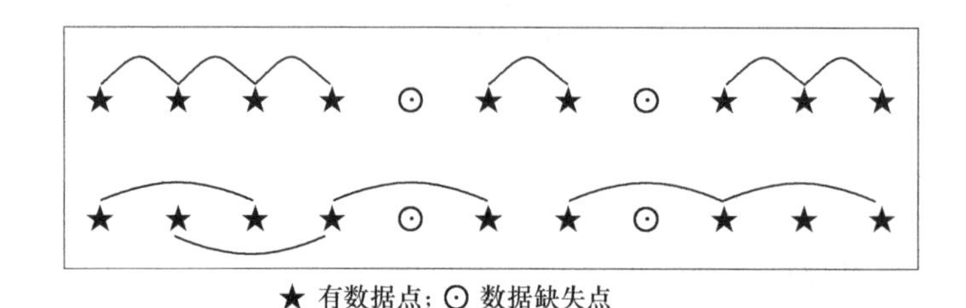

★ 有数据点；⊙ 数据缺失点

图 11-7　缺失值情况下样本数对的组成和计算过程

其次，应用式（11-21）分别计算不同滞后距 h 对应的变异函数。以 $h=3$ 为例，可构建 6 个样本数据对（$N(h) = 6$），其计算过程见表 11-3。

表 11-3　$h=3$ 时 $\gamma^*(h)$ 的计算过程

样品对数		$Z(x_i+3)-Z(x_i)$	$[Z(x_i+3)-Z(x_i)]^2$
$Z(x_i)$	$Z(x_i+3)$		
5	12	−7	49
7	11	−4	16
12	7	5	25
11	2	9	81
7	3	4	16
2	3	−1	1
Σ			188

则　　　　　　　　　　$\gamma^*(3) = 188/12 = 15.667$

同样可计算其他滞后距对应的变异函数，全部计算结果见表 11-4。

表 11-4　实验变异函数计算结果

间距 $\boldsymbol{h}$	1	2	3	4
样品对数 $N(\boldsymbol{h})$	7	6	6	6
$\gamma^*(\boldsymbol{h})$	2.857	8.167	15.667	18.917

【例 11-1】中样品落于一直线上，是一个在一维空间计算实验变异函数的问题。在二维或三维空间，变异函数是具有方向性的，即在不同的方向上，变异函数可能不一样。下面是一个二维空间下求变异函数的算例。

【例 11-2】　假设某铁矿区研究范围内矿石品位 $Z(x)$（单位:%）是二维区域化随机变量，满足二阶平稳假设，其观测值的空间正方形网格数据如图 11-8 所示（点与点之间的距离为 1，标注 * 的点位观测数据缺失）。试计算其南北方向及西北-东南方向的实验变异函数。

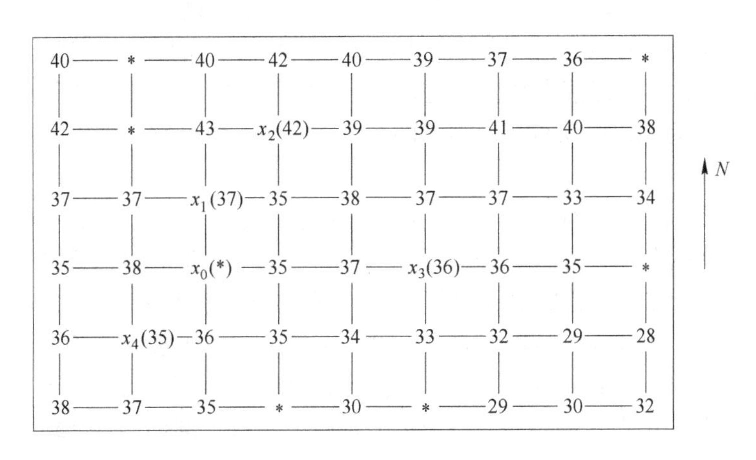

图 11-8　空间正方形网格品位观测值

解：在任一方向上试验变异函数的计算过程与【例 11-1】相同。南北方向上的实验变异函数计算结果列于表 11-5 中，西北-东南方向上的计算结果列于表 11-6 中。

表 11-5　南北方向试验变异函数计算结果

h	1	2	3	4	5
$N(h)$	36	27	21	13	5
$\gamma^*(h)$	5.35	9.26	17.55	25.69	22.90

表 11-6　西北-东南方向试验变异函数计算结果

h	1.41	2.82	4.23	5.64	7.05
$N(h)$	32	21	13	8	2
$\gamma^*(h)$	7.06	12.95	30.85	58.13	50.00

根据表 11-5 和表 11-6 作图，即可得到不同方向的实验变异函数曲线，如图 11-9 所示。

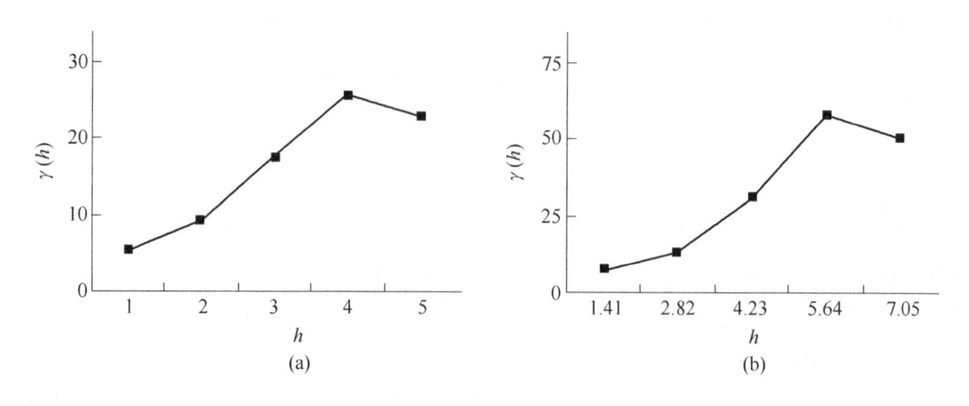

图 11-9 实验变异函数曲线
（a）南北方向；（b）西北-东南方向

在实际的研究过程中，样品在平面上的分布可能很不规则，不可能所有样品都位于规则的网格点上，样品间的距离也不会是一个基数的整数倍，而且往往需要计算任意方向的实验变异函数。因此，恰好落在某一给定方向上和间距恰好等于某一给定 h 的样品对很少（或几乎不存在）。为此，要获得相距为 h 的若干数据对，进行空间搜索时，必须设置一定的容差。

如图 11-10 所示，样品 $Z(x_j)$ 与 $Z(x_i)$ 不在给定的搜索方向上，在计算实验变异函数时，需要确定一个最大方向角偏差 $\Delta\alpha$（角度容差）和距离偏差 Δh（距离容差），如果样品 $Z(x_i)$ 和 $Z(x_j)$ 所在的位置所组成的向量 $Z_i \to Z_j$ 的方向落于 $\alpha - \Delta\alpha$ 和 $\alpha + \Delta\alpha$ 之间，那么就可以认为 $Z(x_i)$ 和 $Z(x_j)$ 是在方向 α 上的一个样品对；如果样品 $Z(x_i)$ 和 $Z(x_j)$ 之间的距离落于 $h - \Delta h$ 和 $h + \Delta h$ 之间，就可认为这两个样品是相距 h 的一个样品对。在实际计算中，往往以 $2\Delta h$ 作为 h 的增量，以 Δh 作为最小 h 值。例如，当 $2\Delta h = 10\text{m}$ 时，h 取 5m，15m，25m，…。

在地质和矿业研究中，应用更为广泛的是三维空间分析。在三维空间，图 11-10 中的扇形变为图 11-11 中的锥体，空间的某一方向由方位角 φ 与倾角 Ψ 表示。取样数据对三维空间搜索方向的确定通常是通过定义一套方位角和倾角的增量来完成。一般方位角按顺时针递增，倾角以水平面下向递增，例如起始方位角和倾角均为 0°，方位角增量 45°，而倾角增量为 30°，则变异函数样品搜索方向组将会是 0°/0°，0°/30°，0°/60°，0°/90°，45°/0°，45°/30°，…，315°/90°。多数情况下，走向上 A° 与 A° + 180°方向的变异函数相同，因此实际计算结果只需包含 0° ~ 180°之间的结果。另外，在三维空间，一个样品不是一个二维点，而是具有一定长度的三维体，所以在计算半变异函数前，需要将

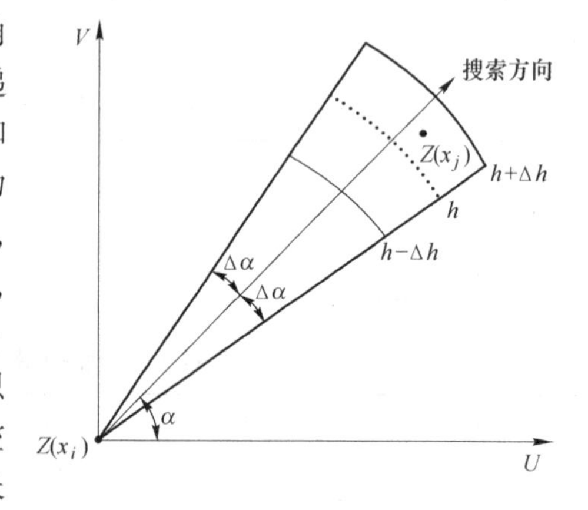

图 11-10 二维变异函数的实用计算方法

样品进行组合处理，形成等长度的组合样品。然后对满足空间搜索条件的样品对应用式（11-21）进行计算，获得变异函数 $\gamma^*(h)$ 曲线上的一个点。需要说明的是，距离 h 是所有这些样品对的平均距离。

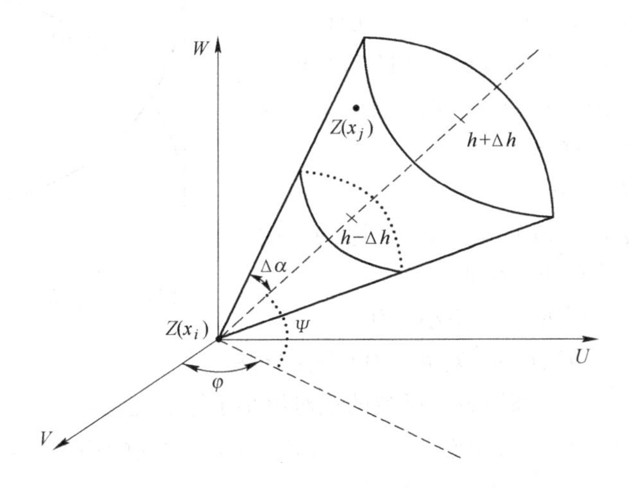

图 11-11　三维变异函数的实用计算方法

11.4.2　变异函数的性质

A　变异函数与协方差函数的关系

由前述关于变异函数的定义可知

$$
\begin{aligned}
2\gamma(h) &= \mathrm{E}[Z(x) - Z(x+h)]^2 \\
&= \mathrm{E}[Z(x)]^2 + \mathrm{E}[Z(x+h)]^2 - 2\mathrm{E}[Z(x)Z(x+h)]
\end{aligned}
\tag{11-22}
$$

在二阶平稳条件下，当 $h=0$ 时

$$
\mathrm{Var}[Z(x)] = C(0) \qquad (\forall h)
$$

即　$C(0) = \mathrm{Var}[Z(x)] = \mathrm{E}[Z(x)]^2 - \{\mathrm{E}[Z(x)]\}^2 = \mathrm{E}[Z(x)]^2 - m^2$

从而有

$$
\mathrm{E}[Z(x)]^2 = C(0) + m^2 \tag{11-23}
$$

$$
\mathrm{E}[Z(x+h)]^2 = C(0) + m^2 \tag{11-24}
$$

此外，$\mathrm{Cov}[Z(x),Z(x+h)] = \mathrm{E}[Z(x)Z(x+h)] - \mathrm{E}[Z(x)]\mathrm{E}[Z(x+h)] = \mathrm{E}[Z(x)Z(x+h)] - m^2 = C(h)$，从而有

$$
\mathrm{E}[Z(x)Z(x+h)] = C(h) + m^2 \tag{11-25}
$$

将式（11-23）、式（11-24）、式（11-25）代入式（11-22），得

$$
2\gamma(h) = [C(0) + m^2] + [C(0) + m^2] - 2[C(h) + m^2] = 2C(0) - 2C(h)
$$

所以

$$
\gamma(h) = C(0) - C(h) \tag{11-26}
$$

或

$$
C(h) = C(0) - \gamma(h) \tag{11-27}
$$

式（11-27）是在二阶平稳条件下，变异函数 $\gamma(h)$ 与先验方差 $C(0)$ 及协方差 $C(h)$ 三者

之间的重要关系式。显然，只要 $C(h)$ 存在，则 $C(0)$ 也存在，于是 $\gamma(h)$ 也存在，它们之间的关系如图 11-12 所示，很显然，当 $h=a$（变程）时，$C(a)=0$，这时 $\gamma(a)=C(0)-C(a)=C(0)$。

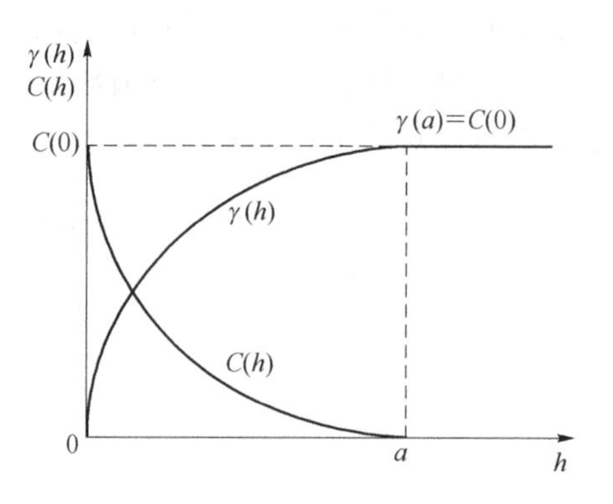

图 11-12 $\gamma(h)$ 与 $C(h)$ 的关系图

由于变异函数与协方差函数有式（11-27）的关系，因此，为了更好地了解变异函数的性质，就应该了解协方差函数的性质。

B 协方差函数 $C(h)$ 的性质

假设区域化变量 $Z(x)$ 是二阶平稳的，则 $C(h)$ 存在且平稳，并有如下性质：

（1）$C(0)\geqslant 0$，即先验方差不小于 0。

（2）$C(h)=C(-h)$，$C(h)$ 对 $h=0$ 的直线对称。

（3）$|C(h)|\leqslant C(0)$，即协方差函数的绝对值小于等于先验方差。

（4）协方差函数反映区域化变量 $Z(x)$ 与 $Z(x+h)$ 之间的相关程度，当 $|h|$ 变得太大时，上述两个区域化变量之间的相关性即消失，即

$$|h|\rightarrow\infty,\qquad C(h)\rightarrow 0$$

（5）$C(h)$ 必须是一个非负定的函数，即由 $C(h)$ 构成的协方差矩阵必须是个非负定矩阵。

C 变异函数 $\gamma(h)$ 的性质

由图 11-12 可以看出，在满足二阶平稳假设条件下，区域化变量 $Z(x)$ 的变异函数具有如下性质：

（1）$\gamma(0)=0$，即在 $h=0$ 处，变异函数为 0。

（2）$\gamma(h)=\gamma(-h)$，即 $\gamma(h)$ 关于直线 $h=0$ 是对称的，它是一个偶函数。

（3）$\gamma(h)\geqslant 0$，$\gamma(h)$ 表示的方差只能大于或等于 0。

（4）$|h|\rightarrow\infty$ 时，$\gamma(\infty)=C(0)-C(\infty)=C(0)-0=C(0)$，即当空间距离增大时，变异函数趋于接近先验方差。

11.4.3 变异函数的理论模型

实验变异函数由一组离散点组成，在实际应用时很不方便。因此常常将实验变异函数拟合为一个可以用数学解析式表达的数学模型即理论模型。地质统计学将变异函数理论模型分为三大类：

（1）有基台值模型，包括球状模型、指数模型、高斯模型、线性有基台值模型和纯块金效应模型；

（2）无基台值模型，包括幂函数模型、线性无基台值模型、抛物线模型；

（3）孔穴效应模型。

下面简要介绍几种常见的变异函数理论模型。

A 随机模型（random model）

当区域化变量 $Z(x)$ 的取值是完全随机的，即样品之间的协方差对于所有距离 h 都等

于 0 时，变异函数是一常量

$$\gamma(h)=\begin{cases}0 & (h=0)\\ C_0 & (h>0)\end{cases} \tag{11-28}$$

式中，$C_0>0$，为先验方差。

这一模型称为随机模型，有时也称块金效应模型（pure nugget effect model）。其图形为一水平直线（如图 11-13 所示），表明样品之间互不相关。

B　球状模型（spherical model）

球状模型是地质统计分析中应用最为广泛的一种理论模型，许多区域化变量的理论模型都可以用该模型去拟合。球状模型的数学表达式为

$$\gamma(h)=\begin{cases}0 & (h=0)\\ C_0+C\left(\dfrac{3h}{2a}-\dfrac{h^3}{2a^3}\right) & (0<h\leqslant a)\\ C_0+C & (h>a)\end{cases} \tag{11-29}$$

式中　C_0——块金（效应）常数；

C——偏基台值（拱高）；

C_0+C——基台值；

a——变程。

当 $C_0=0$，$C=1$ 时，该模型被称为标准球状模型。

图 11-14 为球状模型的图示。从图 11-14 中可以看出，该模型在 $h=0$ 处，作球状模型曲线的切线与总基台的交点的横坐标为 $2a/3$。$\gamma(h)$随 h 的增加而增加，当 h 达到变程时，$\gamma(h)$达到槛值 C；之后 $\gamma(h)$ 便稳定在 C 附近。这种特征的物理意义是：当样品之间的距离小于变程时，样品是相互关联的，关联程度随间距的增加而减小，或者说，变异程度随间距的增加而增大；当间距达到一定值时，样品之间的关联性消失，变为完全随机，这时 $\gamma(h)$ 即为样品的方差。因此，变程实际上代表样品的影响范围。

图 11-13　随机模型示意图

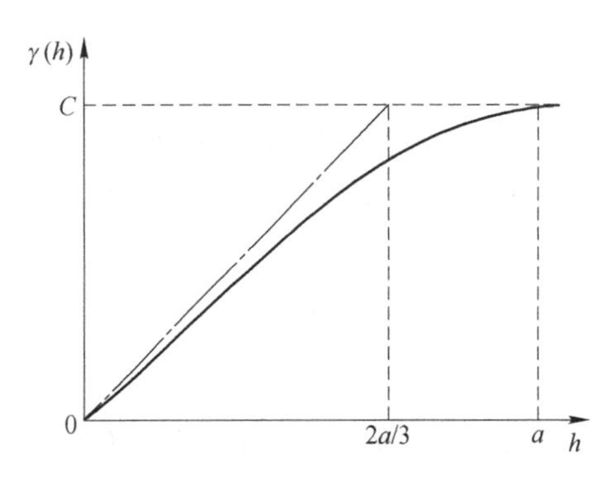

图 11-14　球状模型示意图

C　指数模型（exponential model）

指数模型的一般公式为

$$\gamma(h)=\begin{cases}0 & (h=0)\\ C_0+C(1-\mathrm{e}^{-\frac{h}{a}}) & (h>0)\end{cases} \tag{11-30}$$

式中，C_0 和 C 的含义与球状模型相同，但 a 不是变程。

当 $h=3a$ 时，$1-\mathrm{e}^{-\frac{h}{a}}=1-\mathrm{e}^{-3}\approx 0.95\approx 1$，即 $\gamma(3a)\approx C_0+C$，从而指数模型的变程 a' 约为 $3a$（如图 11-15 所示）。

当 $C_0=0$，$C=1$ 时，称为标准指数模型。

D 高斯模型（Gaussian model）

高斯模型的一般公式为

$$\gamma(h)=\begin{cases}0 & (h=0)\\ C_0+C(1-\mathrm{e}^{-\frac{h^2}{a^2}}) & (h>0)\end{cases} \tag{11-31}$$

式中，C_0和 C 的含义与球状模型相同，a 也不是变程。

当 $h=\sqrt{3}a$ 时，$1-\mathrm{e}^{-\frac{h^2}{a^2}}=1-\mathrm{e}^{-3}\approx 0.95\approx 1$，即 $\gamma(\sqrt{3}a)\approx C_0+C$，因此高斯模型的变程 a'约为$\sqrt{3}a$（图 11-16）。

当 $C_0=0$，$C=1$ 时，称为标准高斯函数模型。

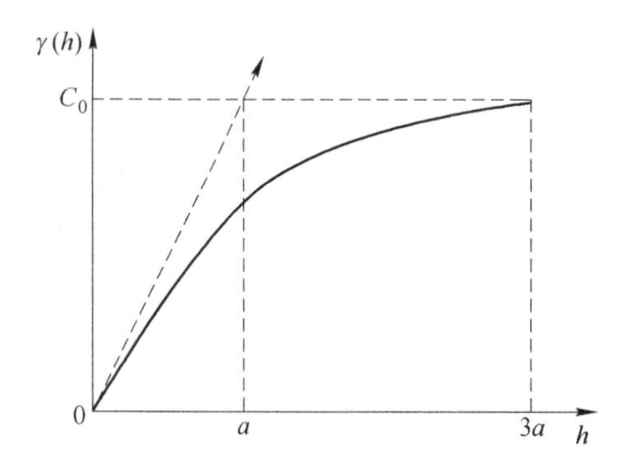

图 11-15 指数模型示意图

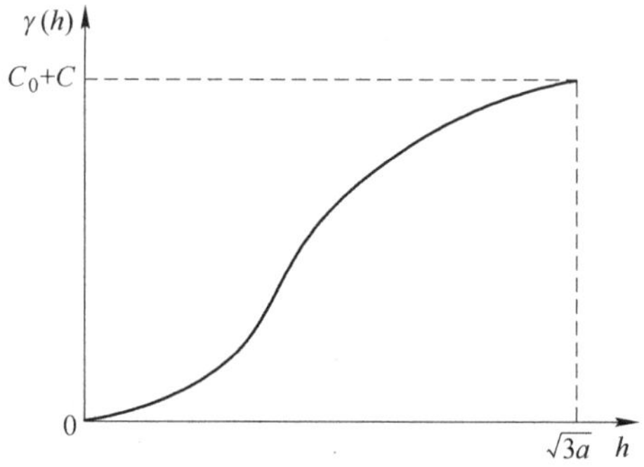

图 11-16 高斯模型示意图

E 线性模型（linear model）

线性模型的数学表达式为一线性方程，即

$$\gamma(h)=(a^2/2)h \tag{11-32}$$

式中，a^2 为一常量，且

$$a^2=\mathrm{E}[(Z(x_{i+1})-Z(x_i))^2] \tag{11-33}$$

如图 11-17 所示，线性模型没有槛值，$\gamma(h)$ 随 h 无限增加。

F 对数模型（logarithmic model）

对数模型的表达式为

$$\gamma(h)=3a\ln(h) \tag{11-34}$$

式中，a 为常量。当 h 取对数坐标时，对数模型为一条直线（如图 11-18 所示）。对数模型没有槛值。当 $h<1$ 时，$\gamma(h)$ 为负数，由变异函数的定义可知 $\gamma(h)$ 不可能为负数。所以对数模型不能用于描述 $h<1$ 时的区域化变量特性。

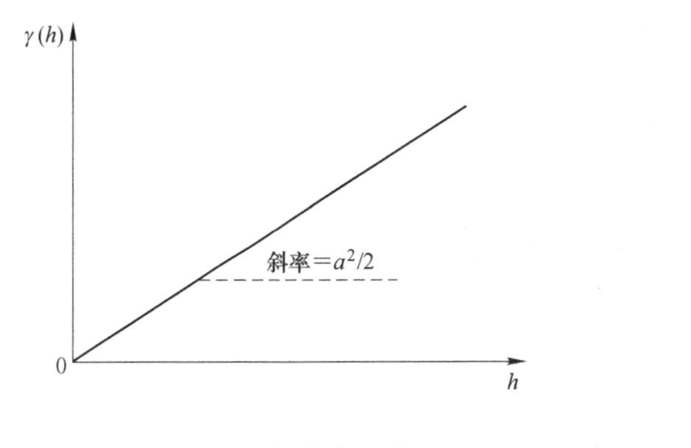

图 11-17 线性模型示意图

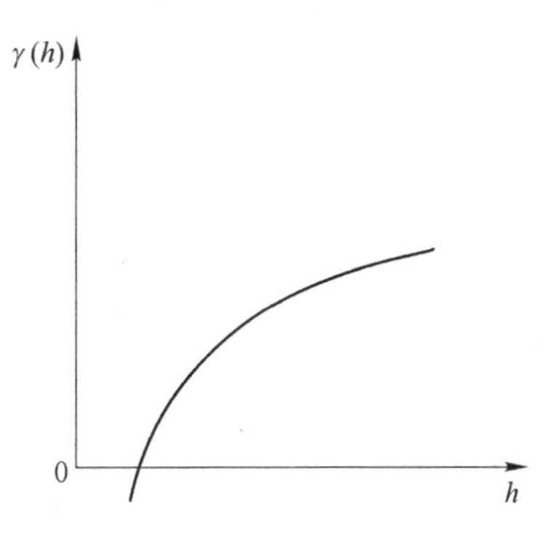

图 11-18 对数模型示意图

11.4.4 变异函数的拟合

如前所述，变异函数是根据有限数目的取样观测数据建立的，而通过取样一般只能得到由一些离散点组成的实验变异函数。为了表征区域化变量的变异规律以及方便后续的应用，一般需要基于实验变异函数的分布特点，选择一种适合该分布模式的数学模型来逼近它，将实验变异函数加工成数学模型的过程称为变异函数的拟合。本节以地质统计学中应用最为广泛的球状模型的拟合为例来进行介绍。

【例 11-3】 图 11-19 是从某区域化变量的一组样品得到的实验变异函数。试确定并建立其理论变异函数。

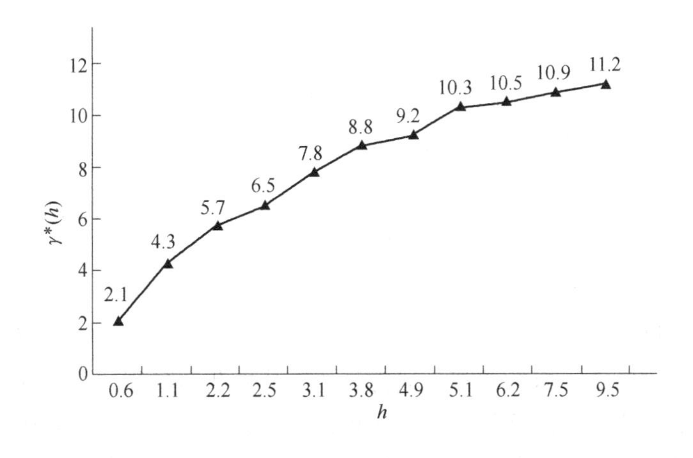

图 11-19 实验变异函数散点分布

解：从图 11-19 可知，虽然数据点的分布不很规则，但仍可看出 $\gamma^*(h)$ 随 h 首先增加，然后趋于稳定的特点，其数学模型应为具有块金效应的球状模型。如果能确定其块金效应 C_0，偏基台值 C 和变程 a，也就得到了该区域化变量的理论模型，拟合也就完成了。

从前述介绍可知，球状变异函数的一般形式为

$$\gamma(h)=\begin{cases}0 & (h=0)\\ C_0+C\left(\dfrac{3h}{2a}-\dfrac{h^3}{2a^3}\right) & (0<h\leqslant a)\\ C_0+C & (h>a)\end{cases}$$

当 $0<h\leqslant a$ 时，有

$$\gamma(h)=C_0+\left(\frac{3C}{2a}\right)h-\left(\frac{C}{2a^3}\right)h^3$$

如果记

$$y=\gamma(h)$$

$$b_0=C_0,\qquad b_1=\frac{3C}{2a},\qquad b_2=-\frac{1}{2}\frac{C}{a^3}$$

$$x_1=h,\qquad x_2=h^3$$

则可以得到如下的线性模型：

$$y=b_0+b_1x_1+b_2x_2 \tag{11-35}$$

根据图 11-19 中的数据，对式（11-35）进行最小二乘拟合，得 $b_0=1.871$，$b_1=1.832$，$b_2=-0.00981$，即有

$$y=1.871+1.832x_1-0.00981x_2$$

该线性拟合过程的显著性检验参数：$F=136.014$，$R^2=0.986$，可见模型的拟合效果是很好的。

将 b_0，b_1，b_2 的估值结果进行简单的换算，可得

$$C_0=1.871,\quad C=9.633,\quad a=7.888$$

所以，该区域化变量的球状变异函数模型为

$$\gamma^*(h)=\begin{cases}0 & (h=0)\\ 1.871+9.633\left(\dfrac{3}{2}\times\dfrac{h}{7.888}-\dfrac{1}{2}\times\dfrac{h}{7.888^3}\right) & (0<h\leqslant 7.888)\\ 11.503 & (h>7.888)\end{cases}$$

利用实际数据进行变异函数的拟合通常是个十分复杂的过程，需要对地质特征有较好的了解和拟合经验。当取样间距较大时，变程以内的数据点很少，很难确定变异函数在该范围内的变化趋势，而恰恰这部分曲线是变异函数最重要的组成部分。在这种情况下，常常求助于“沿钻孔实验变异函数”（down-hole variogram），即沿钻孔方向建立的实验变异函数。因为沿钻孔取样间距小，沿钻孔变异函数可以捕捉短距离内的结构特征，帮助确定变异函数的块金效应和变化趋势。但必须注意，当存在各向异性时，沿钻孔变异函数只代表区域化变量沿钻孔方向的变化特征，并不能完全代表其他方向上变异函数在短距离的变化特征。

11.5 区域化变量的结构分析

通过试验数据计算并得到实验变异曲线后，我们总是期望用某个合适的理论变异函数 $\gamma(h)$ 来拟合它，然后利用它对所研究的区域化变量进行分析。然而在实际工作中，区域化变量的变化很复杂，表现为在不同的方向上可能有不同的变化性（各向异性），或者在同一方向包含着不同尺度上的多层次的变化性（尺度效应），因此无法用一种理论模型来拟合它，为了全面地了解区域化变量的变异性，就必须进行结构分析。

所谓结构分析，就是构造一个变异函数模型，对全部有效结构信息作定量化的概括，以表征区域化变量的主要特征。

结构分析的主要方法是结构套合，它是把分别出现在不同距离 h 和不同方向α 上同时起作用的变异性组合起来。结构套合可以表示为多个变异函数之和，每一个变异函数代表一种特定尺度上的变异性，其表达式为

$$\gamma(h) = \gamma_0(h) + \gamma_1(h) + \cdots + \gamma_n(h)$$

11.5.1 各向同性条件下的套合

各向同性意味着区域化变量的空间变异性在空间各个方向上都是相同的。根据变异函数的定义，在最一般的情况下，变异函数的自变量是空间中的两个点。当随机变量是二阶平稳或满足内蕴条件时，相应的变异函数的自变量就从空间中的两个点，化简为以这两个点为首尾的一个向量。这说明变异函数不仅与空间中两个点之间的距离有关，而且还与这两个点决定的方向有关。如果空间变异性为各向同性，那么相应的变异函数就和方向无关，而只与两点间的距离，即向量的长度有关。于是，在三维空间的直角坐标系中就有

$$\gamma(h) = \gamma(h_u, h_v, h_w) = \gamma(\sqrt{h_u^2 + h_v^2 + h_w^2}) = \gamma(|h|) \tag{11-36}$$

反过来说，如果一个变异函数 $\gamma(h)$ 可写成式（11-36）的形式，那么相应的空间变异性就是各向同性的。

在各向同性条件下，一个区域化变量的空间变异性往往表现为同一方向不同尺度上多层次的变化性，这种变化性可以是相同的结构（模型），也可以是不同的结构（模型），该区域化变量总的空间变异性可以认为是这些变异性的叠加。也就是说，可直接进行不同尺度变异函数的套合（叠加），即 $\gamma(h) = \gamma_0(h) + \gamma_1(h) + \cdots + \gamma_n(h)$。例如，某区域化变量在某一方向上的变异性由 $\gamma_0(h)$，$\gamma_1(h)$ 及 $\gamma_2(h)$ 组成，其中 $\gamma_0(h)$ 代表微观上的变化性，其变程 a 极小，可近似地看成纯块金效应

$$\gamma_0(h) = \begin{cases} 0 & (h = 0) \\ C_0 & (h > 0) \end{cases}$$

$\gamma_1(h)$ 代表矿层及岩层的交互现象，可以用一个球状模型来表示，其变程为 $a_1 = 10\text{m}$。

$$\gamma_1(h) = \begin{cases} C_1\left(\dfrac{3h}{2a_1} - \dfrac{h^3}{2a_1^3}\right) & (0 < h \leqslant a_1) \\ C_1 & (h > a_1) \end{cases}$$

$\gamma_2(h)$ 可能表征矿化带的范围，也是一个球状模型，其变程为 $a_2=200\text{m}$。

$$\gamma_2(h)=\begin{cases} C_2\left(\dfrac{3h}{2a_2}-\dfrac{h^3}{2a_2^3}\right) & (0<h\leqslant a_2) \\ C_1 & (h>a_2) \end{cases}$$

于是，总的套合结构可表示为

$$\gamma(h)=\gamma_0(h)+\gamma_1(h)+\gamma_2(h)$$

其中，$a_1<a_2$，而具体表达式就是分段变异函数的叠加

$$\gamma(h)=\begin{cases} 0 & (h=0) \\ C_0+\dfrac{3}{2}\left(\dfrac{C_1}{a_1}+\dfrac{C_2}{a_2}\right)h-\dfrac{1}{2}\left(\dfrac{C_1}{a_1^3}+\dfrac{C_2}{a_2^3}\right)h^3 & (0<h\leqslant a_1) \\ C_0+C_1+C_2\left(\dfrac{3}{2}\dfrac{h}{a_2}-\dfrac{1}{2}\dfrac{h^3}{a_2^3}\right) & (a_1<h\leqslant a_2) \\ C_0+C_1+C_2 & (h>a_2) \end{cases}$$

其图形如图 11-20 所示。

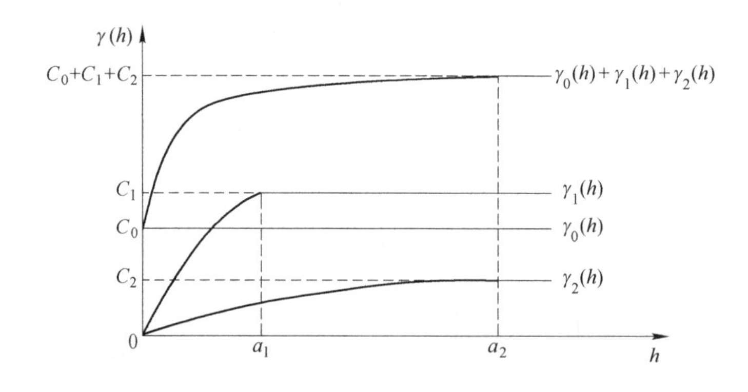

图 11-20 各向同性条件下变异函数叠加示意图

11.5.2 各向异性条件下的套合

各向异性是指在不同方向上，区域化变量的空间变化性不同。例如，一个矿体（矿层）中成矿元素的品位沿着矿体走向方向的变化往往比较平稳，而沿着倾向方向的变化则比较剧烈。为了获得能够描述具有各向异性的空间变异性的变异函数理论模型，需要将若干个与不同方向对应的变异函数的理论模型进行套合，只不过这种套合要比各向同性时的情况复杂得多。

各向异性又分为几何各向异性、带状各向异性和混合各向异性，其中混合各向异性是最为常见的情况。

11.5.2.1 几何异向性（geometric anisotropy）

当区域化变量在不同方向上变异程度相同而连续性不同时称为几何异向性，表现为沿着空间各个方向作出的变异函数具有相同的模型，例如都是球状模型或者都是指数模型，且具有相同的基台值 C_0+C 而变程 a 不同（如图 11-21(a)所示）。

对于具有几何异向性的结构，一般可通过对其空间坐标进行适当的线性变换，将其转变为各向同性，这种异向性也因此而得名。如图 11-21(a)所示，两个相互垂直的方向 α 和 β 上的变异函数分别为 $\gamma_\alpha(h)$ 和 $\gamma_\beta(h)$，两者均为球状模型，且其基台值相同，都是 C_0+C，只是变程 a_1 和 a_2 不同（$a_1<a_2$）。从而，在 α 和 β 两个方向上空间变异性的差别是一种几何异向性：$\gamma_\alpha(h)\neq\gamma_\beta(h)$。此时，大变程 a_2 和小变程 a_1 之比 $K=a_2/a_1$，称为各向异性比。由球状模型变异函数的定义可知：$\gamma_\alpha(h)=\gamma_\beta(Kh)$。从而可以认为：在 α 方向上距离为 $|h|$ 的两点间的平均变异程度与在 β 方向上距离为 $K|h|$ 的两点间的平均变异程度相同。因此，在 α 方向上经过 $h'=Kh$（相当于将图 11-21(b)中 v 轴上的刻度拉伸 K 倍，使 a_1 点变到 $Ka_1=a_2$ 处去）的变换后，α 和 β 两个方向上的变异性用同一个变程为 a_2 的球状模型来表示。

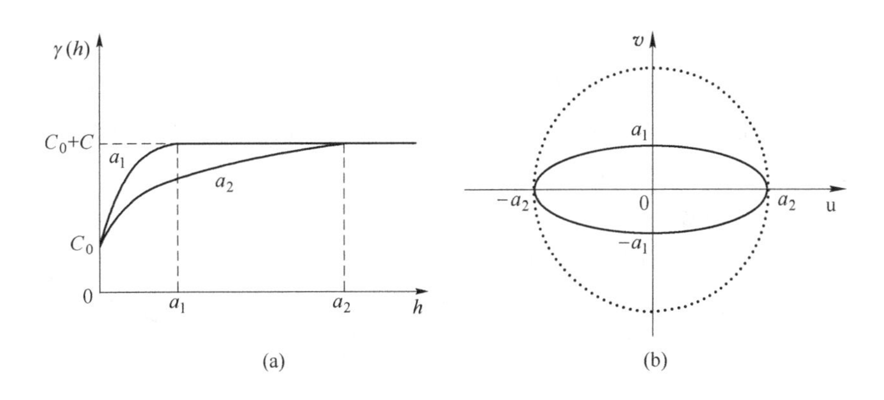

图 11-21 几何各向异性示意图

（a）几何异向性变异图；（b）方向变程图

11.5.2.2 带状异向性（zonal anisotropy）

当区域化变量在不同方向上变异性不同，不能用简单的几何变换得到时，就称为“带状异向性”，这时，其 $\gamma_0(h)$ 具有不同的基台值 C，而变程 a 可以相同或也可以不同（如图 11-22 所示）。

在实际工作中，特别是在三维空间的克立格估计中，带状异向性的变异函数理论模型是最为常用的。例如，对多层状矿体，由于矿层、夹石层等地质体的组成变化显著，其矿化品位在垂直于层面方向的变化幅度一般要比沿着层面方向的大。因此，垂直于层面方向上的变异函数理论模型的基台值要比沿着层面方向上的大。设某矿区的一个区域化变量 $Z(x)$ 的变异性可归纳如下：

沿矿层方向为各向同性

$$\gamma_1(|h|)=\gamma(\sqrt{h_u^2+h_v^2})$$

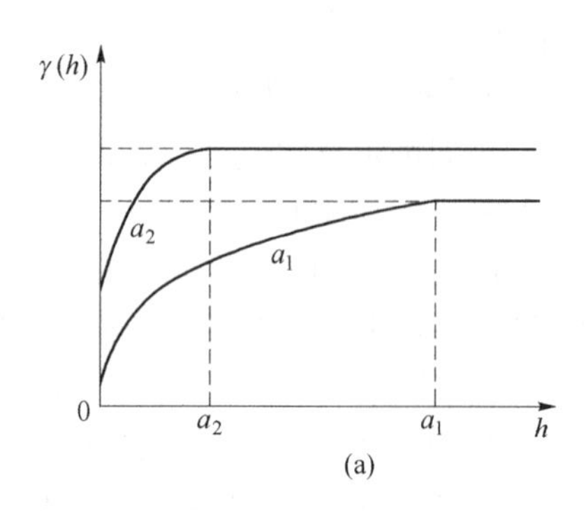

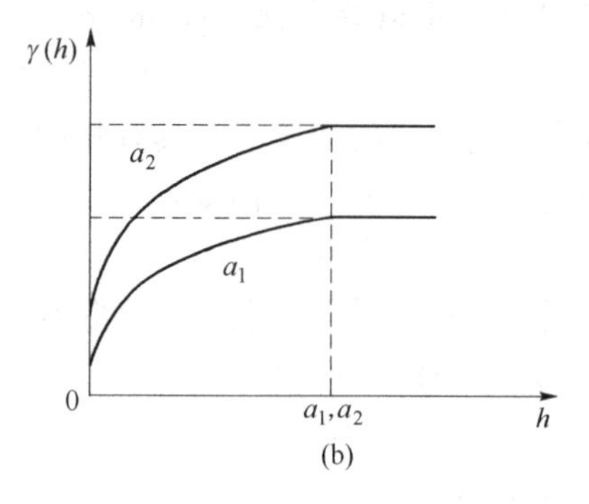

图 11-22 带状异向性
（a）变程不同；（b）变程相同

沿垂直方向的变异性为 $\gamma(h_w)$，则由于多层性引起的变异性为

$$\gamma_2(h_w) = \gamma(h_w) - \gamma_1(|h|)$$

从而垂直矿层方向的变异性为

$$\gamma(h_w) = \gamma_1(h) + \gamma_2(h_w)$$

因此，垂直方向的变异性可以看成是各向同性部分与其余部分变异之和。其套合结构是 $\gamma(h_w) = \gamma_1(h) + \gamma_2(h_w)$，其变异图如图 11-23 所示。

11.5.2.3 变换矩阵

对具有各向异性的变异函数，一般的处理办法是通过对其空间坐标的线性变换将其转变为各向同性。当各方向的变异函数表现为各向异性时，就意味着在相同的 h 下，各方向的变异性不同，或者变异性相同时，其距离 h 不同，因此，对变异函数值起作用的是距离 h，要使各向异性变成各向同性，只要改变不同方向上的 h 即可，即通过对坐标向量 $\boldsymbol{h} = (h_u, h_v, h_w)^T$ 的适当线性变换化为坐标为向量 $\boldsymbol{h}' = (h'_u, h'_v, h'_w)^T$ 的各向同性模型。

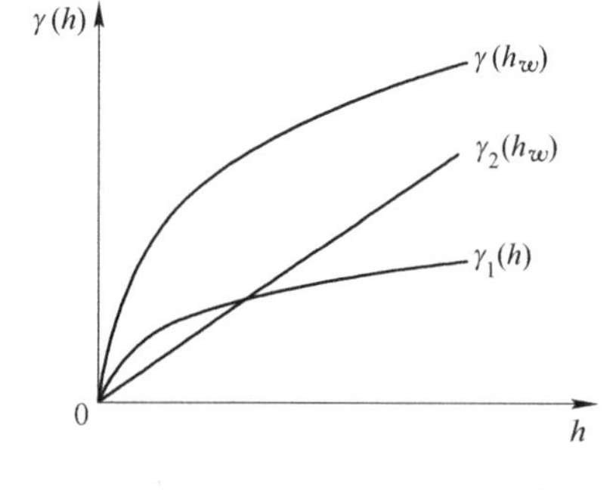

图 11-23 带状异向性及构成

令变换后的 $\boldsymbol{h}$ 为 $\boldsymbol{h}'$，则

$$\boldsymbol{h}' = \boldsymbol{A}\boldsymbol{h} \tag{11-37}$$

其中 $\boldsymbol{A}$ 为线性变换矩阵

$$\boldsymbol{A} = \begin{bmatrix} a_{11} & a_{12} & a_{13} \\ a_{21} & a_{22} & a_{23} \\ a_{31} & a_{32} & a_{33} \end{bmatrix}$$

若结构为各向同性，则矩阵 $\boldsymbol{A}$ 为

$$A = \begin{bmatrix} 1 & 0 & 0 \\ 0 & 1 & 0 \\ 0 & 0 & 1 \end{bmatrix}$$

变换后的矢量为

$$(h'_u, h'_v, h'_w) = \begin{bmatrix} 1 & 0 & 0 \\ 0 & 1 & 0 \\ 0 & 0 & 1 \end{bmatrix} \begin{bmatrix} h_u \\ h_v \\ h_w \end{bmatrix} \tag{11-38}$$

不难得出：$h'_u = h_u, h'_v = h_v, h'_w = h_w$

则 $h' = \sqrt{h_u^2 + h_v^2 + h_w^2} = h$，即在各向同性条件下，$h'$与 h 相同。

当 $\boldsymbol{h}$ 只有水平分量而无垂直分量时（即不存在垂直方向上的变异），这时的变换矩阵为

$$A = \begin{bmatrix} 1 & 0 & 0 \\ 0 & 1 & 0 \\ 0 & 0 & 0 \end{bmatrix}$$

变换后的矢量为

$$(h'_u, h'_v, h'_w) = \begin{bmatrix} 1 & 0 & 0 \\ 0 & 1 & 0 \\ 0 & 0 & 0 \end{bmatrix} \begin{bmatrix} h_u \\ h_v \\ h_w \end{bmatrix} \tag{11-39}$$

结果得到 $h'_u = h_u, h'_v = h_v, h'_w = 0$。于是，对于坐标向量 $\boldsymbol{h'}$而言，就变成各向同性的模型了，因为 $\gamma(h') = \gamma(\sqrt{(h'_u)^2 + (h'_v)^2 + (h'_w)^2}) = \gamma(\sqrt{h_u^2 + h_v^2})$。

当在一个模型中只有垂直方向的变异，而无水平方向变异时，其变换矩阵为

$$A = \begin{bmatrix} 0 & 0 & 0 \\ 0 & 0 & 0 \\ 0 & 0 & 1 \end{bmatrix}$$

这时

$$(h'_u, h'_v, h'_w) = \begin{bmatrix} 0 & 0 & 0 \\ 0 & 0 & 0 \\ 0 & 0 & 1 \end{bmatrix} \begin{bmatrix} h_u \\ h_v \\ h_w \end{bmatrix} = (0, 0, h_w) \tag{11-40}$$

于是

$$\gamma(h') = \gamma(\sqrt{(h'_u)^2 + (h'_v)^2 + (h'_w)^2}) = \gamma(h_w) \tag{11-41}$$

11.5.2.4 各向异性条件下的结构套合方法

在对区域化变量的空间变异性进行分析的过程中，一般是先依据地质资料找出矿化的特征方向，即找出矿化的走向、倾向或受构造等因素控制的其他特殊方向，然后确定出这

些方向上的变异函数理论模型，并利用相应变程的方向图，对变程随各个方向的变化进行分析。

图11-24所示为平面上4个方向 $\alpha_1, \alpha_2, \alpha_3, \alpha_4$ 的4条变异曲线，它们用同一基台而变程分别为 $a_{\alpha1}$，$a_{\alpha2}$，$a_{\alpha3}$，$a_{\alpha4}$ 的4个球状模型来拟合。

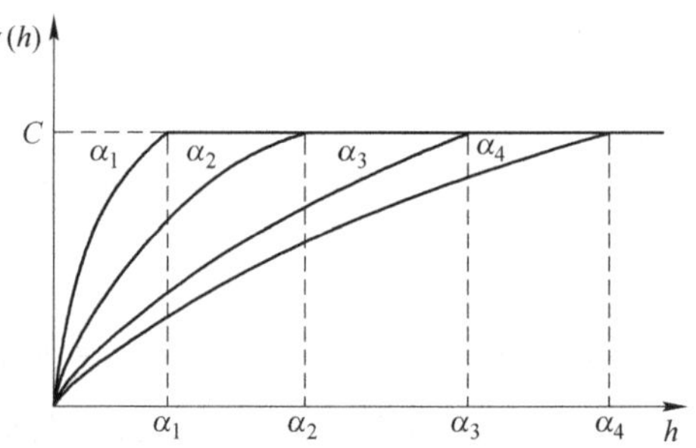

图11-24　不同方向的半变异函数

一般情况下，可以根据变程方向图（如图11-25所示）形态的不同来确定区域化变量空间变异的类型。从这类图大致可确定以下三种情况（变异类型）：

第一种情况：变程方向图近似于半径为 a 的圆，即对于平面上所有方向 $\alpha_i (i = 1,2,\cdots,4)$ 有 $a_{\alpha i} \approx a$，如图11-25(a)所示。这时，空间变异性可以认为是各向同性的，且可用变程为 a 的一个球状模型来描述。

第二种情况：变程方向图近似于一个椭圆，如图11-25(b)所示。这时，若将矢量 $\boldsymbol{h}$ 的坐标进行一次线性变换，即乘以异向性比值 K_i，变程方向图就可转化为各向同性。

第三种情况：如图11-25(c)所示，变程方向图无法像图11-25(a)、图11-25(b)那样被一个二次曲线所拟合，这时就需要考虑空间变异在相应方向上的带状异向性。

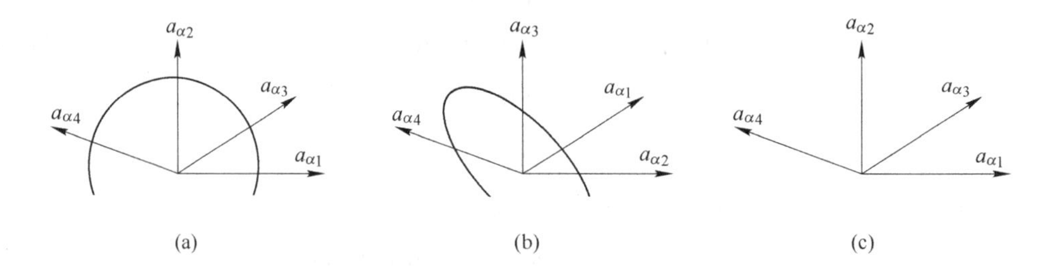

图11-25　变程方向图

(a) 各向同性；(b) 几何异向性；(c) 带状异向性

上述第一种情况，即各向同性结构的套合方法已在前面进行了介绍，下面以图11-24和图11-25(b)、图11-25(c)为例，分别说明几何异向性结构和带状异向性结构的套合方法。

A　几何异向性的结构套合

如前所述，对于具有几何异向性的结构，可通过对其空间坐标进行适当的线性变换，将其转变为各向同性。若以方向 α_4 的变程 $a_{\alpha4}$ 为基础，则 $\alpha_1, \alpha_2, \alpha_3$ 方向与其相比的变异差（即前述的各向异性比）分别为：$K_1 = a_{\alpha4}/a_{\alpha1}, K_2 = a_{\alpha4}/a_{\alpha2}, K_3 = a_{\alpha4}/a_{\alpha3}$。把这些差异引进理论模型中，就表现为在矢量 $\boldsymbol{h}$ 的分量上有所不同，考虑到图11-25(b)为一椭圆，因此，只考虑长、短轴之间的差异，即 α_4 与 α_1 方向的变异之差。

令 α_4 为 u 方向，α_1 为 v 方向，且 u 与 v 相互垂直，这时，矢量 $\boldsymbol{h}$ 可以转换为

$$h' = \sqrt{h_u^2 + (K_1 h_v)^2} \tag{11-42}$$

引入变换矩阵

$$A = \begin{bmatrix} 1 & 0 \\ 0 & K_1 \end{bmatrix}$$

则

$$\boldsymbol{h}' = (\boldsymbol{h}'_u, \boldsymbol{h}'_v) = \begin{bmatrix} 1 & 0 \\ 0 & K_1 \end{bmatrix} \begin{bmatrix} h_u \\ h_v \end{bmatrix} \tag{11-43}$$

当用球状模型拟合时，其变异函数模型可写成

$$\gamma(h') = C\left[\frac{3}{2}\frac{h'}{a_{\alpha 4}} - \frac{1}{2}\left(\frac{h'}{a_{\alpha 4}}\right)^3\right] \tag{11-44}$$

若存在块金效应，则式（11-44）变为

$$\gamma(h') = C_0 + C\left[\frac{3}{2}\frac{h'}{a_{\alpha 4}} - \frac{1}{2}\left(\frac{h'}{a_{\alpha 4}}\right)^3\right] \tag{11-45}$$

在新坐标 h'下，可用一个统一的球状模型来拟合这 4 个几何异向性模型

$$\gamma(h') = \begin{cases} 0 & (h' = 0) \\ C_0 + C\left[\dfrac{3h'}{2a_{\alpha 4}} - \dfrac{1}{2}\left(\dfrac{h'}{a_{\alpha 4}}\right)^3\right] & (0 < h' \leqslant a_{\alpha 4}) \\ C_0 + C & (h' > a_{\alpha 4}) \end{cases} \tag{11-46}$$

式中，$h' = \sqrt{h'^2_u + h'^2_v} = \sqrt{h^2_u + (K_i h_v)^2}$。

当所选择的坐标轴与几何异向性的椭圆主轴不一致时（图 11-26），需要先进行坐标旋转，然后再通过线性变换将几何异向性变换为各向同性。以下以二维为例，说明这种变换的三个基本步骤。

（1）首先将坐标轴（h_u, h_v）旋转 φ 角（φ 为椭圆长轴方向与坐标轴方向 x_u 的夹角），使其与椭圆的主轴平行，旋转后的新坐标（y_1, y_2）记为

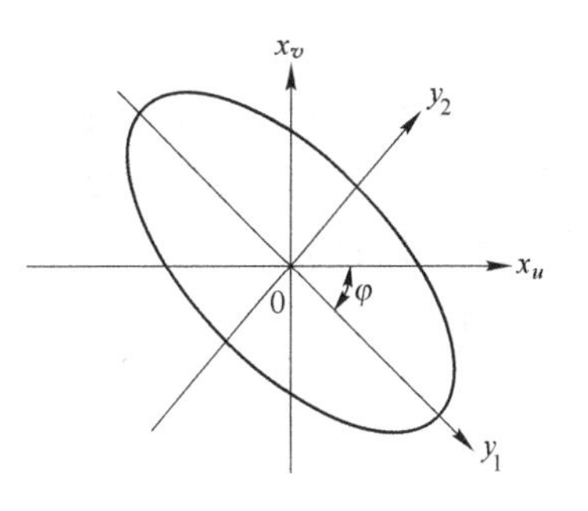

图 11-26　坐标旋转变换

$$\begin{bmatrix} y_1 \\ y_2 \end{bmatrix} = [R_\varphi] \begin{bmatrix} x_u \\ x_v \end{bmatrix} \tag{11-47}$$

其中，R_φ 为旋转角为 φ 的旋转矩阵

$$[R_\varphi] = \begin{bmatrix} \cos\varphi & \sin\varphi \\ -\sin\varphi & \cos\varphi \end{bmatrix}$$

（2）将椭圆变换成半径等于长变程的圆。为此，需要用如下的线性变换将坐标（y_u，y_v）变为（y'_u, y'_v）

$$\begin{bmatrix} y'_u \\ y'_v \end{bmatrix} = \boldsymbol{T} \begin{bmatrix} y_u \\ y_v \end{bmatrix} = \begin{bmatrix} 1 & 0 \\ 0 & K \end{bmatrix} \begin{bmatrix} y_1 \\ y_2 \end{bmatrix} \tag{11-48}$$

其中，K 为椭圆的长轴与短轴长度之比（$K>1$）。

（3）最后，将坐标系旋转（$-\varphi$）角，回复原来坐标系的取向。这样，坐标（y'_u, y'_v）就变为（x'_u, x'_v）：

$$\begin{bmatrix} x'_u \\ x'_v \end{bmatrix} = R_{-\varphi} \begin{bmatrix} y'_u \\ y'_v \end{bmatrix} \tag{11-49}$$

这样，原来 $x_u o x_v$ 坐标系中的椭圆就变成了 $x'_u o x'_v$ 坐标系中的圆，即空间中的点 x 的坐标由原来的（x_u, x_v）变为了（x'_u, x'_v）。将式（11-47）~式（11-49）结合起来，便可得到一个由（x_u, x_v）到（x'_u, x'_v）的变换式

$$\begin{bmatrix} x'_u \\ x'_v \end{bmatrix} = \boldsymbol{A} \begin{bmatrix} x_u \\ x_v \end{bmatrix} \tag{11-50}$$

其中

$$\boldsymbol{A} = R_{-\varphi} \cdot \boldsymbol{T} \cdot R_{\varphi} = \begin{bmatrix} \cos^2\varphi + K\sin^2\varphi & (1-K)\sin\varphi\cos\varphi \\ (1-K)\sin\varphi\cos\varphi & \sin^2\varphi + K\cos^2\varphi \end{bmatrix} \tag{11-51}$$

由式（11-51）可以看出，如果 $K=1$，那么 A 就是一个单位阵。这说明原来的椭圆为圆时，按以上三个步骤确定的线性坐标变换与一个单位矩阵相对应，即各点的坐标没有变化。

需要说明的是，由于变程图的椭圆的短轴方向是空间变量变化剧烈的方向，而其长轴方向是空间变量变化最缓慢的方向，因此，对于几何各向异性的分析，有助于直接了解空间变异性的特征。

对于三维空间各向异性的分析，也可类似地确定一个变换矩阵 $\boldsymbol{A}$，使之变为各向同性，但是，在实际工作中很少有符合三维几何各向异性椭球面的情况，因此，最常用的是带状异向性模型。

B　带状异向性的结构套合

带状异向性模型几乎可用于任一试验的各向异性模型，而且应用起来方便、灵活。由于带状异向性的情况多种多样，这里只就最为简单的情况加以说明和讨论。

假设有一层状（或透镜状）矿体，其矿石品位在垂直方向的变化比沿矿层水平方向的变化大，而且其在水平方向上的变异性为各向同性，这种结构的套合可用以下两种方式进行。

（1）把垂直及水平方向的结构各自当做独立成分进入套合结构式，而在该结构模型中用变换矩阵区别不同方向上的变异函数值。具体的做法是：先对垂向结构 $\gamma_1(h_w)$ 的坐标

$$\boldsymbol{h} = \begin{bmatrix} h_u \\ h_v \\ h_w \end{bmatrix}$$

选用如下线性变换矩阵

$$A_{\text{垂向}} = \begin{bmatrix} 0 & 0 & 0 \\ 0 & 0 & 0 \\ 0 & 0 & 1 \end{bmatrix}$$

进行变换，于是，变换后的坐标

$$\boldsymbol{h}' = \begin{bmatrix} h'_u \\ h'_v \\ h'_w \end{bmatrix} = \begin{bmatrix} 0 & 0 & 0 \\ 0 & 0 & 0 \\ 0 & 0 & 1 \end{bmatrix} \begin{bmatrix} h_u \\ h_v \\ h_w \end{bmatrix} = \begin{bmatrix} 0 \\ 0 \\ h_w \end{bmatrix} \tag{11-52}$$

这样，$\gamma_1(h') = \gamma_1(h'_u, h'_v, h'_w) = \gamma_1(0, 0, h_w)$

$$= \gamma_1(h_w) = \gamma_1(\sqrt{(h'_u)^2 + (h'_v)^2 + (h'_w)^2}) = \gamma_1(|h'|) \tag{11-53}$$

就是三维各向同性的。

对于水平方向二维各向同性结构 $\gamma_2(\sqrt{h_u^2 + h_v^2})$，可对其坐标

$$\boldsymbol{h} = \begin{bmatrix} h_u \\ h_v \\ h_w \end{bmatrix}$$

选用如下线性变换矩阵

$$A_{\text{水平}} = \begin{bmatrix} 1 & 0 & 0 \\ 0 & 1 & 0 \\ 0 & 0 & 0 \end{bmatrix}$$

进行变换，变换后的坐标为

$$\boldsymbol{h}'' = \begin{bmatrix} h''_u \\ h''_v \\ h''_w \end{bmatrix} = \begin{bmatrix} 1 & 0 & 0 \\ 0 & 1 & 0 \\ 0 & 0 & 0 \end{bmatrix} \begin{bmatrix} h_u \\ h_v \\ h_w \end{bmatrix} = \begin{bmatrix} h_u \\ h_v \\ 0 \end{bmatrix} \tag{11-54}$$

则 $\gamma_2(h'') = \gamma_2(h''_u, h''_v, h''_w) = \gamma_2(h_u, h_v, 0) = \gamma_2(h_u, h_v)$

$$= \gamma_2(\sqrt{h_u^2 + h_v^2}) = \gamma_2(\sqrt{(h''_u)^2 + (h''_v)^2 + (h''_w)^2}) = \gamma_2(|h''|) \tag{11-55}$$

就是三维各向同性的了。

最后，把两者进行套合，就构成了一个统一的各向同性结构

$$\gamma(h) = \gamma_1(|h'|) + \gamma_2(|h''|) = \gamma_1(h_w) + \gamma_2(\sqrt{h_u^2 + h_v^2})$$

（2）把水平方向的二维各向同性结构 $\gamma(\sqrt{h_u^2 + h_v^2})$ 看成是一个三维各向同性结构 $\gamma_1(|h|)$，而把总的套合结构 $\gamma(h)$ 看成是在 $\gamma_1(|h|)$ 的基础上叠加了一个在垂直方向上多出来的叠加结构 $\gamma_2(h_w)$，即

$$\gamma(h) = \gamma_1(|h|) + \gamma_2(h_w) \tag{11-56}$$

于是，总的套合结构是

$$\gamma(h) = \gamma_1(|h|) + \gamma(h_w) - \gamma_1(h_w) \tag{11-57}$$

C 套合结构的一般模式

综上所述，可以把结构模型 $\gamma(h)$ 看成 N 个各向同性结构 $\{\gamma_i(|h|), i = 1,2,\cdots,N\}$ 套合而成，即

$$\gamma_1(h) = \sum_{i=1}^{N} \gamma_i(|h_i|) \tag{11-58}$$

式中，各个组成结构 $\gamma_i(|h_i|)$ 的特有的各向异性是用线性变换矩阵 $[A_i]$ 来表示的，它将矢量 $\boldsymbol{h}$ 变换成 $\boldsymbol{h}'$

$$[h'_i] = [A_i][h] \tag{11-59}$$

从而使结构变为各向同性。

11.5.3 交叉验证

在进行结构分析后，得到结构模型，如何验证该结构模型是否正确反映矿床实际结构，可以采用交叉验证的办法。

具体实施的方法是，依次拿掉一个已知值，然后用该结构模型和待估域周围的已知样品去估该已知值。然后把这些真值和估计值进行比较，不断改变结构参数，当平均相对误差（真值减估计值差的平均值）趋近于“0”，并且实际误差方差（真值和估计值的误差的方差）和理论克立格估计方差之比趋近于“1”时，所选的结构模型最好。

11.6 克立格插值

11.6.1 克立格法概述

克立格法是地质统计学的主要内容之一，又称空间局部估计或空间局部插值法。它是建立在前述变异函数理论及结构分析基础之上，在有限区域内对区域化变量的取值进行无偏最优估计的一种方法，南非矿产工程师 D. R. Krige（1951 年）在寻找金矿时首次运用了这种方法，法国著名的统计学家 G. Matheron 随后将该方法理论化、系统化，并命名为 Kriging，即克立格法。

克立格方法的适用前提为区域化变量存在空间相关性，即如果变异函数和结构分析的结果表明区域化变量存在空间相关性，则可以利用克立格方法进行内插或外推；否则，是不可行的。其实质是利用区域化变量的原始数据和变异函数的结构特点，对未知样点进行线性无偏、最优、局部估计。

无偏是指偏差的数学期望为 0，最优是指估计值与实际值之差的平方和最小。也就是说，克里格方法是根据未知样本点有限邻域内的若干已知样本点数据，在考虑了样本点的形状、大小和空间方位，与未知样本点的相互空间位置关系，以及变异函数提供的结构信息之后，对未知样本点进行的一种线性无偏最优估计。而所谓局部估计，就是在一个有限的估计邻域内求出某待估块段的最佳估计量，这个估计邻域应该小于矿床的准平稳（均

匀）带，因此，所谓最佳局部估计就是要找出一个准平稳带内待估块段的平均品位的最佳估计量。克立格方法就是把矿体划分成许多小块段（待估块段），根据待估块段周围有限邻域内的信息逐块估计，因此，克立格是一种加权滑动平均法，而全部矿体的总体估计是通过对其逐个块段的局部估计的组合而得到的。

根据研究目的和条件的不同，相继产生了各种各样的克立格法，如当区域化变量满足二阶平稳（或内蕴）假设时，可用普通克立格法（ordinary Kriging）；在非平稳条件下采用泛克立格法（universal Kriging）；为了计算局部可回采储量可用析取克立格法（disjunctive Kriging）；当区域化变量服从对数正态分布时，可用对数正态克立格法（logistic normal Kriging）；对有多个变量的协同区域化现象可用协同克立格法（co-Kriging）；对有特异值的数据可用指示克立格法（indicator Kriging）等。在这些方法之中，最基本、应用最为广泛的是普通克立格法。

11.6.2 估计问题和估计的一般形式

11.6.2.1 估计问题

在地质变量的定量化研究中，经常碰到的问题是根据实测样品值对未取样点或未取样域的变量值进行估计。例如，在矿产勘查或采矿生产过程中，利用钻孔等探矿工程数据和其他信息，对某矿块的品位进行预测。

如图 11-27 所示，样品值 z_{v1}，z_{v2}，…，z_{vn} 是在承载 v_1，v_2，…，v_n 上测得的，v_1，v_2，…，v_n 称为信息域，记为 v。根据这些样品值对 V 内的变量值进行估计（V 称为待估域），即为所谓的估计问题，这一问题的实质是估计出变量在待估域 V 内的平均值，当然，待估域 V 也可以是无限小的一个域，此时，待估域就变成了待估点。

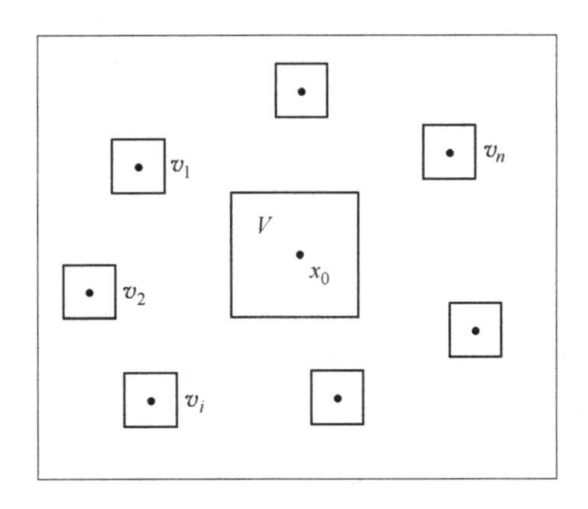

图 11-27 区域化变量估计（内插）示意图

在图 11-27 中，若待估域 V 不是无限小，则用于估值的克立格方法称为块克立格，若待估域 V 无限小，则用于估值的克立格方法称为点克立格，点克立格是块克立格的特例。

针对上述估计问题，可采用的方法很多，如线性内插、滑动平均、三角形加权、多边形加权和简单克立格及普通克立格等方法，其中，简单克立格方法和普通克立格是一种线性、无偏和最优的估计。

作为估计问题的另外一种情形，我们在实际工作中也可能会遇到这样一类问题；在已知信息域 v 的条件下，问待估域 V 中变量值大于某个给定值（或称阈值）的概率有多大?这类问题实质上是估计随机变量 $Z(V)$ 的概率分布。这类问题的解决，有着广泛的工程背景和实用价值，如采矿工程中可采储量的估算、环境工程中污染物浓度分布的估计、油气藏工程中高孔渗带的分布等。解决概率分布估计问题常用的方法是指示克立格方法，指示克立格方法是一种非线性的、无偏的和最优的估计。

11.6.2.2 估计的一般形式

由数理统计知识可知，任何估计都会有误差，真实值与估计值之差就是估计误差，在地质统计学中也不例外。

设 $Z(x)$ 是一个二阶平稳区域化变量，其协方差函数 $C(h)$ 和变异函数 $\gamma(h)$ 存在且平稳。

区域化变量 $Z(x)$ 在 v_i 和 V 上的值实际上是 $Z(x)$ 在 v_i 和 V 上的平均值（如图 11-27 所示），即

$$Z(v_i) = \int_{v_i} Z(t)\mathrm{d}t \tag{11-60}$$

$$Z(V) = \int_{V} Z(y)\mathrm{d}y \tag{11-61}$$

若用 $Z^*(V)$ 代表用信息域数据对待估域的估值，则估计误差为

$$R(V) = Z(V) - Z^*(V) \tag{11-62}$$

可以证明，若 $Z(x)$ 是二阶平稳的，则 $R(V)$ 也是二阶平稳的，即

$$\mathrm{E}[R(V)] = \mu_{\mathrm{E}} \qquad (\forall x,\ \mu_{\mathrm{E}}\text{ 一般为 }0)$$

$$\mathrm{Var}[R(V)] = \delta_{\mathrm{E}}^2 \qquad (\forall x)$$

这表明当 $Z(x)$ 为二阶平稳时，估计误差 $R(V) = Z(V) - Z^*(V)$ 的均值为0，估计方差 $\delta_{\mathrm{E}}^2 = E[Z(V) - Z^*(V)]^2$ 总是存在且平稳。

估计 $Z(V)$ 的问题，最一般的形式是求一个函数 f，使 $Z^*(V) = f\{z(v_1), z(v_2), \cdots, z(v_n)\}$ 满足以下两个条件：

（1）无偏性。即所有估计块段的实际值 $Z(V)$ 与其估计值 $Z^*(V)$ 之间的偏差平均为0，亦即估计误差的期望等于0

$$\mathrm{E}[Z^*(V) - Z(V)] = 0$$

对估计结果的这种无偏性要求对矿体品位估值意味着：平均来说，品位的任何过高或过低的估计，以及由此引起矿石储量的过高或过低都是危险的，因此应该尽量避免。

（2）最优性。即使估计值 $Z^*(V)$ 与实际值 $Z(V)$ 之差的平方和尽可能地小，亦即误差平方的期望值（估计方差）应该尽可能地小

$$\delta^2 = \mathrm{Var}[Z(V) - Z^*(V)] = \mathrm{E}[Z(V) - Z^*(V)]^2 \to \min$$

为此，首先须计算出 $\mathrm{E}[Z(V) - Z^*(V)]$ 和 $\mathrm{E}[Z(V) - Z^*(V)]^2$，以便再从 f 应满足的

两个条件求得一个方程组，从而解出 f 来。而要计算这两个数学期望，就要知道 $(n+1)$ 维随机变量的联合分布，即“条件数学期望”

$$Z^*(V) = \mathrm{E}\{Z(V)/z(v_1), z(v_2), \cdots, z(v_n)\}$$

实际上，我们只能得到 n 维随机变量的一个实现，无法知道上述的联合分布，采用最一般的函数形式 f 进行估计遇到了问题。针对此问题，通常是采用下述的线性估计形式来加以解决。

11.6.2.3 线性估计形式

如果我们限制函数 f，只取线性函数形式的话，就可以根据 $Z(x)$ 的协方差（或变异函数）来计算出 $\mathrm{E}[Z(V)-Z^*(V)]$ 和 $\mathrm{E}[Z(V)-Z^*(V)]^2$。因此，在平稳假设条件下，可采用以下线性估计式（11-63），算出 $\mathrm{E}[Z(V)-Z^*(V)]$ 和 $\mathrm{E}[Z(V)-Z^*(V)]^2$。

$$Z^*(V) = \sum_{i=1}^{n} \lambda_i z(v_i) = \sum_{i=1}^{n} \frac{\lambda_i}{v_i}\int_{v_i} Z(t)\,\mathrm{d}t \tag{11-63}$$

式中，λ_i 为权重系数，是反映各已知样本 $Z(v_i)$ 在估计 $Z^*(V)$ 时影响大小的系数，而估计 $Z^*(V)$ 的好坏主要取决于如何计算或选择权重系数 λ_i。

此形式意味着对于任意待估点或待估块段 V 的实测值 $Z(V)$，其估计值 $Z^*(V)$（克立格估计量）可以通过该待估点或待估块段影响范围内的 n 个有效样本值 $Z(v_i)(i=1,2,\cdots,n)$ 的线性组合来表示。这样，估计问题就转化成了在无偏性和最优性条件下，如何确定线性估计量的各个权重系数 λ_i 的问题（也就是确定函数 f）。

11.6.3 估计方差和离差方差

11.6.3.1 估计方差

任何估计方法，由于估计时所用样品与被估块段的大小并非严格相等，从而使被估块段的实际值与估计值不同，即产生估计误差。一种具体的储量计算方法的可靠程度就是根据该方法所包含的误差大小来衡量的，换言之，最好的估计方法应是误差最小的方法。

设某矿床被分成大小相等的以 $x_i(i=1,2,\cdots,N)$ 为中心的 N 个块段，假设每一块段的实际品位为 $Z(x_i)$，而用某种估计方法得到的 $Z(x_i)$ 的估计品位为 $Z^*(x_i)(i=1,2,\cdots,N)$，这时实际品位与估计品位之间的估计误差为

$$R(x_i) = Z(x_i) - Z^*(x_i) \qquad (i=1,2,\cdots,N)$$

可以证明，若 $Z(x_i)$ 是二阶平稳的话，$R(x_i)$ 也是二阶平稳的，因而

$$\mathrm{E}[R(x_i)] = m_{\mathrm{E}} \qquad (\text{常数})$$

而且有有限方差，且平稳

$$\delta^2 = \mathrm{Var}[Z(x) - Z^*(x)]$$

$$= \mathrm{E}[R(x) - m_{\mathrm{E}}]^2$$

当然，我们总是希望估计的平均值与实际值的平均值相同，即

$$
\begin{aligned}
\mathrm{E}[R(x)] &= \mathrm{E}[Z(x) - Z^*(x)] \\
&= \mathrm{E}[Z(x)] - \mathrm{E}[Z^*(x)] \\
&= 0
\end{aligned}
$$

换句话说，不希望有系统误差（所谓无偏性）。

此外，我们总是希望上述大多数误差的绝对值要小一些，并且在某一确定值周围波动，即估计误差的分布具有较小离散性

$$\delta^2 = \mathrm{Var}[Z(x) - Z^*(x)] \rightarrow 0$$

令 $Z(x_i)$ 为一个二阶平稳的随机函数，其期望为 m，协方差为 $C(h)$ 或变异函数为 $\gamma(h)$，且只依赖于向量 h。经过推导，可得估计方差的计算式（11-64）

$$\delta_{\mathrm{E}}^2 = \overline{C}(V,V) + \overline{C}(v,v) - 2\overline{C}(V,v) \tag{11-64}$$

式（11-64）也可用平均变异函数表示

$$\delta_{\mathrm{E}}^2 = 2\overline{\gamma}(V,v) + \overline{\gamma}(V,V) - \overline{\gamma}(v,v) \tag{11-65}$$

式（11-64）、式（11-65）中 $\overline{C}(V,v)$ 及 $\overline{\gamma}(V,v)$ 分别代表当矢量的两个端点各自独立地扫过待估域 V 及信息域 v 的协方差函数平均值及变异函数平均值；$\overline{C}(v,v)$ 及 $\overline{\gamma}(v,v)$ 分别代表当矢量的两个端点各自独立地扫过任两个信息域 v 的协方差函数平均值及变异函数平均值；$\overline{C}(V,V)$ 及 $\overline{\gamma}(V,V)$ 分别代表当矢量的两个端点各自独立地在待估域 V 扫过时的协方差函数平均值及变异函数平均值。

当估计量是加权平均值时，估计方差的公式可分别表示如下

$$\delta_{\mathrm{E}}^2 = \overline{C}(V,V) + \sum_{i=1}^{n}\sum_{j=1}^{n} \lambda_i\lambda_j\overline{C}(v_i,v_j) - 2\sum_{i=1}^{n}\lambda_i\overline{C}(V,v_i) \tag{11-66}$$

$$\delta_{\mathrm{E}}^2 = 2\sum_{i=1}^{n}\lambda_i\overline{\gamma}(V,v_i) - \overline{\gamma}(V,V) - \sum_{i=1}^{n}\sum_{j=1}^{n}\lambda_i\lambda_j\overline{\gamma}(v_i,v_j) \tag{11-67}$$

式中　v_i，v_j——信息域；

V——待估域；

λ_i，λ_j——v_i，v_j 的权系数。

11.6.3.2　离差方差

令 V 是以点 x 为中心的开采面，并将其分成以 x_i 为中心的 N 个大小相等的生产单元 $v(x_i)(i = 1,2,\cdots,N)$，即

$$V = \sum_{i=1}^{N} v(x_i) \tag{11-68}$$

将 v 离散成若干个点 y，假定其品位为 $Z(y)$，则每个以点 x_i 为中心的单元 $v(x_i)$ 的平均品位为

$$Z_l(x_i) = \frac{1}{v}\int_{v(x_i)} Z(y)\,\mathrm{d}y \tag{11-69}$$

以 x 为中心的开采面 V 的平均品位为

$$Z_V(x) = \frac{1}{V}\int_{V(x_i)} Z(y)\,\mathrm{d}y$$
$$= \frac{1}{N}\sum_{i=1}^{N} Z_v(x_i) \tag{11-70}$$

显然，这 N 个品位值 $Z_v(x_i)(i = 1,2,\cdots,N)$ 对它的平均值 $Z_V(x)$ 的离散程度可用其方差表示

$$s^2(x) = \frac{1}{N}\sum_{i=1}^{N}[Z_v(x_i) - Z_V(x)]^2 \tag{11-71}$$

当 x 固定时，$Z_v(x_i)$与 $Z_V(x)$均为随机变量，而 $s^2(x)$也是一个随机变量，从而可以讨论它的数学期望。

至此，可以定义离差方差如下：在区域化变量 $Z(y)$（点品位）满足二阶平稳假设条件下，把随机变量 $s^2(x)$ 的数学期望定义为在开采面 V 内 N 个生产单元 v 的离差方差，记为 $D^2(v/V)$：

$$D^2(v/V) = E[s^2(x)] = E\left\{\frac{1}{N}\sum_{i=1}^{N}[Z_v(x_i) - Z_V(x)]^2\right\} \tag{11-72}$$

$s^2(x)$ 为实验方差。在二阶平稳条件下，$s^2(x)$ 的平稳数学期望就是开采单元对生产块段的离散方差。也就是说，对于某一特定的生产块段来说，D^2 (v/V) 为实验方差的估计量。当 v 和 N 的数量无限增加时，$s^2(x)$ 趋向于离散方差 D^2 (v/V)。

经过数学推导，可以得到离差方差的以下通式：

$$D^2(v/V) = \bar{C}(v,v) - \bar{C}(V,V) \tag{11-73}$$

$$D^2(v/V) = \bar{\gamma}(V,V) - \bar{\gamma}(v,v) \tag{11-74}$$

11.7 普通克立格法

普通克立格是对区域化变量进行线性、无偏最优估计的方法，它假设数据变化呈正态分布，认为区域化变量的期望值是未知的。该估值过程类似于加权滑动平均的方法，即在对空间数据进行结构分析、确定估值邻域内样品点权重的基础上，通过加权计算来确定待估点的取值。

设 $Z(x)$ 是定义在点支撑上的区域化变量，且满足二阶平稳和内蕴假设，其数学期望为 m，协方差函数 $C(h)$ 及变异函数存在。即

$$E[Z(x)] = m$$
$$C(h) = E[Z(x+h)Z(x)] - m^2$$
$$\gamma(h) = E\{[Z(x+h) - Z(x)]^2\}/2$$

现要求对中心位于 x_0 的块段 V 的平均值

$$Z = \frac{1}{V}\int_{V(x)} Z(x)\,\mathrm{d}x \tag{11-75}$$

进行估计。

11.7.1 无偏最优条件

假设在待估块段 V（如图 11-27 所示）的邻域内，有 n 个已知样本 $v(x_i)(i=1,2,\cdots,n)$，其实测值为 $Z(x_i)$。克立格法的目标就是求一组权重系数 $\lambda_i(i=1,2,\cdots,n)$，使得加权平均值

$$Z_V^* = \sum_{i=1}^{n} \lambda_i Z(x_i) \tag{11-76}$$

成为待估块段 V 的平均值 $Z_V(x_0)$ 的线性、无偏最优估计量，即克立格估计量。为此，估值过程及结果需要满足以下两个条件。

A　无偏条件

在二阶平稳条件下，$E[Z_V^*(x)] = m$，而

$$E[Z_V^*(x)] = E\left[\sum_{i=1}^{n} \lambda_i Z(x_i)\right] = \sum_{i=1}^{n} \lambda_i E[Z(x_i)] = \sum_{i=1}^{n} \lambda_i \cdot m$$

要使 $Z_V^*(x)$ 成为 $Z_V(x)$ 的无偏估计量，即 $E[Z_V^*(x)] = E[Z_V(x)]$，则必有

$$\sum_{i=1}^{n} \lambda_i \cdot m = m$$

显然

$$\sum_{i=1}^{n} \lambda_i = 1 \tag{11-77}$$

式（11-77）就是所谓的无偏条件——权系数之和为 1，而满足此条件的估值结果 $Z_V^*(x)$ 就是 $Z_V(x)$ 的无偏估计量。

B　最优性

所谓最优性就是指使估计值 $Z_V^*(x)$ 与实际值 $Z_V(x)$ 之差的平方和达到最小化。在满足无偏性的条件下，估计方差 δ_E^2 为

$$\delta_E^2 = E[Z_V - Z_V^*]^2 = E[Z_V - \sum_{i=1}^{n} \lambda_i Z(x_i)]^2 \tag{11-78}$$

由方差估计可知

$$\delta_E^2 = \bar{C}(V,V) + \sum_{i=1}^{n}\sum_{j=1}^{n} \lambda_i \lambda_j \bar{C}(v_i,v_j) - 2\sum_{i=1}^{n} \lambda_i \bar{C}(v_i,V) \tag{11-79}$$

可以看出，使上述 δ_E^2 在无偏条件下达到极小的问题实际上是一个求条件极值的问题，即可把最优估值问题理解为：无偏条件约束下，求目标为估计方差最小的权重系数估值问题。而这个问题的解决可以通过对普通克立格方程组的求解来实现。

11.7.2 普通克立格方程组

为了便于求解，可将求 $E[(Z_V^*(x) - Z_V(x))^2]$ 的极小值问题转化为无约束的拉格朗日乘数法求极值的问题，即将约束条件 $\Sigma\lambda_\alpha = 1$ 也引入目标函数之中，构造一个新的函数

$$F = \delta_E^2 - 2\mu(\sum_{i=1}^{n}\lambda_i - 1) \tag{11-80}$$

式中 μ——拉格朗日算子；

F——构造的关于 $\lambda_i(i = 1,2,\cdots,n)$ 和 μ 的 $n+1$ 元函数。

为求 F 的极小值，求 F 关于 n 个 $\lambda_i(i = 1,2,\cdots,n)$ 和 μ 的偏导数并令其为0，即得普通克立格方程组

$$\begin{cases} \dfrac{\partial F}{\partial \lambda_i} = 2\sum_{j=1}^{n}\lambda_j \overline{C}(v_i,v_j) - 2\overline{C}(v_i,V) - 2\mu = 0 \\ \dfrac{\partial F}{\partial \mu} = -2(\sum_{i=1}^{n}\lambda_i - 1) = 0 \end{cases} \quad (i = 1,2,\cdots,n) \tag{11-81}$$

整理后得

$$\begin{cases} \sum_{j=1}^{n}\lambda_j \overline{C}(v_i,v_j) - \mu = \overline{C}(v_i,V) \\ \sum_{i=1}^{n}\lambda_i = 1 \end{cases} \quad (i = 1,2,\cdots,n) \tag{11-82}$$

这是一个 $n+1$ 个未知数（n 个 λ_i 和一个 μ），$n+1$ 个方程构成的方程组。解此方程组，即可求出权重系数 $\lambda_i(i = 1,2,\cdots,n)$ 和拉格朗日算子 μ。

在内蕴假设下，式（11-82）也可用 $\gamma(h)$ 表示如下

$$\begin{cases} \sum_{j=1}^{n}\lambda_j \overline{\gamma}(v_i,v_j) + \mu = \overline{\gamma}(v_i,V) \\ \sum_{j=1}^{n}\lambda_j = 1 \end{cases} \quad (i = 1,2,\cdots,n) \tag{11-83}$$

11.7.3 普通克立格方差

从式（11-82）得

$$\sum_{j=1}^{n}\lambda_j \overline{C}(v_i,v_j) = \overline{C}(v_i,V) + \mu \tag{11-84}$$

将式（11-84）代入估计方差公式，则有

$$\begin{aligned} \delta_E^2 &= \overline{C}(V,V) - 2\sum_{i=1}^{n}\lambda_i \overline{C}(V,v_i) + \sum_{i=1}^{n}\sum_{j=1}^{n}\lambda_i\lambda_j \overline{C}(v_i,v_j) \\ &= \overline{C}(V,V) - 2\sum_{i=1}^{n}\lambda_i \overline{C}(V,v_i) + \sum_{i=1}^{n}\lambda_i[\overline{C}(v_i,V) + \mu] \\ &= \overline{C}(V,V) - 2\sum_{i=1}^{n}\lambda_i \overline{C}(V,v_i) + \mu + \sum_{i=1}^{n}\lambda_i \overline{C}(v_i,V) \\ &= \overline{C}(V,V) - \sum_{i=1}^{n}\lambda_i \overline{C}(V,v_i) + \mu \end{aligned} \tag{11-85}$$

用式（11-85）计算的估计方差 δ_E^2 为最小估计方差，亦称克立格方差，记为 δ_K^2

$$\delta_K^2 = \overline{C}(V,V) - \sum_{i=1}^{n} \lambda_i \overline{C}(V,v_i) + \mu \tag{11-86}$$

若用$\gamma(h)$表示，则式（11-86）可改写为

$$\delta_K^2 = \sum_{i=1}^{n} \lambda_i \overline{\gamma}(V,v_i) + \mu - \overline{\gamma}(V,V) \tag{11-87}$$

式中　$\overline{C}(V,V)$——分隔矢量$\boldsymbol{h}$的两个端点分别独立地在域V内移动时，求出的区域化变量全部协方差的平均值：

$$\overline{C}(V,V) = \frac{1}{V^2}\int_V \mathrm{d}x \int_V C(x-x')\mathrm{d}x$$

$\overline{C}(V,v_i)$——矢量$\boldsymbol{h}$的两个端点分别独立地在V及v_i中移动时，求出的区域化变量的全部协方差的平均值：

$$\overline{C}(V,v_i) = \int_V \mathrm{d}x \int_{v_i} C(x-x')\mathrm{d}x'$$

$\overline{C}(v_i,v_j)$——矢量$\boldsymbol{h}$的两个端点分别独立地在信息域v_i，v_j中移动时，求出的区域化变量全部协方差的平均值：

$$\overline{C}(v_i,v_j) = \int_{v_i} \mathrm{d}x \int_{v_j} C(x-x')\mathrm{d}x'$$

上述过程也可用矩阵形式表示，令

$$\boldsymbol{K} = \begin{bmatrix} C_{11} & C_{12} & \cdots & C_{1n} & 1 \\ C_{21} & C_{22} & \cdots & C_{2n} & 1 \\ \vdots & \vdots & \ddots & \vdots & \vdots \\ C_{n1} & C_{n2} & \cdots & C_{nn} & 1 \\ 1 & 1 & \cdots & 1 & 0 \end{bmatrix}, \quad \boldsymbol{\lambda} = \begin{bmatrix} \lambda_1 \\ \lambda_2 \\ \vdots \\ \lambda_n \\ -\mu \end{bmatrix}, \quad \boldsymbol{D} = \begin{bmatrix} C(x_1,x) \\ C(x_2,x) \\ \vdots \\ C(x_n,x) \\ 1 \end{bmatrix}$$

或

$$\boldsymbol{K} = \begin{bmatrix} \gamma_{11} & \gamma_{12} & \cdots & \gamma_{1n} & 1 \\ \gamma_{21} & \gamma_{22} & \cdots & \gamma_{2n} & 1 \\ \vdots & \vdots & \ddots & \vdots & \vdots \\ \gamma_{n1} & \gamma_{n2} & \cdots & \gamma_{nn} & 1 \\ 1 & 1 & \cdots & 1 & 0 \end{bmatrix}, \quad \boldsymbol{\lambda} = \begin{bmatrix} \lambda_1 \\ \lambda_2 \\ \vdots \\ \lambda_n \\ \mu \end{bmatrix}, \quad \boldsymbol{D} = \begin{bmatrix} \gamma(x_1,x) \\ \gamma(x_2,x) \\ \vdots \\ \gamma(x_n,x) \\ 1 \end{bmatrix}$$

则普通克立格方程组可表示为

$$\boldsymbol{K\lambda} = \boldsymbol{D} \tag{11-88}$$

解此矩阵方程，可得

$$\lambda = \boldsymbol{K}^{-1}\boldsymbol{D} \tag{11-89}$$

其估计方差为

$$\delta_k^2 = \lambda^{\mathrm{T}}\boldsymbol{D} - \gamma(x,x) \tag{11-90}$$

或

$$\delta_k^2 = \boldsymbol{C}(x,x) - \boldsymbol{\lambda}^{\mathrm{T}}\boldsymbol{D} \tag{11-91}$$

【例 11-4】 假设一矿床中某元素的品位 $Z(x)$ 是二维区域化随机变量，满足二阶平稳假设，其观测值的空间正方形网格数据如图 11-28所示（点与点之间的距离为 $h=1\text{km}$）。经研究分析，发现 $Z(x)$ 的变异函数是各向同性的二维球状模型，模型参数分别为 $C_0=2.048$，$C=1.154$，$a=8.535$。试根据图中 4 个已知观测点 x_1，x_2，x_3，x_4 的观测结果（括弧中数字）用普通克立格法对未知点 x_0 的品位进行估计。

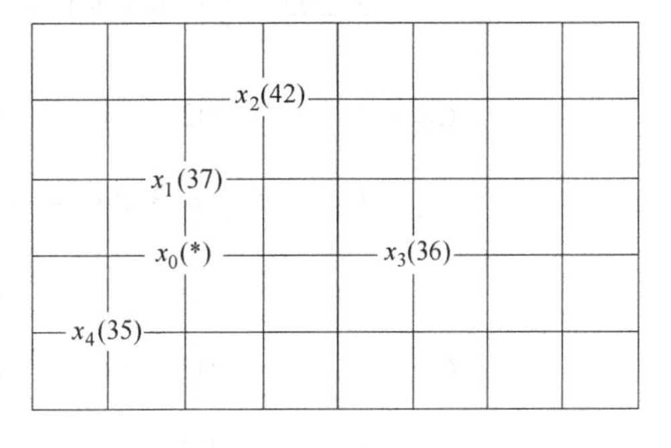

图 11-28 观测值及其分布

解： 根据题意，该元素品位的球状变异函数模型为

$$\gamma^*(h) = \begin{cases} 0 & (h=0) \\ 2.048 + 1.154 \times \left(\dfrac{3}{2} \times \dfrac{h}{8.535} - \dfrac{1}{2} \times \dfrac{h^3}{8.535^3}\right) & (0 < h \leqslant 8.535) \\ 3.202 & (h > 8.535) \end{cases}$$

其协方差函数为

$$C^*(h) = \begin{cases} 3.202 & (h=0) \\ 1.154 \times \left[1 - \left(\dfrac{3}{2} \times \dfrac{h}{8.535} - \dfrac{1}{2} \times \dfrac{h^3}{8.535^3}\right)\right] & (0 < h \leqslant 8.535) \\ 0 & (h > 8.535) \end{cases}$$

相应地，求解 x_1，x_2，x_3，x_4 四个已知点对 x_0 影响权重的克立格方程组为

$$\begin{bmatrix} \lambda_1 \\ \lambda_2 \\ \lambda_3 \\ \lambda_4 \\ \mu \end{bmatrix} = \begin{bmatrix} C_{11} & C_{12} & C_{13} & C_{14} & 1 \\ C_{21} & C_{22} & C_{23} & C_{24} & 1 \\ C_{31} & C_{32} & C_{33} & C_{34} & 1 \\ 1 & 1 & 1 & 1 & 0 \end{bmatrix}^{-1} \begin{bmatrix} C_{01} \\ C_{02} \\ C_{03} \\ C_{04} \\ 1 \end{bmatrix}$$

当 $i=j$ 时，

$$C_{11} = C_{22} = C_{33} = C_{44} = C(0) = C_0 + C = 2.048 + 1.154 = 3.202$$

当 $i \neq j$ 时，根据克立格矩阵的对称性，$C(h) = C(0) - \gamma(h)$，

$$C_{ij} = C(|x_i - x_j|) = C(0) - \gamma|x_i - x_j| = 3.202 - \gamma|x_i - x_j|$$

由此算式可得

$$C_{12} = C_{21} = C_{04} = 3.202 - \gamma(\sqrt{1^2 + 1^2}) = 3.202 - \gamma(\sqrt{2})$$

$$= 3.202 - \left[2.048 + 1.154\left(\frac{3}{2}\frac{\sqrt{2}}{8.535} - \frac{1}{2}\frac{(\sqrt{2})^3}{8.535^3}\right)\right] = 0.870$$

$$C_{13} = C_{31} = 3.202 - \gamma(\sqrt{3^2 + 1^2}) = 0.542$$

$$C_{14} = C_{41} = C_{02} = 3.202 - \gamma(\sqrt{2^2 + 1^2}) = 0.711$$

$$C_{23} = C_{32} = 3.202 - \gamma(\sqrt{2^2 + 2^2}) = 0.601$$

$$C_{34} = C_{43} = 3.202 - \gamma(\sqrt{4^2 + 1^2}) = 0.383$$

$$C_{24} = C_{42} = 3.202 - \gamma(\sqrt{3^2 + 2^2}) = 0.466$$

$$C_{01} = 3.202 - \gamma(\sqrt{1^2}) = 0.952$$

$$C_{03} = 3.202 - \gamma(\sqrt{3^2}) = 0.571$$

将以上计算结果代入克立格方程组，得

$$\begin{bmatrix}\lambda_1\\ \lambda_2\\ \lambda_3\\ \lambda_4\\ \mu\end{bmatrix} = \begin{bmatrix}3.202 & 0.870 & 0.542 & 0.711 & 1\\ 0.870 & 3.202 & 0.601 & 0.466 & 1\\ 0.542 & 0.601 & 3.202 & 0.383 & 1\\ 0.711 & 0.466 & 0.383 & 3.202 & 1\\ 1 & 1 & 1 & 1 & 0\end{bmatrix}^{-1}\begin{bmatrix}0.952\\ 0.711\\ 0.571\\ 0.870\\ 1\end{bmatrix} = \begin{bmatrix}0.287\\ 0.210\\ 0.202\\ 0.301\\ -0.473\end{bmatrix}$$

解此克立格方程组，得

$$\lambda_1 = 0.287, \quad \lambda_2 = 0.210, \quad \lambda_3 = 0.202, \quad \lambda_4 = 0.301, \quad \mu = -0.473$$

根据普通克立格法的基本原理，$Z(x_0)$ 估计的基本公式为

$$Z^*(x_0) = \sum_{i=1}^{4} \lambda_i Z(x_i)$$

所以，x_0 点品位的普通克立格估计值为

$$Z_0^* = 0.287Z(x_1) + 0.210Z(x_2) + 0.202Z(x_3) + 0.301Z(x_4)$$

$$= 0.287 \times 37 + 0.210 \times 42 + 0.202 \times 36 + 0.301 \times 35$$

$$= 37.25$$

普通克立格估计方差为

$$\delta_K^2 = C(x_0, x_0) - \sum_{i=1}^{4} \lambda_i C(x_i, x_0) + \mu$$

$$= 3.202 - (0.287 \times 0.952 + 0.210 \times 0.711 + 0.202 \times 0.571 + 0.301 \times 0.870) - 0.473$$

$$= 2.196$$

11.7.4 普通克立格分析方法的特点

11.7.4.1 普通克立格方程组及方差的特点

(1) 解的存在性和唯一性问题：只要 $C(h)$ 是正定的或 $-\gamma(h)$ 是条件正定的，则克立格方程组有且只有一组解。

(2) 克立格估值是一种无偏的内插估值，在样品点克立格估计值等于实测值，估计方差为0。

(3) 表达式具有通用性：不论数据承载 v_i，v_j和待估承载域 V 的大小和形状如何，不论 $C(h)$ 或 $\gamma(h)$ 所表征的结构如何，表达式均适用。

(4) 普通克立格方程组和方差考虑了以下 4 方面的因素：①V 的几何特征；②v_i与 V 之间的空间配置关系；③数据构形的几何特征；④以变异函数来表现的区域化变量的空间结构特征。

(5) 普通克立格估计不依赖于样品数据 $z(v_i)$ 的具体数值，一旦估计构形和变异函数已知，则在开钻之前就可解出普通克立格权系数及相应的方差。这样，就可利用补打新钻孔后克立格方差减少的数量来衡量补打该钻孔的效果，从而确定最优布孔方案。

(6) 数据构形矩阵只依赖于变异函数和数据构形，在对不同待估域的变量值进行估计时，数据构形是不变的。

(7) 普通克立格方程是在线性、无偏和最优条件下推导出来的，从实质上来看，是最小二乘法的应用，所以，克立格方程组也可看做是广义的线性回归方程。

11.7.4.2 普通克立格权系数的特点

(1) 对称性：由变异函数的对称性可以推知，相对于待估点，空间位置对称的两个样品点，其权系数是相同的，如在图 11-29(a)中，两个样品点相对于待估域的位置是对称的，两个样品点的权系数是相同的。

(2) 屏蔽效应（screen effect）：如图11-29(b)所示，当有一个样品点靠近待估域时，它就会屏蔽离待估域较远样品点的作用，图中下方样品点的作用就受到新加入样品点（实心点）的屏蔽，其克立格权系数减小。

(3) 克立格权系数可正可负：克立格权系数 λ_i 可为正值，这是最常见的情况，但有时会出现个别 λ_i 为负值的情况。

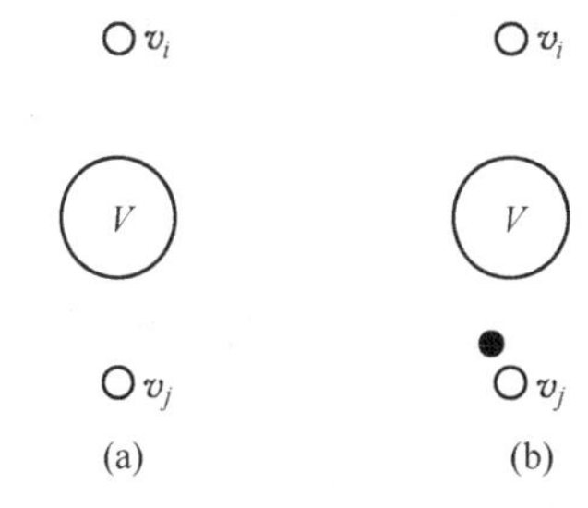

图 11-29 克立格权系数特点示意图
(a) 对称性；(b) 屏蔽效应

11.7.4.3 普通克立格法的优缺点

(1) 克立格估计比传统方法要精确，至少可以避免系统误差。

(2) 不仅给出一个估计值，而且可同时给出估计方差作为估计精度的一个衡量指标。

(3) 用“统计距离”代替几何距离，能考虑空间点之间的配置以及结构性特征。

(4) 可以消除丛集效应。如图 11-30 中，下方有 4 个密集分布的样品点，这 4 个样品点的权系数之和几乎与上方一个样品点的权系数相同。

（5）用结构模型，可以更好地考虑定性信息的影响。在变异函数拟合过程中，对变量在各向异性等方面的地质认识，可以指导人们在模型选择等方面的工作，而变异函数对克立格估计有直接影响。

（6）可以直接用一个克立格方程组估计块段上的平均值或某一点上的变量值，非常方便。

（7）系数可正可负，使估值范围可超出实测值范围。

（8）经典统计学是克立格方法的特例，而克立格方法是经典统计学的发展，当区域化变量是纯随机变量时，克立格估计等同于用经典统计学进行的平均值估计法。

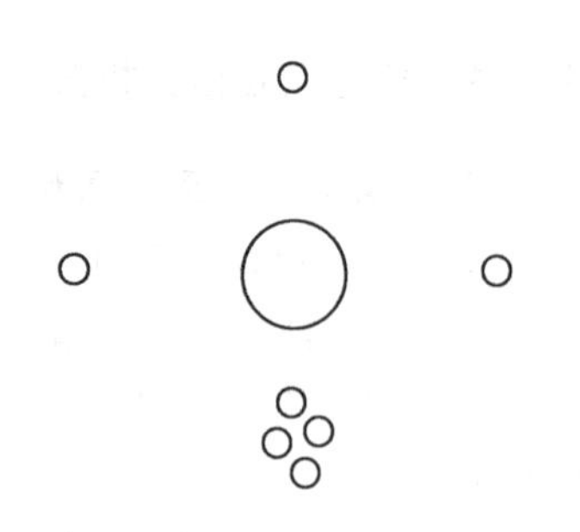

图 11-30 弱化丛集效应示意图

克立格估计法的缺点是计算工作量大，然而，在信息处理技术高速发展的今天，这一缺点已变得越来越不明显。

11.8 指示克立格法

在矿产资源的可采储量计算过程中，往往需要知道某一点或某一区域矿石品位大于某一给定值的概率，或者说，需要知道 x 点处随机变量 $Z(x)$ 的概率分布，在假设变量不存在空间结构性的条件下，事件 $\{Z(x) \leqslant z_k(n)\}$ 出现的概率等于事件 $\{z(x_i) \leqslant z_k(n)\}(i = 1,2,\cdots,n)$ 出现的比例。但对地质变量而言，绝大多数具有空间相关性，要解决 x 点处随机变量 $Z(x)$ 的概率分布问题，就需要引入新的方法。

指示克立格法（indicator Kriging）是儒耐尔于1982年提出的主要用于解决区域化变量不服从正态或对数正态分布时的估值困难问题以及对估值结果进行不确定性分析（概率估计）的一种非参数估值技术。由于该方法无须对地质变量的分布形态做出任何假设，不用剔除原始样品数据中的异常值，能够处理样本数据来自多个不同总体的问题，现已广泛应用在地质属性空间分布预测领域。

利用指示克立格法进行插值计算的过程可概括为以下3个步骤：对数据作指示变换；计算出待估点位置的条件累积分布函数（conditional cumulated distributing function）的估计值；以计算出的累积分布函数为基础完成各种估计和模拟。

A 指示函数（指示变换）

在用指示克立格法进行矿体储量计算之前，需要先对原始品位数据进行指示化处理。具体过程如下：对原始样品品位数据进行统计分析，根据所掌握的样品品位分布信息，确定出一组数据作为对样品品位数据进行指示化变换的阈值 $\{z_k\}(k = 1,2,\cdots,K-1,K)$，为了便于后面估值时的处理，可以将确定的阈值按从小到大的顺序进行排列。

对于任意给定的阈值 z_k（例如边界品位），对每个信息（样品）点 x_i，定义指示函数

$$I(x_i;z_k) = \begin{cases} 0 & (\text{if } Z(x_i) > z_k) \\ 1 & (\text{if } Z(x_i) \leqslant z_k) \end{cases} \quad (i = 1,2,\cdots,n) \tag{11-92}$$

指示函数 $I(x_i;z_k)$ 的物理含义为样品点 x_i 处随机变量 $Z(x)$ 的概率分布函数，即

$$F(x_i;z_k) = P\{Z(x_i) \leqslant z_k\} = I(x_i;z_k) = \begin{cases} 0 & (Z(x_i) > z_k) \\ 1 & (Z(x_i) \leqslant z_k) \end{cases} \quad (i = 1,2,\cdots,n)$$

(11-93)

指示变换后得到一组以 0，1 形式组织的指示化数据。利用这组指示化数据，即可对待估区域内平均值在某一范围中的概率进行估计。

B　累计分布函数求取

设已知样品点指示化数据为 $I(x_i,z_k)(i = 1,2,\cdots,n;k = 1,2,\cdots,K)$，其中 n 为已知样品点的个数，待估位置点 x 处指示化品位的估计值为 $I^*(x,z_k)(k = 1,2,\cdots,K)$。$I^*(x,z_k)$ 的计算公式如下

$$I^*(x,z_k) = \sum_{i=1}^{n}[\lambda_i(x_i,z_k)I^*(x_i,z_k)] \tag{11-94}$$

式中，$\lambda_i(x_i,z_k)$ 为参与估值的样品 x_i 的指示权重系数，$\lambda_i(x_i,z_k)$ 的确定采用与普通克立格类似的方法，即通过求解指示克立格方程组来确定。

当 x 固定时，若 z_k 再给定，则 $I(x,z_k)$ 就是个随机变量，其数学期望

$$\begin{aligned} \mathrm{E}\{I(x;z_k)\} &= 1 \times P\{I(x,z_k) = 1\} + 0 \times P\{I(x,z_k) = 0\} \\ &= P\{I(x,z_k) = 1\} = P\{Z(x) \leqslant z_k\} = F(x,z_k) \end{aligned}$$

式（11-94）是在已知 n 个位置点的指示化品位值的条件下求出估计值 $I^*(x,z_k)$ 的，这里将 n 个已知位置点的指示化品位值记作条件 n，表示为（n）。因此可将式（11-94）进一步表示为

$$\mathrm{E}^*\{I(x;z_k)\} = I^*(x,z_k) = \sum_{i=1}^{n}\lambda_i(x_i,z_k)I(x_i,z_k) = F(x;z_k|(n)) \tag{11-95}$$

即未知位置点 x 处的指示化品位的估计值即为未知点 x 处品位值小于等于阈值 z_k 的概率。由于这一概率是在 n 个已知样品点指示化品位已知的条件下求出来的，因此将它称为条件概率估计值。$I^*(x,z_k)$ 即是品位随机函数 $Z(x)$ 的条件累积分布函数（CCDF）的估计值。

条件累积分布函数与指示化品位的估计值的关系可由图 11-31 来表示。

由图 11-31 可以看出，在阈值点处的累积分布函数估计值已由普通克立格法计算出来的情况下，非阈值点的 CCDF 的估计值可以根据阈值点的估计值计算出来。可以由相邻阈值点处的 CCDF 估计值之差来估计未知点处的品位值落在相应阈值之间的平均概率。

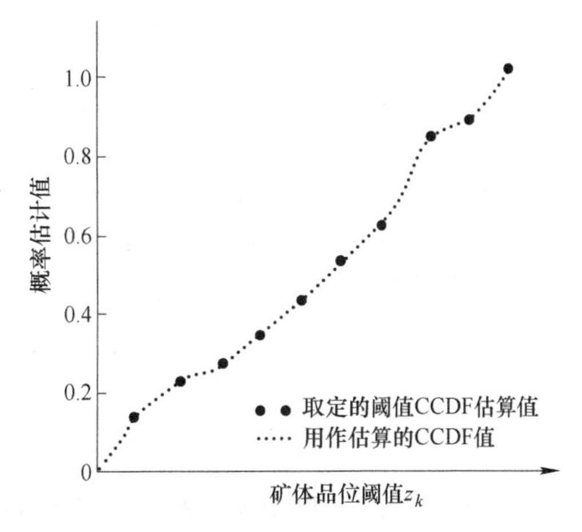

图 11-31　条件累积分布函数的形态及原理

C 指示协方差函数和指示变异函数

视指示函数为区域化变量，以 h 代表点 x 和 $x+h$ 之间的距离，仿照区域化变量的协方差函数和变异函数，定义指示协方差函数和指示变异函数为

$$\begin{aligned} C_I(h;z_k) &= \mathrm{Cov}[I(x;z_k),I(x+h;z_k)] \\ &= \mathrm{E}\{[I(x;z_k)-\mathrm{E}(I(x;z_k))][I(x+h;z_k)-\mathrm{E}(I(x+h;z_k))]\} \end{aligned}$$

$$(\forall x,\ \forall h,\ k=1,\ 2,\ \cdots,\ K) \quad (11\text{-}96)$$

$$\gamma_I(h;z_k) = \mathrm{Var}[I(x;z_k)-I(x+h;z_k)]/2 \quad (k=1,2,\cdots,K) \quad (11\text{-}97)$$

式中，h 代表两个点 x 与 $x+h$ 之间的距离，以下同。

在二阶平稳假设下，指示协方差函数和指示变差函数的形式为

$$\begin{aligned} C_I(h;z_k) &= \mathrm{Cov}[I(x;z_k),I(x+h;z_k)] \\ &= \mathrm{E}[I(x;z_k)I(x+h;z_k)]-\mu^2 \quad (k=1,2,\cdots,K) \end{aligned} \quad (11\text{-}98)$$

$$\gamma_I(h;z_k) = \mathrm{E}[I(x;z_k)-I(x+h;z_k)]^2/2 \quad (k=1,2,\cdots,K) \quad (11\text{-}99)$$

在二阶平稳假设下，指示协方差函数和指示变异函数的关系为

$$\gamma_I(h;z_k) = C_I(0;z_k)-C_I(h;z_k) \quad (k=1,2,\cdots,K) \quad (11\text{-}100)$$

与普通克立格法相同，指示实验变异函数可通过式（11-101）求取，所不同的是式中所用数据为经过指示变换得到的每个已知点的指示函数值。

$$\gamma_I^*(h;z_k) = \frac{1}{2N(h)}\sum_{i=1}^{N(h)}[I(x_i;z_k)-I(x_i+h;z_k)]^2 \quad (k=1,2,\cdots,K) \quad (11\text{-}101)$$

式中 $N(h)$——相距为 h 的数据点对的个数。

指示变异函数拟合的原理和过程与前述（见 11.4.4 节）区域化变量变异函数拟合的原理和过程相同，不再赘述。

D 指示克立格方程组

在引入指示函数后，假设变量无空间结构性，那么 x 点处随机变量 $Z(x)$ 的概率分布函数为

$$\begin{aligned} F\{x;z_k|(n)\} &= P[Z(x)\leqslant z_k|(n)] \\ &= \frac{1}{n}\sum_{i=1}^{n}I(x_i;z_k) \quad (\forall x;k=1,2,\cdots,K) \end{aligned} \quad (11\text{-}102)$$

式中 F——z_k 和 n 个已知数 $z(x_i)(i=1,2,\cdots,n)$ 的函数。

而在变量存在空间结构性的条件下（常见的情况），估计 x 点处 $Z(x)$ 的条件概率分布函数就没有这么简单，此时通过引入指示克立格法，有

$$\begin{aligned} F\{x;z_k|(n)\} &= P[Z(x)\leqslant z_k|(n)] \\ &= \sum_{i=1}^{n}\lambda_i(x_i;z_k)I(x_i;z_k) \end{aligned} \quad (11\text{-}103)$$

式（11-94）和式（11-103）表明，求 $F(x;z_k|(n))$ 可以看做用已知的 $I(x_i;z_k)$ 来估计未知的 $I(x;z_k)$。

由概率论理论可以证明，$\sum_{i=1}^{n}\lambda_i(x;z_k)I(x_i;z_k)$ 确实是已知 n 个数据时 $Z(x)$ 的条件概率分布函数，或是 $I(x;z)$ 的线性估计，即

$$F(x;z_k|(n)) = I^*(x;z_k) = \sum_{i=1}^{n}\lambda_i(x;z_k)I(x_i;z_k) \tag{11-104}$$

对任意一待估点 x，给定阈值 z_k，可建立指示克立格方程组（一个阈值对应一个方程组）

$$\begin{cases}\sum_{j=1}^{n}\lambda_j(x;z_k)\gamma_I(x_j-x_i;z_k)+\mu(x;z_k)=\gamma_I(x-x_i;z_k) & (i=1,2,\cdots,n)\\ \sum_{i=1}^{n}\lambda_i(x;z_k)=1\end{cases} \tag{11-105}$$

或

$$\begin{cases}\sum_{j=1}^{n}\lambda_j(x;z_k)C_I(x_j-x_i;z_k)-\mu(x;z_k)=C_I(x-x_i;z_k) & (i=1,2,\cdots,n)\\ \sum_{i=1}^{n}\lambda_i(x;z_k)=1\end{cases} \tag{11-106}$$

式中　γ_I——指示变异函数；

C_I——指示协方差；

x_j-x_i——两个样品点之间的距离；

$x-x_i$——待估点 x 与样品点 x_i 之间的距离；

μ——拉格朗日算子。

由式（11-105）可以解出系数 $\lambda_i(x;z_k)(i=1,2,\cdots,n)$ 和 $\mu(x;z_k)$，将其代入式（11-104），即可求出估计值 $I^*(x;z_k)$。

指示克立格方差为

$$\sigma_{IK}^2 = C(x,x;z_k) - \sum_{i=1}^{n}\lambda_i C(x_i,x;z_k) + \mu(x;z_k) \tag{11-107}$$

E　指示克立格法估值

设待估块段（体）为 u，z_{k-1}和 $z_k(k=1,2,\cdots,K)$ 为预先设定的两个阈值，则对应于它们的累积分布函数估计值可由式（11-95）分别求得，这两个估计值的差 $F^*[z_k|(n)]-F^*[z_{k-1}|(n)]$ 即为块段 u 的品位出现在阈值 $(z_{k-1}-z_k]$ 之间的平均概率。

设 $(z_{k-1}-z_k]$ 范围内全部已知样品的代表性品位为 z'_k(z'_k 可以是这些样品品位的算术平均值、加权平均值、中位数，视具体情况而定)，则未知块段（体）u 范围内的平均品位估计值可由式（11-108）具体求得

$$z^*(u) = \sum_{k=1}^{K} z'_k\{F^*[z_k|(n)] - F^*[z_{k-1}|(n)]\} \tag{11-108}$$

F 几点说明

（1）指示克立格法给出 $Z(x)$ 在空间某点处的概率分布曲线，由此既可对 $Z(x)$ 的不确定性进行度量，又可给出 $Z(x)$ 的值大于（或小于）某个给定值的概率，这一结果可用于资源量预测一类的问题。

（2）普通克立格法用克立格估计方差描述不确定性，而指示克立格法则用概率来描述。

（3）指示克立格法是一种非线性、非参数估计方法。

（4）指示克立格法适用于连续型和离散型 $Z(x)$。

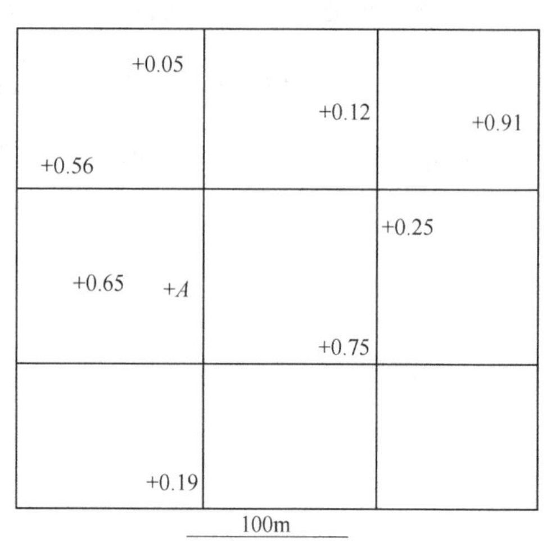

图 11-32 估计邻域内已知点品位分布

【例 11-5】 如图 11-32 所示，已知某待估点（A）估计邻域内已知点的品位，试用指示克立格法求 A 点处的品位。

第一步，选择合适的阈值，进行指示变换。本例分别选择边界品位 0.2，0.5，0.7 作为区域化随机变量 $Z(x)$ 的阈值 z_k，经指示变换的变换结果见表 11-7。

表 11-7 已知样品点数据的指示变换结果

边界品位	样品值							
	0.05	0.12	0.19	0.25	0.56	0.65	0.75	0.91
0.2	1	1	1	0	0	0	0	0
0.5	1	1	1	1	0	0	0	0
0.7	1	1	1	1	1	1	0	0

第二步，用阈值 $z_k=0.2$ 进行指示变换后的数值进行普通克立格估值。通过结构分析得到该区域数值可以用一个球状模型拟合，拟合结果及相关参数见表 11-8。

表 11-8 阈值为 0.2 时的球状模型参数

块金值	基台值	主轴	次主轴	短轴	方位角	倾角	倾覆角
0.10	0.24	300	175	150	45	0	0

利用指示克立格方程组（11-107）计算得到各已知点的克立格权系数，见表 11-9。

表 11-9 各已知点的指示克立格权系数

已知样品值	0.05	0.12	0.19	0.25	0.56	0.65	0.75	0.91
指示变换值	1	1	1	0	0	0	0	0
克立格权系数	0.12	0.10	0.10	0.21	0.21	0	0.15	0.11
累积权系数	0.12	0.22	0.32	0.53	0.74	0.74	0.89	1.00

由表 11-9 可知，A 点品位小于等于 0.2 的概率为 32%。

同理，对边界品位阈值为0.5，0.7的各点数据经指示变换后进行普通克立格法估值，可以得到A点品位小于等于0.5的概率为50%，A点品位小于等于0.7的概率为74%。

第三步，计算A点的指示克立格估计值。分别计算以0.2，0.5，0.7为阈值的4个品位区间的样品平均品位及A点落在相应区间的概率，计算结果见表11-10。用式（11-108）计算其指示克立格估计值。

表11-10　待估点落在各阈值区间的概率

分　类	<0.2	0.2～0.5	0.5～0.7	>0.7
均　值	0.120	0.250	0.605	0.830
概率/%	32	18	24	26

A点的指示克立格估计值 $=0.120\times0.32+0.250\times0.18+0.605\times0.24+0.830\times0.26=0.444$。

参考文献

[1] 侯景儒，郭光裕．矿床统计预测及地质统计学的理论与应用[M]. 北京：冶金工业出版社，1993.
[2] 徐振邦，娄元仁．数学地质基础[M]. 北京：北京大学出版社，1994.
[3] 康永尚，沈金松，谌卓恒．现代数学地质[M]. 北京：石油工业出版社，2005.
[4] 李汉林，赵永军．石油数学地质[M]. 东营：中国石油大学出版社，1998.
[5] 李汉林，赵永军，王海起．石油数学地质[M]. 东营：中国石油大学出版社，2008.
[6] 刘承祚．中国数学地质进展[M]. 北京：地质出版社，1994.
[7] 陈天与，吴锡生．数学地质方法[M]. 长春：吉林人民出版社，1980.
[8] 于崇文．数学地质的方法与应用——地质与化探工作中的多元分析[M]. 北京：冶金工业出版社，1980.
[9] 刘绍平，汤军，许晓宏．数学地质方法及应用[M]. 北京：石油工业出版社，2011.
[10] 冯新斌，洪业汤，倪建宇，等．煤中潜在毒害元素分布的多元分析[J]. 矿物学报，1993，19(1)：34-39.
[11] 李克庆，谢玉铃，徐九华．基于两类总体的边坡稳定性判别分析[J]. 北京科技大学学报，2008，30(4)：344-348.
[12] 贺可强，雷建和．边坡稳定性的神经网络预测研究[J]. 地质与勘探，2001(6)：72-75.
[13] 宫凤强，李夕兵．距离判别分析法在岩体质量等级分类中的应用[J]. 岩石力学与工程学报，2007，26(1)：190-194.
[14] 刘世金，刘大利．数学地质方法在民生地质中的应用研究[J]. 资源环境与工程，2014(6)：23-26.
[15] 赵鹏大，夏庆霖．中国学者在数学地质学科发展中的成就与贡献[J]. 地球科学（中国地质大学学报），2009，34(2)：225-231.
[16] Agterberg F P. Past and future of mathematical geology[J]. Journal of China University of Geosciences，2003，14(3)：191-198.
[17] Bonham-Carter G，Cheng Q M. Progress in Geomathematics[M]. Berlin：Springer，2008.
[18] Cheng Q M，Agterberg F P，Ballantyne S B. The separation of geochemical anomalies from background by fractal methods[J]. Journal of Geochemical Exploration，1994，51(2)：109-130.
[19] Cook N J. Publishing in ore geology：Reflections on 5 years of Ore Geology Reviews as an IAGOD journal[J]. Ore Geology Reviews，2008，34(3)：217-221.